普通高等教育电子通信类特色专业系列规划教材

电磁场与电磁兼容

闻映红　周克生
崔　勇　陈　嵩　编著

科学出版社
北　京

内 容 简 介

本书比较全面地介绍了电磁场与电磁兼容的基础理论。主要内容包括矢量分析、时变电磁场、电磁波、天线基础、传输线、电磁兼容概述、电磁骚扰的传输途径、电磁兼容测试、接地和搭接、屏蔽、滤波等。

本书注重将电磁场理论与电磁兼容实际应用相结合。对于静电场和恒定磁场以及场的计算方法，本书不作为重要内容介绍。在介绍电磁场理论时，不以全面、系统作为目标。本书旨在深入分析理论概念，简化推导，以介绍解决实际的电磁兼容问题所需的基础理论作为重点。本书配套有电子课件，可供任课教师使用。

本书的主要读者对象是自动控制和电子类本科生，也可供其他专业本科生和工程技术人员参考。

图书在版编目(CIP)数据

电磁场与电磁兼容/闻映红等编著.—北京：科学出版社，2010
(普通高等教育电子通信类特色专业系列规划)

ISBN 978-7-03-029197-4

Ⅰ.①电… Ⅱ.①闻… Ⅲ.①电磁场-高等学校-教材②电磁兼容性-高等学校-教材 Ⅳ.①O441.4②TN03

中国版本图书馆 CIP 数据核字(2010)第 198676 号

责任编辑：匡 敏 潘斯斯 卜 新 / 责任校对：郑金红
责任印制：徐晓晨 / 封面设计：耕者设计工作室

科学出版社出版
北京东黄城根北街 16 号
邮政编码：100717
http://www.sciencep.com

北京虎彩文化传播有限公司印刷

科学出版社发行 各地新华书店经销

*

2010 年 11 月第 一 版 开本：787×1092 1/16
2019 年 8 月第七次印刷 印张：18 1/4
字数：430 000

定价：55.00 元

(如有印装质量问题，我社负责调换)

前　　言

学习本书的前提条件是已经修完了以下几门本科电类专业的基本课程：高等数学、电路分析、信号与系统、场论、电子测量。本书的理论基础是这几门课程所涵盖的基本概念和基本原理。

电磁兼容是保证自动控制设备和系统在电磁环境中正常工作的关键性技术之一，也是电子电路设计需要达到的目标之一。通过学习“电磁场与电磁兼容”课程，学生能够掌握麦克斯韦方程组、电磁波传播、天线和传输线理论以及有关电磁兼容的基本知识，学会分析和解决电磁干扰问题的方法，解决在自动化系统设计和应用以及电子电路设计中遇到的电磁干扰问题，实现系统间电磁兼容。

本书的编写目标是要适应知识更新和课程体系改革的需要，为本科通信工程专业、自动化专业、电子科学与技术专业学生提供专业技术基础课程教材。本书将电磁场理论、电磁波理论和电磁兼容合二为一，既包含了极其经典的理论基础知识，又包含了许多工程应用方面的知识。

为了能使学生从枯燥的数学计算和复杂的物理现象中解脱出来，更多地了解理论知识的实际应用，本书根据本科学生的特点以及工程技术人员参考的需求，合理编排教材体系和教材内容，做到两者兼顾。在电磁场经典理论部分，本书改变了以往此类教材的统一编排体系（即从静电场到恒定磁场再到时变电磁场，最后引出麦克斯韦方程组）。本书将根据专业特点，在介绍矢量分析之后，从电场和磁场两个矢量的角度出发，直接给出麦克斯韦方程组，继而介绍各电磁场定律和定理。静电场作为特例给出。另外，本书在经典理论之外，还引入了大量的最新科研成果与研究技术，尽力让读者理解如何应用所学的理论知识去分析、解决实际问题，让本科学生和初学者接触到一个全新的领域。

本书的编写得益于许多老师和同学的共同努力。首先，感谢北京交通大学电子信息工程学院对本课程的建设以及本书出版的大力支持；其次，感谢北京交通大学2008级自动化专业和电子科学与技术专业全体同学对本书的试用、建议和意见；最后，感谢北京交通大学电磁兼容实验室的张晓燕、单秦、卢怡、霍红艳和冯玉明等同学为本书的图文录入所付出的辛勤劳动。

作者水平有限，本书内容难免有不当之处，敬请各位同行指正。

编　者

2010年8月

目　录

第 1 章　矢 量 分 析

矢量分析又称为场论，是研究各种类型运动规律的数学工具，它的数学公式与场的物理概念紧密相关。在电磁场理论中，大量用到了矢量运算。因为电磁场是场的一种，利用矢量可以为复杂现象提供紧凑的数学描述，也便于直观想象和运算变换。一个矢量形式的方程可以代表三个标量方程。虽然本书没有对矢量分析进行完整论述，但是本章介绍的矢量运算公式在电磁场理论的研究中起到了重要作用。

1.1　标量场和矢量场

纯数加上物理单位，称为物理量。物理量有标量和矢量之分。占有一定空间，并且具有一定空间分布特性的物理量称为场。场有静态场和动态场之分，也有标量场和矢量场之分。

如果场不随时间而变化，则称之为静态场，静态场也称为时不变场。由静止电荷产生的场（静电场）和由恒定电流建立的场（恒定磁场）都属于静态场。随时间变化的场称为时变场。

1.1.1　标量场

一个只用大小就能够完整描述的物理量称为标量或标量场。质量、时间、温度、功和电荷都是标量，它们中的每一个，都可以用大小来进行完整描述。一个动态标量场可用一维空间位置和时间的函数来描述，如温度 $T(z,t)$。

1.1.2　矢量场

一个既有大小又有方向的物理量称为矢量或矢量场。如力、速度、力矩、电场强度和磁场强度都是矢量，矢量包含了两种信息：幅度和方向。

矢量可以用有向线段来表示：线段的长度表示矢量的大小，箭头表示矢量的方向，如图 1-1(a)所示。本书用黑体字母来表示矢量。在图 1-1(a)中，$\boldsymbol{R}$ 代表一个从 O 点指向 P 点的矢量。图 1-1(b)为几个有同样长度和方向的平行矢量，它们都代表同一个矢量。两个矢量 $\boldsymbol{A}$ 和 $\boldsymbol{B}$ 如果有同样的大小（长度）和方向，则二者相等，即 $\boldsymbol{A}=\boldsymbol{B}$。如果它们有同样的物理或几何意义，且具有同样的量纲，那么我们可以只比较矢量。

(a) 用有向线段表示的矢量　　(b) 代表相同矢量的平行箭头（长度相等）

图 1-1　矢量表示

一个大小为零的矢量称为零矢量。这是唯一不能用箭头表示的矢量，因为它没有大小（长度）。一个大小（长度）为 1 的矢量称为单位矢量。我们常用单位矢量来表示一个矢量的方向。例如，矢量 $\boldsymbol{A}$ 可以写成

$$\boldsymbol{A} = A\boldsymbol{a}_A \tag{1-1}$$

式中，A 表示 $\boldsymbol{A}$ 的大小，$\boldsymbol{a}_A$是与 $\boldsymbol{A}$ 同方向的单位矢量，可写成

$$\boldsymbol{a}_A = \frac{\boldsymbol{A}}{A} \tag{1-2}$$

在电磁场中，描述电磁场的场量，电场强度 $\boldsymbol{E}$、电位移矢量 $\boldsymbol{D}$、磁感应强度 $\boldsymbol{B}$ 和磁场强度 $\boldsymbol{H}$ 均为矢量，而描述场源的电荷 q、电荷密度 ρ、电流 I 为标量，电流密度 $\boldsymbol{J}$ 为矢量。

1.2　常用正交坐标系

为了能对矢量进行量化，进而对矢量进行运算，首先必须建立空间坐标系，将矢量在一定的坐标系中表达出来。常用的三种正交坐标系有直角坐标系、圆柱坐标系和球坐标系。

1.2.1　直角坐标系

直角坐标系由三条相互正交的直线构成。这三条直线分别称为 x 轴、y 轴和 z 轴，三条轴线的交点为原点。x、y 和 z 轴的方向用单位矢量 $\boldsymbol{a}_x$、$\boldsymbol{a}_y$ 和 $\boldsymbol{a}_z$ 来表征。空间某一点 $P(X,Y,Z)$ 能唯一地被它在三条轴线上的投影所确定，(X,Y,Z) 为 P 点的坐标，如图 1-2 所示。

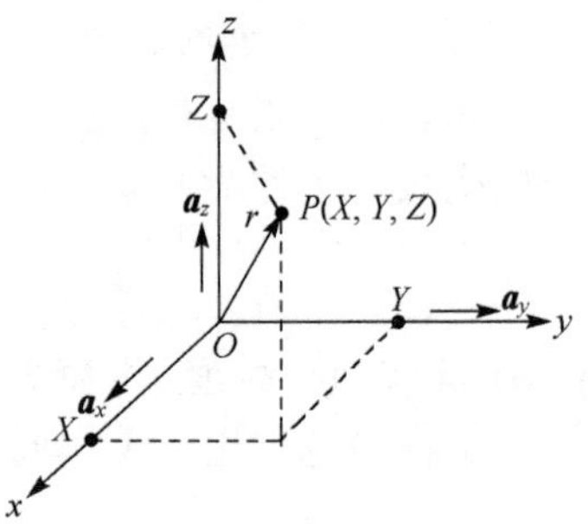

图 1-2　直角坐标系中一点的投影

位置矢量(position vector，简称位矢)$\boldsymbol{r}$，是指从原点指向 P 点的矢量，可表示为

$$\boldsymbol{r} = X\boldsymbol{a}_x + Y\boldsymbol{a}_y + Z\boldsymbol{a}_z \tag{1-3}$$

式中，X、Y 和 Z 是 $\boldsymbol{r}$ 在 x、y 和 z 轴上的投影；$\boldsymbol{a}_x$、$\boldsymbol{a}_y$ 和$\boldsymbol{a}_z$ 是沿 x、y 和 z 轴方向的单位矢量。例如，设 A_x、A_y 和 A_z 是矢量 $\boldsymbol{A}$ 在直角坐标系三个坐标轴上的投影，那么，$\boldsymbol{A}$ 可以表示为

$$\boldsymbol{A} = A_x\boldsymbol{a}_x + A_y\boldsymbol{a}_y + A_z\boldsymbol{a}_z \tag{1-4}$$

1. 直角坐标系单位矢量之间的关系

直角坐标系中单位矢量之间的关系如下：

$$\boldsymbol{a}_x \cdot \boldsymbol{a}_x = 1 \qquad \boldsymbol{a}_y \cdot \boldsymbol{a}_y = 1 \qquad \boldsymbol{a}_z \cdot \boldsymbol{a}_z = 1 \tag{1-5a}$$

$$\boldsymbol{a}_x \cdot \boldsymbol{a}_y = 0 \qquad \boldsymbol{a}_y \cdot \boldsymbol{a}_z = 0 \qquad \boldsymbol{a}_z \cdot \boldsymbol{a}_x = 0 \tag{1-5b}$$

$$\boldsymbol{a}_x \times \boldsymbol{a}_y = \boldsymbol{a}_z \qquad \boldsymbol{a}_y \times \boldsymbol{a}_z = \boldsymbol{a}_x \qquad \boldsymbol{a}_z \times \boldsymbol{a}_x = \boldsymbol{a}_y \tag{1-5c}$$

2. 直角坐标系中的线、面、体微分元

在直角坐标系中，体微分元 $\mathrm{d}v$ 分别由沿单位矢量 $\boldsymbol{a}_x$、$\boldsymbol{a}_y$、$\boldsymbol{a}_z$ 的线微分元 $\mathrm{d}x$、$\mathrm{d}y$ 和 $\mathrm{d}z$ 相乘得到，如图 1-3(a)所示，即

$$\mathrm{d}v = \mathrm{d}x\mathrm{d}y\mathrm{d}z \tag{1-6}$$

体微分元由六个微分面构成，每个面元的方向由表示其外法线方向的单位矢量来确定(图 1-3(b))，即

$$\begin{aligned} \mathrm{d}\boldsymbol{s}_x &= \mathrm{d}y\mathrm{d}z\,\boldsymbol{a}_x \\ \mathrm{d}\boldsymbol{s}_y &= \mathrm{d}x\mathrm{d}z\,\boldsymbol{a}_y \\ \mathrm{d}\boldsymbol{s}_z &= \mathrm{d}x\mathrm{d}y\,\boldsymbol{a}_z \end{aligned} \tag{1-7}$$

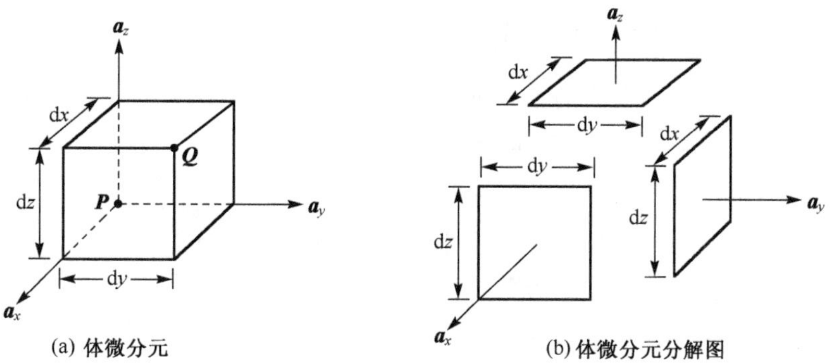

(a) 体微分元　　(b) 体微分元分解图

图 1-3　直角坐标系中的体微分元

在直角坐标系中的线微分元为

$$\mathrm{d}\boldsymbol{l} = \mathrm{d}x\,\boldsymbol{a}_x + \mathrm{d}y\,\boldsymbol{a}_y + \mathrm{d}z\,\boldsymbol{a}_z \tag{1-8}$$

1.2.2　圆柱坐标系

圆柱坐标系由两两相互垂直的两个平面和一个圆柱面构成，坐标面 $\rho = \sqrt{x^2 + y^2} =$ 常数。它是一个以 z 轴为轴线，半径为 ρ 的圆柱，$0 \leqslant \rho \leqslant \infty$。坐标面 $\phi = \arctan\left(\dfrac{y}{x}\right) =$ 常数，它是一个绕着 z 轴旋转的半无限大平面，以 x 轴为起点，逆时针方向旋转，$0 \leqslant \phi \leqslant 2\pi$ 。坐标面 $z=$常数，它是一个平行于 xOy 平面的平面，$-\infty \leqslant z \leqslant \infty$。两个坐标面的交线构成了圆柱坐标系的坐标轴，分别为 ρ 、ϕ 和 z 轴，相应的单位矢量为 $\boldsymbol{a}_\rho$ 、$\boldsymbol{a}_\phi$ 和 $\boldsymbol{a}_z$ ，如图 1-4 所示。

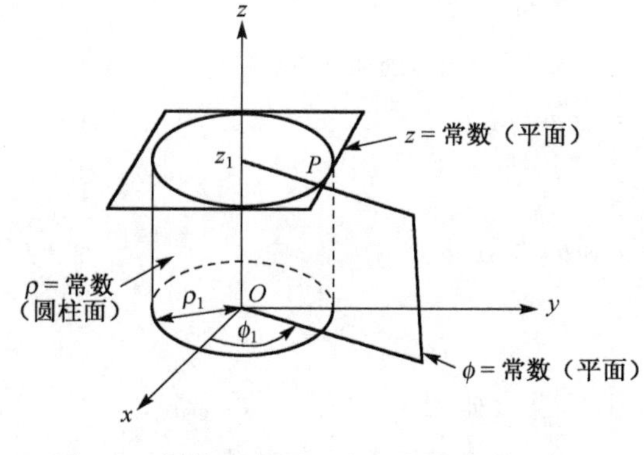

图 1-4　圆柱坐标系三个互相垂直的坐标面

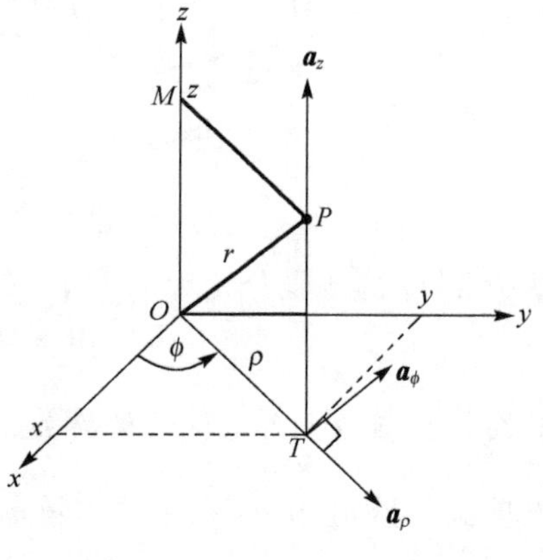

图 1-5　圆柱坐标系中一点的投影

空间一点 P 也能够用坐标 ρ、ϕ 和 z 完整描述，如图 1-5 所示。我们说 ρ 、ϕ 和 z 是点 $P(\rho,\phi,z)$ 的圆柱坐标。将直角坐标系和圆柱坐标系画在一起，就可以看到两者之间的关系。以空间同样一点 P 为例，可见，ρ 是位矢 OP 在 xOy 平面上的投影，ϕ 是从正 x 轴到平面 $OTPM$ 的夹角，z 是 OP 在 z 轴上的投影。从图 1-5，可知

$$x = \rho\cos\phi \tag{1-9}$$

$$y = \rho\sin\phi \tag{1-10}$$

注意，单位矢量 $\boldsymbol{a}_\rho$ 和 $\boldsymbol{a}_\phi$ 的方向不是固定的，会随着 ϕ 的改变而改变。

1. 圆柱坐标系单位矢量之间的关系

圆柱坐标系中单位矢量之间的关系如下：

$$\boldsymbol{a}_\rho \cdot \boldsymbol{a}_\rho = 1, \quad \boldsymbol{a}_\phi \cdot \boldsymbol{a}_\phi = 1, \quad \boldsymbol{a}_z \cdot \boldsymbol{a}_z = 1 \tag{1-11a}$$

$$\boldsymbol{a}_\rho \cdot \boldsymbol{a}_\phi = 0, \quad \boldsymbol{a}_\phi \cdot \boldsymbol{a}_z = 0, \quad \boldsymbol{a}_z \cdot \boldsymbol{a}_\rho = 0 \tag{1-11b}$$

$$\boldsymbol{a}_\rho \times \boldsymbol{a}_\rho = 0, \quad \boldsymbol{a}_\phi \times \boldsymbol{a}_\phi = 0, \quad \boldsymbol{a}_z \times \boldsymbol{a}_z = 0 \tag{1-11c}$$

$$\boldsymbol{a}_\rho \times \boldsymbol{a}_\phi = \boldsymbol{a}_z, \quad \boldsymbol{a}_\phi \times \boldsymbol{a}_z = \boldsymbol{a}_\rho, \quad \boldsymbol{a}_z \times \boldsymbol{a}_\rho = \boldsymbol{a}_\phi \tag{1-11d}$$

2. 圆柱坐标系的线、面、体微分元

图 1-6(a)表示以 ρ、$\rho + \mathrm{d}\rho$、ϕ、$\phi + \mathrm{d}\phi$、z、$z + \mathrm{d}z$ 的面为界面的体微分元 $\mathrm{d}v$，即

$$\mathrm{d}v = \rho \mathrm{d}\rho \mathrm{d}\phi \mathrm{d}z \tag{1-12}$$

面微分元(图 1-6(b))为

$$\begin{aligned} \mathrm{d}s_\rho &= \rho \mathrm{d}\phi \mathrm{d}z\, \boldsymbol{a}_\rho \\ \mathrm{d}s_\phi &= \mathrm{d}\rho \mathrm{d}z\, \boldsymbol{a}_\phi \\ \mathrm{d}s_z &= \rho \mathrm{d}\rho \mathrm{d}\phi\, \boldsymbol{a}_z \end{aligned} \tag{1-13}$$

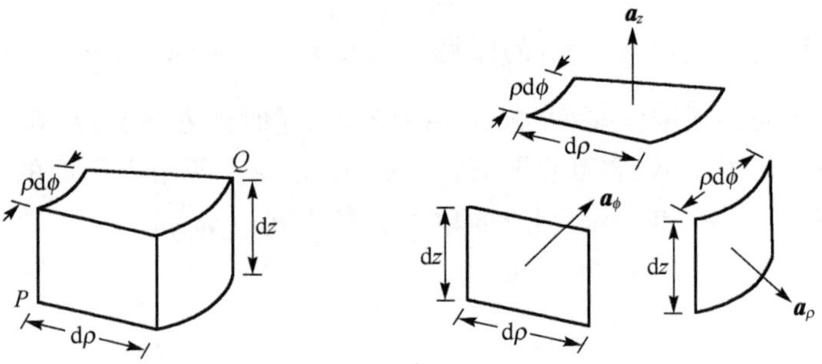

(a) 体微分元　　(b) 体微分元分解图

图 1-6　圆柱坐标系中的微分元

从 P 到 Q 的线微分元为

$$\mathrm{d}\boldsymbol{l} = \mathrm{d}\rho\, \boldsymbol{a}_\rho + \rho \mathrm{d}\phi\, \boldsymbol{a}_\phi + \mathrm{d}z\, \boldsymbol{a}_z \tag{1-14}$$

3. 圆柱坐标与直角坐标的转换关系

设单位矢量 $\boldsymbol{a}_\rho$ 和 $\boldsymbol{a}_\phi$ 在单位矢量 $\boldsymbol{a}_x$ 和 $\boldsymbol{a}_y$ 上的投影如图 1-7 所示。可见：

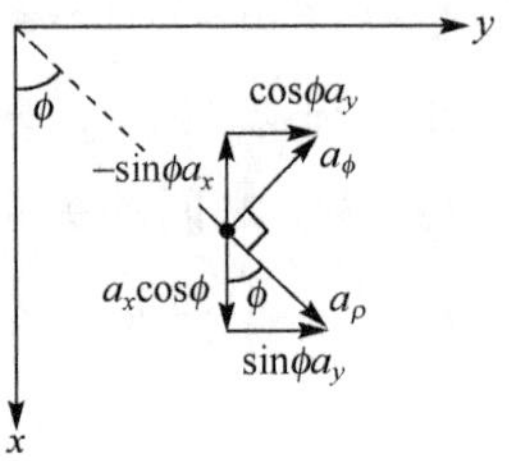

图 1-7　$\boldsymbol{a}_\rho$ 、$\boldsymbol{a}_\phi$ 沿 $\boldsymbol{a}_x$ 、$\boldsymbol{a}_y$ 方向的分量

$$\boldsymbol{a}_\rho = \cos\phi\, \boldsymbol{a}_x + \sin\phi\, \boldsymbol{a}_y \tag{1-15a}$$

$$\boldsymbol{a}_\phi = -\sin\phi\, \boldsymbol{a}_x + \cos\phi\, \boldsymbol{a}_y \tag{1-15b}$$

这里，因为 $\boldsymbol{a}_x \cdot \boldsymbol{a}_\rho = \cos\phi$，$\boldsymbol{a}_y \cdot \boldsymbol{a}_\rho = \sin\phi$，$\boldsymbol{a}_x \cdot \boldsymbol{a}_\phi = -\sin\phi$，$\boldsymbol{a}_y \cdot \boldsymbol{a}_\phi = \cos\phi$，所以，从直角坐标系到圆柱坐标系的单位矢量变换，可写成矩阵形式：

$$\begin{pmatrix} \boldsymbol{a}_\rho \\ \boldsymbol{a}_\phi \\ \boldsymbol{a}_z \end{pmatrix} = \begin{pmatrix} \cos\phi & \sin\phi & 0 \\ -\sin\phi & \cos\phi & 0 \\ 0 & 0 & 1 \end{pmatrix} \begin{pmatrix} \boldsymbol{a}_x \\ \boldsymbol{a}_y \\ \boldsymbol{a}_z \end{pmatrix} \tag{1-16}$$

同样，如果矢量 **A** 在圆柱坐标系中给出，则把它投影到直角坐标系的 x、y 和 z 轴上，便能得到矢量 **A** 在直角坐标系中的表达式。**A** 在 x 轴上的投影为

$$A_x = \mathbf{A} \cdot \boldsymbol{a}_x = A_\rho \boldsymbol{a}_\rho \cdot \boldsymbol{a}_x + A_\phi \boldsymbol{a}_\phi \cdot \boldsymbol{a}_x + A_z \boldsymbol{a}_z \cdot \boldsymbol{a}_x = A_\rho \cos\phi - A_\phi \sin\phi \tag{1-17a}$$

A 在 y 轴及 z 轴上的投影为

$$A_y = \mathbf{A} \cdot \boldsymbol{a}_y = A_\rho \sin\phi + A_\phi \cos\phi \tag{1-17b}$$

$$A_z = \mathbf{A} \cdot \boldsymbol{a}_z = A_z \tag{1-17c}$$

写成矩阵形式为

$$\begin{pmatrix} A_x \\ A_y \\ A_z \end{pmatrix} = \begin{pmatrix} \cos\phi & -\sin\phi & 0 \\ \sin\phi & \cos\phi & 0 \\ 0 & 0 & 1 \end{pmatrix} \begin{pmatrix} A_\rho \\ A_\phi \\ A_z \end{pmatrix} \tag{1-18}$$

反过来，一个在直角坐标系中给出的矢量 **A**，用下列变换可以得到在圆柱坐标系中的表达式：

$$\begin{pmatrix} A_\rho \\ A_\phi \\ A_z \end{pmatrix} = \begin{pmatrix} \cos\phi & \sin\phi & 0 \\ -\sin\phi & \cos\phi & 0 \\ 0 & 0 & 1 \end{pmatrix} \begin{pmatrix} A_x \\ A_y \\ A_z \end{pmatrix} \tag{1-19}$$

例 1-1 写出空间任一点在直角坐标系中的位置矢量表达式。然后将此矢量变换成在圆柱坐标系中的一个矢量。

解 在空间任一点 $P(x,y,z)$ 的位置矢量是

$$\mathbf{A} = x\boldsymbol{a}_x + y\boldsymbol{a}_y + z\boldsymbol{a}_z$$

用式(1-19)中的变换矩阵，得

$$A_\rho = x\cos\phi + y\sin\phi$$

$$A_\phi = -x\sin\phi + y\cos\phi$$

$$A_z = z$$

代入 $x = \rho\cos\phi$ 和 $y = \rho\sin\phi$，得

$$A_\rho = \rho, A_\phi = 0,\ A_z = z$$

于是，矢量 **A** 在圆柱坐标系中为

$$\mathbf{A} = \rho\boldsymbol{a}_\rho + z\boldsymbol{a}_z$$

例 1-2 在直角坐标系中表示矢量 $\mathbf{A} = \frac{k}{\rho^2}\boldsymbol{a}_\rho + 5\sin 2\phi\, \boldsymbol{a}_z$。

解 应用式(1-18)中的变换矩阵，由于

$$A_\rho = \frac{k}{\rho^2}, A_\phi = 0, A_z = 5\sin 2\phi$$

所以，经变换后得

$$A_x = \frac{k\cos\phi}{\rho^2}, A_y = \frac{k\sin\phi}{\rho^2}, A_z = 10\cos\phi\sin\phi$$

代入 $\rho = \sqrt{x^2 + y^2}$，$\cos\phi = \frac{x}{\rho}$，$\sin\phi = \frac{y}{\rho}$

最后得到

$$\mathbf{A} = \frac{kx}{(x^2+y^2)^{3/2}}\boldsymbol{a}_x + \frac{ky}{(x^2+y^2)^{3/2}}\boldsymbol{a}_y + \frac{10xy}{x^2+y^2}\boldsymbol{a}_z$$

1.2.3　球坐标系

球坐标系由两两相互垂直的一个平面、一个球面和一个圆锥面构成，如图 1-8 所示。$r=$ 常数，表示通过点 $P(r,\theta,\phi)$、以 r 为半径的球面；$\theta=$ 常数，表示顶点在原点的圆锥面；$\phi=$ 常数，表示以 z 轴为旋转中心、与 xOy 平面成 ϕ 角的平面。空间一点 P 在球坐标系中，可用 (r,θ,ϕ) 唯一表示，如图 1-9 所示。r 表示位置矢量(或矢径 radius vector)OP 的大小，$0\leqslant r\leqslant\infty$；$\theta$ 表示位置矢量 OP 与正 z 轴的夹角，方向从正 z 轴转向负 z 轴，$0\leqslant\theta\leqslant\pi$；$\phi$ 表示正 x 轴与图中所示平面 $OMPN$ 的夹角，其中，$OM=r\sin\theta$ 为 r 在 xoy 平面上的投影，ϕ 以 x 轴为起点，逆时针方向旋转，$0\leqslant\phi\leqslant 2\pi$。

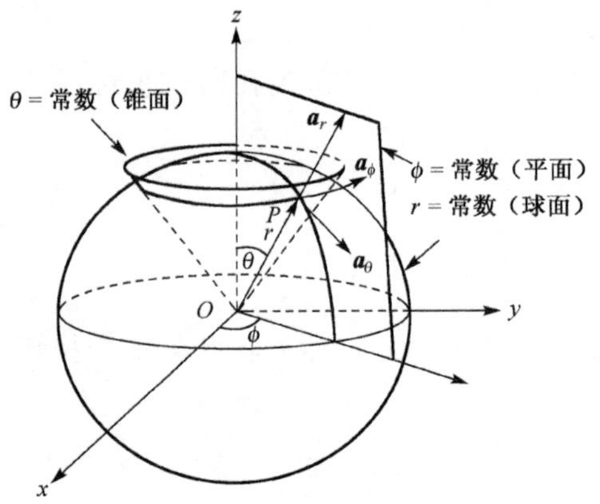

图 1-8　球坐标系

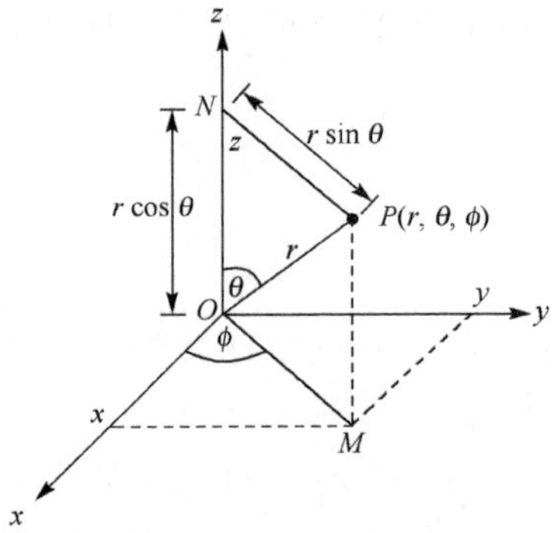

图 1-9　球坐标系中一点的投影

从图 1-9 很明显有

$$x=r\sin\theta\cos\phi \tag{1-20a}$$

$$y=r\sin\theta\cos\phi \tag{1-20b}$$

$$z=r\cos\phi \tag{1-20c}$$

从式(1-20)可以导出

$$r=\sqrt{x^2+y^2+z^2} \tag{1-21a}$$

$$\theta=\arccos\left(\frac{z}{r}\right) \tag{1-21b}$$

$$\phi=\arctan\left(\frac{y}{x}\right) \tag{1-21c}$$

1. 球坐标系单位矢量之间的关系

球坐标系中单位矢量之间的关系如下：

$$\boldsymbol{a}_r\cdot\boldsymbol{a}_r=1,\qquad \boldsymbol{a}_\theta\cdot\boldsymbol{a}_\theta=1,\qquad \boldsymbol{a}_\phi\cdot\boldsymbol{a}_\phi=1 \tag{1-22a}$$

$$\boldsymbol{a}_r\cdot\boldsymbol{a}_\theta=0,\qquad \boldsymbol{a}_\theta\cdot\boldsymbol{a}_\phi=0,\qquad \boldsymbol{a}_\phi\cdot\boldsymbol{a}_r=0 \tag{1-22b}$$

$$\boldsymbol{a}_r\times\boldsymbol{a}_\theta=\boldsymbol{a}_\phi,\qquad \boldsymbol{a}_\theta\times\boldsymbol{a}_\phi=\boldsymbol{a}_r,\qquad \boldsymbol{a}_\phi\times\boldsymbol{a}_r=\boldsymbol{a}_\theta \tag{1-22c}$$

2. 球坐标系的线、面、体微分元

球坐标系的体微分元由 r、θ 和 ϕ 分别增加 $\mathrm{d}r$、$\mathrm{d}\theta$ 和 $\mathrm{d}\phi$ 而得到(图 1-10(a))

$$\mathrm{d}v=r^2\mathrm{d}r\sin\theta\mathrm{d}\theta\mathrm{d}\phi \tag{1-23}$$

(a)体微分元   (b)体微分元分解图

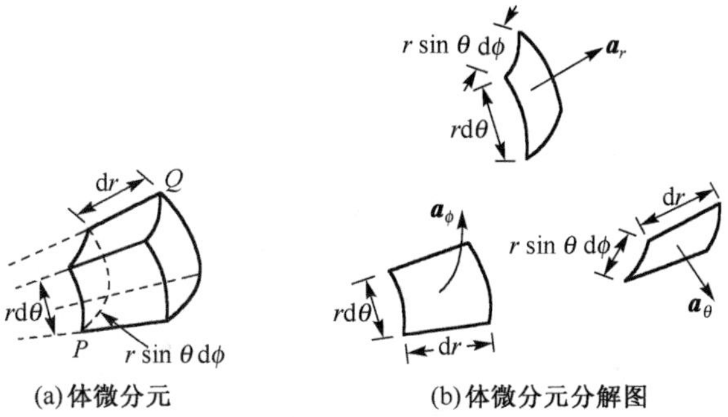

图 1-10 球坐标系中的体微分元

有向面微分,如图 1-10(b)所示,为

$$\mathrm{d}s_r = r^2 \sin\theta\mathrm{d}\theta\mathrm{d}\phi\,\boldsymbol{a}_r$$
$$\mathrm{d}s_\theta = r\mathrm{d}r\sin\theta\mathrm{d}\theta\mathrm{d}\phi\,\boldsymbol{a}_\theta \tag{1-24}$$
$$\mathrm{d}s_\phi = r\mathrm{d}r\mathrm{d}\theta\,\boldsymbol{a}_\phi$$

从 P 到 Q 的线微分元为

$$\mathrm{d}\boldsymbol{l} = \mathrm{d}r\,\boldsymbol{a}_r + r\mathrm{d}\theta\,\boldsymbol{a}_\theta + r\sin\theta\mathrm{d}\phi\,\boldsymbol{a}_\phi \tag{1-25}$$

为了便于参考,在三种坐标系中长度、面积和体积微分元汇总于表 1-1。

表 1-1 直角、圆柱和球坐标系中的线、面和体微分元

微 分 元	坐 标 系		
	直　角	圆　柱	球
长度 $\mathrm{d}l$	$\mathrm{d}x\,\boldsymbol{a}_x + \mathrm{d}y\,\boldsymbol{a}_y + \mathrm{d}z\,\boldsymbol{a}_z$	$\mathrm{d}\rho\,\boldsymbol{a}_\rho + \rho\mathrm{d}\phi\,\boldsymbol{a}_\phi + \mathrm{d}z\,\boldsymbol{a}_z$	$\mathrm{d}r\,\boldsymbol{a}_r + r\mathrm{d}\theta\,\boldsymbol{a}_\theta + r\sin\theta\mathrm{d}\phi\,\boldsymbol{a}_\phi$
面积 $\mathrm{d}s$	$\mathrm{d}y\mathrm{d}z\,\boldsymbol{a}_x + \mathrm{d}x\mathrm{d}z\,\boldsymbol{a}_y + \mathrm{d}x\mathrm{d}y\,\boldsymbol{a}_z$	$\rho\mathrm{d}\phi\mathrm{d}z\,\boldsymbol{a}_\rho + \mathrm{d}\rho\mathrm{d}z\,\boldsymbol{a}_\phi + \rho\mathrm{d}\rho\mathrm{d}\phi\,\boldsymbol{a}_z$	$r^2\sin\theta\mathrm{d}\theta\mathrm{d}\phi\,\boldsymbol{a}_r + r\mathrm{d}r\sin\theta$ $\mathrm{d}\theta\mathrm{d}\phi\,\boldsymbol{a}_\theta + r\mathrm{d}r\mathrm{d}\theta\,\boldsymbol{a}_\phi$
体积 $\mathrm{d}v$	$\mathrm{d}x\mathrm{d}y\mathrm{d}z$	$\rho\mathrm{d}\rho\mathrm{d}\phi\mathrm{d}z$	$r^2\mathrm{d}r\sin\theta\mathrm{d}\theta\mathrm{d}\phi$

3.球坐标与直角坐标的转换关系

从图 1-11 所示的投影关系,不难得到球坐标系中的三个单位矢量 $\boldsymbol{a}_r$、$\boldsymbol{a}_\theta$、$\boldsymbol{a}_\phi$ 与直角坐标系中的三个单位矢量之间的关系:

$$\boldsymbol{a}_r \cdot \boldsymbol{a}_x = \sin\theta\cos\phi, \quad \boldsymbol{a}_r \cdot \boldsymbol{a}_y = \sin\theta\sin\phi, \quad \boldsymbol{a}_r \cdot \boldsymbol{a}_z = \cos\theta$$
$$\boldsymbol{a}_\theta \cdot \boldsymbol{a}_x = \cos\theta\cos\phi, \quad \boldsymbol{a}_\theta \cdot \boldsymbol{a}_y = \cos\theta\sin\phi, \quad \boldsymbol{a}_\theta \cdot \boldsymbol{a}_z = -\sin\theta \tag{1-26a}$$
$$\boldsymbol{a}_\phi \cdot \boldsymbol{a}_x = -\sin\phi, \quad \boldsymbol{a}_\phi \cdot \boldsymbol{a}_y = \cos\phi, \quad \boldsymbol{a}_\phi \cdot \boldsymbol{a}_z = 0$$

这些方程可以写成矩阵形式:

$$\begin{pmatrix} \boldsymbol{a}_r \\ \boldsymbol{a}_\theta \\ \boldsymbol{a}_\phi \end{pmatrix} = \begin{pmatrix} \sin\theta\cos\phi & \sin\theta\sin\phi & \cos\theta \\ \cos\theta\cos\phi & \cos\theta\sin\phi & -\sin\theta \\ -\sin\theta & \cos\phi & 0 \end{pmatrix} \begin{pmatrix} \boldsymbol{a}_x \\ \boldsymbol{a}_y \\ \boldsymbol{a}_z \end{pmatrix} \tag{1-26b}$$

假设矢量 $\boldsymbol{A}$ 在球坐标系中给出:$\boldsymbol{A} = A_r\,\boldsymbol{a}_r + A_\theta\,\boldsymbol{a}_\theta + A_\phi\,\boldsymbol{a}_\phi$,按式(1-26a),把它投影到 x 轴上便得到它的 x 分量,即

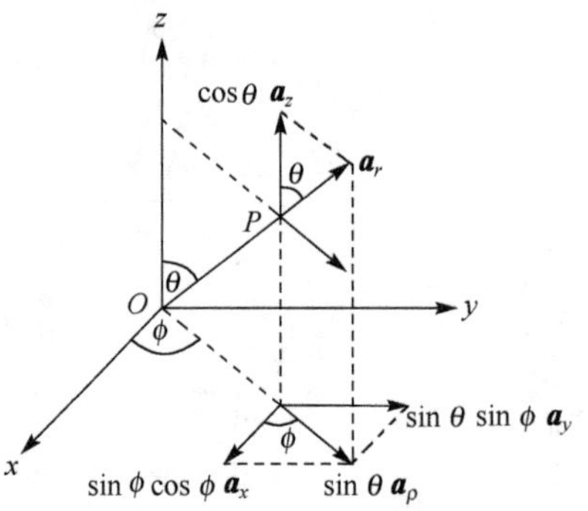

(a) a_r在a_x、a_y、a_z方向上的投影

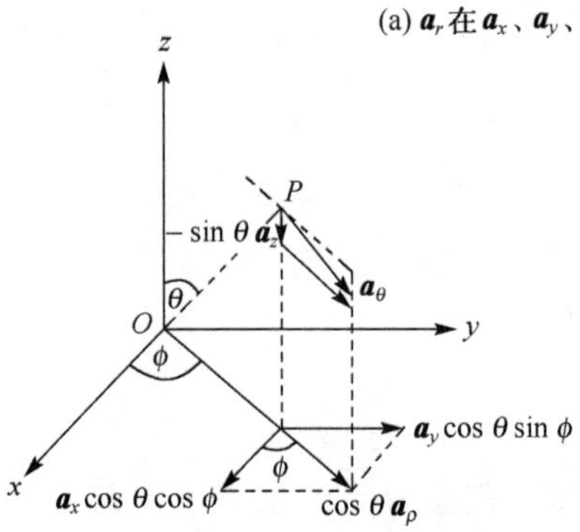

(b) a_θ在a_x、a_y、a_z方向上的投影

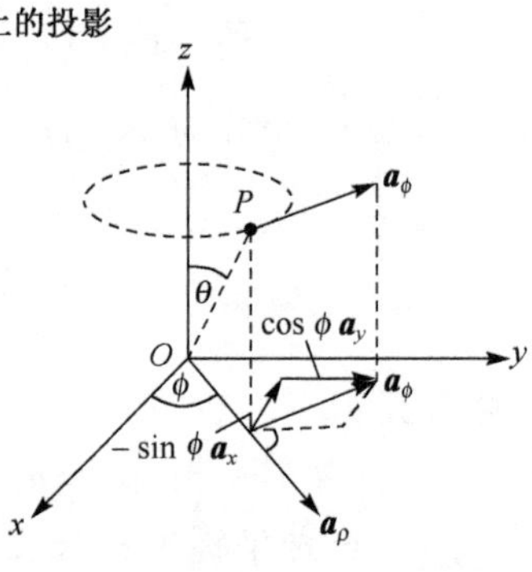

(c) a_ϕ在a_x、a_y、a_z方向上的投影

图 1-11　单位矢量的投影关系

$$\begin{aligned}A_x &= \boldsymbol{A}\cdot\boldsymbol{a}_x = A_r\boldsymbol{a}_r\cdot\boldsymbol{a}_x + A_\theta\boldsymbol{a}_\theta\cdot\boldsymbol{a}_x + A_\phi\boldsymbol{a}_\phi\cdot\boldsymbol{a}_x\\ &= A_r\sin\theta\cos\phi + A_\theta\cos\theta\cos\phi - A_\phi\sin\phi\end{aligned}$$

用类似方法求出其他分量,总的结果用矩阵表达为

$$\begin{pmatrix}\boldsymbol{A}_x\\ \boldsymbol{A}_y\\ \boldsymbol{A}_z\end{pmatrix}=\begin{pmatrix}\sin\theta\cos\phi & \sin\theta\sin\phi & -\sin\phi\\ \sin\theta\sin\phi & \cos\theta\sin\phi & \cos\phi\\ \cos\theta & -\sin\theta & 0\end{pmatrix}\begin{pmatrix}\boldsymbol{A}_r\\ \boldsymbol{A}_\theta\\ \boldsymbol{A}_\phi\end{pmatrix} \tag{1-27}$$

同样,一个在直角坐标系中给定的矢量,能够用下列矩阵变换,把它表示成球坐标系中的矢量。

$$\begin{pmatrix}\boldsymbol{A}_r\\ \boldsymbol{A}_\theta\\ \boldsymbol{A}_\phi\end{pmatrix}=\begin{pmatrix}\sin\theta\cos\phi & \sin\theta\sin\phi & \cos\theta\\ \cos\theta\cos\phi & \cos\theta\sin\phi & -\sin\theta\\ -\sin\phi & \cos\phi & 0\end{pmatrix}\begin{pmatrix}\boldsymbol{A}_x\\ \boldsymbol{A}_y\\ \boldsymbol{A}_z\end{pmatrix} \tag{1-28}$$

例 1-3　矢量 $\boldsymbol{F}=3x\boldsymbol{a}_x+0.5y^2\boldsymbol{a}_y+0.25x^2y^2\boldsymbol{a}_z$,定义在直角坐标系中的点 $P(3,4,12)$,求此矢量在球坐标系中的表达式。

解　矢量 $\boldsymbol{F}$ 在点 $P(3,4,12)$处为 $\boldsymbol{F}=9\boldsymbol{a}_x+8\boldsymbol{a}_y+36\boldsymbol{a}_z$,又

$$\theta=\arccos\left(\frac{12}{13}\right)=22.62^\circ,\quad \phi=\arctan\left(\frac{4}{3}\right)=53.13^\circ$$

代入式(1-28),得

$$F_r=37.77,\quad F_\theta=-2.95,\quad F_\phi=-2.40$$

所以,$\boldsymbol{F}=37.77\boldsymbol{a}_r-2.95\boldsymbol{a}_\theta-2.40\boldsymbol{a}_\phi$,定义在球坐标系中的点 $P(13,22.62^\circ,53.13^\circ)$。

1.3 矢量运算

矢量运算包括矢量的加、减、乘法运算和微积分运算，矢量不存在除法运算。

1.3.1 矢量的加法运算

矢量相加可采用平行四边形法或三角形法。三角形法如下：**A** 和 **B** 两矢量相加，先画出表示 **A** 和 **B** 的两条线段，且 **B** 的始端与 **A** 的末端相连，如图 1-12 的实线所示。连接 **A** 的始端与 **B** 的尾端并指向 **B** 的尾端的有向线段就表示 **A** 与 **B** 两矢量之和 **C**，即

$$\boldsymbol{C} = \boldsymbol{A} + \boldsymbol{B} \tag{1-29}$$

所以，两矢量之和为一矢量。我们也可以先画 **B**，再画 **A**，如图 1-12 的虚线所示。显然，矢量相加的结果与加的先后次序无关。换言之，矢量服从加法交换律，即

$$\boldsymbol{A} + \boldsymbol{B} = \boldsymbol{B} + \boldsymbol{A} \tag{1-30}$$

我们还能够证明矢量服从加法结合律，也就是说

$$\boldsymbol{A} + (\boldsymbol{B} + \boldsymbol{C}) = (\boldsymbol{A} + \boldsymbol{B}) + \boldsymbol{C} \tag{1-31}$$

在直角坐标系中，如图 1-13(a)所示，**A** 可以写成 $\boldsymbol{A} = A_x \boldsymbol{a}_x + A_y \boldsymbol{a}_y + A_z \boldsymbol{a}_z$，矢量 **B** 可以写成 $\boldsymbol{B} = B_x \boldsymbol{a}_x + B_y \boldsymbol{a}_y + B_z \boldsymbol{a}_z$，则两矢量之和 **C** 为

$$\begin{aligned}\boldsymbol{C} &= (A_x + B_x)\boldsymbol{a}_x + (A_y + B_y)\boldsymbol{a}_y + (A_z + B_z)\boldsymbol{a}_z \\ &= C_x \boldsymbol{a}_x + C_y \boldsymbol{a}_y + C_z \boldsymbol{a}_z\end{aligned}$$

此处，$C_x = A_x + B_x$，$C_y = A_y + B_y$，$C_z = A_z + B_z$ 分别是 **C** 在 $\boldsymbol{a}_x$、$\boldsymbol{a}_y$ 和 $\boldsymbol{a}_z$ 三个方向上的分量。

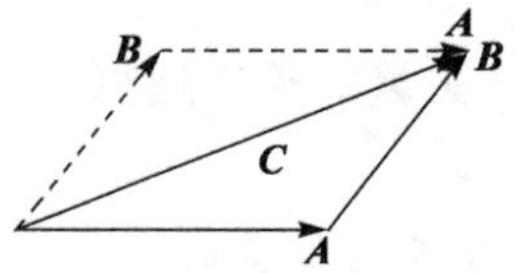

图 1-12 矢量相加的三角形法则 **C**=**A**+**B**

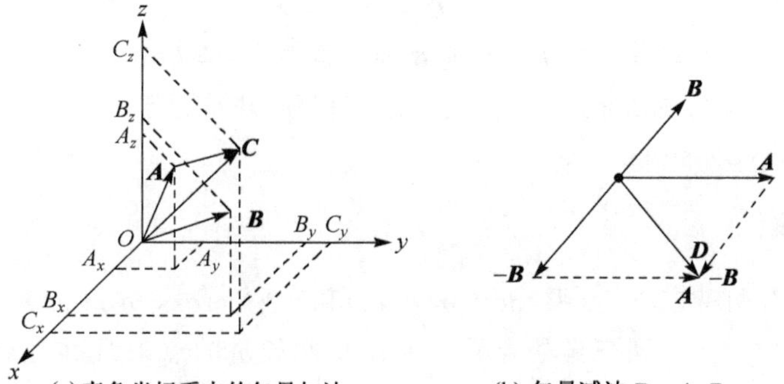

(a) 直角坐标系中的矢量加法　　(b) 矢量减法 $\boldsymbol{D} = \boldsymbol{A} - \boldsymbol{B}$

图 1-13 矢量的加、减法运算

例 1-4 若矢量 $\boldsymbol{A} = 3\boldsymbol{a}_\rho + 2\boldsymbol{a}_\phi + 5\boldsymbol{a}_z$ 和 $\boldsymbol{B} = -2\boldsymbol{a}_\rho + 3\boldsymbol{a}_\phi - \boldsymbol{a}_z$ 分别给定在点 $P(3,\pi/6,5)$ 和点 $Q(4,\pi/3,3)$ 处，求出在点 $S(2,\pi/4,4)$ 处的 $\boldsymbol{C} = \boldsymbol{A} + \boldsymbol{B}$。

解 因为两矢量不是定义在同一个 $\phi =$ 常数的平面上，所以在圆柱坐标系中不能直接求和，首先变换到直角坐标系。对点 $P(3,\pi/6,5)$ 的矢量 **A**，变换后得

$$\begin{pmatrix} A_x \\ A_y \\ A_z \end{pmatrix} = \begin{pmatrix} \cos 30^\circ & -\sin 30^\circ & 0 \\ \sin 30^\circ & \cos 30^\circ & 0 \\ 0 & 0 & 1 \end{pmatrix} \begin{pmatrix} 3 \\ 2 \\ 5 \end{pmatrix}$$

$$\boldsymbol{A} = 1.598\,\boldsymbol{a}_x + 3.232\,\boldsymbol{a}_y + 5\,\boldsymbol{a}_z$$

类似地，对于 $Q(4,\pi/3,3)$ 点处的矢量 $\boldsymbol{B}$，经变换后为

$$\boldsymbol{B} = -3.598\,\boldsymbol{a}_x - 0.232\,\boldsymbol{a}_y - \boldsymbol{a}_z$$

在直角坐标系中计算 $\boldsymbol{C} = \boldsymbol{A} + \boldsymbol{B}$，得

$$\boldsymbol{C} = -2\,\boldsymbol{a}_x + 3\,\boldsymbol{a}_y + 4\,\boldsymbol{a}_z$$

再变换到圆柱坐标系中的点 $S(2,\pi/4,4)$ 处，由式(1-19)，得

$$\begin{pmatrix} C_\rho \\ C_\phi \\ C_z \end{pmatrix} = \begin{pmatrix} \cos 45^\circ & \sin 45^\circ & 0 \\ -\sin 45^\circ & \cos 45^\circ & 0 \\ 0 & 0 & 1 \end{pmatrix} \begin{bmatrix} -2 \\ 3 \\ 4 \end{bmatrix}$$

即

$$\boldsymbol{C} = 0.707\,\boldsymbol{a}_\rho + 3.535\,\boldsymbol{a}_\phi + 4\,\boldsymbol{a}_z$$

注意：一个矢量从一种坐标系变换到另一种坐标系，只改变大小，不改变方向。

如果 $\boldsymbol{B}$ 是一个矢量，则 $-\boldsymbol{B}$（负 $\boldsymbol{B}$）也是一个矢量，它和 $\boldsymbol{B}$ 大小相等，但方向相反。由此我们可以定义矢量的减法运算 $\boldsymbol{A}-\boldsymbol{B}$，为

$$\boldsymbol{D} = \boldsymbol{A} + (-\boldsymbol{B}) \tag{1-32}$$

图 1-13(b)表示从 $\boldsymbol{A}$ 减去 $\boldsymbol{B}$。

1.3.2　矢量的乘法运算

1. 矢量与标量的乘积

如果矢量 $\boldsymbol{A}$ 乘以标量 k，得矢量 $\boldsymbol{B}$，即

$$\boldsymbol{B} = k\boldsymbol{A} \tag{1-33}$$

$\boldsymbol{B}$ 的大小等于 $\boldsymbol{A}$ 的大小的 $|k|$ 倍。若 $k>0$，则 $\boldsymbol{B}$ 与 $\boldsymbol{A}$ 同方向；若 $k<0$，则 $\boldsymbol{B}$ 与 $\boldsymbol{A}$ 反方向。若 $|k|>1$，则 $\boldsymbol{B}$ 比 $\boldsymbol{A}$ 长；若 $|k|<1$，则 $\boldsymbol{B}$ 比 $\boldsymbol{A}$ 短。我们还应记住，$\boldsymbol{B}$ 平行于 $\boldsymbol{A}$，两者的方向相同或相反，$\boldsymbol{B}$ 经常称为相依矢量(dependent vector)。

2. 两矢量的乘积

两矢量的乘积有两种定义：点乘(dot product)和叉乘(cross product)。

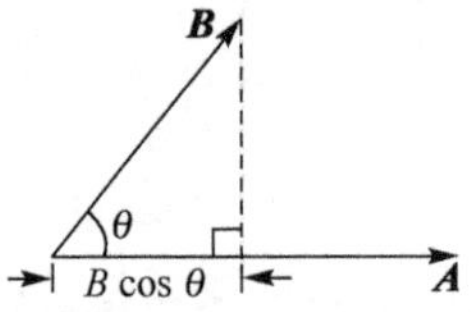

图 1-14　点积的图示

两矢量的点乘　$\boldsymbol{A}$ 和 $\boldsymbol{B}$ 两矢量的点乘又称为点积或标量积，写成 $\boldsymbol{A}\cdot\boldsymbol{B}$，读做“$\boldsymbol{A}$ 点乘 $\boldsymbol{B}$”。它定义为两矢量的大小与它们之间较小夹角的余弦之积，如图 1-14 所示。

$$\boldsymbol{A}\cdot\boldsymbol{B} = AB\cos\theta \tag{1-34}$$

$\boldsymbol{A}$ 和 $\boldsymbol{B}$ 的点积是一个标量。因此，点积也称为标量积(scalar product)。当两矢量平行时，点积最大。然而，如果两非零矢量的点积为零，则两矢量是正交的。

两矢量的点乘服从交换律和分配律：

$$\boldsymbol{A}\cdot\boldsymbol{B} = \boldsymbol{B}\cdot\boldsymbol{A} \tag{1-35a}$$

$$\boldsymbol{A}\cdot(\boldsymbol{B}+\boldsymbol{C}) = \boldsymbol{A}\cdot\boldsymbol{B} + \boldsymbol{A}\cdot\boldsymbol{C} \tag{1-35b}$$

$$k(\boldsymbol{A}\cdot\boldsymbol{B}) = (k\boldsymbol{A})\cdot\boldsymbol{B} = \boldsymbol{A}\cdot(k\boldsymbol{B}) \tag{1-35c}$$

式(1-34)中的量 $B\cos\theta$ 称为 $\boldsymbol{B}$ 在 $\boldsymbol{A}$ 上的投影，即

$$B\cos\theta = \frac{\boldsymbol{A}\cdot\boldsymbol{B}}{A} = \boldsymbol{B}\cdot\boldsymbol{a}_A \tag{1-36}$$

当 $\boldsymbol{A}\neq\boldsymbol{0}$ 和 $\boldsymbol{B}\neq\boldsymbol{0}$ 时，$\boldsymbol{A}$ 和 $\boldsymbol{B}$ 两矢量之间的夹角为

$$\cos\theta = \frac{\boldsymbol{A}\cdot\boldsymbol{B}}{AB} \tag{1-37}$$

用式(1-34)还能决定矢量 $\boldsymbol{A}$ 的大小，即

$$A = \sqrt{\boldsymbol{A}\cdot\boldsymbol{A}} \tag{1-38}$$

例 1-5　若 $\boldsymbol{A}\cdot\boldsymbol{B}=\boldsymbol{A}\cdot\boldsymbol{C}$，是否意味着 $\boldsymbol{B}$ 总等于 $\boldsymbol{C}$ 呢？

解　因为 $\boldsymbol{A}\cdot\boldsymbol{B}=\boldsymbol{A}\cdot\boldsymbol{C}$ 可以写成 $\boldsymbol{A}\cdot(\boldsymbol{B}-\boldsymbol{C})=\boldsymbol{0}$，于是，能够给出如下结论：

①$\boldsymbol{A}$ 可能垂直于 $\boldsymbol{B}-\boldsymbol{C}$；②$\boldsymbol{A}$ 可能是一个零矢量；③ $\boldsymbol{B}-\boldsymbol{C}=\boldsymbol{0}$。
所以，只有当 $\boldsymbol{B}-\boldsymbol{C}=\boldsymbol{0}$，才有 $\boldsymbol{B}=\boldsymbol{C}$。因此，$\boldsymbol{A}\cdot\boldsymbol{B}=\boldsymbol{A}\cdot\boldsymbol{C}$ 并不意味着 $\boldsymbol{B}=\boldsymbol{C}$。

两矢量的叉乘　$\boldsymbol{A}$ 和 $\boldsymbol{B}$ 两矢量的叉乘又称为叉积或矢量积，写成 $\boldsymbol{A}\times\boldsymbol{B}$，读做“$\boldsymbol{A}$ 叉乘 $\boldsymbol{B}$”。叉积是一个矢量，它的方向垂直于 $\boldsymbol{A}$ 和 $\boldsymbol{B}$ 所决定的平面，$\boldsymbol{A}$、$\boldsymbol{B}$ 及其叉积的方向满足右手螺旋规则，叉积值等于 $\boldsymbol{A}$、$\boldsymbol{B}$ 两矢量的大小与它们之间较小夹角的正弦之积，即

$$\boldsymbol{A}\times\boldsymbol{B} = AB\sin\theta\,\boldsymbol{a}_n \tag{1-39}$$

式中，$\boldsymbol{a}_n$ 表示 $\boldsymbol{A}\times\boldsymbol{B}$ 的方向的单位矢量。当右手四指从 $\boldsymbol{A}$ 转向 $\boldsymbol{B}$ 时，拇指的方向即为 $\boldsymbol{a}_n$ 的方向，如图 1-15 所示。另一个确定单位矢量 $\boldsymbol{a}_n$ 的方向的方法是：伸出右手的三个手指，如图 1-15 右图所示，当食指指向 $\boldsymbol{A}$，中指指向 $\boldsymbol{B}$ 的时候，大拇指的指向即为 $\boldsymbol{a}_n$ 的方向。

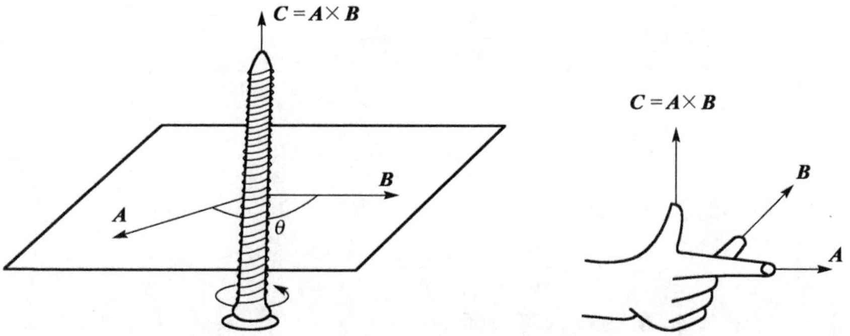

图 1-15　决定叉积 $\boldsymbol{C}=\boldsymbol{A}\times\boldsymbol{B}$ 方向的右手法则

如果 $\boldsymbol{C}$ 表示 $\boldsymbol{A}$ 和 $\boldsymbol{B}$ 两矢量的矢积，即

$$\boldsymbol{C} = \boldsymbol{A}\times\boldsymbol{B} \tag{1-40}$$

则

$$C\boldsymbol{a}_n = (A\boldsymbol{a}_A)\times(B\boldsymbol{a}_B) = (\boldsymbol{a}_A\times\boldsymbol{a}_B)AB$$

单位矢量 $\boldsymbol{a}_n$ 为

$$\boldsymbol{a}_n = \frac{\boldsymbol{a}_A\times\boldsymbol{a}_B}{\sin\theta} \tag{1-41}$$

从图 1-15 可知

$$\boldsymbol{A}\times\boldsymbol{B} = -\boldsymbol{B}\times\boldsymbol{A} \tag{1-42}$$

所以矢积不服从交换律，而服从分配律

$$\boldsymbol{A}\times(\boldsymbol{B}+\boldsymbol{C})=\boldsymbol{A}\times\boldsymbol{B}+\boldsymbol{A}\times\boldsymbol{C} \tag{1-43a}$$

$$(k\boldsymbol{A})\times\boldsymbol{B}=k(\boldsymbol{A}\times\boldsymbol{B})=\boldsymbol{A}\times(k\boldsymbol{B}) \tag{1-43b}$$

我们还能够证明，两矢量平行的必要和充分条件是它们的矢积为零。

例 1-6　证明拉格朗日恒等式，即如果 $\boldsymbol{A}$ 和 $\boldsymbol{B}$ 是任意二矢量，则

$$|\boldsymbol{A}\times\boldsymbol{B}|^2=A^2B^2-(\boldsymbol{A}\cdot\boldsymbol{B})^2$$

解　从两矢量的矢积定义，有

$$\begin{aligned}|\boldsymbol{A}\times\boldsymbol{B}|^2&=A^2B^2\sin^2\theta=A^2B^2(1-\cos^2\theta)\\&=A^2B^2-A^2B^2\cos^2\theta\\&=A^2B^2-(\boldsymbol{A}\cdot\boldsymbol{B})^2\end{aligned}$$

例 1-7　用矢量推导三角形的正弦定律。

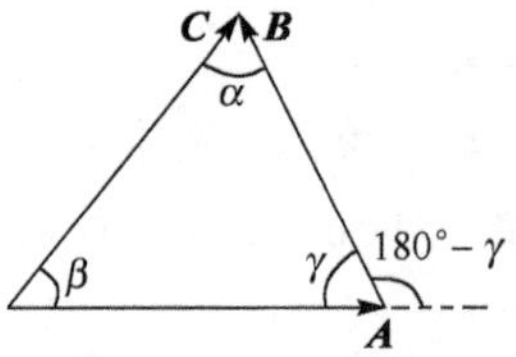

图 1-16　矢量三角形

解　从图 1-16，有

$$\boldsymbol{B}=\boldsymbol{C}-\boldsymbol{A}$$

因为 $\boldsymbol{B}\times\boldsymbol{B}=\boldsymbol{0}$，故可写出

$$\boldsymbol{B}\times(\boldsymbol{C}-\boldsymbol{A})=\boldsymbol{0}$$

或

$$\boldsymbol{B}\times\boldsymbol{C}=\boldsymbol{B}\times\boldsymbol{A}$$

所以

$$BC\sin\alpha=BA\sin(\pi-\gamma)$$

或

$$\frac{A}{\sin\alpha}=\frac{C}{\sin\gamma}$$

同样，可以证明

$$\frac{A}{\sin\alpha}=\frac{B}{\sin\beta}$$

于是，可以表述三角形的正弦定律为

$$\frac{A}{\sin\alpha}=\frac{B}{\sin\beta}=\frac{C}{\sin\gamma}$$

在直角坐标系中，矢量 $\boldsymbol{A}$ 和 $\boldsymbol{B}$ 的点积可表示为

$$\boldsymbol{A}\cdot\boldsymbol{B}=A_xB_x+A_yB_y+A_zB_z \tag{1-44}$$

利用式(1-44)，能用 $\boldsymbol{A}$ 的分量计算 $\boldsymbol{A}$ 的大小，即

$$A=\sqrt{\boldsymbol{A}\cdot\boldsymbol{A}}=\sqrt{A_x^2+A_y^2+A_z^2} \tag{1-45}$$

例 1-8　设 $\boldsymbol{A}=3\boldsymbol{a}_x+2\boldsymbol{a}_y-\boldsymbol{a}_z$，$\boldsymbol{B}=\boldsymbol{a}_x-3\boldsymbol{a}_y+2\boldsymbol{a}_z$，若 $\boldsymbol{C}=2\boldsymbol{A}-3\boldsymbol{B}$，求 $\boldsymbol{C}$，并求单位矢量 $\boldsymbol{a}_c$ 及其与 z 轴构成的角。

解　$\boldsymbol{C}=2\boldsymbol{A}-3\boldsymbol{B}$

$$=2(3\boldsymbol{a}_x+2\boldsymbol{a}_y-\boldsymbol{a}_z)-3(\boldsymbol{a}_x-3\boldsymbol{a}_y+2\boldsymbol{a}_z)=3\boldsymbol{a}_x+13\boldsymbol{a}_y-8\boldsymbol{a}_z$$

由式(1-45)，矢量 $\boldsymbol{C}$ 的大小是

$$C=\sqrt{3^2+13^2+(-8)^2}=15.556$$

要求的单位矢量是

$$\boldsymbol{a}_c=\frac{\boldsymbol{C}}{C}=0.193\boldsymbol{a}_x+0.836\boldsymbol{a}_y-0.514\boldsymbol{a}_z$$

单位矢量与 z 轴构成的角为

$$\theta_z = \arccos\left(\frac{C_z}{C}\right) = \arccos\left(\frac{-8}{15.556}\right) = 120.95^\circ$$

例 1-9　证明下列矢量是正交的：

$$\boldsymbol{A} = 4\,\boldsymbol{a}_x + 6\,\boldsymbol{a}_y - 2\,\boldsymbol{a}_z,\quad \boldsymbol{B} = -2\,\boldsymbol{a}_x + 4\,\boldsymbol{a}_y + 8\,\boldsymbol{a}_z$$

解　两非零矢量正交，它们的点积 $\boldsymbol{A}\cdot\boldsymbol{B}$ 必须为零。经计算，得

$$\boldsymbol{A}\cdot\boldsymbol{B} = (4)(-2) + (6)(4) + (-2)(8) = 0$$

问题得证。

例 1-10　求从点 $P(x_1, y_1, z_1)$ 到点 $Q(x_2, y_2, z_2)$ 的矢量 $\boldsymbol{R}$。

解　从一点到另一点的矢量称为距离矢量。令 $\boldsymbol{r}_1$ 和 $\boldsymbol{r}_2$ 分别为点 P 和点 Q 的位矢，如图 1-17 所示，则

$$\boldsymbol{r}_1 = x_1\,\boldsymbol{a}_x + y_1\,\boldsymbol{a}_y + z_1\,\boldsymbol{a}_z \quad 及 \quad \boldsymbol{r}_2 = x_2\,\boldsymbol{a}_x + y_2\,\boldsymbol{a}_y + z_2\,\boldsymbol{a}_z$$

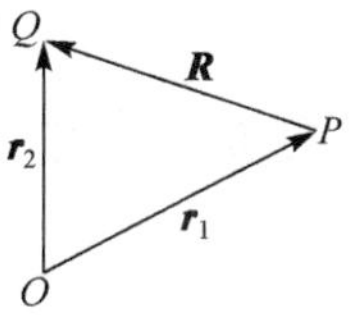

图 1-17　从点 P 到点 Q 的距离矢量（点 Q 相对于点 P 的位矢）

图 1-17 表明，从点 P 到点 Q 的距离矢量（又称点 Q 相对于点 P 的相对位置矢量）$\boldsymbol{R}$ 为

$$\boldsymbol{R} = \boldsymbol{r}_2 - \boldsymbol{r}_1 = (x_2 - x_1)\,\boldsymbol{a}_x + (y_2 - y_1)\,\boldsymbol{a}_y + (z_2 - z_1)\,\boldsymbol{a}_z$$

在直角坐标系中，$\boldsymbol{A}$ 和 $\boldsymbol{B}$ 两矢量的叉乘也可用它们的分量进行计算。令 $\boldsymbol{C}=\boldsymbol{A}\times\boldsymbol{B}$，则

$$\begin{aligned}\boldsymbol{C} &= (A_x\,\boldsymbol{a}_x + A_y\,\boldsymbol{a}_y + A_z\,\boldsymbol{a}_z)\times(B_x\,\boldsymbol{a}_x + B_y\,\boldsymbol{a}_y + B_z\,\boldsymbol{a}_z)\\ &= (A_yB_z - A_zB_y)\boldsymbol{a}_x + (A_zB_x - A_xB_z)\boldsymbol{a}_y + (A_xB_y - A_yB_x)\boldsymbol{a}_z\end{aligned}$$

用行列式表示

$$\boldsymbol{C} = \boldsymbol{A}\times\boldsymbol{B} = \begin{vmatrix}\boldsymbol{a}_x & \boldsymbol{a}_y & \boldsymbol{a}_z\\ A_x & A_y & A_z\\ B_x & B_y & B_z\end{vmatrix} \tag{1-46}$$

在圆柱坐标系中，如果两矢量 $\boldsymbol{A}$ 和 $\boldsymbol{B}$ 定义在一公共点 $P(\rho,\phi,z)$ 或在同一个 $\phi=$常数的平面上，则可以像在直角坐标系中一样，对这两矢量进行加、减和乘法运算。例如，如果在点 $P(\rho,\phi,z)$ 的两矢量是 $\boldsymbol{A} = A_\rho\,\boldsymbol{a}_\rho + A_\phi\,\boldsymbol{a}_\phi + A_z\,\boldsymbol{a}_z$ 和 $\boldsymbol{B} = B_\rho\,\boldsymbol{a}_\rho + B_\phi\,\boldsymbol{a}_\phi + B_z\,\boldsymbol{a}_z$，则

$$\boldsymbol{A}+\boldsymbol{B} = (A_\rho + B_\rho)\,\boldsymbol{a}_\rho + (A_\phi + B_\phi)\,\boldsymbol{a}_\phi + (A_z + B_z)\,\boldsymbol{a}_z \tag{1-47a}$$

$$\boldsymbol{A}\cdot\boldsymbol{B} = A_\rho B_\rho + A_\phi B_\phi + A_z B_z \tag{1-47b}$$

$$\boldsymbol{A}\times\boldsymbol{B} = \begin{vmatrix}\boldsymbol{a}_\rho & \boldsymbol{a}_\phi & \boldsymbol{a}_z\\ A_\rho & A_\phi & A_z\\ B_\rho & B_\phi & B_z\end{vmatrix} \tag{1-47c}$$

例 1-11　$\boldsymbol{A}$ 和 $\boldsymbol{B}$ 两矢量定义在空间某一点 $P(r,\theta,\phi)$，$\boldsymbol{A} = 10\,\boldsymbol{a}_r + 30\,\boldsymbol{a}_\theta - 10\,\boldsymbol{a}_\phi$，$\boldsymbol{B} = -3\,\boldsymbol{a}_r - 10\,\boldsymbol{a}_\theta + 20\,\boldsymbol{a}_\phi$。求① $2\boldsymbol{A} - 5\boldsymbol{B}$；② $\boldsymbol{A}\cdot\boldsymbol{B}$；③ $\boldsymbol{A}\times\boldsymbol{B}$；④$\boldsymbol{A}$ 在 $\boldsymbol{B}$ 方向上的投影；⑤垂直于 $\boldsymbol{A}$ 和 $\boldsymbol{B}$ 二矢量的单位矢量。

解　因为 $\boldsymbol{A}$ 和 $\boldsymbol{B}$ 两矢量定义在同一点 P，所以，矢量运算法则在球坐标系中能直接应用。

① $$\begin{aligned}2\boldsymbol{A} - 5\boldsymbol{B} &= (20 + 15)\,\boldsymbol{a}_r + (60 + 50)\,\boldsymbol{a}_\theta + (-20 - 100)\,\boldsymbol{a}_\phi\\ &= 35\,\boldsymbol{a}_r + 110\,\boldsymbol{a}_\theta - 120\,\boldsymbol{a}_\phi\end{aligned}$$

② $$\boldsymbol{A}\cdot\boldsymbol{B} = 10\times(-3) + 30\times(-10) + (-10)\times 20 = -530$$

③ $$\boldsymbol{A}\times\boldsymbol{B} = \begin{vmatrix}\boldsymbol{a}_r & \boldsymbol{a}_\theta & \boldsymbol{a}_\phi\\ 10 & 30 & -10\\ -3 & -10 & 20\end{vmatrix} = 500\,\boldsymbol{a}_r - 170\,\boldsymbol{a}_\theta - 10\,\boldsymbol{a}_\phi$$

④$\boldsymbol{B}$ 的大小为 $B=\sqrt{(-3)^2+(-10)^2+(20)^2}=22.561$，所以 $\boldsymbol{A}$ 在 $\boldsymbol{B}$ 上的投影是

$$\boldsymbol{A}\cdot\boldsymbol{a}_B=\frac{\boldsymbol{A}\cdot\boldsymbol{B}}{B}=\frac{-530}{22.561}=-23.492$$

⑤有两个单位矢量垂直于 $\boldsymbol{A}$ 和 $\boldsymbol{B}$，其中一个单位矢量是

$$\boldsymbol{a}_{n_1}=\frac{\boldsymbol{A}\times\boldsymbol{B}}{|\boldsymbol{A}\times\boldsymbol{B}|}=\frac{500\,\boldsymbol{a}_r-170\,\boldsymbol{a}_\theta-10\,\boldsymbol{a}_\phi}{\sqrt{500^2+170^2+10^2}}$$

$$=0.947\,\boldsymbol{a}_r-0.322\,\boldsymbol{a}_\theta-0.019\,\boldsymbol{a}_\phi$$

另一个单位矢量是

$$\boldsymbol{a}_{n_2}=-\boldsymbol{a}_{n_1}=-0.947\,\boldsymbol{a}_r+0.322\,\boldsymbol{a}_\theta+0.019\,\boldsymbol{a}_\phi$$

1.3.3　矢量的积分运算

当表达电磁场的基本定律时，常常要用到场量在区域中的线积分、面积分和体积分。例如，我们用电场强度的线积分定义位函数；用体电流密度的面积分来决定通过导线的电流。清楚理解这些空间积分对于研究电磁场理论是很重要的。此外，我们经常用积分形式表达最后结果，以阐明它的物理意义。所以，现在简单讨论矢量的线、面和体三种积分的概念。通常，矢量场的线积分、面积分和体积分随着应用场合的不同，会具有不同的物理意义。

1. 矢量的线积分和矢量场的环流量

一个矢量场 $\boldsymbol{F}$ 沿路径 C 的线积分定义为

$$\int_C\boldsymbol{F}\cdot\mathrm{d}\boldsymbol{l}=\lim_{\substack{n\to\infty\\ \Delta l_i\to 0}}\sum_{i=1}^{n}\boldsymbol{F}_i\cdot\Delta\boldsymbol{l}_i \tag{1-48}$$

在直角坐标系中

$$\int_C\boldsymbol{F}\cdot\mathrm{d}\boldsymbol{l}=\int_C|\boldsymbol{F}|\cos\theta\mathrm{d}l=\int_{C_x}F_x\mathrm{d}x+\int_{C_y}F_y\mathrm{d}y+\int_{C_z}F_z\mathrm{d}z$$

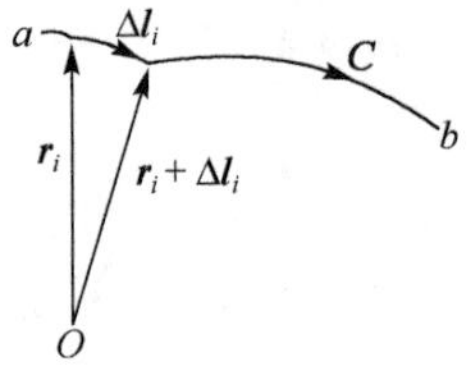

图 1-18　三维空间沿路径 C 的线微分元

矢量的线积分路径可以是一条开放曲线，也可以是一条闭合曲线。当 C 为闭合曲线时，如图 1-18 所示的 a、b 两点重合。这样在一个闭合路径上的积分通常用积分符号 $\oint_C$ 来表示。矢量场沿闭合路径的线积分为一标量，称为矢量场的环流量。矢量场的环流量是描绘矢量场性质的一个重要物理量。以流体的速度矢量场 $\boldsymbol{v}$ 为例，$\boldsymbol{v}$ 沿某一闭合路径的积分，即 $\boldsymbol{v}$ 的环流量有两种结果：一是环流量为零，表示该流体的流动是无漩涡的流动；二是环流量不等于零，表示该流体沿闭合回路作漩涡状流动。

例 1-12　当空间有静止电荷 q 存在时，在它周围会产生静电场 $\boldsymbol{E}(\boldsymbol{r})=\frac{q}{4\pi\varepsilon r^2}\boldsymbol{a}_r$。其中，$\boldsymbol{r}$ 为源点指向场点的位置矢量。静电场是一种守恒性的矢量场，证明静电场在闭合路径上的环流量为零，即

$$\oint_C\boldsymbol{E}\cdot\mathrm{d}\boldsymbol{l}=0 \tag{1-49}$$

在证明式(1-49)以前，首先介绍立体角的概念。在一个半径为 R 的球面上任取一个面元

d$\boldsymbol{S}$，则此面元可构成一个以球心为定点的锥体，如图 1-19(a)所示，定义 d$\boldsymbol{S}$ 与 R^2 的比值为 d$\boldsymbol{S}$ 对球心所张的立体角，用 dΩ 表示，单位为 sr。实际上，立体角指的是锥体的空间角度，所以整个球面对球心的立体角显然应是 $\frac{4\pi R^2}{R^2}=4\pi$ 。

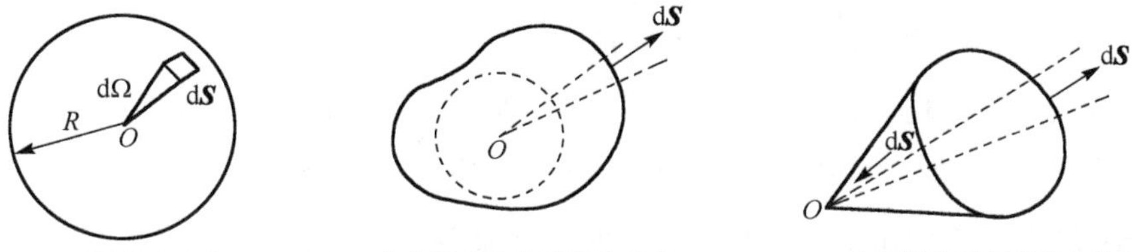

(a) 球面的立体角　(b) O点在闭合面内所张立体角　(c) O点在闭合面外所张立体角

图 1-19　立体角的概念

一个不是球面元的 d$\boldsymbol{S}$ 对 O 点所张的立体角也可以这样计算。以 O 点为球心，O 点到 d$\boldsymbol{S}$ 的距离 R 为半径作一个球面，取 d$\boldsymbol{S}$ 在球面上的投影 d$\boldsymbol{S}\cdot\boldsymbol{a}_r$ 与 R^2 的比值，即为面元对 O 点所张的立体角

$$\mathrm{d}\Omega=\frac{\mathrm{d}\boldsymbol{S}\cdot\boldsymbol{a}_r}{R^2}=\frac{\mathrm{d}S\cos\theta}{R^2} \tag{1-50}$$

一个任意形状的闭合曲面对一点 O 所张的立体角有两种情况：一种情况是 O 点在闭合面内，可以以 O 点为球心、任意半径作一个球面(图 1-19(b))，则闭合面上任一面元 d$\boldsymbol{S}$ 对 O 点所张的立体角就是它对 O 点构成的锥体在球面上割出的球面元所张的立体角。可见，任意闭合面对 O 点所张立体角与球面对 O 点所张的立体角是相等的，即为 4π。另一种情况是 O 点位于任意闭合面之外(图 1-19(c))，不难看出，它所张的立体角为零。这是因为闭合面的两个部分表面的立体角等值异号的结果。

在点电荷 q 的电场中任取一条曲线 AB，如图 1-20 所示，d$\boldsymbol{l}$ 为线微分元，d$\boldsymbol{l}$ 两端点到源点 q 的距离之差为 d$\boldsymbol{R}$，则电场强度 $\boldsymbol{E}(\boldsymbol{r})$ 沿此曲线的线积分为

$$\int_l \boldsymbol{E}\cdot\mathrm{d}\boldsymbol{l}=\frac{q}{4\pi\varepsilon_0}\int_l\frac{\boldsymbol{a}_r\cdot\mathrm{d}\boldsymbol{l}}{R^2}=\frac{q}{4\pi\varepsilon_0}\int_{R_A}^{R_B}\frac{\mathrm{d}R}{R^2}=\frac{q}{4\pi\varepsilon_0}\left(\frac{1}{R_A}-\frac{1}{R_B}\right)$$

当积分路径为闭合曲线时，即 A、B 两点重合时，得到

$$\oint_C \boldsymbol{E}\cdot\mathrm{d}\boldsymbol{l}=0$$

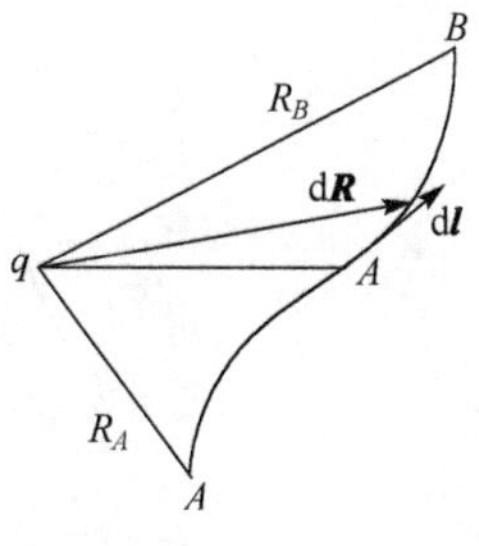

图 1-20　计算静电场的环流量

可见，静电场的环流量为零。这说明静电场是守恒的，即当一试验电荷 q 在电场中沿闭合回路移动一周时，电场力所做的功 $\oint_C q\boldsymbol{E}\cdot\mathrm{d}\boldsymbol{l}=q\oint_C\boldsymbol{E}\cdot\mathrm{d}\boldsymbol{l}=0$ ，电场能量既无损失也无增加。

例 1-13　当空间存在恒定电流 I 时，其周围空间会产生恒定磁场。任意闭合直流回路产生的磁场强度为

$$\boldsymbol{H}=\frac{1}{4\pi}\oint_C\frac{I\mathrm{d}\boldsymbol{l}\times\boldsymbol{r}}{\boldsymbol{r}^3}=\frac{1}{4\pi}\oint_C\frac{I\mathrm{d}\boldsymbol{l}\times\boldsymbol{a}_r}{\boldsymbol{r}^2}$$

求恒定磁场 $\boldsymbol{H}(\boldsymbol{r})$ 的环流量。

解　在恒定磁场中任取一闭合回路 C，而直流电流存在的回路为 C'，如图 1-21 所示，则磁场的环流量为

$$\oint_C \boldsymbol{H} \cdot \mathrm{d}l = \oint_C \frac{I}{4\pi}\oint_{C'} \frac{\mathrm{d}\boldsymbol{l}' \times \boldsymbol{a}_r}{R^2} \cdot \mathrm{d}\boldsymbol{l} = \frac{I}{4\pi}\oint_C\oint_{C'} \frac{(-\mathrm{d}\boldsymbol{l} \times \mathrm{d}\boldsymbol{l}') \cdot \boldsymbol{a}_r}{R^2} = -\frac{I}{4\pi}\oint_C\oint_{C'} \frac{(-\mathrm{d}\boldsymbol{l} \times \boldsymbol{l}') \cdot \boldsymbol{a}_r}{R^2} \tag{1-51}$$

图 1-21(a)中，P 点是积分路径上的一个点，电流回路 C' 所包围的表面对场点 P 构成一个立体角 Ω。P 点沿回路 C 位移$(-\mathrm{d}\boldsymbol{l})$时，立体角将改变 $\mathrm{d}\Omega$。这同保持 P 点不动，而回路 C' 位移$(-\mathrm{d}\boldsymbol{l})$，则回路包围的表面由 S_1' 变为 S_2'，表面的增量为 $\mathrm{d}S' = S_2' - S_1' = \oint_{C'}(-\mathrm{d}\boldsymbol{l} \times \mathrm{d}\boldsymbol{l}')$，即图中的环形表面积，立体角的改变为

$$\mathrm{d}\Omega = \oint_{C'} \frac{(-\mathrm{d}\boldsymbol{l} \times \mathrm{d}\boldsymbol{l}') \cdot (-\boldsymbol{a}_r)}{R^2}$$

即

$$-\mathrm{d}\Omega = \oint_{C'} \frac{(-\mathrm{d}\boldsymbol{l} \times \mathrm{d}\boldsymbol{l}') \cdot \boldsymbol{a}_r}{R^2}$$

这就是 P 点位移 $\mathrm{d}\boldsymbol{l}$ 时，立体角的改变量。那么 P 点沿 C 回路移动一周时，立体角的变化为

$$-\Delta\Omega = \int \mathrm{d}\Omega = \oint_C\oint_{C'} \frac{(-\mathrm{d}\boldsymbol{l} \times \mathrm{d}\boldsymbol{l}') \cdot \boldsymbol{a}_r}{R^2} \tag{1-52}$$

比较式(1-51)和式(1-52)，可知

$$\oint_C \boldsymbol{H} \cdot \mathrm{d}\boldsymbol{l} = \frac{I}{4\pi}\Delta\Omega \tag{1-53}$$

环积分的结果取决于 $\Delta\Omega$，一般分为两种情况：

(1)积分回路 C 不与电流回路 C' 相交链，如图 1-21(a)所示。可见，当从某点开始沿闭合回路 C 绕行一周并回到起始点时，立体角又恢复到原来的值，即 $\Delta\Omega = 0$，而式(1-53)变为

$$\oint_C \boldsymbol{H} \cdot \mathrm{d}\boldsymbol{l} = 0$$

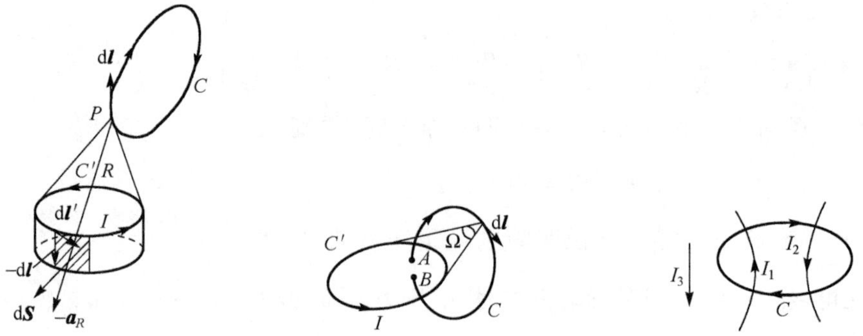

(a)回路 C' 的 B 对回路 C 的线积分　(b)积分回路 C 与电流回路 C' 相交链的情况　(c)积分回路包围的电流 $\sum I = I_1 - I_2$

图 1-21　恒定磁场的环流量求解

(2)积分回路 C 与电流回路 C' 相交链，即 C 穿过 C' 所包围的面 S' 的情况。如图 1-21(b)所示，如果我们取积分回路的起点为在 S' 面上侧的 A 点，终点为在 S' 面下侧的 B 点。由于面元对它上表面上的点所张的立体角为(-2π)，而对下表面上的点所张的立体角为$(+2\pi)$，故 S' 对 A

点的立体角为(-2π)，对 B 点的立体角为$(+2\pi)$，因而 $\Delta\Omega=2\pi-(-2\pi)=4\pi$，于是有

$$\oint_C \boldsymbol{H}\cdot \mathrm{d}\boldsymbol{l}=\frac{I}{4\pi}(4\pi)=I$$

因为 C 与 C' 相交链，I 也就是穿过回路 C 所包围的面 S 的电流，而且当电流与回路 C 存在右手螺旋关系时，I 为正；反之，I 为负。综合上述两种情况，用一个方程(积分形式)表示为

$$\oint_C \boldsymbol{H}\cdot \mathrm{d}\boldsymbol{l}=\sum I$$

其中，$\sum I$ 是 C 所包围电流的代数和。如果电流在一个面上连续分布，电流密度为 $\boldsymbol{J}$，则

$$\oint_C \boldsymbol{H}\cdot \mathrm{d}\boldsymbol{l}=\int_S \boldsymbol{J}\cdot \mathrm{d}\boldsymbol{S} \tag{1-54}$$

通过本例可知，恒定磁场与静电场不同，它是具有环流量的场，为有旋场。

2. 矢量的面积分和矢量场的通量

为了求一个矢量场 $\boldsymbol{F}$ 的面积分，将给定的面 s 划分成 n 个小面积 $\Delta \boldsymbol{s}_i$，每个小面积都趋于零。计算 $\boldsymbol{F}$ 的面积分时，由矢量场 F 与每一面元 $\Delta \boldsymbol{s}$ 的点积求和并取极限，即为矢量的面积分

$$\int_s \boldsymbol{F}\cdot \mathrm{d}\boldsymbol{s}=\lim_{\substack{n\to\infty\\ \Delta s_i\to 0}}\sum_{i=1}^{n}\boldsymbol{F}_i\cdot\Delta\,\boldsymbol{s}_i \tag{1-55}$$

在直角坐标系中，

$$\int_s \boldsymbol{F}\cdot \mathrm{d}\boldsymbol{s}=\int_s |\boldsymbol{F}|\cos\theta \mathrm{d}s=\iint F_x \mathrm{d}y\mathrm{d}z+\iint F_y \mathrm{d}x\mathrm{d}z+\iint F_z \mathrm{d}x\mathrm{d}y \tag{1-56}$$

积分面可以是开放的，也可以是闭合曲面。在闭合曲面上的积分用带圈的面积分 $\oint_S$ 表示。积分面的方向由它的法线方向确定，闭合曲面的方向为它的外法线方向，开放曲面的方向与曲面边界线的方向满足右手螺旋规则。一个矢量场的面积分称为矢量场通过该曲面的通量，通量是一个标量，它也是用来描述矢量场特性的一个重要物理量。如磁感应强度 $\boldsymbol{B}$ 通过任意曲面的通量就是磁通量 Φ。

还是以流体的速度场 $\boldsymbol{v}$ 为例，如果穿过闭合面 $\boldsymbol{S}$ 的 $\boldsymbol{v}$ 的通量不等于零，则表示闭合面包围的体积内有净流量流出或流入。如 $\oint_S \boldsymbol{v}\cdot \mathrm{d}\boldsymbol{s}>0$，则表示每秒有净流量流出，说明体积内必定存在着流体的“源”，该源称为“涡旋源”；反之，若 $\oint_S \boldsymbol{v}\cdot \mathrm{d}\boldsymbol{s}<0$，则表示每秒有净流量流入闭合面包围的体积，说明体积内存在流体的“沟”(或称负源)。当然，前一情况体积内也可能存在“沟”，但源总是大于沟；后一情况刚好反过来，体积内总是沟大于源。如果 $\oint_S \boldsymbol{v}\cdot \mathrm{d}\boldsymbol{s}=0$，则流入体积内和从体积内流出的流量相等，即体积内“源”和“沟”的总和为零或体积内既无源也无沟。

例 1-14 证明在半径为 b 的球的封闭面上，$\oint \mathrm{d}\boldsymbol{s}=0$。

解 在半径为 b 的球面上，外向的单位法线在单位矢量 $\boldsymbol{a}_r$ 的方向，如图 1-22 所示，因此

$$\oint_s \mathrm{d}\boldsymbol{s}=\int_{\theta=0}^{\pi}\int_{\phi=0}^{2\pi}\boldsymbol{a}_r b^2\sin\theta \mathrm{d}\theta\mathrm{d}\phi$$

因为单位矢量 $\boldsymbol{a}_r$ 是 θ 和 ϕ 的函数，所以，在积分之前必须将它用直角坐标系的单位矢量来

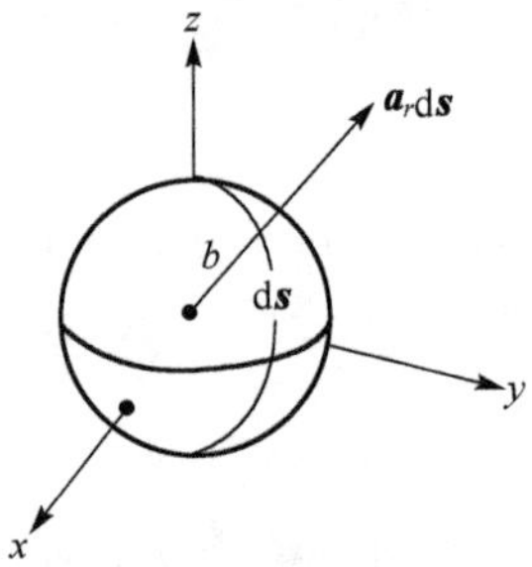

图 1-22　例 1-14 附图

表示。根据 $\boldsymbol{a}_r = \sin\theta\cos\phi\,\boldsymbol{a}_x + \sin\theta\sin\phi\,\boldsymbol{a}_y + \cos\theta\,\boldsymbol{a}_z$ ，有

$$\oint_s \mathrm{d}\boldsymbol{s} = a_x b^2 \int_0^{\pi} \sin^2\theta \mathrm{d}\theta \int_0^{2\pi} \cos\phi \mathrm{d}\phi + a_y b^2 \int_0^{\pi} \sin^2\theta \mathrm{d}\theta \int_0^{2\pi} \sin\phi \mathrm{d}\phi$$

$$+ a_z b^2 \int_0^{\pi} \sin\theta\cos\theta \mathrm{d}\theta \int_0^{2\pi} \mathrm{d}\phi = 0$$

例 1-15　证明 $\boldsymbol{B}(\boldsymbol{r})$ 通过任意闭合面的磁通量恒为零。

证明　为了简化计算，只分析真空中的磁场。在直流回路 C 的磁场中任取一闭合面 $\boldsymbol{S}$，则 $\boldsymbol{S}$ 上的磁通量Φ为

$$\oint_{\boldsymbol{S}} \boldsymbol{B} \cdot \mathrm{d}\boldsymbol{S} = \oint_{\boldsymbol{S}} \left(\frac{\mu_0}{4\pi} \oint_C \frac{I \mathrm{d}\boldsymbol{l} \times \boldsymbol{a}_r}{r^2} \right) \cdot \mathrm{d}\boldsymbol{S} = \oint_C \frac{\mu_0 I \mathrm{d}\boldsymbol{l}}{4\pi} \cdot \oint_{\boldsymbol{S}} \frac{\boldsymbol{a}_r \times \mathrm{d}\boldsymbol{S}}{r^2}$$

$$= \oint_C \frac{\mu_0 I \mathrm{d}\boldsymbol{l}}{4\pi} \cdot \oint_{\boldsymbol{S}} \left(-\nabla \frac{1}{r} \times \mathrm{d}\boldsymbol{S} \right)$$

代入矢量恒等式 $\oint_{\boldsymbol{S}} (\boldsymbol{n} \times \boldsymbol{A}) \mathrm{d}\boldsymbol{S} = \int_V \nabla \times \boldsymbol{A} \mathrm{d}V$ ，得

$$\oint_{\boldsymbol{S}} \boldsymbol{B} \cdot \mathrm{d}\boldsymbol{S} = \oint_C \frac{\mu_0 I \mathrm{d}\boldsymbol{l}}{4\pi} \cdot \int_V \nabla \times \nabla \frac{1}{r} \mathrm{d}V$$

因为 $\nabla \times \nabla \frac{1}{r} = 0$ ，所以

$$\oint_{\boldsymbol{S}} \boldsymbol{B} \cdot \mathrm{d}\boldsymbol{S} = 0 \tag{1-57}$$

式(1-57)称为磁通量连续性方程，表明磁力线总是一些闭合的曲线，也在客观上表明了自然界不存在孤立的磁荷。

例 1-16　证明静电场的电通量为闭合面 $\boldsymbol{S}$ 所包围的电荷的代数和。

证明　真空中一个点电荷产生的电场的通量为

$$\oint_S \boldsymbol{D} \cdot \mathrm{d}\boldsymbol{S} = \oint_S \frac{q\boldsymbol{a}_r}{4\pi r^2} \cdot \mathrm{d}\boldsymbol{S} = \frac{q}{4\pi} \oint_S \frac{\boldsymbol{a}_r \cdot \mathrm{d}\boldsymbol{S}}{r^2}$$

式中，$\frac{\boldsymbol{a}_r \cdot \mathrm{d}\boldsymbol{S}}{r^2}$ 是面元对点电荷 q 所张的立体角 $\mathrm{d}\Omega$ ，积分是整个闭合面对点 q 所张的立体角。若点 q 在闭合面内，则该立体角为 4π；若点 q 在闭合面之外，则该立体角为零，因此

$$\oint_S \boldsymbol{D} \cdot \mathrm{d}\boldsymbol{S} = \begin{cases} q, q \in S \\ 0, q \notin S \end{cases}$$

若真空中有 n 个点电荷均被 S 面包围，则

$$\begin{aligned} \oint_S \boldsymbol{D} \cdot \mathrm{d}\boldsymbol{S} &= \oint_S (\boldsymbol{D}_1 + \boldsymbol{D}_2 + \cdots + \boldsymbol{D}_n) \cdot \mathrm{d}\boldsymbol{S} \\ &= \oint_S \boldsymbol{D}_1 \cdot \mathrm{d}\boldsymbol{S} + \oint_S \boldsymbol{D}_2 \cdot \mathrm{d}\boldsymbol{S} + \cdots + \oint_S \boldsymbol{D}_n \cdot \mathrm{d}\boldsymbol{S} = \sum q_i \end{aligned} \tag{1-58}$$

将式(1-58)推广到电荷连续分布的情况，设电荷以体密度 ρ 分布时，式(1-58)改写为

$$\oint_S \boldsymbol{D} \cdot \mathrm{d}\boldsymbol{S} = \int_V \rho \mathrm{d}V$$

式(1-58)和式(1-49)构成了静电场的基本方程，表明了静电场的通量特性和环流量特性；而式(1-57)和式(1-50)构成了恒定磁场的基本方程，表明了恒定磁场的通量特性和环流量特性。

3. 体积分

为了定义体积分(volume integral),将给定体积划分成 n 个小体积元,如图 1-23 所示。当 $n\to\infty$,每个体元 $dv\to 0$ 。为确定体积分,每个体微分元乘以矢量场 $\boldsymbol{F}$,求所有体微分元与 $\boldsymbol{F}$ 乘积之和,然后取极限,得

$$\int_v \boldsymbol{F}\mathrm{d}v=\lim_{\substack{n\to\infty\\ \Delta v_i\to 0}}\sum_{i=1}^{n}\boldsymbol{F}_i\Delta v_i \tag{1-59}$$

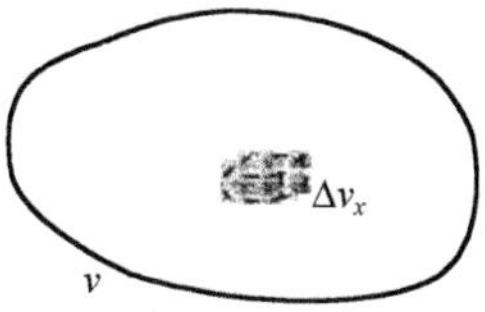

图 1-23 体微分元

例 1-17 在一个半径为 2m 的球体内,电子分布密度给定为 $n_e=\dfrac{1000}{r}\cos\dfrac{\phi}{4}$(电子/m³)。求球体内的电荷量,每个电子的电荷量是 -1.6×10^{-19} C。

解 令半径为 2m 的球所包围区域内的电子数为 N,则

$$N=\int_v n_e\mathrm{d}v=\int_v\frac{1000}{r}\cos(\phi/4)\mathrm{d}v$$
$$=\int_0^2\frac{1000}{r}r^2\mathrm{d}r\int_0^{\pi}\sin\theta\mathrm{d}\theta\int_0^{2\pi}\cos(\phi/4)\mathrm{d}\phi=16000(\text{电子}/\mathrm{m}^3)$$

因此,包围的总电荷为 $Q=16000(-1.6\times10^{-19})=-2.56\times10^{-15}$(C)。

1.3.4 矢量的微分运算

一个矢量场 $\boldsymbol{F}(s)$(标量 s 的函数)对 s 取导数为

$$\frac{\mathrm{d}\boldsymbol{F}}{\mathrm{d}s}=\lim_{\Delta s\to 0}\frac{\boldsymbol{F}(s+\Delta s)-\boldsymbol{F}(s)}{\Delta s} \tag{1-60}$$

假设 $\boldsymbol{F}$ 是位置坐标 x、y 和 z 的函数。于是,用偏微分的定义,可以写 $\partial\boldsymbol{F}/\partial x$ 为

$$\frac{\mathrm{d}\boldsymbol{F}}{\mathrm{d}x}=\lim_{\Delta x\to 0}\frac{\boldsymbol{F}(x+\Delta x,y,z)-\boldsymbol{F}(x,y,z)}{\Delta x} \tag{1-61}$$

对 $\partial\boldsymbol{F}/\partial y$ 和 $\partial\boldsymbol{F}/\partial z$ 可写出类似的表达式。求矢量场的一阶偏微分可用矢量微分算子∇来表达,∇也称为哈密顿算符。一阶矢量微分算子与矢量场的点乘和叉乘可引出矢量场的求散度和求旋度运算。

在直角坐标系中

$$\nabla=\frac{\partial}{\partial x}\boldsymbol{a}_x+\frac{\partial}{\partial y}\boldsymbol{a}_y+\frac{\partial}{\partial z}\boldsymbol{a}_z$$

在圆柱坐标系中

$$\nabla=\frac{\partial}{\partial\rho}\boldsymbol{a}_\rho+\frac{1}{\rho}\frac{\partial}{\partial\phi}\boldsymbol{a}_\phi+\frac{\partial}{\partial z}\boldsymbol{a}_z$$

在球坐标系中

$$\nabla=\frac{\partial}{\partial r}\boldsymbol{a}_r+\frac{1}{r}\frac{\partial}{\partial\theta}\boldsymbol{a}_\theta+\frac{1}{r\sin\theta}\frac{\partial}{\partial\phi}\boldsymbol{a}_\phi$$

求二阶偏导数的算子 $\nabla^2=\nabla\cdot\nabla$,就是所谓的拉普拉斯算子(Laplacian operator),拉普拉斯算子是标量算子。在直角坐标系中

$$\nabla^2=\nabla\cdot\nabla=\left(\frac{\partial}{\partial x}\boldsymbol{a}_x+\frac{\partial}{\partial y}\boldsymbol{a}_y+\frac{\partial}{\partial z}\boldsymbol{a}_z\right)\cdot\left(\frac{\partial}{\partial x}\boldsymbol{a}_x+\frac{\partial}{\partial y}\boldsymbol{a}_y+\frac{\partial}{\partial z}\boldsymbol{a}_z\right)=\frac{\partial^2}{\partial x^2}+\frac{\partial^2}{\partial y^2}+\frac{\partial^2}{\partial z^2}$$

在圆柱坐标系中

$$\nabla^2 = \frac{1}{\rho}\frac{\partial}{\partial\rho}\left(\rho\frac{\partial}{\partial\rho}\right) + \frac{1}{\rho^2}\frac{\partial^2}{\partial\phi^2} + \frac{\partial^2}{\partial z^2}$$

在球坐标系中

$$\nabla^2 = \frac{1}{r^2}\frac{\partial}{\partial r}\left(r^2\frac{\partial}{\partial r}\right) + \frac{1}{r^2\sin\theta}\frac{\partial}{\partial\theta}\left(\sin\theta\frac{\partial}{\partial\theta}\right) + \frac{1}{r^2\sin^2\theta}\frac{\partial^2}{\partial\phi^2}$$

例如，在直角坐标系中求一个矢量场的二阶偏微分为

$$\nabla^2 \boldsymbol{F} = \nabla^2 F_x \boldsymbol{a}_x + \nabla^2 F_y \boldsymbol{a}_y + \nabla^2 F_z \boldsymbol{a}_z$$

1.3.5　矢量场的散度

矢量场的通量指的是一个大范围面积上的积分量，它并不能说明矢量场在积分面所包围的体积内的每一点的性质。为了研究矢量场 $\boldsymbol{F}$ 在一个点附近的通量特性，我们把如图 1-24 所示的闭合面收缩，使包含这个点 P 在内的体积 $\Delta v \to 0$，即取 $\boldsymbol{F}$ 的面积分的极限，并记做 div$\boldsymbol{F}$：

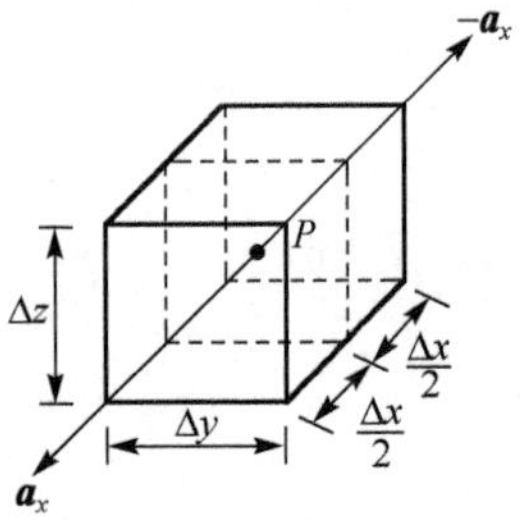

图 1-24　直角坐标中的体微分元

$$\text{div}\boldsymbol{F} = \lim_{\Delta v\to 0}\frac{1}{\Delta v}\oint_s \boldsymbol{F}\cdot d\boldsymbol{s} \tag{1-62}$$

上述极限值称为矢量场 $\boldsymbol{F}$ 在 P 点的散度，它表示从该点单位体积内发散出来的 $\boldsymbol{F}$ 的通量。显然，散度 div$\boldsymbol{F}$ 与 $\boldsymbol{F}$ 沿空间位置的变化有关。

由散度的定义可知，Δv 可以是任意形状。为方便计算，设 Δv 为平行六面体，边长分别为 Δx 、Δy 和 Δz 。注意，当 d$\boldsymbol{s}$ 的法线指向封闭体积外时，$\boldsymbol{F}\cdot d\boldsymbol{s}$ 表示矢量场 $\boldsymbol{F}$ 经过表面 d$\boldsymbol{s}$ 向外的流量。于是，$\oint \boldsymbol{F}\cdot d\boldsymbol{s}$ 表示矢量场 $\boldsymbol{F}$ 从体积 Δv 向外的净通量。矢量场 $\boldsymbol{F}$ 在正 x 方向经过面 $\Delta y\Delta z$ 向外的通量，用泰勒级数展开并忽略高阶项后，为

$$\left(F_x + \frac{\partial F_x}{\partial x}\frac{\Delta x}{2}\right)\Delta y\Delta z \tag{1-63}$$

同理，可得沿负 x 方向向外的通量为

$$-\left(F_x - \frac{\partial F_x}{\partial x}\frac{\Delta x}{2}\right)\Delta y\Delta z \tag{1-64}$$

所以，矢量场 $\boldsymbol{F}$ 在 x 方向经过两个表面向外的净通量为

$$\frac{\partial F_x}{\partial x}\Delta x\Delta y\Delta z = \frac{\partial F_x}{\partial x}\Delta v \tag{1-65}$$

类似的，可以得到 $\boldsymbol{F}$ 在 y 和 z 方向的穿过相应表面向外的净通量，然后求得矢量场 $\boldsymbol{F}$ 穿过包围体积 Δv 的所有表面向外的净通量为

$$\oint_s \boldsymbol{F}\cdot d\boldsymbol{s} = \left(\frac{\partial F_x}{\partial x} + \frac{\partial F_y}{\partial y} + \frac{\partial F_z}{\partial z}\right)\Delta v \tag{1-66}$$

比较式(1-62)和式(1-66)，得

$$\text{div}\boldsymbol{F} = \frac{\partial F_x}{\partial x} + \frac{\partial F_y}{\partial y} + \frac{\partial F_z}{\partial z} \tag{1-67}$$

将式(1-67)用算子 $\nabla = \frac{\partial}{\partial x}\boldsymbol{a}_x + \frac{\partial}{\partial y}\boldsymbol{a}_y + \frac{\partial}{\partial z}\boldsymbol{a}_z$ 表示为

$$\text{div}\boldsymbol{F} = \left(\frac{\partial}{\partial x}\boldsymbol{a}_x + \frac{\partial}{\partial y}\boldsymbol{a}_y + \frac{\partial}{\partial z}\boldsymbol{a}_z\right)\cdot(F_x\boldsymbol{a}_x + F_y\boldsymbol{a}_y + F_z\boldsymbol{a}_z) = \nabla\cdot\boldsymbol{F} \tag{1-68}$$

可见,矢量场 $\boldsymbol{F}$ 的散度可用 $\nabla\cdot\boldsymbol{F}$ 来计算,它是一个标量。式(1-62)给出矢量场散度的定义,而式(1-67)则提供计算公式。因此,矢量场 $\boldsymbol{F}$ 的散度在直角坐标系中可表示为

$$\nabla\cdot\boldsymbol{F} = \frac{\partial F_x}{\partial x} + \frac{\partial F_y}{\partial y} + \frac{\partial F_z}{\partial z}$$

在圆柱坐标系和球坐标系中,矢量场的散度表达式分别为

$$\nabla\cdot\boldsymbol{F} = \frac{1}{\rho}\frac{\partial}{\partial\rho}(\rho F_\rho) + \frac{1}{\rho}\frac{\partial F_\phi}{\partial\phi} + \frac{\partial F_z}{\partial z}$$

和

$$\nabla\cdot\boldsymbol{F} = \frac{1}{r^2}\frac{\partial}{\partial r}(r^2 F_r) + \frac{1}{r\sin\theta}\frac{\partial}{\partial\theta}(\sin\theta F_\theta) + \frac{1}{r\sin\theta}\frac{\partial F_\phi}{\partial\phi}$$

式(1-68)表明矢量场的散度的物理意义是空间某一体积内的点 P 向外的净通量。我们可用任意小体积包围点 P,然后用计算矢量场在该点的散度求得它向外的净通量。如果矢量场是连续的,例如,通过输送管道的不可压缩的流体或围绕磁铁的磁力线,就没有向外的净通量。在这种情况下,$\nabla\cdot\boldsymbol{F} = 0$,称 $\boldsymbol{F}$ 是连续的或无散的(螺线管式)矢量场,即矢量场 $\boldsymbol{F}$ 无散度源。磁场即为这样的矢量场。

例 1-18 证明 $\nabla\cdot\boldsymbol{r} = 3$,$\boldsymbol{r}$ 是在空间任意点 P 的位矢。

解 在直角坐标系中,任一点 P 的位置矢量是

$$\boldsymbol{r} = x\boldsymbol{a}_x + y\boldsymbol{a}_y + z\boldsymbol{a}_z$$

因此,矢量 $\boldsymbol{r}$ 的散度为

$$\nabla\cdot\boldsymbol{r} = \frac{\partial x}{\partial x} + \frac{\partial y}{\partial y} + \frac{\partial z}{\partial z} = 1 + 1 + 1 = 3$$

散度定理

矢量场的散度是指某一点的净通量,该点应为一个包围在无穷小体积 Δv 之内的点。如果矢量场 $\boldsymbol{F}$ 在表面 $\boldsymbol{s}$ 所包围体积 $\boldsymbol{v}$ 的区域内是连续可微的(图 1-25),则散度的定义可以扩展到整个体积。这样做是把体积 v 细分成 n 个单元,每个单元的体积都趋于零。不难得出,以表面 s_i 为界的单元体积 Δv_i 内含点 P_i,$\boldsymbol{F}$ 在 P_i 的散度为

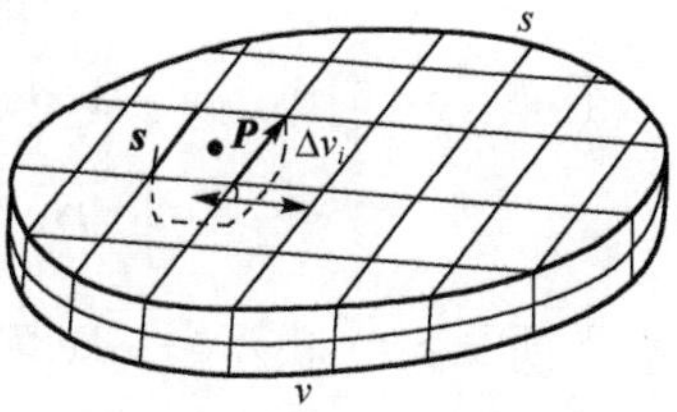

图 1-25 散度定理的说明

$$\nabla\cdot\boldsymbol{F}_i = \lim_{\Delta v_i\to 0}\frac{1}{\Delta v_i}\oint_{s_i}\boldsymbol{F}\cdot\mathrm{d}\boldsymbol{s}$$

式中,$\boldsymbol{F}_i$ 是 $\boldsymbol{F}$ 在 P_i 的值。此式可以重写为

$$\oint_{s_i}\boldsymbol{F}\cdot\mathrm{d}\boldsymbol{s} = \nabla\cdot\boldsymbol{F}_i\Delta v_i + \varepsilon_i\Delta v_i$$

因点 P_i 包围在 Δv_i 之中,对所有单元体积求和,得

$$\lim_{n\to\infty}\sum_{i=1}^{n}\oint_{s_i}\boldsymbol{F}\cdot\mathrm{d}\boldsymbol{s} = \lim_{n\to\infty}\sum_{i=1}^{n}\nabla\cdot\boldsymbol{F}_i\Delta v_i + \lim_{n\to\infty}\sum_{i=1}^{n}\varepsilon_i\Delta v_i$$

上式等号左边包含许多个小的面积分。因相邻两单元体积分界面上来自两边的净通量互相抵消,因而,总和中只剩下属于外表面 s 对应于最外一层面积分的项。于是,可写成

$$\lim_{n\to\infty}\sum_{i=1}^{n}\oint_{s_i}\boldsymbol{F}\cdot\mathrm{d}\boldsymbol{s}=\oint_{s}\boldsymbol{F}\cdot\mathrm{d}\boldsymbol{s}$$

当 $n\to\infty$ 时，上式右边第一项取极限为体积分，且因 $\Delta v_i\to 0$ ，$\varepsilon_i\to 0$ ，上式右边第二项的总和为零。于是，上式可以写成

$$\oint_{s}\boldsymbol{F}\cdot\mathrm{d}\boldsymbol{s}=\int_{v}\nabla\cdot\boldsymbol{F}\mathrm{d}v \tag{1-69}$$

式(1-69)为散度定理的数学定义，它建立了矢量场的散度的体积分与矢量的面积分之间的关系。它说明一个连续可微的矢量场通过一封闭曲面的净通量等于矢量场的散度在该曲面所包围区域内的体积分。

散度定理广泛地应用于电磁场理论，它可将面积分转换为体积分，也可进行反向变换。例如，利用散度定理，由式(1-57)可得 $\nabla\cdot\boldsymbol{B}=0$ ，称为微分形式的磁场高斯定理，表明磁场的散度等于零，为无散场。由式(1-58)可得 $\nabla\cdot\boldsymbol{D}=\rho$ ，称为微分形式的电场高斯定理，表明电场的散度不为零。

例 1-19　在圆柱面 $x^2+y^2=9$ 和平面 $x=0, y=0, z=0$ 及 $z=2$ 所包围的区域中，对矢量场 $\boldsymbol{D}=3x^2\boldsymbol{a}_x+(3y+z)\boldsymbol{a}_y+(3z-x)\boldsymbol{a}_z$ 验证散度定理。

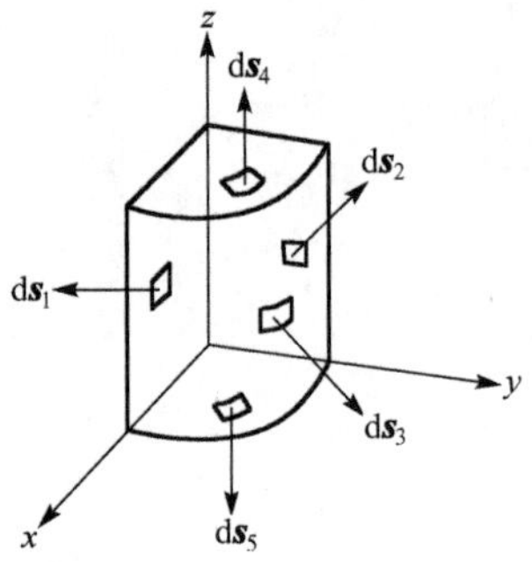

图 1-26　例 1-19 附图

解　图 1-26 显示五个不同的面包围体积 v。首先计算

$$\nabla\cdot\boldsymbol{D}=\frac{\partial}{\partial x}(3x^2)+\frac{\partial}{\partial y}(3y+z)+\frac{\partial}{\partial z}(3z-x)=6x+6$$

在圆柱坐标系中计算体积分，得

$$\begin{aligned}\int_{v}\nabla\cdot\boldsymbol{D}\mathrm{d}v&=\int_{v}(6x+6)\mathrm{d}v\\&=\int_0^3 6\rho^2\mathrm{d}\rho\int_0^{\pi/2}\cos\phi\mathrm{d}\phi\int_0^2\mathrm{d}z+\int_0^3 6\rho\mathrm{d}\rho\int_0^{\pi/2}\mathrm{d}\phi\int_0^2\mathrm{d}z\\&=192.82\end{aligned}$$

再利用式(1-69)对五个不同的面进行计算。

平面 $y=0$：$\mathrm{d}s_1=-\mathrm{d}x\mathrm{d}z\,\boldsymbol{a}_y$

$$\int_{s_1}\boldsymbol{D}\cdot\mathrm{d}\boldsymbol{s}_1=-\int_{x=0}^{3}\int_{z=0}^{2}(3y+z)\mathrm{d}x\mathrm{d}z=-6$$

平面 $x=0$：$\mathrm{d}s_2=-\mathrm{d}y\mathrm{d}z\,\boldsymbol{a}_x$

$$\int_{s_2}\boldsymbol{D}\cdot\mathrm{d}\boldsymbol{s}_2=-\int_{y=0}^{3}\int_{z=0}^{2}3x^2\mathrm{d}y\mathrm{d}z=0$$

在半径 $\rho=3$ 的柱面上：$\mathrm{d}s_3=3\mathrm{d}\phi\mathrm{d}z\,\boldsymbol{a}_\rho$

$$\int_{s_3}\boldsymbol{D}\cdot\mathrm{d}\boldsymbol{s}_3=\int_{\phi=0}^{\pi/2}\int_{z=0}^{2}3D_\rho\mathrm{d}\phi\mathrm{d}z$$

然而

$$D_\rho=D_x\cos\phi+D_y\sin\phi=3x^2\cos\phi+(3y+z)\sin\phi$$

因此

$$\int_{s_3}\boldsymbol{D}\cdot\mathrm{d}\boldsymbol{s}_3=\int_{\phi=0}^{\pi/2}\int_{z=0}^{2}[3x^2\cos\phi+(3y+z)\sin\phi]3\mathrm{d}\phi\mathrm{d}z$$

将 $x = 3\cos\phi$ 和 $y = 3\sin\phi$ 代入上述方程并完成积分，得

$$\int_{s_3} \boldsymbol{D} \cdot \mathrm{d}\boldsymbol{s}_3 = 156.41$$

平面 $z = 2$：$\mathrm{d}\boldsymbol{s}_4 = \rho\mathrm{d}\rho\mathrm{d}\phi\,\boldsymbol{a}_z$

$$\int_{s_4} \boldsymbol{D} \cdot \mathrm{d}\,\boldsymbol{s}_4 = \int_{\rho=0}^{3}\int_{\phi=0}^{\pi/2}(6 - x)\rho\mathrm{d}\rho\mathrm{d}\phi$$

代入 $x = \rho\cos\phi$，由此积分得

$$\int_{s_4} \boldsymbol{D} \cdot \mathrm{d}\,\boldsymbol{s}_4 = 33.41$$

最后，在平面 $z = 0$：$\mathrm{d}\boldsymbol{s}_5 = -\rho\mathrm{d}\rho\mathrm{d}\phi\,\boldsymbol{a}_z$

$$\int_{s_5} \boldsymbol{D} \cdot \mathrm{d}\,\boldsymbol{s}_5 = \int_{\rho=0}^{3}\int_{\phi=0}^{\pi/2} x\rho\mathrm{d}\rho\mathrm{d}\phi = 9$$

于是

$$\oint_{s} \boldsymbol{D} \cdot \mathrm{d}\boldsymbol{s} = -6 + 0 + 156.41 + 33.41 + 9 = 192.82$$

这样，就验证了散度定理。

1.3.6 矢量场的旋度

矢量场沿闭合曲线的环流量和矢量场穿过闭合面的通量一样都是描绘矢量场性质的重要物理量。从矢量场分析的要求来看，我们希望知道每个点附近的矢量场的环流状态。因此，我们把闭合路径收缩，使它包围的面积 Δs 趋近于零（$\Delta s \to 0$），并求其极限值，记做 curl$\boldsymbol{F}$，称为矢量场 $\boldsymbol{F}$ 的旋度。一个矢量场的旋度是一个矢量，其方向为积分面的法线方向$\boldsymbol{a}_n$：

$$(\mathrm{curl}\boldsymbol{F}) \cdot \boldsymbol{a}_n = \lim_{\Delta s \to 0} \frac{1}{\Delta s}\oint_{\Delta c} \boldsymbol{F} \cdot \mathrm{d}\boldsymbol{l} \tag{1-70}$$

式中，路径 Δc 为包围 Δs 的边界线，Δc 的方向按右手螺旋法则决定。式(1-70)提供了矢量场旋度的完整定义，利用它可以确定在任意正交坐标系中 curl$\boldsymbol{F}$ 的三个分量。

首先开始计算在直角坐标系中 curl$\boldsymbol{F}$ 的 z 分量，设矢量场为

$$\boldsymbol{F} = F_x\,\boldsymbol{a}_x + F_y\,\boldsymbol{a}_y + F_z\,\boldsymbol{a}_z$$

在路径 Δc 围成的小面元 Δs 中的点 P，如图 1-27 所示。沿闭合路径 Δc 的线积分由四个分段路径组成：

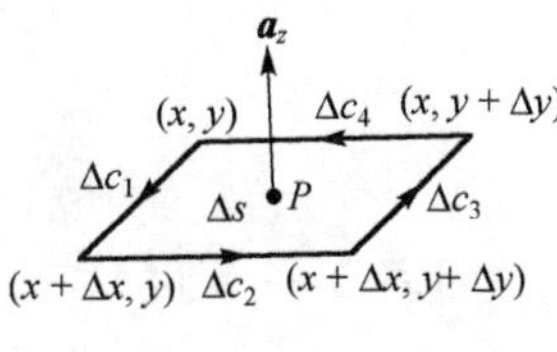

图 1-27　定义矢量场旋度的小面元

$$\oint_{\Delta c} \boldsymbol{F} \cdot \mathrm{d}\boldsymbol{l} = \oint_{\Delta c_1} \boldsymbol{F} \cdot \mathrm{d}\boldsymbol{l} + \oint_{\Delta c_2} \boldsymbol{F} \cdot \mathrm{d}\boldsymbol{l} + \oint_{\Delta c_3} \boldsymbol{F} \cdot \mathrm{d}\boldsymbol{l} + \oint_{\Delta c_4} \boldsymbol{F} \cdot \mathrm{d}\boldsymbol{l} \tag{1-71}$$

现在分别计算式(1-71)中的四个积分。沿路径 Δc_1 是在 y 上计算，并假设 F_x 从 x 到 $x+\Delta x$ 近似为常数，这个假设是符合中值定理的。因而有线积分

$$\int_{\Delta c_1} \boldsymbol{F} \cdot \mathrm{d}\boldsymbol{l} = \int_{x}^{x+\Delta x} (F_x\,\boldsymbol{a}_x + F_y\,\boldsymbol{a}_y + F_z\,\boldsymbol{a}_z)\big|_{\text{在}y\text{上}} \cdot (\mathrm{d}x\,\boldsymbol{a}_x) = (F_x\Delta x)\big|_{\text{在}y\text{上}}$$

其他三个线积分分别为

$$\int_{\Delta c_2} \boldsymbol{F} \cdot \mathrm{d}\boldsymbol{l} = \int_{y}^{y+\Delta y} (F_x\,\boldsymbol{a}_x + F_y\,\boldsymbol{a}_y + F_z\,\boldsymbol{a}_z)\big|_{\text{在}x+\Delta x\text{上}} \cdot (\mathrm{d}y\,\boldsymbol{a}_y) = (F_y\Delta y)\big|_{\text{在}x+\Delta x\text{上}}$$

$$\int_{\Delta c_3} \boldsymbol{F} \cdot \mathrm{d}\boldsymbol{l} = \int_{x+\Delta x}^{x} (F_x \boldsymbol{a}_x + F_y \boldsymbol{a}_y + F_z \boldsymbol{a}_z)\big|_{在y+\Delta y上} \cdot (\mathrm{d}x \boldsymbol{a}_x) = -(F_x \Delta x)\big|_{在y+\Delta y上}$$

$$\int_{\Delta c_4} \boldsymbol{F} \cdot \mathrm{d}\boldsymbol{l} = \int_{y+\Delta y}^{y} (F_x \boldsymbol{a}_x + F_y \boldsymbol{a}_y + F_z \boldsymbol{a}_z)\big|_{在x上} \cdot (\mathrm{d}y \boldsymbol{a}_y) = -(F_y \Delta y)\big|_{在x上}$$

于是

$$\oint_{\Delta c} \boldsymbol{F} \cdot \mathrm{d}\boldsymbol{l} = (F_x \Delta x)\big|_{在y上} - (F_x \Delta x)\big|_{在y+\Delta y上} + (F_y \Delta y)\big|_{在x+\Delta x上} - (F_y \Delta y)\big|_{在x上}$$

取极限 $\Delta x \to 0$ 和 $\Delta y \to 0$，用泰勒级数展开并忽略高阶项，得

$$-(F_x \Delta x)\big|_{在y+\Delta y上} + (F_x \Delta x)\big|_{在y上} = -\frac{\partial F_x}{\partial y} \Delta x \Delta y$$

和

$$(F_y \Delta y)\big|_{在x+\Delta x上} - (F_y \Delta y)\big|_{在x上} = \frac{\partial F_y}{\partial x} \Delta x \Delta y$$

代回式(1-71)，得

$$\oint_{\Delta c} \boldsymbol{F} \cdot \mathrm{d}\boldsymbol{l} = \left(\frac{\partial F_y}{\partial x} - \frac{\partial F_x}{\partial y}\right) \Delta x \Delta y$$

上式两边同除以 $\Delta s = \Delta x \Delta y$ 并取极限 $\Delta s \to 0$，得

$$\lim_{\Delta s \to 0} \frac{1}{\Delta s} \oint_{\Delta c \to 0} \boldsymbol{F} \cdot \mathrm{d}\boldsymbol{l} = \frac{\partial F_y}{\partial x} - \frac{\partial F_x}{\partial y} \tag{1-72}$$

因为单位矢量 $\boldsymbol{a}_\mathrm{n} = \boldsymbol{a}_z$（图 1-27），故可改写 $(\mathrm{curl}\boldsymbol{F}) \cdot \boldsymbol{a}_\mathrm{n}$ 成 $(\mathrm{curl}\boldsymbol{F})_z$，这里 $(\mathrm{curl}\boldsymbol{F})_z$ 表示 $\mathrm{curl}\boldsymbol{F}$ 在 z 方向的分量。于是从式(1-70)和式(1-72)得

$$(\mathrm{curl}\boldsymbol{F})_z = \frac{\partial F_y}{\partial x} - \frac{\partial F_x}{\partial y} \tag{1-73a}$$

$\mathrm{curl}\boldsymbol{F}$ 的其他两个分量可用类似方法得到，它们是

$$(\mathrm{curl}\boldsymbol{F})_x = \frac{\partial F_z}{\partial y} - \frac{\partial F_y}{\partial z} \tag{1-73b}$$

$$(\mathrm{curl}\boldsymbol{F})_y = \frac{\partial F_x}{\partial z} - \frac{\partial F_z}{\partial x} \tag{1-73c}$$

于是，矢量场 $\boldsymbol{F}$ 的旋度，在直角坐标系中为

$$\mathrm{curl}\boldsymbol{F} = \left(\frac{\partial F_z}{\partial y} - \frac{\partial F_y}{\partial z}\right)\boldsymbol{a}_x + \left(\frac{\partial F_x}{\partial z} - \frac{\partial F_z}{\partial x}\right)\boldsymbol{a}_y + \left(\frac{\partial F_y}{\partial x} - \frac{\partial F_x}{\partial y}\right)\boldsymbol{a}_z \tag{1-74}$$

用叉积表示，式(1-74)可写成

$$\begin{aligned}\mathrm{curl}\boldsymbol{F} &= \left(\frac{\partial}{\partial x}\boldsymbol{a}_x + \frac{\partial}{\partial y}\boldsymbol{a}_y + \frac{\partial}{\partial z}\boldsymbol{a}_z\right) \times (F_x \boldsymbol{a}_x + F_y \boldsymbol{a}_y + F_z \boldsymbol{a}_z) \\ &= \nabla \times \boldsymbol{F}\end{aligned} \tag{1-75}$$

$\nabla \times \boldsymbol{F}$ 为矢量场的计算公式，也是通常的表达式，在直角坐标系中，其行列式表达形式为

$$\nabla \times \boldsymbol{F} = \begin{vmatrix} \boldsymbol{a}_x & \boldsymbol{a}_y & \boldsymbol{a}_z \\ \dfrac{\partial}{\partial x} & \dfrac{\partial}{\partial y} & \dfrac{\partial}{\partial z} \\ F_x & F_y & F_z \end{vmatrix} \tag{1-76}$$

在圆柱坐标系和球坐标系中分别是

$$\nabla\times \boldsymbol{F}=\frac{1}{\rho}\begin{vmatrix}\boldsymbol{a}_\rho & \rho\,\boldsymbol{a}_\phi & \boldsymbol{a}_z\\ \dfrac{\partial}{\partial\rho} & \dfrac{\partial}{\partial\phi} & \dfrac{\partial}{\partial z}\\ F_\rho & \rho F_\phi & F_z\end{vmatrix} \tag{1-77}$$

和

$$\nabla\times F=\frac{1}{r^2\sin\theta}\begin{vmatrix}\boldsymbol{a}_r & r\,\boldsymbol{a}_\theta & r\sin\theta\,\boldsymbol{a}_\phi\\ \dfrac{\partial}{\partial r} & \dfrac{\partial}{\partial\theta} & \dfrac{\partial}{\partial\phi}\\ F_r & rF_\theta & r\sin\theta F_\phi\end{vmatrix} \tag{1-78}$$

一个矢量场的旋度的物理意义是表达了该矢量场每单位面积的环流量。若矢量场的旋度不为零，则称该矢量场是有旋的。如果一个矢量场的旋度为零，则称此矢量场是无旋的或保守的。

斯托克斯定理

从 $\nabla\times \boldsymbol{F}$ 的定义式(1-70)，可以导出一个很重要的关系，即著名的斯托克斯定理。以闭合线 c 为边界的有限但开放的表面 s 如图 1-28 所示。将表面积 s 划分成 n 个单元面积 Δs_i（第 i 个），具有单位法向矢量 $\boldsymbol{a}_{n_i}$，由闭合路径包围点 P_i 。

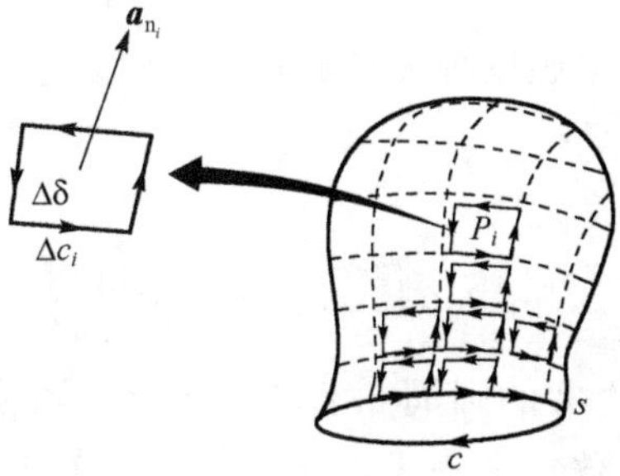

图 1-28　用于说明斯托克斯定理的闭合线 c 包围的开表面 s

由式(1-70)，可以写出

$$\int_{\Delta s_i}(\nabla\times \boldsymbol{F})\cdot d\,\boldsymbol{s}_i=\oint_{\Delta c_i}\boldsymbol{F}\cdot \mathrm{d}\boldsymbol{l}+\varepsilon_i\Delta s_i$$

此处要加上 $\varepsilon_i\Delta \boldsymbol{s}_i$ 一项，因为严格说来，式(1-70)仅对于一点即在 $n\to\infty,\varepsilon_i=0$ 才是准确的。覆盖整个面积求和，得

$$\sum_{i=1}^{n}\int_{\Delta s_i}(\nabla\times \boldsymbol{F})\cdot d\,\boldsymbol{s}_i=\sum_{i=1}^{n}\oint_{\Delta c_i}\boldsymbol{F}\cdot \mathrm{d}l+\sum_{i=1}^{n}\varepsilon_i\Delta \boldsymbol{s}_i \tag{1-79}$$

当 $n\to\infty$时，式(1-79)左边为

$$\lim_{n\to\infty}\sum_{i=1}^{n}\int_{\Delta s_i}(\nabla\times F)\cdot \mathrm{d}\,\boldsymbol{s}_i=\int_s(\nabla\times \boldsymbol{F})\cdot \mathrm{d}\boldsymbol{s}$$

上式是在以 c 为边界的开曲面 s 上求面积分。式(1-79)右边第二项当 $n\to\infty$时为零。另外，沿相邻两单元面边界的线积分，在公共边上的积分方向相反而互相抵消。只有在路径 c 上的积分是有贡献的。所以

$$\lim_{n\to\infty}\sum_{i=1}^{n}\oint_{\Delta c_i}\boldsymbol{F}\cdot \mathrm{d}\boldsymbol{l}=\oint_c\boldsymbol{F}\cdot \mathrm{d}\boldsymbol{l}$$

从而,式(1-79)变成

$$\int_s (\nabla\times \boldsymbol{F})\cdot \mathrm{d}\boldsymbol{s}=\oint_c \boldsymbol{F}\cdot \mathrm{d}\boldsymbol{l} \tag{1-80}$$

式(1-80)表示的就是斯托克斯定理。它说明矢量场 $\boldsymbol{F}$ 的旋度的面积分等于该矢量沿围绕此面积边界曲线的线积分。斯托克斯定理给出了面积分和线积分之间的转换。

例如,由式(1-49)可得 $\nabla\times \boldsymbol{E}=0$,表明静电场为无旋场或保守场。而由式(1-50)可得 $\nabla\times \boldsymbol{H}=\boldsymbol{J}$,表明恒定磁场为有旋场或非保守场。

例 1-20　若 $\boldsymbol{F}=(2z+5)\boldsymbol{a}_x+(3x-2)\boldsymbol{a}_y+(4x-1)\boldsymbol{a}_z$,试在半球 $x^2+y^2+z^2=4$ 和 $z\geqslant 0$ 上验证斯托克斯定理。

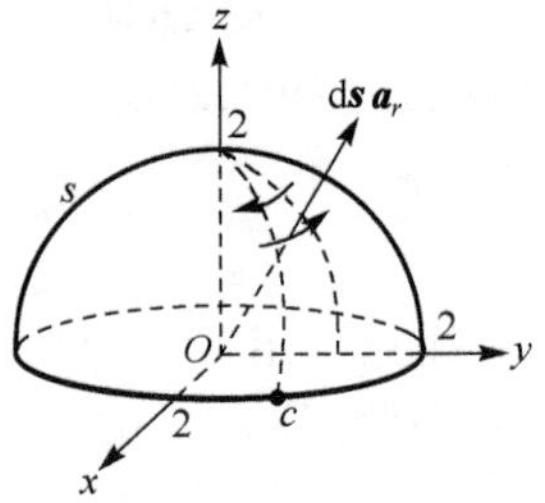

图 1-29　例 1-20 图

解

$$\nabla\times \boldsymbol{F}=\begin{vmatrix} \boldsymbol{a}_x & \boldsymbol{a}_y & \boldsymbol{a}_z \\ \dfrac{\partial}{\partial x} & \dfrac{\partial}{\partial y} & \dfrac{\partial}{\partial z} \\ 2z+5 & 3x-2 & 4x-1 \end{vmatrix}=-2\boldsymbol{a}_y+3\boldsymbol{a}_z$$

半径为 2 的半球表面单位法向矢量为 $\boldsymbol{a}_r$,如图 1-29 所示。因此,微分面积为

$$\mathrm{d}\boldsymbol{s}=4\sin\theta\mathrm{d}\theta\mathrm{d}\phi\boldsymbol{a}_r$$

利用直角到球坐标的变换,得旋度 $\nabla\times \boldsymbol{F}$ 的 $\boldsymbol{a}_r$ 分量为

$$(\nabla\times \boldsymbol{F})_r=-2\sin\theta\sin\phi+3\cos\theta$$

于是,可以计算斯托克斯定理的左边为

$$\int_s (\nabla\times \boldsymbol{F})\cdot \mathrm{d}\boldsymbol{s}=-8\int_0^{\pi/2}\sin^2\theta\mathrm{d}\theta\int_0^{2\pi}\sin\phi\mathrm{d}\phi+12\int_0^{\pi/2}\sin\theta\cos\theta\mathrm{d}\theta\int_0^{2\pi}\mathrm{d}\phi=12\pi$$

斯托克斯定理右边包含沿半径为 2 的圆周 c 上的线积分。因为 c 是 xOy 面上的圆,所以可以用圆柱坐标系计算 $\boldsymbol{F}\cdot\mathrm{d}\boldsymbol{l}$,其线微分元变成 $\mathrm{d}\boldsymbol{l}=2\mathrm{d}\phi\boldsymbol{a}_\phi$。$\boldsymbol{F}$ 的 $\boldsymbol{a}_\phi$ 分量从直角坐标变换到圆柱坐标,为

$$\boldsymbol{F}_\phi=-(2z+5)\sin\phi+(3x-2)\cos\phi$$

代入 $z=0$ 和 $x=2\cos\phi$,得

$$\boldsymbol{F}_\phi=-5\sin\phi+6\cos^2\phi-2\cos\phi$$

于是,

$$\oint_c \boldsymbol{F}\cdot\mathrm{d}\boldsymbol{l}=-10\int_0^{2\pi}\sin\phi\mathrm{d}\phi+12\int_0^{2\pi}\cos^2\phi\mathrm{d}\phi-4\int_0^{2\pi}\cos\phi\mathrm{d}\phi=12\pi$$

$\boldsymbol{F}$ 的线积分等于 $\nabla\times \boldsymbol{F}$ 的面积分,定理得证。

1.4　标量场的梯度

设有一个标量场 $f(x,y,z)$,如图 1-30 所示,从场中某点位移 $\mathrm{d}\boldsymbol{l}$ 到邻近的另一点,此标量值从 f 变化为 $f+\mathrm{d}f$,在直角坐标系内,增量 $\mathrm{d}f$ 为

$$\mathrm{d}f=\frac{\partial f}{\partial x}\mathrm{d}x+\frac{\partial f}{\partial y}\mathrm{d}y+\frac{\partial f}{\partial z}\mathrm{d}z$$

因为位移矢量 $\mathrm{d}\boldsymbol{l}=\mathrm{d}x\boldsymbol{a}_x+\mathrm{d}y\boldsymbol{a}_y+\mathrm{d}z\boldsymbol{a}_z$,显然,$\mathrm{d}f$ 可以表示为

$$\mathrm{d}f = \left(\frac{\partial f}{\partial x}\boldsymbol{a}_x + \frac{\partial f}{\partial y}\boldsymbol{a}_y + \frac{\partial f}{\partial z}\boldsymbol{a}_z\right)\cdot \mathrm{d}\boldsymbol{l}$$

因为在直角坐标系中,一阶矢量微分算子为 $\nabla = \frac{\partial}{\partial x}\boldsymbol{a}_x + \frac{\partial}{\partial y}\boldsymbol{a}_y + \frac{\partial}{\partial z}\boldsymbol{a}_z$,显然

$$\frac{\partial f}{\partial x}\boldsymbol{a}_x + \frac{\partial f}{\partial y}\boldsymbol{a}_y + \frac{\partial f}{\partial z}\boldsymbol{a}_z = \nabla f$$

所以,$\mathrm{d}f = \nabla f \cdot \mathrm{d}\boldsymbol{l}$ 。其中

$$\nabla f = \frac{\partial f}{\partial x}\boldsymbol{a}_x + \frac{\partial f}{\partial y}\boldsymbol{a}_y + \frac{\partial f}{\partial z}\boldsymbol{a}_z \tag{1-81}$$

称为标量场 f 的梯度,是个矢量。

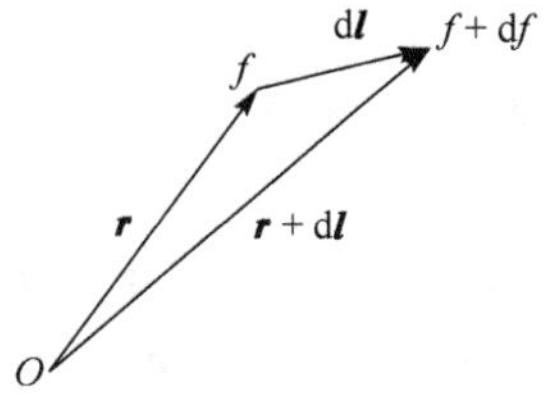

图 1-30　标量场 $f(x,y,z)$ 的位移变化

标量场在圆柱坐标系中的梯度的表达式为

$$\nabla f = \frac{\partial f}{\partial \rho}\boldsymbol{a}_\rho + \frac{1}{\rho}\frac{\partial f}{\partial \phi}\boldsymbol{a}_\phi + \frac{\partial f}{\partial z}\boldsymbol{a}_z \tag{1-82}$$

在球坐标系中为

$$\nabla f = \frac{\partial f}{\partial r}\boldsymbol{a}_r + \frac{1}{r}\frac{\partial f}{\partial \theta}\boldsymbol{a}_\theta + \frac{1}{r\sin\theta}\frac{\partial f}{\partial \phi}\boldsymbol{a}_\phi \tag{1-83}$$

为了理解梯度的意义,见图 1-31,存在一个经过 P 点的面,在它上面 f 是常数;同样,还存在一个经过 Q 点的面,在它上面 $f+\mathrm{d}f$ 是常数,这两个面均称为等值面。假设我们在等值面上沿等值面切向取一段位移矢量 $\mathrm{d}\boldsymbol{l}_1$,则因等值面上 f 值没有变化,所以 $\mathrm{d}f = \nabla f \cdot \mathrm{d}\boldsymbol{l}_1 = 0$,可见 ∇f 和 $\mathrm{d}\boldsymbol{l}_1$ 垂直。换言之,梯度是与等值面相垂直的一个矢量。若我们用沿 f 增加方向的单位法向矢量 $\boldsymbol{a}_l$ 表示等值面上面元的方向,则 ∇f 与 $\boldsymbol{a}_l$ 相平行,即可用 $\boldsymbol{a}_l$ 来表示 ∇f 的方向。

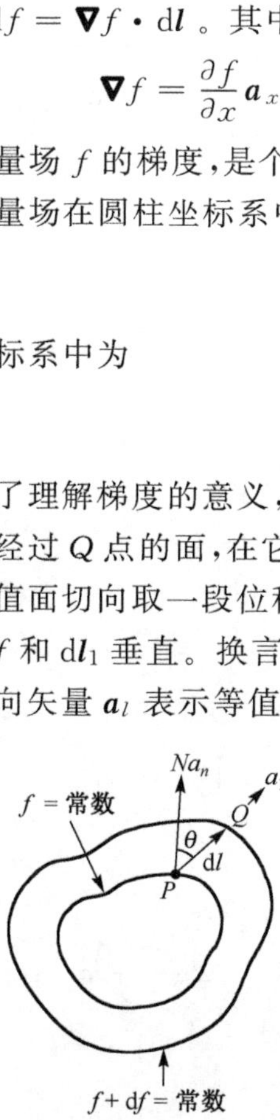

图 1-31　标量场的梯度的物理意义图示

如图 1-31 所示,从包含 P 点的等值面上的一个点沿不同方向上的路径到达包含 Q 点的等值面上,显然引起的 $\mathrm{d}f$ 相同,但位移矢量的大小(路径长度)不同,这说明沿不同方向上的路径 f 的增加率 $\frac{\mathrm{d}f}{\mathrm{d}\boldsymbol{l}}$ 是不同的。其中,沿法向 $\mathrm{d}\boldsymbol{l}$ 的位移最短,f 的增加率 $\frac{\mathrm{d}f}{\mathrm{d}\boldsymbol{l}_n}$ 为最大值,即 f 的梯度 ∇f 。所以,梯度的模是 f 的最大增加率,梯度的方向是等值面的法线方向,即 f 增加率最大的方向。

$\mathrm{d}f = \nabla f \cdot \mathrm{d}\boldsymbol{l}$ 还可以写成

$$\mathrm{d}f/\mathrm{d}\boldsymbol{l} = \nabla f \cdot \boldsymbol{a}_l \tag{1-84}$$

式(1-84)给出了标量场 f 在单位矢量 $\boldsymbol{a}_l$ 方向的变化率,称为 f 沿 $\boldsymbol{a}_l$ 的方向导数。标量场的梯度性质如下:

①垂直于给定标量函数的等值面;②指向给定标量变化最快的方向;③它的大小等于给定标量函数每单位距离的最大变化率;④一个标量函数在某点任意方向上的方向导数等于此函数的梯度与该方向单位矢量的点积。

标量场的梯度矢量还有一个重要的性质,即它的旋度恒等于零。若有一个矢量场 $\boldsymbol{A}(r)$,它的旋度处处为零,$\nabla\times\boldsymbol{A}(r) = 0$,则这一矢量场可以表示为某一标量函数 $u(r)$ 的梯度,即 $\boldsymbol{A}(r) = \nabla u(r)$ 。

例 1-21 求标量场 $f(x,y,z)=6x^2y^3+e^z$ 在点 $P(2,1,0)$ 的梯度。

解 因为 $f(x,y,z)$ 给定在直角坐标系中,可用式(1-81)求梯度,即

$$\begin{aligned}\nabla f&=\frac{\partial}{\partial x}(6x^2y^3+e^z)\boldsymbol{a}_x+\frac{\partial}{\partial y}(6x^2y^3+e^z)\boldsymbol{a}_y+\frac{\partial}{\partial z}(6x^2y^3+e^z)\boldsymbol{a}_z\\&=12xy^3\,\boldsymbol{a}_x+18x^2y^2\,\boldsymbol{a}_y+e^z\,\boldsymbol{a}_z\end{aligned}$$

在给定点 $P(2,1,0)$,$f(x,y,z)$ 的梯度是

$$\nabla f=24\,\boldsymbol{a}_x+72\,\boldsymbol{a}_y+\boldsymbol{a}_z$$

例 1-22 求 r 在圆柱坐标系的梯度,此处 r 是位矢 $\boldsymbol{r}=\rho\boldsymbol{a}_\rho+z\boldsymbol{a}_z$ 的大小。

解 位矢是给定在圆柱坐标系中,所以可用式(1-82)求梯度。位矢 r 的大小是 $r=\sqrt{\rho^2+z^2}$ 。r 相对于各个坐标的偏导数是

$$\frac{\partial r}{\partial\rho}=\frac{\rho}{r},\quad\frac{\partial r}{\partial\phi}=0,\quad\frac{\partial r}{\partial z}=\frac{z}{r}$$

因而,由式(1-82),得 r 的梯度为

$$\nabla r=\frac{\rho}{r}\boldsymbol{a}_\rho+\frac{z}{r}\boldsymbol{a}_z=\frac{\boldsymbol{r}}{r}=\boldsymbol{a}_r$$

$\nabla r=\boldsymbol{a}_r$ 是另一个重要结论,在以后各章中,我们将使用它去简化某些方程。

例 1-23 如果 $f(x,y,z)$ 是一个连续可微标量函数,证明 $\nabla\times(\nabla f)=0$ 。

解 标量函数 $f(x,y,z)$ 的梯度是

$$\nabla f=\frac{\partial f}{\partial x}\boldsymbol{a}_x+\frac{\partial f}{\partial y}\boldsymbol{a}_y+\frac{\partial f}{\partial z}\boldsymbol{a}_z$$

∇f 的旋度是

$$\begin{aligned}\nabla\times\nabla f&=\begin{vmatrix}\boldsymbol{a}_x&\boldsymbol{a}_y&\boldsymbol{a}_z\\\frac{\partial}{\partial x}&\frac{\partial}{\partial y}&\frac{\partial}{\partial z}\\\frac{\partial f}{\partial x}&\frac{\partial f}{\partial y}&\frac{\partial f}{\partial z}\end{vmatrix}\\&=\left(\frac{\partial^2 f}{\partial y\partial z}-\frac{\partial^2 f}{\partial z\partial y}\right)\boldsymbol{a}_x+\left(\frac{\partial^2 f}{\partial z\partial x}-\frac{\partial^2 f}{\partial x\partial z}\right)\boldsymbol{a}_y+\left(\frac{\partial^2 f}{\partial x\partial y}-\frac{\partial^2 f}{\partial y\partial x}\right)\boldsymbol{a}_z\end{aligned}$$

因为 f 连续可微

$$\frac{\partial^2 f}{\partial y\partial z}=\frac{\partial^2 f}{\partial z\partial y},\frac{\partial^2 f}{\partial z\partial x}=\frac{\partial^2 f}{\partial x\partial z},\frac{\partial^2 f}{\partial x\partial y}=\frac{\partial^2 f}{\partial y\partial x}$$

所以

$$\nabla\times(\nabla f)=0$$

由于标量函数的梯度的旋度恒为零,所以 ∇f 是一个无旋或保守场。反之,如果一矢量场的旋度为零,则此矢量场是标量函数的梯度。即,如果 $\nabla\times\boldsymbol{F}=0$,则 $\boldsymbol{F}=\pm\nabla f$,式中正(+)或负(—)号的选择取决于 f 的物理含义。

1.5 亥姆霍兹定理

1.1~1.4 节介绍了矢量分析中的一些基本概念和运算方法。其中,矢量场的散度、旋度和标量场的梯度都是场性质的重要量度。换言之,一个矢量场所具有的性质,可完全由它的散度和旋度来表明;一个标量场的性质则完全可由它的梯度来表明。

下面先讨论标量场 $f(r)$ 。因为标量场的梯度是一个矢量场 $\nabla f(r)=\boldsymbol{F}(r)$ 。当已知 $\boldsymbol{F}(r)$ 求解标量场 $f(r)$ 时,首先必须注意,由于 $\nabla\times\nabla f=\nabla\times\boldsymbol{F}=0$,所以 $\boldsymbol{F}$ 一定是个无漩涡的矢量场(即无任何环流量的矢量场),这一性质称为保守性,相应的标量场称为位场或势场。众所周知,静电场是无旋的矢量场,所以它可以用一个标量函数的梯度表示。此标量函数称为电位。静电场中,电位定义为

$$\boldsymbol{E}=-\nabla\phi \tag{1-85}$$

在直角坐标系中

$$\boldsymbol{E}=-\frac{\partial\phi}{\partial x}\boldsymbol{a}_x-\frac{\partial\phi}{\partial y}\boldsymbol{a}_y-\frac{\partial\phi}{\partial z}\boldsymbol{a}_z$$

式中,$\frac{\partial\phi}{\partial x}$、$\frac{\partial\phi}{\partial y}$和 $\frac{\partial\phi}{\partial z}$ 分别表示 $\boldsymbol{E}$ 在 x、y、z 轴上的分量。而 $\boldsymbol{E}$ 在任意方向上的分量为 $E_l=-\frac{\partial\phi}{\partial l}$,由此可得电位的微分量为

$$\mathrm{d}\phi=-E_l\mathrm{d}l=-\boldsymbol{E}\cdot\mathrm{d}\boldsymbol{l}$$

空间 A、B 两点间的电位差,即电压为

$$\phi_A-\phi_B=\int_A^B\boldsymbol{E}\cdot\mathrm{d}\boldsymbol{l}$$

取 $B(x_p,y_p,z_p)$ 点为电位参考点,则 $A(x,y,z)$ 点的电位为

$$\phi(x,y,z)=\int_{(x,y,z)}^{(x_p,y_p,z_p)}\boldsymbol{E}\cdot\mathrm{d}\boldsymbol{l} \tag{1-86}$$

对于点电荷

$$\phi=\int_r^{r_p}\frac{q}{4\pi\varepsilon}\boldsymbol{a}_r\cdot\mathrm{d}\boldsymbol{l}=\frac{q}{4\pi\varepsilon}\int_r^{r_p}\frac{\mathrm{d}r}{r}=\frac{q}{4\pi\varepsilon}\left(\frac{1}{r}-\frac{1}{r_p}\right)=\frac{q}{4\pi\varepsilon}+C$$

若取无穷远处为电位的参考点,即 $r_p\to\infty$,则 $C=0$,所以

$$\phi=\frac{q}{4\pi\varepsilon}$$

下面讨论有关矢量场的问题。一种情况是矢量场如果在任意闭合路径上的环流量为零,则它是一个无旋度的场,称为无旋场;另一种情况是矢量场的散度处处为零,称为无散场。但是,就矢量场的整体而言,无旋场的散度不能处处为零;而无散场的旋度也不能处处为零。因为任何一个物理矢量场都必须有"源",场是同"源"一起出现在某一空间内的物理现象。假如我们把"源"看作场的起因,矢量场的散度便对应于一种源,称为发散源;矢量场的旋度则对应着另一种源,称为涡漩源。一个无旋场,即是一个不存在任何漩涡源的矢量场,那么其散度就不能再处处为零了。否则,这个场便不能存在。同样,一个无散场,其旋度也一定不会处处为零。

一般的矢量场 $\boldsymbol{F}(r)$ 可能既有散度,又有旋度,而这个矢量场可以表示为一个无旋场分量和一个无散场分量之和,即

$$\boldsymbol{F}(r)=\boldsymbol{F}_1(r)+\boldsymbol{F}_s(r) \tag{1-87}$$

其中,$\boldsymbol{F}_1(r)$ 为无旋度分量,其散度不为零,设为 $\rho(r)$;$\boldsymbol{F}_s(r)$ 为无散度分量,而它的旋度不为零,设为 $\boldsymbol{J}(r)$,因此有

$$\nabla\cdot\boldsymbol{F}(r)=\nabla\cdot(\boldsymbol{F}_1+\boldsymbol{F}_s)=\rho \tag{1-88}$$

和

$$\nabla\times \boldsymbol{F}(r)=\nabla\times(\boldsymbol{F}_1+\boldsymbol{F}_s)=\boldsymbol{J} \tag{1-89}$$

可见，$\boldsymbol{F}(r)$ 的散度代表着形成矢量场 $\boldsymbol{F}(r)$ 的一种“源”ρ，而 $\boldsymbol{F}(r)$ 的旋度则代表着形成 $\boldsymbol{F}(r)$ 的另一种“源” $\boldsymbol{J}(r)$ 。一般当这两类“源”在空间的分布已确定时，矢量场本身也就唯一地确定了。这一规律称为亥姆霍兹定理。

必须指出，只有在矢量函数 $\boldsymbol{F}(r)$ 是连续的区域内，$\nabla\cdot \boldsymbol{F}(r)$ 和 $\nabla\times \boldsymbol{F}(r)$ 才有意义，因为它们都包含 $\boldsymbol{F}(r)$ 对空间位置的导数。在区域内，如果存在 $\boldsymbol{F}(r)$ 不连续的表面，则在这些面上就不存在 $\boldsymbol{F}(r)$ 的导数，因而也就不能使用散度和旋度来分析表面邻近的场的特性。

亥姆霍兹定理告诉我们，研究一个矢量场时，需要从矢量的散度和旋度两个方面去研究，得到像式(1-88)和式(1-89)那样的方程，称为矢量场基本方程的微分形式；或者从矢量场在闭合面上的通量和沿闭合回路的环流量两个方面去研究，得到积分形式的方程，称为矢量场基本方程的积分形式。

附录　矢量恒等式

有许多矢量恒等式在电磁场理论的学习中是很重要的。现在列表如下，希望大家用直角坐标系验证它们。

两个恒等于零：

$$\nabla\times(\nabla f)=\boldsymbol{0}$$
$$\nabla\cdot(\nabla\times \boldsymbol{A})=\boldsymbol{0}$$

二阶符号：

$$\nabla^2 f=\nabla\cdot(\nabla f)$$
$$\nabla^2\boldsymbol{A}=\nabla(\nabla\cdot \boldsymbol{A})-\nabla\times\nabla\times \boldsymbol{A}$$

和

$$\nabla(f+g)=\nabla f+\nabla g$$
$$\nabla\cdot(\boldsymbol{A}+\boldsymbol{B})=\nabla\cdot \boldsymbol{A}+\nabla\cdot \boldsymbol{B}$$
$$\nabla\times(\boldsymbol{A}+\boldsymbol{B})=\nabla\times \boldsymbol{A}+\nabla\times \boldsymbol{B}$$

含标量的乘积：

$$\nabla(fg)=f\nabla g+g\nabla f$$
$$\nabla\cdot(f\boldsymbol{A})=f\nabla\cdot \boldsymbol{A}+\boldsymbol{A}\cdot\nabla f$$
$$\nabla\times(f\boldsymbol{A})=f\nabla\times \boldsymbol{A}+\nabla f\times \boldsymbol{A}$$

矢积：

$$\boldsymbol{A}\cdot(\boldsymbol{B}\times \boldsymbol{C})=\boldsymbol{B}\cdot(\boldsymbol{C}\times \boldsymbol{A})=\boldsymbol{C}\cdot(\boldsymbol{A}\times \boldsymbol{B})$$
$$\boldsymbol{A}\times(\boldsymbol{B}\times \boldsymbol{C})=\boldsymbol{B}(\boldsymbol{A}\cdot \boldsymbol{C})-\boldsymbol{C}(\boldsymbol{A}\cdot \boldsymbol{B})$$
$$\nabla\cdot(\boldsymbol{B}\times \boldsymbol{C})=\boldsymbol{C}\cdot(\nabla\times \boldsymbol{B})-\boldsymbol{B}\cdot(\nabla\times \boldsymbol{C})$$
$$\nabla\times(\boldsymbol{B}\times \boldsymbol{C})=\boldsymbol{B}\,\nabla\cdot \boldsymbol{C}-\boldsymbol{C}\,\nabla\cdot \boldsymbol{B}+(\boldsymbol{C}\cdot\nabla)\boldsymbol{B}-(\boldsymbol{B}\cdot\nabla)\boldsymbol{C}$$

注意，f 和 g 是标量场；$\boldsymbol{A}$、$\boldsymbol{B}$ 和 $\boldsymbol{C}$ 是矢量场。所有场在区域内和它的边界面上处处都是单值和连续可微的。

习　题

1. 定义在直角坐标系中的一个矢量 $\boldsymbol{A}(x,y,z)$，方向从 $(0,2,-4)$ 指向 $(3,-4,5)$，单位为 m。求：①矢量 $\boldsymbol{A}(x,y,z)$ 的表达式；②两点之间的距离；③矢量 $\boldsymbol{A}(x,y,z)$ 方向上的单位矢量。

2. 给出在直角坐标系中的三个矢量 $\boldsymbol{A}$、$\boldsymbol{B}$ 和 $\boldsymbol{C}$ 如下：

$$\boldsymbol{A} = 2\boldsymbol{a}_x + 3\boldsymbol{a}_y - \boldsymbol{a}_z$$

$$\boldsymbol{B} = \boldsymbol{a}_x + \boldsymbol{a}_y - 2\boldsymbol{a}_z$$

$$\boldsymbol{C} = 3\boldsymbol{a}_x - \boldsymbol{a}_y + \boldsymbol{a}_z$$

求 $\boldsymbol{A}+\boldsymbol{B}$，$\boldsymbol{B}-\boldsymbol{C}$，$\boldsymbol{A}+3\boldsymbol{B}-2\boldsymbol{C}$，$|\boldsymbol{A}|$，$\boldsymbol{A}\cdot\boldsymbol{B}$，$\boldsymbol{B}\cdot\boldsymbol{A}$，$\boldsymbol{B}\times\boldsymbol{C}$，$\boldsymbol{C}\times\boldsymbol{B}$，$\boldsymbol{A}\cdot\boldsymbol{B}\times\boldsymbol{C}$。

3. 如果 $\boldsymbol{A} = \boldsymbol{a}_x + 2\boldsymbol{a}_y - 3\boldsymbol{a}_z$ 和 $\boldsymbol{B} = 2\boldsymbol{a}_x - \boldsymbol{a}_y + \boldsymbol{a}_z$，求：① $\boldsymbol{B}$ 在 $\boldsymbol{A}$ 上的投影或分量的大小；② $\boldsymbol{A}$ 和 $\boldsymbol{B}$ 之间的夹角（最小）；③ $\boldsymbol{A}$ 投影在 $\boldsymbol{B}$ 上的矢量；④与包含 $\boldsymbol{A}$ 和 $\boldsymbol{B}$ 的平面相垂直的单位矢量。

4. 如果已知两矢量 $\boldsymbol{A} = \boldsymbol{a}_x + 2\boldsymbol{a}_y - \boldsymbol{a}_z$ 和 $\boldsymbol{B} = \alpha\boldsymbol{a}_x + \boldsymbol{a}_y + 3\boldsymbol{a}_z$，求使两个矢量相互垂直的 α 值。

5. 已知两个矢量 $\boldsymbol{A} = \boldsymbol{a}_x + x\boldsymbol{a}_y - 3\boldsymbol{a}_z$ 和 $\boldsymbol{B} = \alpha\boldsymbol{a}_x + \beta\boldsymbol{a}_y - 6\boldsymbol{a}_z$，求使两个矢量相互平行的 α 和 β。

6. 已知两个矢量为 $\boldsymbol{A} = 2\boldsymbol{a}_x - 3\boldsymbol{a}_y + \boldsymbol{a}_z$ 和 $\boldsymbol{B} = -\boldsymbol{a}_x + 2\boldsymbol{a}_y + 4\boldsymbol{a}_z$，求同时垂直于矢量 $\boldsymbol{A}$ 和 $\boldsymbol{B}$ 且长度为 10 的矢量 $\boldsymbol{C}$。

7. 求矢量 $\boldsymbol{F} = 2x\boldsymbol{a}_x + 4\boldsymbol{a}_y - y\boldsymbol{a}_z$ 在直角坐标系中从点 $P_1(-1,3,2)$ 到 $P_2(2,4,1)$ 的线积分。

8. 如果作用于一个物体的力为 $\boldsymbol{F} = 2x\boldsymbol{a}_x + 3z\boldsymbol{a}_y + 4\boldsymbol{a}_z$，求在直角坐标系中将物体沿一直线从 $P_1(0,0,0)$ 移动到 $P_2(1,1,2)$ 时所需做的功。

9. 求矢量 $\boldsymbol{F} = 2x\boldsymbol{a}_x + 3z\boldsymbol{a}_y + 4\boldsymbol{a}_z$ 在直角坐标系中沿下列路径从 $P_1(0,0,2)$ 到的线积分。①沿两点之间的直线路径。②路径由两段构成：第一段从 $P_1(0,0,2)$ 到原点，第二段从原点到 $P_2(3,2,0)$。

10. 求矢量场 $\boldsymbol{F} = x\boldsymbol{a}_x + y\boldsymbol{a}_y + z\boldsymbol{a}_z$ 离开包围边长为 2 的立方体的闭合曲面的通量。该立方体的中心位于直角坐标系的原点。

11. 求矢量场 $\boldsymbol{F} = xy\boldsymbol{a}_x + yz\boldsymbol{a}_y - xz\boldsymbol{a}_z$ 离开长方形闭合曲面的通量，曲面的顶点分别位于直角坐标系中的 $(1,0,0)$，$(0,2,0)$，$(0,0,3)$，$(1,0,3)$，$(0,0,0)$，$(0,2,3)$，$(1,2,3)$ 和 $(1,2,0)$ 点。

12. 求矢量场 $\boldsymbol{F}(x,y,z) = yz\boldsymbol{a}_x + zy\boldsymbol{a}_y + xz\boldsymbol{a}_z$ 的散度。

13. 求矢量场 $\boldsymbol{F}(x,y,z) = yz\boldsymbol{a}_x + 2zy\boldsymbol{a}_y - \boldsymbol{a}_z$ 的旋度。

14. 在均电场 $\boldsymbol{E} = E_0\,\boldsymbol{a}_x$ 中垂直于电场方向放置一导体圆柱，圆柱半径为 a。求圆柱外的电位函数和导体表面的感应电荷密度。

15. 一半径为 a 的无限长介质圆柱，在距离轴线 r_0（$r_0 > a$）处有一与圆柱平行的线电荷 q_t。计算空间各部分的电位。

16. 将习题 15 中的介质圆柱改为导体圆柱，重新计算。

17. 在均匀电场 $\boldsymbol{E}_0$ 中放入半径为 a 的导体球，设：①导体充电至 U_0；②导体上充电荷量 Q。试分别计算两种情况下球外的电位分布。

18. 无限大介质中外加均匀电场 $\boldsymbol{E}_z = \boldsymbol{E}_0$，在介质中有一半径为 a 的球形空腔，求空腔中的 $\boldsymbol{E}$ 和空腔表面的极化电荷密度（介质的介电常数为 ε）。

19. 真空中直线长电流 I 的磁场中有一等边三角形回路，如图 1-32 所示，求三角形回路内的磁通。

20. 通过电流密度为 $\boldsymbol{J}$ 的均匀电流的长圆柱导体中有一平行的圆柱形空腔，如图 1-33 所示，计算各部分的磁感应强度 $\boldsymbol{B}(r)$，并证明腔内的磁场是均匀的。

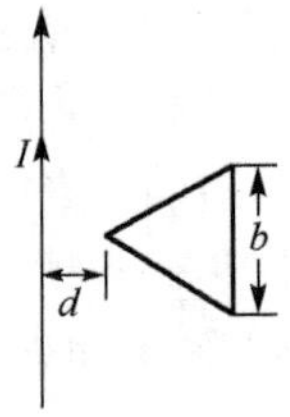

图 1-32　直线电流与三角形回路的位置

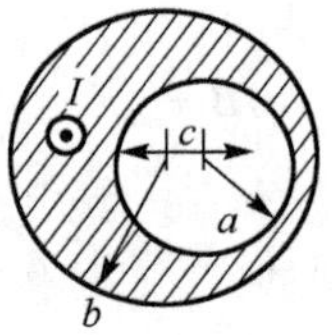

图 1-33　圆柱导体横截面

第 2 章　时变电磁场

静电场和恒定磁场是各自独立存在的，因而可以分开考虑。当电流、电荷随时间变化时，产生的电场和磁场也随时间变化，这时的电场和磁场就不再相互无关。随时间变化的电场要在空间产生磁场，同样，随时间变化的磁场也要在空间产生电场。电场和磁场构成了统一电磁场的两个不可分割的部分。

1831 年，法拉第发现电磁感应定律，揭示了电与磁之间存在的一种深刻的联系，即变化的磁场要产生电场。1864 年，麦克斯韦提出了变化的电场产生磁场的假设，并全面总结了电磁现象的基本规律，即麦克斯韦方程。以麦克斯韦方程为核心的经典电磁理论已成为研究宏观电磁现象和工程电磁问题的理论基础。

2.1　电磁场中的基本物理量

2.1.1　电场强度 $\boldsymbol{E}$

将一个点电荷 $\mathrm{d}q$ 放置于电场中（注意，该电荷应足够小，以至于对原来电场的影响可以忽略不计），若受到的电场力为 $\mathrm{d}\boldsymbol{F}$，则定义 $\mathrm{d}q$ 所在位置的电场强度为

$$\boldsymbol{E}=\frac{\mathrm{d}\boldsymbol{F}}{\mathrm{d}q}$$

即电场强度 $\boldsymbol{E}$ 为单位正电荷所受的电场力，单位为 V/m。

2.1.2　电位移矢量 $\boldsymbol{D}$

将物质置于电场 $\boldsymbol{E}$ 中，物质将被极化，极化的程度可用极化强度矢量 $\boldsymbol{P}$ 来描述。一般有，$\boldsymbol{P}=\varepsilon_0\chi_e \mathrm{E}$，单位为 $\mathrm{C/m^2}$。χ_e 为物质的极化率，无量纲；$\varepsilon_0=8.85\times10^{-12}$ (F/m)为真空介电常数。

物质中某点的电位移矢量为

$$\boldsymbol{D}=\varepsilon_0\boldsymbol{E}+\boldsymbol{P}=\varepsilon_0(1+\chi_e)\boldsymbol{E}=\varepsilon_0\varepsilon_r\boldsymbol{E}=\varepsilon\boldsymbol{E}$$

式中，ε 为物质的介电常数，由物质的微观结构所决定，可为常量、变量或张量；$\varepsilon_r=1+\chi_e$ 为物质的相对介电常数。电位移矢量的单位为 $\mathrm{C/m^2}$。

2.1.3　磁感应强度 $\boldsymbol{B}$

若点电荷 $\mathrm{d}q$ 以速度 $\boldsymbol{v}$ 在磁场 $\boldsymbol{B}$ 中运动，受到的磁场力为 $\mathrm{d}\boldsymbol{F}$，则该位置的磁感应强度定义为

$$\mathrm{d}\boldsymbol{F}=\mathrm{d}q\boldsymbol{v}\times\boldsymbol{B}$$

单位为 $\mathrm{Wb/m^2}$ 或 T。工程中常用的较小单位为 Gs，$1\mathrm{Gs}=10^{-4}\,\mathrm{T}$。

2.1.4 磁场强度 H

将物质置于磁场 $\boldsymbol{B}$ 中,物质将被磁化,磁化的程度可用磁化强度矢量 $\boldsymbol{M}$ 来描述,一般有,$\boldsymbol{M}=\dfrac{\chi_{\mathrm{m}}}{\mu_0(1+\chi_{\mathrm{m}})}\boldsymbol{B}$,$\chi_{\mathrm{m}}$ 为物质的磁化率,量纲一;$\mu_0=4\pi\times10^{-7}$ (H/m)称为真空中的磁导率;$\boldsymbol{M}$ 的单位为 A/m。

物质中某点的磁场强度为

$$\boldsymbol{H}=\frac{1}{\mu_0}\boldsymbol{B}-\boldsymbol{M}$$

即

$$\boldsymbol{B}=\mu_0(\boldsymbol{H}+\boldsymbol{M})=\mu_0(1+\chi_{\mathrm{m}})\boldsymbol{H}=\mu_0\mu_r\boldsymbol{H}=\mu\boldsymbol{H}$$

式中,$\mu=\mu_0\mu_{\mathrm{r}}$ 为物质的磁导率,由物质的微观结构所决定,可为常量、变量或张量;$\mu_{\mathrm{r}}=1+\chi_{\mathrm{m}}$ 为物质的相对磁导率。磁场强度的单位为 A/m。

2.1.5 电荷 q 和电荷密度 ρ

大量实验表明,自然界中仅存在两种电荷:正电荷和负电荷。所有电荷都是基本电荷的整数倍。基本电荷为一个电子所带的电荷量 $e_0=1.6\times10^{-19}$C。所有实际电荷均可表示为

$$q=\pm ne_0,\quad n=1,2,3,\cdots$$

从微观来看,所有电荷都是离散分布的。若宏观的体微分元 $\mathrm{d}v$ 中包含电荷 $\mathrm{d}q$,则定义电荷体密度为 $\rho_v=\dfrac{\mathrm{d}q}{\mathrm{d}v}$ $(\mathrm{C/m^3})$。电荷密度是标量。

2.1.6 电流 I 和电流密度 J

若在 $\mathrm{d}t$ 时间内穿过面积 $\boldsymbol{S}$ 的正电荷为 $\mathrm{d}q$,则流过 $\boldsymbol{S}$ 的电流定义为

$$I=\left.\frac{\mathrm{d}q}{\mathrm{d}t}\right|_{S}$$

可见,电流是一个总体量,为标量。从微观角度看,电流也应该是呈离散分布的。

若流过与电流方向相垂直的面元 $\mathrm{d}\boldsymbol{S}$ 的电流为 $\mathrm{d}I$,则电流密度 $\boldsymbol{J}$ 定义为

$$\boldsymbol{J}=\frac{\mathrm{d}I}{\mathrm{d}\boldsymbol{S}}$$

电流密度是矢量,方向为正电荷移动的方向,单位为 $\mathrm{A/m^2}$。

2.1.7 本构关系

电位移矢量 $\boldsymbol{D}$ 和电场强度 $\boldsymbol{E}$,磁感应强度 $\boldsymbol{B}$ 和磁场强度 $\boldsymbol{H}$ 之间的关系与媒质的特性有关,它们之间的关系称为本构关系,也可称为物质方程。

在线性、均匀、各向同性的媒质中,本构关系式为

$$\boldsymbol{D}=\varepsilon\boldsymbol{E}=\varepsilon_r\varepsilon_0\boldsymbol{E}\tag{2-1}$$

$$\boldsymbol{J}=\sigma\boldsymbol{E}\tag{2-2}$$

$$\boldsymbol{B}=\mu\boldsymbol{H}=\mu_r\mu_0\boldsymbol{H}\tag{2-3}$$

式中,σ 为电导率,单位 S/m。式(2-2)表达的是欧姆定律,它说明在电场作用下,电荷在导体内移动时产生的电流。

2.2 麦克斯韦方程

电磁理论经2000多年的漫长发展而逐步完善，纵观其发展史，可分为3个阶段。

1. 初级阶段

起初，人类对电现象和磁现象的认识一直是独立发展的。公元前200多年人类就发现了电现象，接着，证明了电荷的存在；电荷的定向运动形成电流，进而发现了以电流为源的磁现象。

电荷和电流之间满足电荷守恒定律

$$\oint_s \boldsymbol{J} \cdot \mathrm{d}\boldsymbol{S} = -\int_v \frac{\partial \rho}{\partial t} \mathrm{d}V$$

表示流出闭合曲面 $\boldsymbol{S}$ 的总电流等于单位时间内 $\boldsymbol{S}$ 所包围的体积 V 中电荷的减少量。

电荷的存在促使一些科学家去专门研究它的作用(静电场)。18世纪末，库仑提出了库仑定律，即两点电荷 q_1 和 q_2 相距为 r 时，q_2 受到 q_1 的作用力为

$$\boldsymbol{F}_{12} = \frac{q_1 q_2}{4\pi\varepsilon_0 r^2}\boldsymbol{a}_r = \frac{q_1 q_2}{4\pi\varepsilon_0 r^3}\boldsymbol{r}$$

接着，高斯提出了电场的高斯定理：

$$\oint_s \boldsymbol{D} \cdot \mathrm{d}\boldsymbol{S} = \int_v \rho \mathrm{d}V$$

该式的物理意义是：穿出闭合曲面 $\boldsymbol{S}$ 的电通量等于 $\boldsymbol{S}$ 所包围的体积 V 中的总电荷。至此，形成了比较完整的静电学。

电流的存在促使一些科学家去专门研究恒定磁场。19世纪初，毕奥、萨伐尔两人提出了毕奥-萨伐尔定律，电流元 $I_1 \mathrm{d}\boldsymbol{l}$ 在任意其他电流元产生的磁场中所受的安培力为

$$\mathrm{d}\boldsymbol{F} = I_1 \mathrm{d}\boldsymbol{l}_1 \times \mathrm{d}\boldsymbol{B} = I_1 \mathrm{d}\boldsymbol{l}_1 \times \frac{\mu_0}{4\pi}\left(\frac{I\mathrm{d}\boldsymbol{l} \times \boldsymbol{r}}{r^3}\right)$$

式中，r 为两电流元之间的距离。

然后，安培又提出了安培环路定律，式(1-50)。安培环路定律说明磁场强度沿闭合路径 $\boldsymbol{l}$ 的环流量等于 $\boldsymbol{l}$ 所包围的总电流。磁场的高斯定理说明穿出闭合曲面的磁通量恒为零。至此，形成了比较完整的静磁学。洛伦兹给出了电场及磁场对电荷 q 的作用力是 $\boldsymbol{F} = q(\boldsymbol{E} + \boldsymbol{v} \times \boldsymbol{B})$。其中，矢量 $\boldsymbol{v}$ 表示电荷的运动速度。

该阶段的特点是：电场和磁场的研究相互独立地进行及发展。

2. 过渡阶段

在电与磁一直分离的前提条件下，法拉第以他超群的实验能力和想象力提出了电磁感应定律：

$$\oint_l \boldsymbol{E} \cdot \mathrm{d}\boldsymbol{l} = -\int_s \frac{\partial \boldsymbol{B}}{\partial t} \cdot \mathrm{d}\boldsymbol{S}$$

该式说明，导电回路 l 中的感应电动势等于该回路所包围面积的磁通量的时间变化率的负值。

法拉第首次从一个方面把电与磁联系起来，为电磁理论的发展做出贡献。但他的理论具有一定的局限性：其一是只提出了时变磁场可以产生电场，其二是仅限于导电回路。因此，法拉第未能更深刻地揭示出电磁的本质。电磁学在此阶段徘徊了十几年。

3. 完善阶段

1864 年，具有数学天才之称的麦克斯韦开创了电磁领域的新纪元。他的两大功绩是：

第一，深化补充了法拉第电磁感应定律，提出了涡旋电场的假说，即无论有无导电回路，法拉第定律都成立。

第二，提出了位移电流的假说，给出了改进的安培环路定律：

$$\oint_l \boldsymbol{H} \cdot \mathrm{d}\boldsymbol{l} = \int_s \left(\boldsymbol{J} + \frac{\partial \boldsymbol{D}}{\partial t}\right) \cdot \mathrm{d}\boldsymbol{S}$$

该式表明，磁场强度沿闭合路径 $\boldsymbol{l}$ 的环流量等于 $\boldsymbol{l}$ 所包围的传导电流与位移电流之和（称为全电流）。

麦克斯韦的两个假说全面地揭示了电场与磁场之间的内在关系。一年后（1865 年），他又以电磁场的基本方程组（麦克斯韦方程组）为理论依据，用数学的方法论证了电磁波的存在。

1888 年，赫兹通过实验第一次发现了电磁波，证实了麦克斯韦方程组的正确性。发现电磁波是人类文明的一个飞跃，它为现代通信奠定了坚实的基础。

2.2.1　麦克斯韦方程组的积分形式

麦克斯韦方程组概括了宏观电磁现象的基本性质，适用于宏观分析（微观分析应采用量子理论），它指出了场量与源之间的关系，其积分形式包括如下四个方程：

$$\oint_l \boldsymbol{E} \cdot \mathrm{d}\boldsymbol{l} = -\int_s \frac{\partial \boldsymbol{B}}{\partial t} \cdot \mathrm{d}\boldsymbol{S} \tag{2-4}$$

$$\oint_l \boldsymbol{H} \cdot \mathrm{d}\boldsymbol{l} = \int_s \left(\boldsymbol{J} + \frac{\partial \boldsymbol{D}}{\partial t}\right) \cdot \mathrm{d}\boldsymbol{S} \tag{2-5}$$

$$\oint_s \boldsymbol{D} \cdot \mathrm{d}\boldsymbol{S} = \int_v \rho \mathrm{d}V \tag{2-6}$$

$$\oint_s \boldsymbol{B} \cdot \mathrm{d}\boldsymbol{S} = 0 \tag{2-7}$$

传导电流密度 $\boldsymbol{J}$ 与体电荷密度 ρ_v 也可以写成

$$\int_s \boldsymbol{J} \cdot \mathrm{d}\boldsymbol{S} = I \tag{2-8}$$

$$\int_v \rho_v \mathrm{d}V = q \tag{2-9}$$

式中，I 为通过面积 $\boldsymbol{S}$ 的电流，单位 A（安培）；q 为体积 V 所包围的自由电荷，单位为 C。

式(2-4)说明时变磁场产生时变电场。这是变压器和感应电动机的工作原理。

式(2-5)表示时变磁场不但可由传导电流产生，也可由位移电流产生。位移电流代表电位移矢量的变化率，因此，也可以说，时变电场产生时变磁场。

式(2-6)断言在任意时间通过闭合曲面的总的电通量等于该曲面所包围体积内的总电荷。若体积内的电荷为零，则表示电通量的电力线是连续的。

式(2-7)证实磁通永远是连续的，在任意时间穿过任意闭合面的净磁通量恒为零。

对麦克斯韦方程组进行进一步推导，可得电流连续性方程（积分形式）

$$\oint_s \boldsymbol{J} \cdot \mathrm{d}\boldsymbol{S} = -\int_v \frac{\partial \rho}{\partial t} \mathrm{d}V \tag{2-10}$$

麦克斯韦方程连同电流连续性方程完整地描述了电荷、电流、电场和磁场之间的相互作用。正确应用这些方程,可以得出在任何媒质中的电磁场特性。麦克斯韦方程组描述了宏观电磁场现象的总规律,静电场和恒定电场的基本方程都是麦克斯韦方程组的特例。

2.2.2　麦克斯韦方程组的微分形式

如果场、源各量在所考虑的区域一阶连续可微,那么,可采用以下麦克斯韦方程组的微分形式:

$$\nabla\times \boldsymbol{E} = -\frac{\partial \boldsymbol{B}}{\partial t} \tag{2-11}$$

$$\nabla\times \boldsymbol{H} = \boldsymbol{J} + \frac{\partial \boldsymbol{D}}{\partial t} \tag{2-12}$$

$$\nabla\cdot \boldsymbol{D} = \rho_v \tag{2-13}$$

$$\nabla\cdot \boldsymbol{B} = 0 \tag{2-14}$$

相应地,电流连续性方程的微分形式为

$$\nabla\cdot \boldsymbol{J} = -\frac{\partial \rho_v}{\partial t} \tag{2-15}$$

2.2.3　麦克斯韦方程组的正弦稳态形式

1. 时间简谐场

时变电磁场一种最重要的类型是时间简谐(正弦)场。这是因为,首先,任何时变周期函数都可用以正弦函数表示的傅里叶级数来描述;其次,正弦源在日常应用中最为常见。在时谐场中,激励源为单一频率的正弦源。因此,我们可以采用相量分析法以获得单频(单色)稳态场。

在电路理论中,已经用相量(phasor)符号来表示随时间做正弦变化的电压和电流。本节我们将其应用来表示正弦矢量。任何矢量都能用其在坐标系中分解的三个相互垂直的标量分量来表示。例如,在直角坐标系中,电场的瞬时值可表示为

$$\boldsymbol{E}(x,y,z,t) = E_x(x,y,z,t)\,\boldsymbol{a}_x + E_y(x,y,z,t)\,\boldsymbol{a}_y + E_z(x,y,z,t)\,\boldsymbol{a}_z \tag{2-16}$$

其中,$E_x(x,y,z,t)$、$E_y(x,y,z,t)$、$E_z(x,y,z,t)$ 分别为 **E** 场在 $\boldsymbol{a}_x$、$\boldsymbol{a}_y$、$\boldsymbol{a}_z$ 方向的分量。这些分量的瞬时表达式为

$$E_x(x,y,z,t) = E_x(r,t) = E_{xm}(r)\cos[\omega t + \alpha(r)] \tag{2-17a}$$

$$E_y(x,y,z,t) = E_y(r,t) = E_{ym}(r)\cos[\omega t + \beta(r)] \tag{2-17b}$$

$$E_z(x,y,z,t) = E_z(r,t) = E_{zm}(r)\cos[\omega t + \gamma(r)] \tag{2-17c}$$

式中,$E_{xm}(r)$、$E_{ym}(r)$、$E_{zm}(r)$ 分别为 **E** 在 $\boldsymbol{a}_x$、$\boldsymbol{a}_y$、$\boldsymbol{a}_z$ 方向上分量的幅值,其仅为空间位置的函数。r 为 x、y、z 的简略表示,表示位置自变量。此外,$\alpha(r)$、$\beta(r)$ 和 $\gamma(r)$ 分别表示 **E** 在空间某点(x,y,z)处沿 $\boldsymbol{a}_x$、$\boldsymbol{a}_y$ 和 $\boldsymbol{a}_z$ 方向的初始相位。我们也可以将每一分量写成

$$E_x(r,t) = \mathrm{Re}\left[E_{xm}(r)\mathrm{e}^{\mathrm{j}\alpha(r)}\mathrm{e}^{\mathrm{j}\omega t}\right] \tag{2-18a}$$

$$E_y(r,t) = \mathrm{Re}\left[E_{ym}(r)\mathrm{e}^{\mathrm{j}\beta(r)}\mathrm{e}^{\mathrm{j}\omega t}\right] \tag{2-18b}$$

$$E_z(r,t) = \mathrm{Re}\left[E_{zm}(r)\mathrm{e}^{\mathrm{j}\gamma(r)}\mathrm{e}^{\mathrm{j}\omega t}\right] \tag{2-18c}$$

式中,Re [·] 表示取括号内复数函数的实部。如果定义

$$\dot{E}_x(r) = E_{xm}(r)\mathrm{e}^{\mathrm{j}\alpha(r)} \tag{2-19a}$$

$$\dot{E}_y(r) = E_{ym}(r)\mathrm{e}^{\mathrm{j}\beta(r)} \tag{2-19b}$$

$$\dot{E}_z(r) = E_{zm}(r)\mathrm{e}^{\mathrm{j}\gamma(r)} \tag{2-19c}$$

则式(2-18)可以写成

$$E_x(r,t) = \mathrm{Re}\left[\dot{E}_x(r)\mathrm{e}^{\mathrm{j}\omega t}\right] \tag{2-20a}$$

$$E_y(r,t) = \mathrm{Re}\left[\dot{E}_y(r)\mathrm{e}^{\mathrm{j}\omega t}\right] \tag{2-20b}$$

$$E_z(r,t) = \mathrm{Re}\left[\dot{E}_z(r)\mathrm{e}^{\mathrm{j}\omega t}\right] \tag{2-20c}$$

式中，$\dot{E}_x(r)$、$\dot{E}_y(r)$ 和 $\dot{E}_z(r)$ 分别称为 $E_x(r,t)$、$E_y(r,t)$ 和 $E_z(r,t)$ 的振幅相量，仅为空间位置的函数，它们与时间的依赖关系完全体现在 $\mathrm{e}^{\mathrm{j}\omega t}$ 项上。我们在变量上方打点(·)来表示变量的相量形式。

现在时谐电场可以表示为

$$\begin{aligned}\boldsymbol{E}(r,t) &= \mathrm{Re}\left[(\dot{E}_x(r)\,\boldsymbol{a}_x + \dot{E}_y(r)\,\boldsymbol{a}_y + \dot{E}_z(r)\,\boldsymbol{a}_z)\mathrm{e}^{\mathrm{j}\omega t}\right] \\ &= \mathrm{Re}\left[\dot{\boldsymbol{E}}(r)\mathrm{e}^{\mathrm{j}\omega t}\right]\end{aligned} \tag{2-21}$$

式中

$$\dot{\boldsymbol{E}}(r) = \dot{E}_x(r)\,\boldsymbol{a}_x + \dot{E}_y(r)\,\boldsymbol{a}_y + \dot{E}_z(r)\,\boldsymbol{a}_z \tag{2-22}$$

为空间任意点的时谐 $\boldsymbol{E}$ 场的相量表达式。再一次指出，$\dot{\boldsymbol{E}}(r)$ 是空间位置的函数，与时间无关。$\boldsymbol{E}$ 场的时域表示形式与相量之间的关系为

$$\frac{\partial \boldsymbol{E}(r,t)}{\partial t} = \mathrm{Re}\left[\mathrm{j}\omega\,\dot{\boldsymbol{E}}(r)\mathrm{e}^{\mathrm{j}\omega t}\right]$$

上式说明，在时域中对时间微分，得到在相量域中的因子 $\mathrm{j}\omega$ 。同样可以证明，对时间积分，则得到相量域中的因子 $1/\mathrm{j}\omega$ 。

2. 相量形式的麦克斯韦方程组

将时谐场的场量 $\boldsymbol{E}$ 与 $\boldsymbol{D}$、$\boldsymbol{B}$ 和 $\boldsymbol{H}$ 转换成相量形式后代入麦克斯韦方程组，就可以得到相量形式的麦克斯韦方程组：

$$\nabla\times\dot{\boldsymbol{E}} = -\mathrm{j}\omega\dot{\boldsymbol{B}} \tag{2-23a}$$

$$\nabla\times\dot{\boldsymbol{H}} = \dot{\boldsymbol{J}} + \mathrm{j}\omega\dot{\boldsymbol{D}} \tag{2-23b}$$

$$\nabla\cdot\dot{\boldsymbol{D}} = \dot{\rho}_v \tag{2-23c}$$

$$\nabla\cdot\dot{\boldsymbol{B}} = 0 \tag{2-23d}$$

$$\nabla\cdot\dot{\boldsymbol{J}} = -\mathrm{j}\omega\dot{\rho}_v \tag{2-23e}$$

$$\oint_l \dot{\boldsymbol{E}}\cdot\mathrm{d}\boldsymbol{l} = -\mathrm{j}\omega\int_s \dot{\boldsymbol{B}}\cdot\mathrm{d}\boldsymbol{s} \tag{2-24a}$$

$$\oint_l \dot{\boldsymbol{H}}\cdot\mathrm{d}\boldsymbol{l} = \int_s \dot{\boldsymbol{J}}\cdot\mathrm{d}s + \mathrm{j}\omega\int_s \dot{\boldsymbol{H}}\cdot\mathrm{d}\boldsymbol{s} \tag{2-24b}$$

$$\int_s \dot{\boldsymbol{D}}\cdot\mathrm{d}\boldsymbol{s} = \int_v \dot{\rho}_v\,\mathrm{d}V \tag{2-24c}$$

$$\int_s \dot{\boldsymbol{B}}\cdot\mathrm{d}\boldsymbol{s} = 0 \tag{2-24d}$$

$$\oint_s \dot{\boldsymbol{J}} \cdot \mathrm{d}\boldsymbol{s} = -j\omega\int_v \dot{\rho}_v \mathrm{d}V \tag{2-24e}$$

相量形式的本构关系式为

$$\dot{\boldsymbol{D}} = \varepsilon\dot{\boldsymbol{E}} \tag{2-25}$$

$$\dot{\boldsymbol{B}} = \mu\dot{\boldsymbol{H}} \tag{2-26}$$

2.3　电磁场定理

2.3.1　电场的高斯定理

把一个测试电荷放入电场中，让它自由移动，作用在此电荷上的力将使它按一定的路线移动，这个路线称为电力线。电力线的疏密可用来表征电位移矢量 $\boldsymbol{D}$（电通量密度）的大小，即电场场强的大小。虽然电力线实际上并不存在，但是在电场的形象化描述中是一个很有用的概念。

对于一个孤立的正点电荷，电力线是径向发射的，如图 2-1(a)所示。一对等值异性点电荷以及两个正电荷之间的电力线如图 2-1(b)(c)所示。两个带异性电荷的平行平面之间的电力线则如图 2-2 所示。电力线方向代表了电场强度的方向。

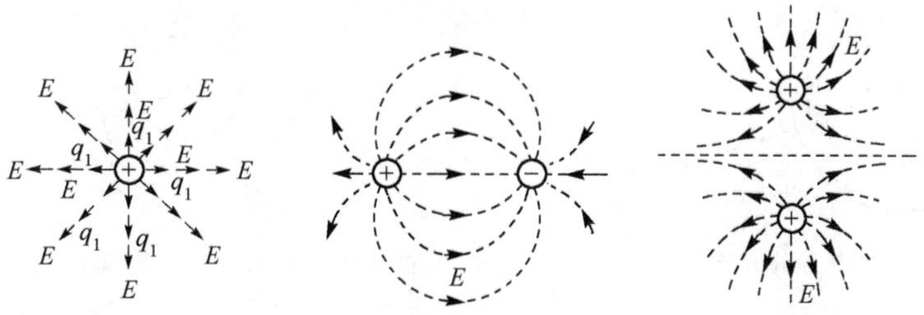

(a)孤立电荷　(b)一对等值异性电荷　(c)一对正电荷

图 2-1　电力线举例

麦克斯韦方程组中的第三个方程式(2-6)，称为电场的高斯定理。该定理说明电场通过一个闭合曲面的净通量等于该曲面所包围的总电荷，电荷在曲面内的分布可以是连续的，也可以是不连续的，即

$$\oint_s \boldsymbol{D} \cdot d\boldsymbol{S} = \sum_i q_i \tag{2-27}$$

公式中的积分面称为高斯面。如果已知闭合面上所有点的电场强度或电位移矢量，那么通过高斯定理便可求出闭合面内的总电荷。

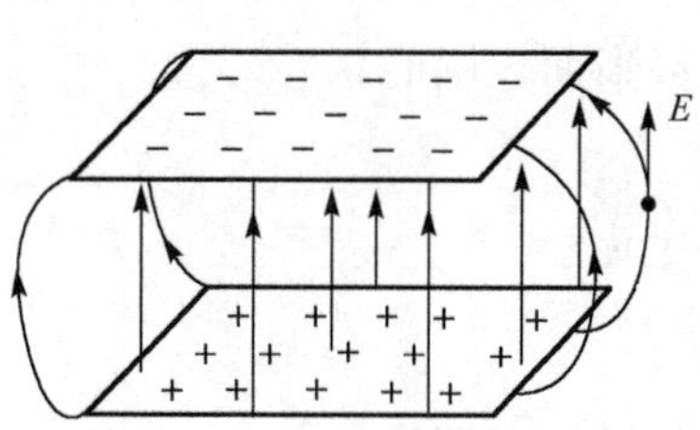

图 2-2　具有边缘现象的两带异性电荷的平行平面之间的电力线

应用散度定理，式(2-6)也可以写成

$$\int_v \nabla\cdot \boldsymbol{D}\mathrm{d}V = \int_v \rho_v \mathrm{d}V$$

这个式子对任意由 s 面所包围的体积都是成立的，因此等式两边的被积函数一定相等。于是，在空间任意一点，有

$$\nabla \cdot \boldsymbol{D} = \rho_v \tag{2-28}$$

式(2-28)称为高斯定理的微分形式，表明在空间任意一点，电力线都始于正电荷，止于负电荷。电荷是电场的一种源。

例 2-1　用高斯定理求孤立点电荷 q 在任意点 P 产生的电场强度 $\boldsymbol{E}$ 。

解　如图 2-3 所示，以电荷为球心，构造一个经过 P 点半径为 R 的球形高斯面。电力线从正电荷出发沿径向分布，电场强度与球面垂直(唯一的方向)，所以，

$$\boldsymbol{E} = E_r \boldsymbol{a}_r$$

因为球面上每一个点与 q 所在的球心都是等距的，所以在 $r = R$ 球面上的任一点，E_r 应该具有相同的值，因而

$$\oint_s \boldsymbol{E} \cdot \mathrm{d}\boldsymbol{S} = E_r \int_0^{\pi} R^2 \sin\theta \mathrm{d}\theta \int_0^{2\pi} \mathrm{d}\phi = 4\pi R^2 E_r$$

被球面包围的总电荷为 q，所以 P 点的电场强度为

$$E_r = \frac{q}{4\pi\varepsilon_0 R^2}$$

这与库仑定律求得的结果完全相同。

例 2-2　如图 2-4 所示，电荷均匀分布在半径为 a 的球面上，求空间各处的电场强度。

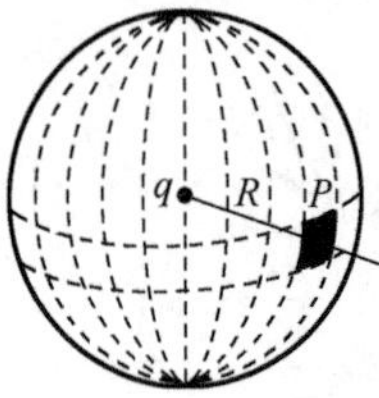

图 2-3　半径为 R 的球面包围点电荷 q

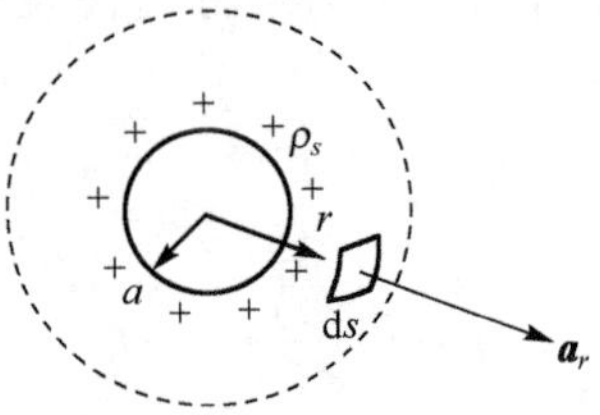

图 2-4　半径为 r 的球面包围面电荷密度为 ρ_s 、半径为 a 的球形带电体

解　因为电荷均匀分布在半径为 a 的球形表面上，所以半径为 r 的球形高斯面上的电场强度是常数。如果半径 $r < a$ ，电场强度为零，因为高斯面没有包围电荷；如果半径 $r > a$ ，那么高斯面包围的总电荷为

$$Q = 4\pi a^2 \rho_s$$

又由于

$$\oint_s \boldsymbol{E} \cdot \mathrm{d}\boldsymbol{S} = 4\pi r^2 E_r$$

故由高斯定理得

$$E_r = \frac{Q}{4\pi\varepsilon_0 r^2} = \frac{\rho_s a^2}{\varepsilon_0 r^2} \quad (r \geqslant a)$$

2.3.2　磁场的高斯定理

麦克斯韦方程组的第四个方程式(2-7)，称为磁场的高斯定理，即

$$\oint_s \boldsymbol{B} \cdot \mathrm{d}\boldsymbol{S} = 0 \tag{2-29}$$

直接应用散度定理，可将面积分转换成体积分，如下：

$$\int_v \nabla \cdot \boldsymbol{B} \mathrm{d}V = 0$$

式中，V 为闭合面 $\boldsymbol{S}$ 所包围的体积。因为体积通常不等于零，所以

$$\nabla \cdot \boldsymbol{B} = 0 \tag{2-30}$$

式(2-30)为磁场的高斯定理微分形式。式(2-29)和式(2-30)适用于任何电流产生的磁场情况，包括恒定磁场和时变磁场。

例 2-3　两条非常长而完全相同的平行导线，通过方向相反的 1000A 的电流，悬挂于相距 100m 的支架上。若每根导线的半径为 2cm，轴距为 1cm，求通过由这两根导线和两个支架所形成的面积的磁通。

解　如图 2-5 所示，为两根平行导线，每根导线的半径为 a，相距 b，通过方向相反的电流。两个支架的距离为 L。在两根导线所在平面上的点 y 处的磁感应强度为

$$\boldsymbol{B} = -\frac{\mu_0 I}{2\pi}\left(\frac{1}{y} + \frac{1}{b-y}\right)\boldsymbol{a}_x$$

面微分元 $\mathrm{d}\boldsymbol{S} = -\mathrm{d}y\mathrm{d}z\,\boldsymbol{a}_x$，因此所求的磁通为

$$\Phi = \frac{\mu_0 I}{2\pi}\int_a^{b-a}\left(\frac{1}{y} + \frac{1}{b-y}\right)\mathrm{d}y\int_0^l \mathrm{d}z = \frac{\mu_0 IL}{\pi}\ln\left(\frac{b-a}{a}\right)$$

将 $a = 0.02\mathrm{m}$，$b = 1\mathrm{m}$，$L = 100\mathrm{m}$ 和 $I = 1000\mathrm{A}$ 代入上式，得

$$\Phi = 155.67 \quad (\mathrm{mWb})$$

例 2-4　设 $\boldsymbol{B} = B\boldsymbol{a}_z$，计算该磁场通过位于 $z = 0$ 面上半径为 R、中心在原点的半球面的磁通。

解　半球面和半径为 R 的圆盘所形成的闭合面如图 2-6 所示。通过半球面的磁通应等于穿过圆盘的磁通。穿过圆盘的磁通为

$$\Phi = \int_s \boldsymbol{B} \cdot \mathrm{d}\boldsymbol{S} = \int_0^R \int_0^{2\pi} B\rho\,\mathrm{d}\rho\mathrm{d}\phi = \pi R^2 B$$

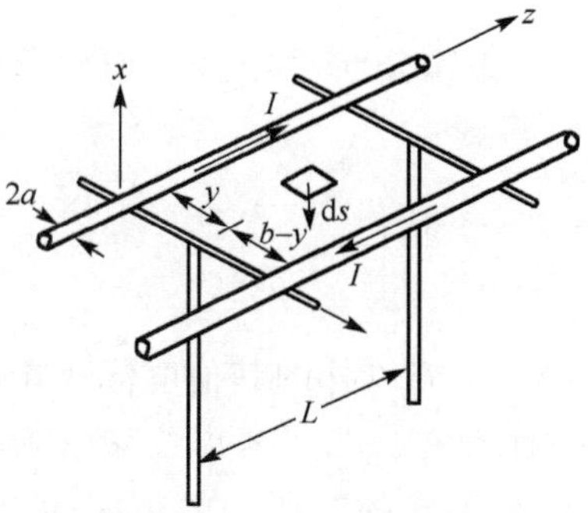

图 2-5　双线传输线

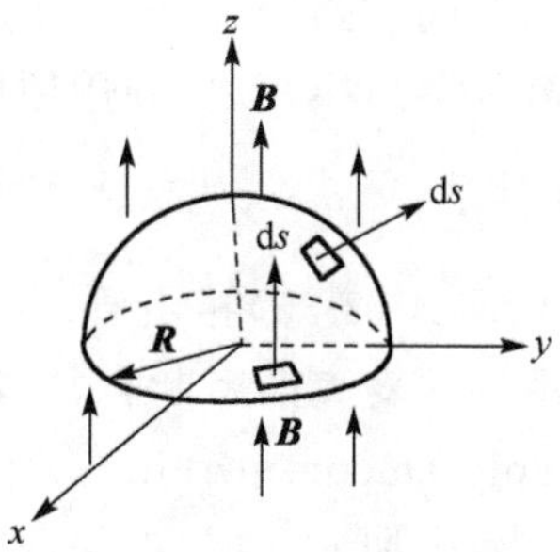

图 2-6　通过半球的磁通

2.3.3　安培环路定律

原始的安培环路定律写为

$$\oint_c \boldsymbol{H} \cdot \mathrm{d}\boldsymbol{l} = I \tag{2-31}$$

其微分形式为

$$\nabla \times \boldsymbol{H} = \boldsymbol{J} \tag{2-32}$$

将上式两边同时取散度，因为 $\nabla\cdot(\nabla\times\boldsymbol{H})=0$，得

$$\nabla\cdot\boldsymbol{J}=0 \tag{2-33}$$

但对于时变场而言，$\nabla\cdot\boldsymbol{J}$ 不一定为零。事实上，由电流连续性方程，可知

$$\nabla\cdot\boldsymbol{J}=-\frac{\partial\rho_v}{\partial t} \tag{2-34}$$

式中，$\rho_v(t)$ 为电荷体密度。由此可见，只要存在时变电荷，式(2-34)就不为零。这样，当磁场为时变场时，式(2-32)就会导致矛盾。

例如，将一个电容器与时变电压源相连，如图 2-7 所示。外加电压随时间上升或下降，表征由电源输送至每一板极的电荷量在增加或减少。换句话说，电容器各板极上电荷的积累是时间的函数。由于电荷的变化形成电流，在电路中必有时变电流 $i(t)$ 存在，而这电流也必然在此区域内建立时变磁场。这样，如果选一个由闭合路径 c 所包围的开放面 S，由安培定律有

$$\oint_c \boldsymbol{H}\cdot\mathrm{d}\boldsymbol{l}=i \tag{2-35}$$

式中，$\boldsymbol{H}$ 为随时间变化的磁场强度。

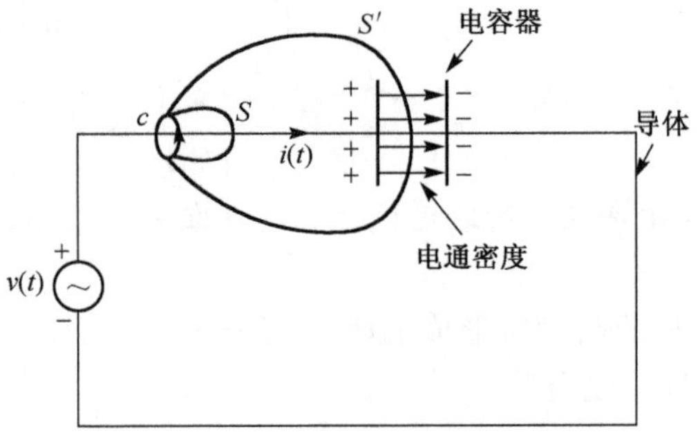

图 2-7　电容器中的位移电流维持导体内的传导电流的连续性

但若选取由同一路径 c 所包围的另一个开放面 S' 为积分面，如图 2-7 所示，则通过此积分面的传导电流为零。换言之，利用原始的安培定律将得到

$$\oint_c \boldsymbol{H}\cdot\mathrm{d}\boldsymbol{l}=0 \tag{2-36}$$

显然，式(2-36)和式(2-35)相矛盾。

上述矛盾导致麦克斯韦断言，电容器中必有除传导电流以外的其他电流存在，该电流称为位移电流(displacement current)，它不用依赖于导体而存在。为了考虑位移电流，麦克斯韦在原始的安培定律中加入一项，以保证它对时变情况也是正确的。所加的项实际上是电荷守恒的结果，可由高斯定理和电流连续性方程得出此项，即

$$\nabla\cdot\boldsymbol{D}=\rho_v \tag{2-37}$$

将式(2-37)的 ρ_v 代入式(2-34)，得

$$\nabla\cdot\boldsymbol{J}=-\frac{\partial}{\partial t}(\nabla\cdot\boldsymbol{D})$$

由于时间与空间是独立变量，因而可将上述方程的微分次序改变，得

$$\nabla\cdot\boldsymbol{J}=-\nabla\cdot\left(\frac{\partial\boldsymbol{D}}{\partial t}\right)$$

或

$$\nabla\cdot\left(\boldsymbol{J}+\frac{\partial\boldsymbol{D}}{\partial t}\right)=0$$

此方程表明 $\left(\boldsymbol{J}+\frac{\partial\boldsymbol{D}}{\partial t}\right)$ 是连续的。当用 $\boldsymbol{J}+\frac{\partial\boldsymbol{D}}{\partial t}$ 来代替式(2-32)中的 $\boldsymbol{J}$ 时,即得安培定律的修正形式为

$$\nabla\times\boldsymbol{H}=\boldsymbol{J}+\frac{\partial\boldsymbol{D}}{\partial t} \tag{2-38}$$

此即为微分形式的麦克斯韦组中的第二个方程——式(2-12),定义位移电流密度(单位A/m^2)为

$$\boldsymbol{J}_d=\frac{\partial\boldsymbol{D}}{\partial t} \tag{2-39}$$

式(2-38)说明,在媒质中的任一点存在一个总电流密度,它是传导电流密度与位移电流密度之和,即

$$\boldsymbol{J}=\boldsymbol{J}_c+\boldsymbol{J}_d \tag{2-40}$$

安培定律的修正是麦克斯韦最重大的贡献之一,它导致了统一电磁场理论的发展。也正是由于位移电流的存在,使麦克斯韦能够预言电磁场将在空间以波的形式传播。稍后数年,赫兹用实验证明了电磁波的存在。所有现代的通信手段,都是基于安培定律的这项修正。

修正的安培定律的积分形式,式(2-5)重写如下

$$\oint_c\boldsymbol{H}\cdot\mathrm{d}\boldsymbol{l}=\int_s\boldsymbol{J}\cdot\mathrm{d}\boldsymbol{S}+\int_s\frac{\partial\boldsymbol{D}}{\partial t}\cdot\mathrm{d}\boldsymbol{S} \tag{2-41}$$

式中,右边第一项表示传导电流,第二项则表示位移电流。对于上面讨论过的电容器,现在可以断定,是通过电容器的位移电流产生了时变磁场。另外,由于电路中的电流是连续的,通过电容器的位移电流必然等于导线中的传导电流。

由上述讨论,我们可以得出下列重要结论:

(1)位移电流密度仅仅是电位移矢量(电通密度)$\boldsymbol{D}$ 随时间变化的速率。

(2)由于 $\frac{\partial\boldsymbol{D}}{\partial t}$ 为磁场源,所以时变电场可产生时变磁场。

(3)加入 $\frac{\partial\boldsymbol{D}}{\partial t}$ 项,并不改变磁场 $\boldsymbol{H}$ 和 $\boldsymbol{B}$ 无散度源这一事实。

(4)时变电场和时变磁场是相互依存的。

当电流或电流分布对称时,我们可以用安培定律求解磁场,而无需使用毕奥—萨伐尔定律的繁复积分过程。下面的例子说明,在满足电流为对称分布的条件下,可以用安培定律求解磁场。

例 2-5　一根细而长的导线沿 z 轴放置,流有直流电流 I。试用安培定律求出自由空间任一点的磁场强度。

解　由于对称性,带电导线产生的磁力线必然是以导线为中心的同心圆,如图 2-8 所示。并且由于恒定电流产生恒定磁场,所以沿每个圆的磁场强度是恒定值,因此对于任意半径 ρ ,我们有

$$\oint_c\boldsymbol{H}\cdot\mathrm{d}\boldsymbol{l}=\int_0^{2\pi}H_\phi\rho\mathrm{d}\phi=2\pi\rho H_\phi$$

由于闭合路径所包围的电流为 I ,所以,根据安培定律,得

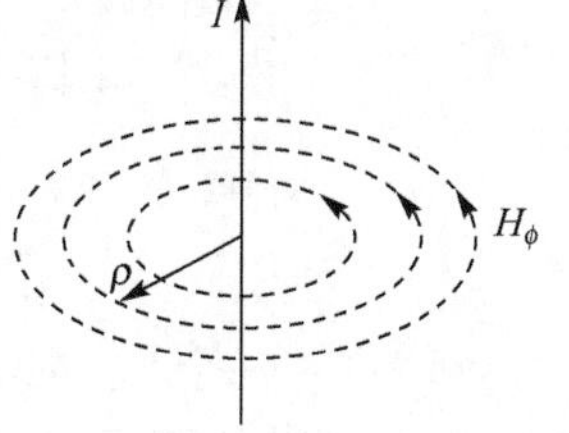

图 2-8　载流长导线的磁场

$$\boldsymbol{H} = \frac{I}{2\pi\rho}\boldsymbol{a}_{\phi}$$

例 2-6　一根极长的沿 z 轴放置的空心导体，其外径为 b，内径为 a，载有沿 z 轴方向的恒定电流 I，如图 2-9(a)所示。若电流是均匀分布的，试求在空间任一点的磁场强度。

解　由于电流是均匀分布的，因而可用体电流密度表示为

$$\boldsymbol{J}_v = \frac{I}{\pi(b^2 - a^2)}\boldsymbol{a}_z$$

根据对称性，磁力线应是以导体为中心的同心圆，磁场强度在 ϕ 方向，沿每一圆环为常数。我们分三个区域求磁场强度。

(1)区域 1，$\rho \leqslant a$：此区域内的任何闭合环路所包围的电流为零，所以 $\boldsymbol{H} = 0$。

(2)区域 2，$a \leqslant \rho \leqslant b$：如图 2-9(b)所示，为导体的截面图。半径为 ρ 的圆环所包围的净电流为

$$\begin{aligned} I_{\text{enc}} &= \int_s \boldsymbol{J}_v \cdot \mathrm{d}\boldsymbol{S} \\ &= \frac{I}{\pi(b^2 - a^2)}\int_a^{\rho}\rho\,\mathrm{d}\rho\int_0^{2\pi}\mathrm{d}\phi \\ &= \frac{I(\rho^2 - a^2)}{b^2 - a^2} \end{aligned}$$

而

$$\oint_c \boldsymbol{H} \cdot \mathrm{d}\boldsymbol{l} = 2\pi\rho H_{\phi}$$

所以

$$\boldsymbol{H} = \frac{I}{2\pi\rho}\left(\frac{\rho^2 - a^2}{b^2 - a^2}\right)\boldsymbol{a}_{\phi},\quad a \leqslant \rho \leqslant b$$

(3)区域 3，观测点在导体之外，如图 2-9(c)所示，积分环路包围的净电流为 I，所以，此区域内的磁场强度为

$$\boldsymbol{H} = \frac{I}{2\pi\rho}\boldsymbol{a}_{\phi},\quad \rho \geqslant b$$

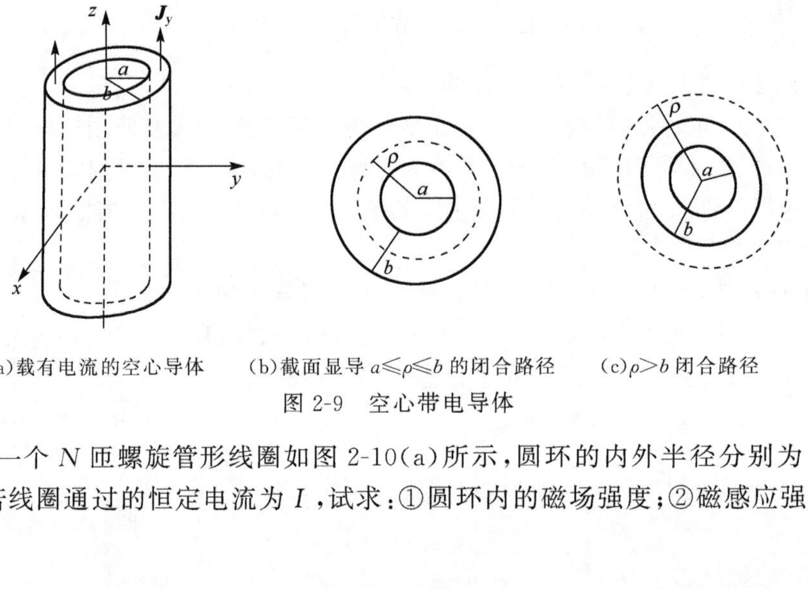

(a)载有电流的空心导体　　(b)截面显导 $a \leqslant \rho \leqslant b$ 的闭合路径　　(c)$\rho > b$ 闭合路径

图 2-9　空心带电导体

例 2-7　一个 N 匝螺旋管形线圈如图 2-10(a)所示，圆环的内外半径分别为 a 和 b，环的高度为 h。若线圈通过的恒定电流为 I，试求：①圆环内的磁场强度；②磁感应强度；③圆环内的总磁通。

解　如图 2-10(b)所示，为圆环和线圈的截面图。应用安培定律可知，磁场仅存在于圆环内部，在环内任意半径 ρ 的圆环上的磁场均为 ϕ 方向，且大小相等。由于圆环所包围的总电流为 NI，所以，根据安培定律，圆环内部的磁场强度为

$$\boldsymbol{H}=\frac{NI}{2\pi\rho}\boldsymbol{a}_{\phi},\quad a\leqslant\rho\leqslant b$$

在圆环内部任意半径为 ρ 处的磁感应强度为

$$\boldsymbol{B}=\mu_0\boldsymbol{H}=\frac{\mu_0 NI}{2\pi\rho}\boldsymbol{a}_{\phi},\quad a\leqslant\rho\leqslant b$$

圆环内部的总磁通为

$$\Phi=\int\boldsymbol{B}\cdot\mathrm{d}\boldsymbol{S}=\frac{\mu_0 NI}{2\pi}\int_a^b\frac{\mathrm{d}\rho}{\rho}\int_0^h\mathrm{d}z=\frac{\mu_0 NI}{2\pi}\ln(b/a)$$

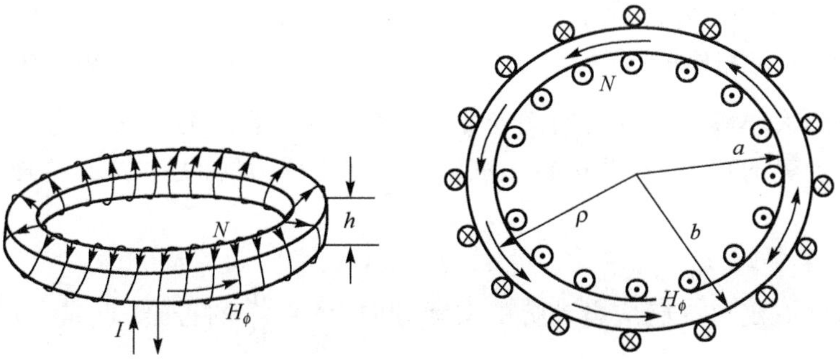

(a)螺旋管形线圈　　(b)半径为 $a\leqslant\rho\leqslant b$ 的圆环所包围的总电流

图 2-10　例 2-7 附图

例 2-8　自由空间的磁场强度为 $\boldsymbol{H}=H_0\sin\theta\boldsymbol{a}_y$(A/m)。其中，$\theta=\omega t-\beta z$，$\beta$ 为常数。试求：①位移电流密度；②电场强度。

解　自由空间的传导电流密度为零。这样，由式(2-38)可知，位移电流密度等于 $\nabla\times\boldsymbol{H}$，亦即

$$\frac{\partial\boldsymbol{D}}{\partial t}=\begin{vmatrix}\boldsymbol{a}_x & \boldsymbol{a}_y & \boldsymbol{a}_z\\ \dfrac{\partial}{\partial x} & \dfrac{\partial}{\partial y} & \dfrac{\partial}{\partial z}\\ 0 & H_0\sin\theta & 0\end{vmatrix}=-\frac{\partial}{\partial z}(H_0\sin\theta)\boldsymbol{a}_x+\frac{\partial}{\partial x}(H_0\sin\theta)\boldsymbol{a}_z$$

$$=\beta H_0\cos\theta\boldsymbol{a}_x\quad(\mathrm{A/m^2})$$

可见，位移电流密度的幅值为 βH_0 (A/m²)。将位移电流密度对时间积分，即得电位移矢量为

$$\boldsymbol{D}=\frac{\beta}{\omega}H_0\sin\theta\boldsymbol{a}_x\quad(\mathrm{C/m})$$

最后，自由空间的电场强度为

$$\boldsymbol{E}=\frac{\boldsymbol{D}}{\varepsilon_0}=\frac{\beta}{\omega\varepsilon_0}H_0\sin\theta\boldsymbol{a}_x\quad(\mathrm{V/m})$$

2.3.4　法拉第电磁感应定律

麦克斯韦方程组的第一个方程为用电磁场量来表示的法拉第电磁感应定律。法拉第在用静止的线圈做了一系列实验后发现，当随时间变化的磁通穿过由线圈包围的面积时，线圈中将

产生感应电动势。感应电动势在闭合回路中产生感应电流。时变磁通可以在线圈附近移动磁铁来产生，如图 2-11 所示，或者由打开或接通另一个线圈的电路来建立，如图 2-12 所示。

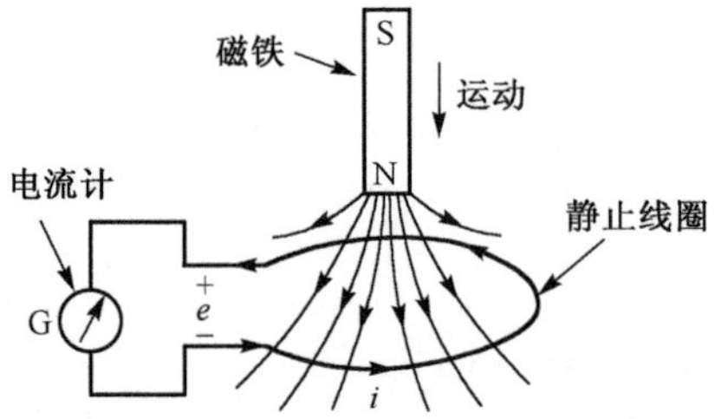

图 2-11　由磁通量增加产生的感应电动势与电流

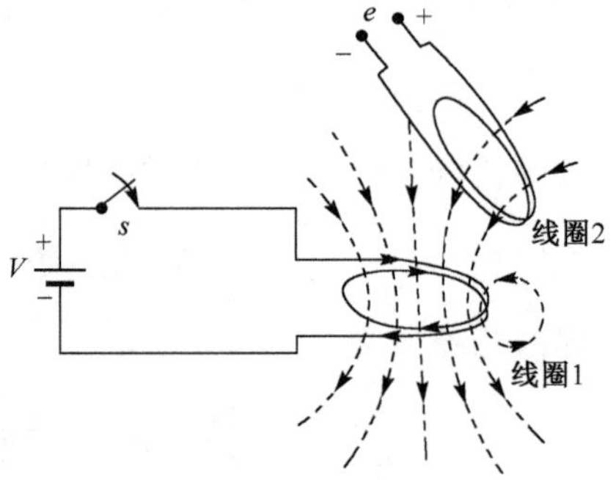

图 2-12　接通线圈 1 的开关 s 时，在线圈 2 中产生的感应电动势

感应电动势的大小等于磁通的时间变化率，其方向由下面的方法确定。任取一绕行回路的方向为感应电动势的正方向，并按右手螺旋法则规定磁力线的正方向，这样，感应电动势为

$$e_{\text{in}} = -\frac{\mathrm{d}\Phi}{\mathrm{d}t} \tag{2-42}$$

此即法拉第电磁感应定律。感应电动势的实际方向由 $-\frac{\mathrm{d}\Phi}{\mathrm{d}t}$ 的符号（正或负）再与规定的电动势正方向比较而定。式(2-42)中的负号是有明确物理意义的。当 $\frac{\mathrm{d}\Phi}{\mathrm{d}t} > 0$，即穿过回路的磁通增加时，$e_{\text{in}} < 0$，这时感应电动势的实际方向与设定正方向相反，表明感应电流产生的磁场要阻止原磁场增加；当 $\frac{\mathrm{d}\Phi}{\mathrm{d}t} < 0$，即穿过回路的磁通减小时，$e_{\text{in}} > 0$，这时感应电动势的实际方向与设定的正方向相同，表明感应电流产生的磁场要阻止原磁场减小。这是楞次定律的内涵。

例 2-9　半径为 40cm 的圆形导电环位于 xoy 面内，其电阻为 20Ω。若该区域的磁感应强度为 $\boldsymbol{B} = 0.2\cos 500t\,\boldsymbol{a}_x + 0.75\sin 400t\,\boldsymbol{a}_y + 1.2\cos 314t\,\boldsymbol{a}_z$(T)，求环内感应电流的有效值。

解　由于导电环位于 xoy 面内，导电环的法线方向在 z 方向，这样，导电环的面微分元为

$$\mathrm{d}\boldsymbol{s} = \rho\mathrm{d}\rho\mathrm{d}\phi\,\boldsymbol{a}_z$$

穿过此面积的磁通为

$$\mathrm{d}\Phi = \boldsymbol{B}\cdot\mathrm{d}\boldsymbol{s} = 1.2\rho\mathrm{d}\rho\mathrm{d}\phi\cos 314t$$

在任意时间穿过导电环的总磁通为

$$\Phi = 1.2\cos 314t\int_0^{0.4}\rho\mathrm{d}\rho\int_0^{2\pi}\mathrm{d}\phi = 0.603\cos 314t \quad (\text{Wb})$$

感应电动势为

$$e = -\frac{\mathrm{d}\Phi}{\mathrm{d}t} = 189.342\sin 314t \quad (\text{V})$$

感应电动势的最大值为 $e_{\text{m}} = 189.342$(V)

所以，导电环内的感应电流的有效值为 $I = \frac{1}{\sqrt{2}}\frac{e_{\text{m}}}{20} = 6.694 \quad (\text{A})$。

感应电流的存在，必须有闭合导电回路的存在。但对感应电动势而言，闭合导电回路的存

在不是必须的。无论闭合回路是否存在，回路是否闭合，只要某一区域内的磁通量发生变化，就会有感应电动势产生。而磁通的变化可以是由磁场随时间的变化而引起，也可以是包围观察区域的回路的运动而引起，即在公式 $\frac{\mathrm{d}\Phi}{\mathrm{d}t}=\frac{\mathrm{d}}{\mathrm{d}t}\int_s \boldsymbol{B}\cdot\mathrm{d}\boldsymbol{S}$ 中，既可以是 $\boldsymbol{B}$ 随时间变化，也可以是 $\boldsymbol{S}$ 随时间变化，或者是 $\boldsymbol{B}$ 和 $\boldsymbol{S}$ 同时随时间变化。由磁场的变化而产生的感应电动势称为感生电动势；而由回路的运动而产生的感应电动势称为动生电动势。

先考虑由磁场的变化所产生的感生电动势。回路中出现感应电动势，表明导体内出现了感应电场，而电动势应为电场沿闭合路径的积分，所以

$$e_{\mathrm{in}}=\oint_c \boldsymbol{E}_{\mathrm{in}}\cdot\mathrm{d}\boldsymbol{l} \tag{2-43}$$

式(2-42)可表示为

$$\oint_c \boldsymbol{E}_{\mathrm{in}}\cdot\mathrm{d}\boldsymbol{l}=-\frac{\mathrm{d}\Phi}{\mathrm{d}t}$$

如果空间还存在静电场 $\boldsymbol{E}_{\mathrm{c}}$，则总电场为 $\boldsymbol{E}=\boldsymbol{E}_{\mathrm{in}}+\boldsymbol{E}_{\mathrm{c}}$，所以上式变为

$$\oint_c \boldsymbol{E}\cdot\mathrm{d}\boldsymbol{l}=\oint_c \boldsymbol{E}_{\mathrm{in}}\cdot\mathrm{d}\boldsymbol{l}+\oint_c \boldsymbol{E}_{\mathrm{c}}\cdot\mathrm{d}\boldsymbol{l}=-\frac{\mathrm{d}\Phi}{\mathrm{d}t}$$

而静电场为无旋场，即 $\oint_c \boldsymbol{E}_{\mathrm{c}}\cdot\mathrm{d}\boldsymbol{l}=0$，所以

$$\oint_c \boldsymbol{E}\cdot\mathrm{d}\boldsymbol{l}=\oint_c \boldsymbol{E}_{\mathrm{in}}\cdot\mathrm{d}\boldsymbol{l}+\oint_c \boldsymbol{E}_{\mathrm{c}}\cdot\mathrm{d}\boldsymbol{l}=\oint_c \boldsymbol{E}_{\mathrm{in}}\cdot\mathrm{d}\boldsymbol{l}=-\frac{\mathrm{d}\Phi}{\mathrm{d}t} \tag{2-44}$$

若闭合路径 c 所包围的总磁通为

$$\Phi=\int_s \boldsymbol{B}\cdot\mathrm{d}\boldsymbol{s}$$

则式(2-44)可表示为

$$\oint_c \boldsymbol{E}\cdot\mathrm{d}\boldsymbol{l}=-\frac{\mathrm{d}}{\mathrm{d}t}\int_s \boldsymbol{B}\cdot\mathrm{d}\boldsymbol{s} \tag{2-45}$$

$\mathrm{d}\boldsymbol{s}$ 的方向由路径 c 和右手螺旋法则来确定。当我们将右手四指沿路径 c 的方向弯曲时，大拇指所指的方向即为 $\mathrm{d}\boldsymbol{s}$ 的法线方向。

当回路静止，而磁场随时间变化时，可将上式表示为

$$\oint_c \boldsymbol{E}\cdot\mathrm{d}\boldsymbol{l}=-\int_s \frac{\partial \boldsymbol{B}}{\partial t}\cdot\mathrm{d}\boldsymbol{s} \tag{2-46}$$

式(2-46)是用场量表示的法拉第电磁感应定律的积分形式，可以用它来计算静止闭合路径中的感生电动势。由于沿闭合路径的感应电场的线积分等于感应电动势，不为零，因而感应电场是非保守场。

利用斯托克斯定理，可将沿闭合路径 c 的线积分变换成由 c 所包围的面 s 的面积分：

$$\int_s (\nabla\times\boldsymbol{E})\cdot\mathrm{d}\boldsymbol{s}=-\int_s \frac{\partial \boldsymbol{B}}{\partial t}\cdot\mathrm{d}\boldsymbol{s}$$

由于方程两边是对同一个由任意闭合路径 c 所包围的面 s 的积分，因此这方程当且仅当两边的被积函数相等时才能成立，即

$$\nabla\times\boldsymbol{E}=-\frac{\partial \boldsymbol{B}}{\partial t} \tag{2-47}$$

式(2-47)是用场量表示的法拉第电磁感应定律的微分形式。由此式可求出，当磁场是时间的函数时，空间某点的电场强度。对于静态场，$\nabla\times\boldsymbol{E}=0$ 。

当闭合回路在磁场中运动时，也将在回路内产生动生电动势。若用下标 m 表示动生电动势，则对于闭合回路，导体在磁场中运动时所产生的动生电动势可写成

$$e_{\mathrm{m}}=\oint_{c}(\boldsymbol{v}\times\boldsymbol{B})\cdot\mathrm{d}\boldsymbol{l} \tag{2-48}$$

式中，$\boldsymbol{v}$ 为回路运动速度。

如图 2-13 所示，为一运动导体在一对固定导体上滑动的情况。在两个固定导体的远端连接一个电阻，这样，运动导体、固定导体和电阻就形成了一个闭合回路。将此回路放入一均匀分布的恒定磁场中，当运动导体沿 x 方向滑动时，由运动导体、固定导体和电阻所形成的闭合回路所包围的面积的变化量为

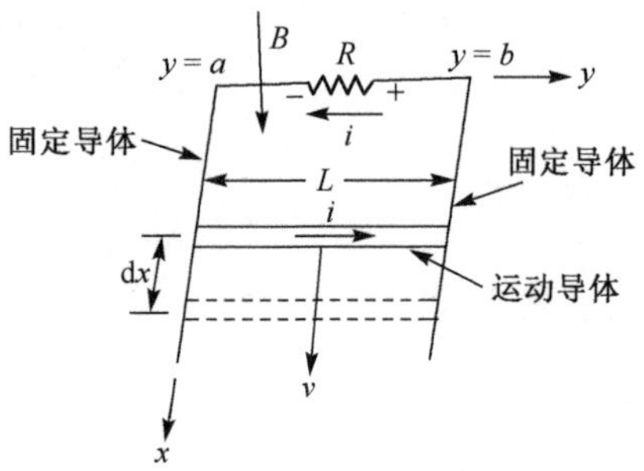

图 2-13　运动的导体

$$\mathrm{d}\boldsymbol{s}=L\mathrm{d}x\,\boldsymbol{a}_z$$

式中，L 为运动导体的长度，$\mathrm{d}x$ 是它在 $\mathrm{d}t$ 时间内滑动的距离。穿过这一闭合回路的磁通的变化为

$$\mathrm{d}\Phi=\boldsymbol{B}\cdot\mathrm{d}\boldsymbol{S}=-BL\mathrm{d}x$$

磁通的变化率为

$$\frac{\mathrm{d}\Phi}{\mathrm{d}t}=-BL\frac{\mathrm{d}x}{\mathrm{d}t}=-BL\boldsymbol{v}$$

所以，感应电动势为

$$e=-\frac{\mathrm{d}\Phi}{\mathrm{d}t}=BL\boldsymbol{v}$$

式中，$\boldsymbol{v}$ 是运动导体沿 x 轴滑动的速度。直接利用式(2-48)得到相同的结果。

当闭合回路在时变磁场中运动时，总的感应电动势为

$$e=e_{\mathrm{i}}+e_{\mathrm{m}}=-\int_{s}\frac{\partial\boldsymbol{B}}{\partial t}\cdot\mathrm{d}\boldsymbol{s}+\oint_{c}(\boldsymbol{v}\times\boldsymbol{B})\cdot\mathrm{d}\boldsymbol{l} \tag{2-49}$$

根据右手螺旋法则，式中闭合路径 c 的方向确定了面 $\mathrm{d}\boldsymbol{s}$ 的法线方向。此式为法拉第感应定律的另一种形式。用感应电场来表示，式(2-49)也可写成

$$\oint_{c}\boldsymbol{E}\cdot\mathrm{d}\boldsymbol{l}=-\int_{s}\frac{\partial\boldsymbol{B}}{\partial t}\cdot\mathrm{d}\boldsymbol{s}+\oint_{c}(\boldsymbol{v}\times\boldsymbol{B})\cdot\mathrm{d}\boldsymbol{l}$$

应用斯托克斯定理可得

$$\int_{s}(\nabla\times\boldsymbol{E})\cdot\mathrm{d}\boldsymbol{s}=-\int_{s}\frac{\partial\boldsymbol{B}}{\partial t}\cdot\mathrm{d}\boldsymbol{s}+\int_{s}(\nabla\times(\boldsymbol{v}\times\boldsymbol{B}))\cdot\mathrm{d}\boldsymbol{s}$$

由于方程两边是对同一个由任意闭合路径 c 所包围的面 s 的积分，所以，为了使此方程能在一般情况下成立，两边的被积函数必须相等，即

$$\nabla\times\boldsymbol{E}=-\frac{\partial\boldsymbol{B}}{\partial t}+\nabla\times(\boldsymbol{v}\times\boldsymbol{B}) \tag{2-50}$$

式(2-50)是法拉第电磁感应定律的最一般化形式，用它可确定当观察点以速度 $\boldsymbol{v}$ 在磁场 $\boldsymbol{B}$ 中运动时产生的电场。

例 2-10　一个 N 匝矩形线圈在均匀场中旋转，如图 2-14 所示。试求线圈中的感应电动势，采用：①动生电动势的概念；②法拉第感应定律。

解　①动生电动势：由于磁感应强度是均匀的，因而感应电动势仅是由于线圈的运动产生的，在 C 处 N 匝线圈的感应电动势应与 D 处 N 匝线圈的感应电动势大小相等，相位相差 180°。基于这种理解来计算 C 处 N 匝线圈的感应电动势。线圈的运动速度为

$$\boldsymbol{v} = \omega R \,\boldsymbol{a}_\phi$$

由于 $\phi = \omega t$，$\boldsymbol{B} = B\boldsymbol{a}_y$，$\boldsymbol{v} \times \boldsymbol{B} = \omega RB\sin\omega t\,\boldsymbol{a}_\phi \times \boldsymbol{a}_y = -\omega RB\sin\omega t\,\boldsymbol{a}_z$，因而 C 处 N 匝线圈的动生电动势为

$$e_\mathrm{m} = \int_c N(\boldsymbol{v} \times \boldsymbol{B}) \cdot \mathrm{d}\boldsymbol{l} = -NBR\omega \sin \omega t \int_L^{-L} \mathrm{d}z = 2NLRB\omega \sin \omega t$$

所以 N 匝线圈中总的感应电动势为

$$e = 2e_\mathrm{m} = 4LRNB\omega \sin \omega t = NBA\omega \sin \omega t$$

式中，$A = 4LR$ 为线圈的面积。

②法拉第定律：对于图 2-14 所示的面微分元方向，有

$$\Phi = \int_s \boldsymbol{B} \cdot \mathrm{d}\boldsymbol{s} = \int_s (\boldsymbol{a}_y \cdot \boldsymbol{a}_\phi)B\mathrm{d}s = B\cos \omega t \int_s \mathrm{d}s = BA\cos \omega t$$

N 匝线圈中的感应电动势为

$$e = -N\frac{\mathrm{d}\Phi}{\mathrm{d}t} = BAN\omega \sin \omega t$$

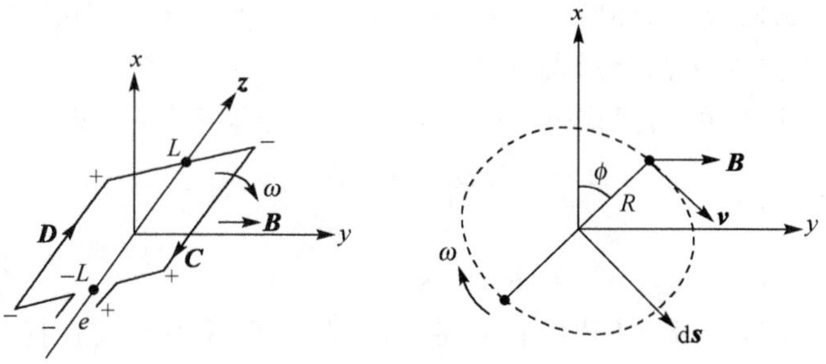

图 2-14　线圈在磁场中旋转示意图

2.4　边 界 条 件

本节我们将研究电磁场在两种媒质分界面上变化的规律。分界面可以是电介质与导体之间的分界面，也可以是两种不同的电介质之间的分界面。决定分界面两侧电磁场变化关系的方程称为边界条件。麦克斯韦方程组要定解，必须已知边界条件。

2.4.1　电场的边界条件

1. D 的法向分量

用高斯定理推导分界面上关于电位移矢量法向分量的边界条件，如图 2-15(a)所示。为此，可以构造一个扁圆形的高斯面，一半在媒质 1 中，另一半在媒质 2 中。因扁圆形高斯面的截面足够小，故穿过界面的电位移矢量可视为常数。此外，假设扁圆形高斯面的高度 Δh 趋于零，则其侧面面积可以忽略不计，设分界面上存在的电荷密度为 ρ_s。

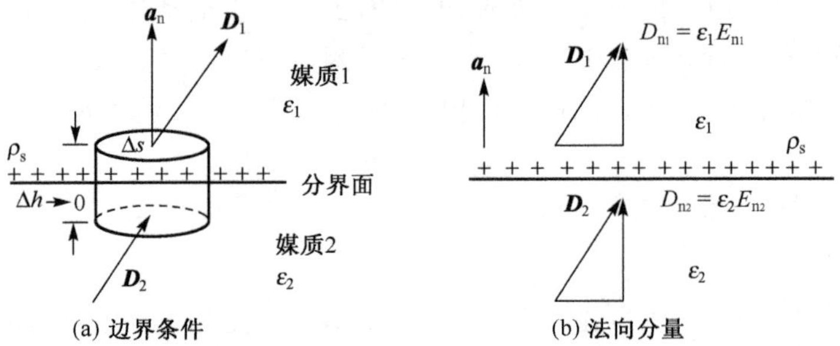

图 2-15　D 和 E 的法向分量满足的边界条件

记分界面面积为 Δs，则扁圆形高斯面所包含的总电荷量为 $\rho_s\Delta s$ 。于是，根据高斯定理可得

$$\boldsymbol{D}_1\cdot\boldsymbol{a}_n\Delta s-\boldsymbol{D}_2\cdot\boldsymbol{a}_n\Delta s=\rho_s\Delta s$$

或

$$\boldsymbol{a}_n\cdot(\boldsymbol{D}_1-\boldsymbol{D}_2)=\rho_s \tag{2-51a}$$

或

$$D_{n1}-D_{n2}=\rho_s \tag{2-51b}$$

其中，a_n 是垂直于分界面从媒质 2 指向媒质 1 的单位法向矢量。D_{n1} 和 D_{n2} 分别是媒质 1 和媒质 2 中电位移矢量的法向分量，如图 2-15(b)所示。式(2-51)表明，如果分界面上存在自由面电荷密度，则电位移矢量的法向分量不连续。

因为 $\boldsymbol{D}=\varepsilon\boldsymbol{E}$ ，所以也可以把式(2-51)用 $\boldsymbol{E}$ 的法向分量来表示，即

$$\boldsymbol{a}_n\cdot(\varepsilon_1\boldsymbol{E}_1-\varepsilon_2\boldsymbol{E}_2)=\rho_s \tag{2-51c}$$

或

$$\varepsilon_1\boldsymbol{E}_{n1}-\varepsilon_2\boldsymbol{E}_{n2}=\rho_s \tag{2-51d}$$

当分界面在两种不同介质之间时，若非特意放置，一般并不存在任何自由面电荷密度。因此，排除放置的可能性，穿过介质分界面的电位移矢量的法向分量是连续的，即

$$D_{n1}=D_{n2} \tag{2-52}$$

或

$$\varepsilon_1\boldsymbol{E}_{n1}=\varepsilon_2\boldsymbol{E}_{n2} \tag{2-53}$$

当媒质 2 为理想导体时，由于其$\sigma\to\infty$，所以媒质 2 中的电场 $\boldsymbol{E}_2=0$。如果媒质 1 中存在着 $\boldsymbol{D}_1$ 的法向分量，则导体表面必然存在自由面电荷密度，以与式(2-51)相符合，亦即

$$\boldsymbol{a}_n\cdot\boldsymbol{D}_1=D_{n1}=\rho_s \tag{2-54a}$$

或

$$\varepsilon_1\boldsymbol{E}_{n1}=\rho_s \tag{2-54b}$$

也就是说，理想导体表面上的电位移矢量的法向分量等于导体表面的面电荷密度。

2. $\boldsymbol{E}$ 的切向分量

下面求电场 $\boldsymbol{E}$ 沿着穿越分界面的闭合路径 $abcda$ 的环流量，如图 2-16 所示。闭合路径有两条长度为 Δl，平行并位于分界面两侧的线段 ab、cd 以及两条较短的长度为 Δh 的线段 bc、da 构成。按照图 2-16(a)所标方向，$\Delta\boldsymbol{l}=\Delta l\boldsymbol{a}_t$。当 $\Delta h\to 0$ 时，线段 bc、da 对线积分$\oint\boldsymbol{E}\cdot d\boldsymbol{l}$

的贡献可忽略不计，因此

$$\oint \boldsymbol{E} \cdot d\boldsymbol{l} = \boldsymbol{E}_1 \cdot \Delta \boldsymbol{l} + \boldsymbol{E}_2 \cdot (-\Delta \boldsymbol{l})$$
$$= (\boldsymbol{E}_1 - \boldsymbol{E}_2) \cdot \Delta \boldsymbol{l}$$
$$= (\boldsymbol{E}_1 - \boldsymbol{E}_2) \cdot \Delta l \boldsymbol{a}_t$$
$$= (\boldsymbol{E}_{t1} - \boldsymbol{E}_{t2}) \cdot \Delta \boldsymbol{l}$$
$$= \rho_s \cdot \Delta l \cdot \Delta h$$

所以

$$E_{t1} - E_{t2} = \rho_s \cdot \Delta h$$

因为 $\Delta h \to 0$，所以 $\boldsymbol{E}_{t1} = \boldsymbol{E}_{t2}$，或

$$\boldsymbol{a}_t \cdot (\boldsymbol{E}_1 - \boldsymbol{E}_2) = 0 \tag{2-55}$$

式中，$\boldsymbol{E}_{t1}$ 和 $\boldsymbol{E}_{t2}$ 分别是媒质 1 和媒质 2 中 $\boldsymbol{E}$ 的切向分量，如图 2-16(b)所示。上述等式表明，分界面上电场强度的切向分量总是连续的。

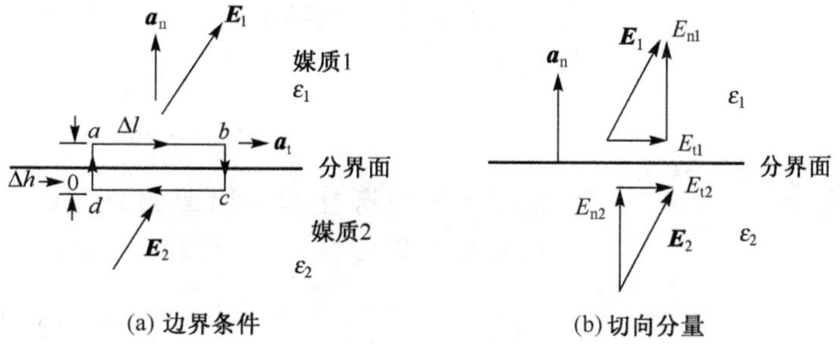

图 2-16　$\boldsymbol{E}$ 的切向分量满足的边界条件

式(2-55)亦可写成矢量形式

$$\boldsymbol{a}_n \times (\boldsymbol{E}_1 - \boldsymbol{E}_2) = 0 \tag{2-56}$$

如果媒质 2 是理想导体，则由于导体内部不存在电场，故分界面上的电场强度的切向分量必然为零。因此，理想导体表面的电场总是垂直于导体表面。

例 2-11　电荷 Q 均匀分布在半径为 R 的金属球表面，试确定球体表面上的电场强度 $\boldsymbol{E}$ 。

解　面电荷密度为 $\rho_s = \dfrac{Q}{4\pi R^2}$

在导体表面只有 $\boldsymbol{D}$ 的法向分量存在，所以 $\boldsymbol{D} = D_r \boldsymbol{a}_r$，从式(2-54$a$)可得

$$D_r = \frac{Q}{4\pi R^2}$$

若 ε 是球体所在媒质的介电常数，则

$$E_r = \frac{D_r}{\varepsilon} = \frac{Q}{4\pi\varepsilon R^2}$$

例 2-12　平面 $z=0$ 是介于自由空间与相对介电常数为 40 的电介质之间的边界。分界面上自由空间一侧的电场强度为 $\boldsymbol{E} = 13\boldsymbol{a}_x + 40\boldsymbol{a}_y + 50\boldsymbol{a}_z$(V/m)，试确定分界面另一侧的电场强度 $\boldsymbol{E}$ 。

解　令 $z>0$ 区域为介质 1，$z<0$ 区域为自由空间 2，则有

$$\boldsymbol{E}_2 = 13\boldsymbol{a}_x + 40\boldsymbol{a}_y + 50\boldsymbol{a}_z$$

由于垂直于分界面的单位矢量 $\boldsymbol{a}_n = \boldsymbol{a}_z$，而电场强度 $\boldsymbol{E}$ 的切向分量是连续的，故

$$\left.\begin{aligned} E_{x_1} &= E_{x_2} = 13 \\ E_{y_1} &= E_{y_2} = 40 \end{aligned}\right\}$$

又由于两种介质分界面上，$\boldsymbol{D}$ 的法向分量也是连续的，即

$$\varepsilon_1 E_{z_1} = \varepsilon_2 E_{z_2}$$

而 $\varepsilon_2 = \varepsilon_0$，$\varepsilon_1 = 40\varepsilon_0$，则

$$E_{z_1} = E_{z_2}/40 = 50/40 = 1.25$$

因此，介质 1 中的电场强度 $\boldsymbol{E}$ 为

$$\boldsymbol{E} = (13\,\boldsymbol{a}_x + 40\,\boldsymbol{a}_y + 1.25\,\boldsymbol{a}_z) \quad (\mathrm{V/m})$$

2.4.2 磁场的边界条件

1. $\boldsymbol{B}$ 的法向分量

为确定在两种媒质分界面处磁感应强度法向分量的边界条件，我们可以构成一个厚度极小的扁圆柱形高斯面，如图 2-17 所示。由于磁力线是连续的，于是

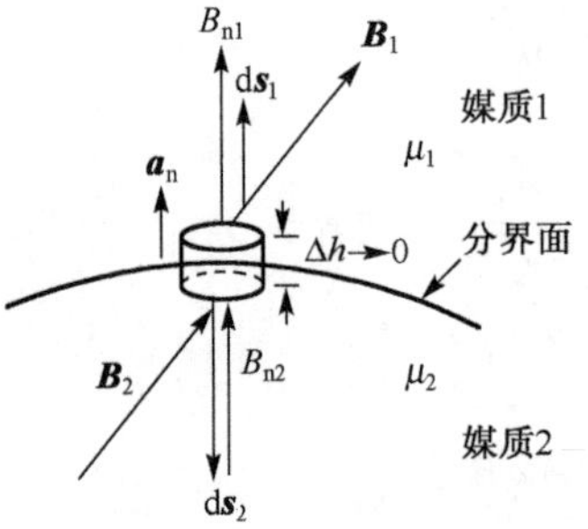

图 2-17 $\boldsymbol{B}$ 的法向分量满足的边界条件

$$\oint_s \boldsymbol{B} \cdot \mathrm{d}\boldsymbol{s} = 0$$

此处 $\boldsymbol{s}$ 为扁圆柱形高斯面的总面积。忽略穿过扁圆柱形高斯面厚度极小的侧面的磁通量，上式变为

$$\oint_{s_1} \boldsymbol{B} \cdot \mathrm{d}\boldsymbol{s} + \oint_{s_2} \boldsymbol{B} \cdot \mathrm{d}\boldsymbol{s} = 0$$

若 $\boldsymbol{a}_n$ 是分界面处指向区域 1 的单位法向矢量，则 $B_{n1} = \boldsymbol{a}_n \boldsymbol{B}_1$ 与 $B_{n2} = \boldsymbol{a}_n \boldsymbol{B}_{n2}$ 为两个区域分界面处 $\boldsymbol{B}$ 的法向分量，$\mathrm{d}\,\boldsymbol{s}_1 = \boldsymbol{a}_n \mathrm{d}\,\boldsymbol{s}_1$ 与 $\mathrm{d}\,\boldsymbol{s}_2 = \boldsymbol{a}_n \mathrm{d}\,\boldsymbol{s}_2$ 为面微分元，于是上式可以写成

$$\oint_{s_1} B_{n1} \mathrm{d}\boldsymbol{s}_1 - \oint_{s_2} B_{n2} \mathrm{d}\boldsymbol{s}_2 = 0$$

或

$$\oint_{s_1} B_{n1} \mathrm{d}s_1 = \oint_{s_2} B_{n2} \mathrm{d}s_2 \tag{2-57}$$

式(2-57)说明，离开分界面的总磁通量等于进入这个分界面的总磁通量。

对于扁圆柱形高斯面上下两个相等的表面，有

$$\int_s (B_{n1} - B_{n2}) \mathrm{d}s = 0$$

由于所考虑的表面是任意的，因而可用标量形式表示如下

$$B_{n1} = B_{n2} \tag{2-58a}$$

式(2-58a)说明，在分界面处磁感应强度的法向分量是相等的。式(2-58a)也可用矢量形式表示为

$$\boldsymbol{a}_n \cdot (\boldsymbol{B}_{n1} - \boldsymbol{B}_{n2}) = 0 \tag{2-58b}$$

2. $\boldsymbol{H}$ 的切向分量

为了得到磁场强度切向分量的边界条件，考虑图 2-18 所示的闭合回路。对这闭合路径应用安培定律可得

$$\oint_c \boldsymbol{H} \cdot \mathrm{d}\boldsymbol{l} = \oint_{c_1} \boldsymbol{H} \cdot \mathrm{d}\boldsymbol{l} + \oint_{c_2} \boldsymbol{H} \cdot \mathrm{d}\boldsymbol{l} + \oint_{c_3} \boldsymbol{H} \cdot \mathrm{d}\boldsymbol{l} + \oint_{c_4} \boldsymbol{H} \cdot \mathrm{d}\boldsymbol{l} = I$$

式中，I 为闭合路径 c 所包围的电流。

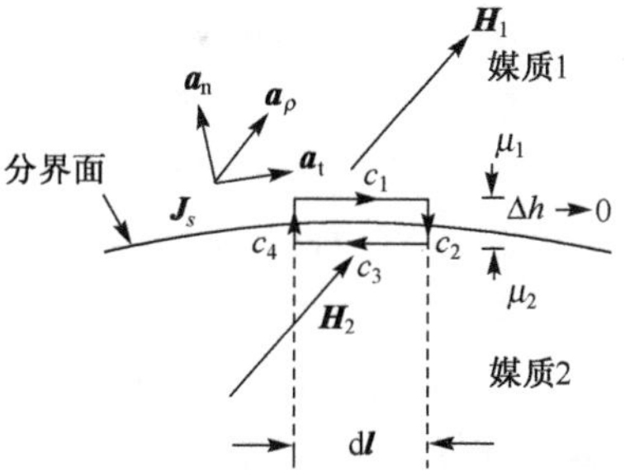

图 2-18　H 的切向分量满足的边界条件

当闭合回路的厚度 $\Delta h \to 0$ 时，可知 c_2 和 c_4 很小。略去在 c_2 和 c_4 上的积分，可得

$$\int_{c_1} \boldsymbol{H} \cdot \mathrm{d}\boldsymbol{l} + \int_{c_2} \boldsymbol{H} \cdot \mathrm{d}\boldsymbol{l} = I$$

若 $\boldsymbol{a}_\mathrm{n}$、$\boldsymbol{a}_\mathrm{t}$ 和 $\boldsymbol{a}_\rho$ 为三个相互垂直的单位矢量，如图 2-18 所示，I 可以用体电流密度来表示，则上式可写成

$$\int_{c_1} (\boldsymbol{H}_1 - \boldsymbol{H}_2) \cdot \boldsymbol{a}_\mathrm{t} \mathrm{d}\boldsymbol{l} = \int_s \boldsymbol{J}_v \cdot \boldsymbol{a}_\rho \mathrm{d}l \Delta h \tag{2-59}$$

当 $\Delta h \to 0$ 时，

$$\lim_{\Delta h \to 0} \boldsymbol{J}_v \Delta h = \boldsymbol{J}_\mathrm{s}$$

式中，$\boldsymbol{J}_\mathrm{s}$ 为面电流密度(A/m^2)。另外，依据右手定则，$\boldsymbol{a}_\mathrm{t} = \boldsymbol{a}_\rho \times \boldsymbol{a}_\mathrm{n}$，因而式(2-59)可以表示成

$$\int_{c_1} (\boldsymbol{H}_1 - \boldsymbol{H}_2) \cdot (\boldsymbol{a}_\rho \times \boldsymbol{a}_\mathrm{n}) \mathrm{d}l = \int_{c_1} \boldsymbol{J}_\mathrm{s} \cdot \boldsymbol{a}_\rho \mathrm{d}\boldsymbol{l}$$

利用矢量恒等式 $\mathbf{A} \cdot (\mathbf{B} \times \mathbf{C}) = \mathbf{B} \cdot (\mathbf{C} \times \mathbf{A}) = \mathbf{C} \cdot (\mathbf{A} \times \mathbf{B})$，上式可变为

$$\int_{c_1} [\boldsymbol{a}_\mathrm{n} \times (\boldsymbol{H}_1 - \boldsymbol{H}_2)] \cdot \boldsymbol{a}_\rho \mathrm{d}l = \int_{c_1} \boldsymbol{J}_\mathrm{s} \cdot \boldsymbol{a}_\rho \mathrm{d}\boldsymbol{l}$$

由此可得

$$\boldsymbol{a}_\mathrm{n} \times (\boldsymbol{H}_1 - \boldsymbol{H}_2) = \boldsymbol{J}_\mathrm{s} \tag{2-60a}$$

式(2-60a)说明，$\boldsymbol{H}$ 在分界面处的切向分量不连续。式(2-60a)可以用标量形式表示为

$$H_{\mathrm{t}1} - H_{\mathrm{t}2} = J_\mathrm{s} \tag{2-60b}$$

在应用式(2-60b)时应记住，当面电流密度沿 $\boldsymbol{a}_\rho$ 方向时，$H_{\mathrm{t}1}$ 将大于 $H_{\mathrm{t}2}$。同时应注意，$\boldsymbol{a}_\rho$ 是包含 $\boldsymbol{H}$ 切向分量的分界面的单位法向矢量。此处我们想说明，电导率有限的两种磁介质的表面电流密度 $\boldsymbol{J}_s$ 为零。如果在任意媒质中有电流通过，它应该用体电流密度 $\boldsymbol{J}_v$ 来表示。若媒质之一为理想导体，则 $\boldsymbol{J}_s$ 存在于这理想导体的表面上，因为理想导体内没有磁场。

例 2-13　证明在电导率有限的两种磁介质的分界面处 $\dfrac{\tan\phi_1}{\tan\phi_2} = \dfrac{\mu_1}{\mu_2}$。此处 ϕ_1 和 ϕ_2 为区域 1 与区域 2 的磁场方向与法线之间的夹角，如图 2-19 所示。

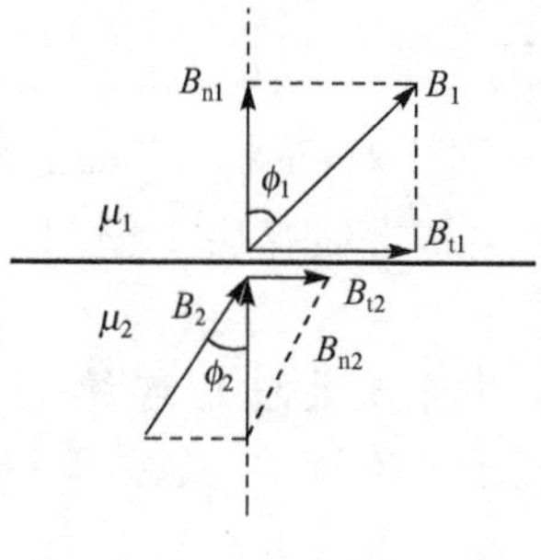

图 2-19　两种介质之间的分界面

解　根据 $\boldsymbol{B}$ 的法向分量的连续性，由式(2-58a)可得

$$B_1 \cos\phi_1 = B_2 \cos\phi_2$$

由于每种媒质具有有限的电导率，所以 $J_s = 0$。因此，由式(2-60b)，$\boldsymbol{H}$ 的切向分量也是连续的，亦即

$$H_{\mathrm{t}1} = H_{\mathrm{t}2}$$

或

$$\frac{B_{\mathrm{t}1}}{\mu_1} = \frac{B_{\mathrm{t}2}}{\mu_2}$$

或

$$B_1 \sin\phi_1 = \frac{\mu_1}{\mu_2} B_2 \sin\phi_2$$

由上式可得

$$\tan\phi_1/\tan\phi_2 = \mu_1/\mu_2$$

这就是需证明的两种磁介质中磁场方向角与磁导率之间的关系，可见：

(1)如果 $\phi_1 = 0$，则 ϕ_2 也为零。换句话说，磁力线垂直于分界面，且其数量相等。

(2)如果区域 2 的磁导率远大于区域 1 的磁导率，ϕ_2 小于90°，则 ϕ_1 将非常小。换句话说，当磁场进入高磁导率区域时，磁力线垂直于分界面。例如，若区域 1 为自由空间，区域 2 为相对磁导率是 2400 的钢，$\phi_2 = 45°$，则 $\phi_1 = 0.02°$。

例 2-14　一个半径为 10cm，相对磁导率为 5、电导率有限的圆柱体，其磁感应强度按 $0.2/\rho \boldsymbol{a}_\phi$(T) 变化。若圆柱外面是自由空间，试求紧贴圆柱体外的磁感应强度。

解　分界面的半径为 10cm，因而紧贴圆柱体表面内的磁感应强度为

$$\boldsymbol{B}_c = \frac{0.2}{0.1}\boldsymbol{a}_\phi = 2\,\boldsymbol{a}_\phi \quad \text{(T)}$$

注意，$\boldsymbol{B}$ 与分界面相切。而且，假设电导率有限的圆柱体的 $\boldsymbol{J}_s = 0$，因而 $\boldsymbol{H}$ 的切向分量必然是连续的。在 $\rho = 10\text{cm}$ 处的 $\boldsymbol{H}$ 的切向分量为

$$\boldsymbol{H}_c = \frac{2}{5\times 4\pi \times 10^{-7}}\boldsymbol{a}_\phi = 318.31\,\boldsymbol{a}_\phi \quad \text{(kA/m)}$$

因此，圆柱体靠近表面外部自由空间中的磁场强度为

$$\boldsymbol{H}_a = \boldsymbol{H}_c = 318.31\boldsymbol{a}_\phi \quad \text{(kA/m)}$$

圆柱体靠近表面外部自由空间中的磁感应强度为

$$\boldsymbol{B}_a = \mu_0\,\boldsymbol{H}_a = 4\pi\times 10^{-7}\times 318.31\times 10^3\,\boldsymbol{a}_\phi = 0.4\,\boldsymbol{a}_\phi \quad \text{(T)}$$

2.4.3　边界条件总结

时变电磁场的边界条件与静态场的边界条件完全相同。一般媒质分界面处的边界条件总结如下：

标量形式	矢量形式	
$E_{t1} = E_{t2}$	$\boldsymbol{a}_n \times (\boldsymbol{E}_1 - \boldsymbol{E}_2) = 0$	(2-61)
$H_{t1} - H_{t2} = J_s$	$\boldsymbol{a}_n \times (\boldsymbol{H}_1 - \boldsymbol{H}_2) = \boldsymbol{J}_s$	(2-62)
$B_{n1} = B_{n2}$	$\boldsymbol{a}_n \cdot (\boldsymbol{B}_1 - \boldsymbol{B}_2) = 0$	(2-63)
$D_{n1} - D_{n2} = \rho_s$	$\boldsymbol{a}_n \cdot (\boldsymbol{D}_1 - \boldsymbol{D}_2) = \rho_s$	(2-64)
$J_{n1} = J_{n2}$	$\boldsymbol{a}_n \cdot (\boldsymbol{J}_1 - \boldsymbol{J}_2) = 0$	(2-65)
$\dfrac{J_{t1}}{\sigma_1} = \dfrac{J_{t2}}{\sigma_2}$	$\boldsymbol{a}_n \times \left(\dfrac{\boldsymbol{J}_1}{\sigma_1} - \dfrac{\boldsymbol{J}_2}{\sigma_2}\right) = 0$	(2-66)

下标 t_1 和 t_2 分别表示在媒质 1 和 2 的边界处场的切向分量。同样地，下标 n_1 和 n_2 则表示在边界处场的法向分量。注意，在分界面处的单位矢量 $\boldsymbol{a}_n$ 由媒质 2 指向媒质 1，ρ_s 为自由面电荷密度，$\boldsymbol{J}_s$ 为自由面电流密度。

式(2-61)说明，任何分界面两侧的电场强度 $\boldsymbol{E}_1$ 与 $\boldsymbol{E}_2$ 的切向分量总是连续的。但式(2-62)表明，在分界面任意点处，磁场强度 $\boldsymbol{H}_1$ 和 $\boldsymbol{H}_2$ 的切向分量是不连续的，其差等于该点的面电流密度。

式(2-63)说明，任何分界面两侧的磁感应强度 $\boldsymbol{B}_1$ 和 $\boldsymbol{B}_2$ 的法向分量总是连续的。但式(2-64)表明，在分界面任意点处的电位移矢量 $\boldsymbol{D}_1$ 与 $\boldsymbol{D}_2$ 的法向分量是不连续的，其差值等于该点的自由电荷面密度。

式(2-65)说明,在分界面处的电流密度 $\boldsymbol{J}_1$ 与 $\boldsymbol{J}_2$ 的法向分量是相等的。式(2-66)则说明,分界面两侧电流密度切向分量之比等于电导率之比。

对于时变电磁场,只要电场强度的切向分量满足边界条件,那么磁感应强度的法向分量的边界条件也必然满足;若磁场强度的切向分量满足边界条件,则电位移矢量的法向分量也必然满足边界条件。所以求解电磁场时,只需应用电场强度和磁场强度的切向分量边界条件即可。

对于完纯介质,$\sigma=0,\rho_s=0,\boldsymbol{J}_s=0$,所以

$$\boldsymbol{n}\times(\boldsymbol{H}_1-\boldsymbol{H}_2)=0 \quad H_{t1}=H_{t2}$$
$$\boldsymbol{n}\times(\boldsymbol{E}_1-\boldsymbol{E}_2)=0 \quad E_{t1}=E_{t2}$$
$$\boldsymbol{n}\cdot(\boldsymbol{B}_1-\boldsymbol{B}_2)=0 \quad B_{n1}=B_{n2}$$
$$\boldsymbol{n}\cdot(\boldsymbol{D}_1-\boldsymbol{D}_2)=0 \quad D_{n1}=D_{n2}$$

对于理想导体,$\sigma=\infty$,所以理想导体内不存在电磁场。

$$\boldsymbol{n}\times\boldsymbol{H}=\boldsymbol{J}_s \quad H_t=J_s$$
$$\boldsymbol{n}\times\boldsymbol{E}=0 \quad E_t=0$$
$$\boldsymbol{n}\cdot\boldsymbol{B}=0 \quad B_n=0$$
$$\boldsymbol{n}\cdot\boldsymbol{D}=\rho_s \quad D_n=\rho_s$$

在应用边界条件时,必须牢记下列条件:

(1)在理想导体($\sigma=\infty$)内部的电磁场为零。这样,在理想导体表面 ρ_s 和 $\boldsymbol{J}_s$ 可以存在。

(2)在导体($\sigma<\infty$)内部可以存在时变场,因而 $\boldsymbol{J}_s$ 为零,但 ρ_s 可以在导体和理想介质的分界面上存在。

(3)在两种理想介质分界面处,$\boldsymbol{J}_s$ 为零。同样,如果电荷不是特意放置于分界面的,则 ρ_s 也为零。

在任何媒质中,电磁场的存在必须满足麦克斯韦方程组。当我们在两种或多种媒质中求麦克斯韦方程组的解时,必须确定场在边界处是满足边界条件的。

例 2-15　已知:在自由空间中,球面波的电场为 $\boldsymbol{E}=\left(\dfrac{E_0}{r}\right)\sin\theta\cos(\omega t-kr)\boldsymbol{a}_\theta$,求 $\boldsymbol{H}$ 和 k。

解　因为 $\nabla\times\boldsymbol{E}=-\mu_0\dfrac{\partial\boldsymbol{H}}{\partial t}$,所以

$$\frac{\partial\boldsymbol{H}}{\partial t}=-\frac{1}{\mu_0}\nabla\times\boldsymbol{E}=-\frac{1}{\mu_0 r}\frac{\partial}{\partial r}(rE_\theta)\boldsymbol{a}_\phi$$
$$=-\frac{1}{\mu_0 r}\frac{\partial}{\partial r}[E_0\sin\theta\cos(\omega t-kr)]\boldsymbol{a}_\phi=-\frac{k}{\mu_0 r}\sin\theta\sin(\omega t-kr)\boldsymbol{a}_\phi$$

因自由空间为无源空间,所以 E_θ 应满足时域波动方程 $\nabla^2\boldsymbol{E}-\mu_0\varepsilon_0\dfrac{\partial^2\boldsymbol{E}}{\partial t^2}=0$。

$$\nabla^2\boldsymbol{E}=\frac{1}{r^2}\frac{\partial}{\partial r}\left(r^2\frac{\partial}{\partial r}\left(\frac{E_0}{r}\sin\theta\cos(\omega t-kr)\right)\right)+\frac{1}{r^2\sin\theta}\frac{\partial}{\partial\theta}\left(\sin\theta\frac{\partial}{\partial\theta}\left(\frac{E_0}{r}\sin\theta\cos(\omega t-kr)\right)\right)$$
$$=\frac{2}{r^2}kE_0\sin\theta\sin(\omega t-kr)-\frac{k^2E_0}{r}\sin\theta\cos(\omega t-kr)$$

只考虑远场,略去 $\dfrac{1}{r^2}$ 项,得 $\nabla^2\boldsymbol{E}=-\dfrac{k^2E_0}{r}\sin\theta\cos(\omega t-kr)$。

又 $\dfrac{\partial^2\boldsymbol{E}}{\partial t^2}=\dfrac{\partial}{\partial t}\left(\dfrac{\partial\boldsymbol{E}}{\partial t}\right)=\dfrac{\partial}{\partial t}\left(-\dfrac{E_0}{r}\sin\theta\omega\sin(\omega t-kr)\right)=-\dfrac{E_0}{r}\sin\theta\omega^2\cos(\omega t-kr)$

由波动方程得

$$\frac{k^2 E_0}{r}\sin\theta\cos(\omega t - kr) = \mu_0\varepsilon_0\frac{E_0}{r}\sin\theta\omega^2\cos(\omega t - kr)$$

所以，$k^2 = \omega^2\mu_0\varepsilon_0$，得 $k = \omega\sqrt{\mu_0\varepsilon_0}$。

例 2-16　在由理想导电壁 ($\sigma = \infty$) 限定的区域 $0 \leqslant x \leqslant a$ 内存在由以下各式表示的电磁场：

$$E_y = H_0\mu\omega\left(\frac{a}{\pi}\right)\sin\left(\frac{\pi x}{a}\right)\sin(kz - \omega t)$$

$$H_x = H_0 k\left(\frac{a}{\pi}\right)\sin\left(\frac{\pi x}{a}\right)\sin(kz - \omega t)$$

$$H_z = H_0\cos\left(\frac{\pi x}{a}\right)\cos(kz - \omega t)$$

问该电磁场是否满足理想导体表面的边界条件？求导电壁上的电流密度。

解　建立坐标系，如图 2-20 所示，应用理想导体的边界条件可得：在 $x = 0$ 处，$E_y|_{x=0} = 0$，$H_x|_{x=0} = 0$，$H_z|_{x=0} = H_0\cos(kz - \omega t)$；在 $x = a$ 处，$E_y|_{x=a} = 0$，$H_x|_{x=a} = 0$，$H_z|_{x=a} = -H_0\cos(kz - \omega t)$。

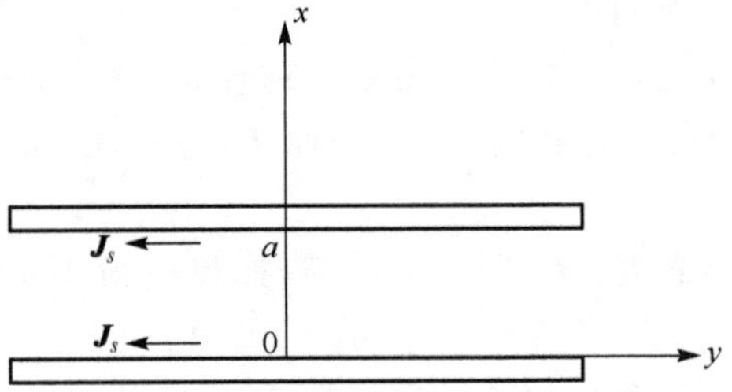

图 2-20　位于直角坐标系的理想导体

由此可见，导电面上不存在电场的切向分量 E_y 和磁场的法向分量 H_x，满足理想导体表面的边界条件。

当 $x = 0$ 时，$\boldsymbol{J}_s = \boldsymbol{n}\times\boldsymbol{H}|_{x=0} = \boldsymbol{a}_x\times(H_x\boldsymbol{a}_x + H_z\boldsymbol{a}_z)|_{x=0}$

$$= \boldsymbol{a}_x\times\boldsymbol{a}_z H_z = -H_0\cos(kz - \omega t)\boldsymbol{a}_y$$

当 $x = a$ 时，$\boldsymbol{J}_s = \boldsymbol{n}\times\boldsymbol{H}|_{x=a} = -\boldsymbol{a}_x\times(H_x\boldsymbol{a}_x + H_z\boldsymbol{a}_z)|_{x=a}$

$$= -\boldsymbol{a}_x\times\boldsymbol{a}_z H_z|_{x=a} = H_z\boldsymbol{a}_y = -H_0\cos(kz - \omega t)\boldsymbol{a}_y$$

2.5　电磁场能量

本节中，我们以静电场和恒定磁场为例来推导电场能量和磁场能量的表达式，结果同样适用于时变电磁场。

2.5.1　电场中的能量

电荷在电场中受到电场力的作用而运动时，电场力对电荷做功，说明电场有能量，称为电场能量。首先，将任何电荷都放置到无穷远处，以使区域内不存在电场。然后，设想有 n 个点电荷，每个均距离所考虑区域无限远。现在，将一个点电荷 q_1 从无穷远处移到 a 点，如图 2-21

所示。因为电荷没有受任何力的作用，这样做所需的能量为零，$W_1=0$ 。q_1 的出现，便在区域中建立了电位分布。如果现在再将另一个电荷 q_2 从无穷远处移动到 **b** 点，这时所需要的能量为

$$W_2=q_2V_{b,a}=\frac{q_1q_2}{4\pi\varepsilon R}$$

式中，$V_{b,a}$ 为 a 点的电荷 q_1 在 b 点建立的电位，R 为两电荷间的距离。考虑这个问题时，我们选择电位的参考点在无穷远处。把两个电荷从无穷远处移到 a，b 两点所需的总能量为

$$W=W_1+W_2=\frac{q_1q_2}{4\pi\varepsilon R} \tag{2-67}$$

式(2-67)给出任何媒质中相距为 R 的两个点电荷的位能(potential energy)。如果改变这个过程，将 q_2 先从无穷远处移到无电场区域中的 b 点，这样做所需的能量为零 ($W_2=0$) 。b 点的 q_2 在 a 点建立的电位为

$$V_{a,b}=\frac{q_2}{4\pi\varepsilon R}$$

把电荷 q_1 移到 a 点所需的能量为

$$W_1=q_1V_{a,b}=\frac{q_1q_2}{4\pi\varepsilon R}$$

改变顺序后所需的总能量为

$$W=W_1+W_2=\frac{q_1q_2}{4\pi\varepsilon R}$$

两种情况所需的能量相同，因此先移动哪个电荷无关紧要。

现在，把讨论扩展到三个电荷系统，如图 2-22 所示，把 q_1、q_2 和 q_3 分别(按此顺序)从无穷远处移到 a、b、c 三点所需的能量为

$$\begin{aligned}W&=W_1+W_2+W_3=0+q_2V_{b,a}+q_3(V_{c,a}+V_{c,b})\\&=\frac{1}{4\pi\varepsilon}\left(\frac{q_2q_1}{R_{21}}+\frac{q_3q_1}{R_{31}}+\frac{q_3q_2}{R_{32}}\right)\end{aligned} \tag{2-68}$$

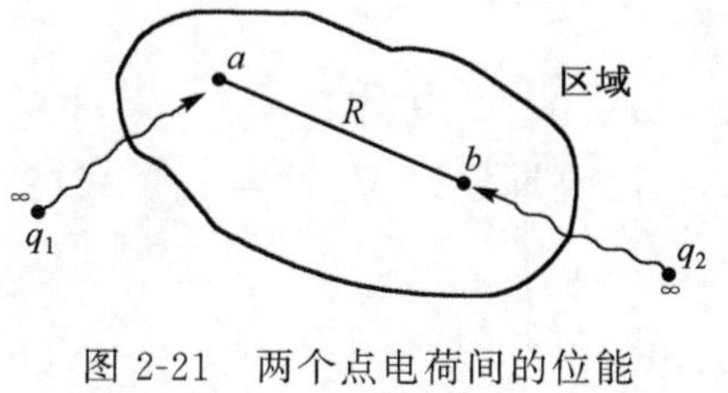

图 2-21　两个点电荷间的位能

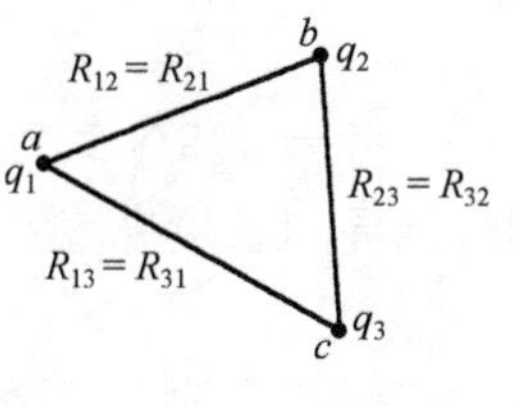

图 2-22　三个点电荷间的位能

如果把三个点电荷的移动次序颠倒，所需总能量依然为

$$\begin{aligned}W&=W_3+W_2+W_1=0+q_2V_{b,c}+q_1(V_{a,c}+V_{a,b})\\&=\frac{1}{4\pi\varepsilon}\left(\frac{q_2q_3}{R_{23}}+\frac{q_1q_3}{R_{13}}+\frac{q_1q_2}{R_{12}}\right)\end{aligned} \tag{2-69}$$

它与式(2-68)一致。每一次移动电荷所做的功增加了电荷系统内同样数量的能量。

把式(2-68)和式(2-69)相加，得

$$W=\frac{1}{2}[q_1(V_{a,c}+V_{a,b})+q_2(V_{b,a}+V_{b,c})+q_3(V_{c,a}+V_{c,b})]$$

因为 $V_{a,c}+V_{a,b}$ 是 b、c 两点的电荷在 a 点的总电位，所以可写为

$$V_1 = V_{a,c} + V_{a,b} = \frac{1}{4\pi\varepsilon}\left(\frac{q_3}{R_{13}} + \frac{q_2}{R_{12}}\right)$$

同理，b，c 两点的电位分别为

$$V_2 = V_{b,a} + V_{b,c} \text{ 和 } V_3 = V_{c,a} + V_{c,b}$$

总能量为

$$W = \frac{1}{2}\left(q_1V_1 + q_2V_2 + q_3V_3\right) = \frac{1}{2}\sum_{i=1}^{3} q_iV_i$$

把上式推广到 n 个点电荷的系统，得

$$W = \frac{1}{2}\sum_{i=1}^{n} q_iV_i \tag{2-70}$$

如果电荷是连续分布的，则式(2-70)可写成

$$W = \frac{1}{2}\int_{\boldsymbol{v}} \rho_{\boldsymbol{v}} V \mathrm{d}\boldsymbol{v} \tag{2-71}$$

式中，ρ_v 为 V 内的体电荷密度。

式(2-71)是用电荷体密度和电位表示的电场能量的标准表达式。电荷面密度、电荷线密度和点电荷密度都是此公式的特例。

例 2-17 半径为 10cm 的金属球，电荷面密度为 10nC/m^2，求电场中的能量。

解 球面上的电位为

$$V = \int_s \frac{\rho_s \mathrm{d}\boldsymbol{s}}{4\pi\varepsilon_0 R} = 9\times10^9\times10\times10^{-9}\times0.1\int_0^{\pi}\sin\theta\mathrm{d}\theta\int_0^{2\pi}\mathrm{d}\phi = 113.1(\text{V})$$

由式(2-71)，得系统中的储能为

$$W = \frac{1}{2}\int_s \rho_s V \mathrm{d}s = \frac{1}{2}Q_t V$$

式中，Q_{t} 为球上的总电荷。因为电荷均匀分布，所以总电荷为

$$Q_{\text{t}} = 4\pi R^2\rho_{\text{s}} = 4\pi(0.1)^2 10\times10^{-9} = 1.257(\text{nC})$$

于是，

$$W = 0.5\times1.257\times10^{-9}\times113.1 = 71.08\times10^{-9}(\text{J})$$

现在，我们来推导用场量来表示电场能量的表达式。由高斯定理 $\nabla\cdot\boldsymbol{D} = \rho_{\boldsymbol{v}}$，式(2-71)可以写成

$$W_{\text{e}} = \frac{1}{2}\int_{\boldsymbol{v}} V(\nabla\cdot\boldsymbol{D})\mathrm{d}V$$

利用矢量恒等式，$\nabla\cdot(f\boldsymbol{A}) = f\nabla\cdot\boldsymbol{A} + \boldsymbol{A}\cdot\nabla f$，得能量表达式为

$$W_{\text{e}} = \frac{1}{2}\left[\int_{\boldsymbol{v}} \nabla\cdot(V\boldsymbol{D})\mathrm{d}V - \int_{\boldsymbol{v}} \boldsymbol{D}\cdot(\nabla V)\mathrm{d}V\right]$$

再利用散度定理把第一个体积分变换成面积分

$$\int_{\boldsymbol{v}} \nabla\cdot(V\boldsymbol{D})\mathrm{d}V = \oint_s V\boldsymbol{D}\cdot\mathrm{d}s$$

式中，体积 V 的选择是任意的，唯一的约束条件是 s 要包围 V。如果在如此大的体积上积分，以致表面上的 V 和 $\boldsymbol{D}$ 都可以忽略不计，则面积分为零。因此，电场的储能为

$$W_e = -\frac{1}{2}\int_v \boldsymbol{D} \cdot (\boldsymbol{\nabla} V)\mathrm{d}V = \frac{1}{2}\int_v \boldsymbol{D} \cdot \boldsymbol{E}\mathrm{d}V \tag{2-72}$$

式(2-72)告诉我们如何用场量来求电场能量，注意式(2-72)中的体积分范围是整个空间($R\to\infty$)。

如果定义单位体积内的能量为能量密度(energy density)，即

$$w_e = \frac{1}{2}\boldsymbol{D} \cdot \boldsymbol{E} = \frac{1}{2}\varepsilon E^2 = \frac{1}{2\varepsilon}D^2 \tag{2-73}$$

则式(2-72)可用能量密度表示为

$$W_e = \int_v w_e \mathrm{d}V \tag{2-74}$$

从式(2-71)还可以得到能量密度的表达式为

$$w_e = \frac{1}{2}\rho_v V \tag{2-75}$$

式(2-73)表明，由于电场的连续性，整个空间的能量密度都有可能为非零。但是式(2-74)却暗示，只有在有电荷存在的地方才有能量密度。是不是两者相互矛盾呢？我们认为，他们并没有矛盾，只要认识到能量密度仅仅是一个数量，其对整个空间的积分才为总能量即可。

例 2-18　用式(2-72)解例题 2-17。

解　因为电荷分布在球体表面，故球体内的能量密度为零。由高斯定理，空间任意点的电位移矢量满足

$$\oint_s \boldsymbol{D} \cdot \mathrm{d}s = Q_t$$

所以

$$\boldsymbol{D} = \frac{Q_t}{4\pi r^2} = \frac{0.1 \times 10^{-9}}{r^2}\boldsymbol{a}_r \qquad (\mathrm{C/m^2})$$

由式(2-73)，得电场能量密度为

$$w_e = \frac{1}{2}\boldsymbol{D} \cdot \boldsymbol{E} = \frac{(0.1)^2 \times 10^{-18}}{2\varepsilon_0 r^4}$$

因而，总能量为

$$W_e = \int_{0.1}^{\infty} \frac{(0.1)^2 \times 10^{-18}}{2\varepsilon_0 r^4} r^2 \mathrm{d}r \int_0^{\pi} \sin\theta \mathrm{d}\theta \int_0^{2\pi} \mathrm{d}\phi = 71.06(\mathrm{nJ})$$

2.5.2　磁场中的能量

载有电流的导线在磁场中受到磁场力的作用而运动时，磁场力会对导线做功，说明磁场有能量，称为磁场能量。

类似于电场中能量密度与电场能量的表达式，可将磁场中的能量密度表示为

$$w_m = \frac{1}{2}\boldsymbol{B} \cdot \boldsymbol{H} \tag{2-76}$$

由于 $\boldsymbol{B} = \mu\boldsymbol{H}$，式(2-76)也可写成

$$w_m = \frac{1}{2}\mu \boldsymbol{H}^2 = \frac{1}{2\mu}\boldsymbol{B}^2 \tag{2-77}$$

在任意有限体积内的总磁能可由磁能量密度在整个体积内积分求得，即

$$W_{\mathrm{m}} = \int_{v} w_{\mathrm{m}} \mathrm{d}V \tag{2-78}$$

式中，W_{m} 为总磁能，单位为焦耳。

2.5.3 坡印亭定理

考虑一个带电粒子 q 以速度 $\boldsymbol{v}$ 在时变电磁场中运动。在任意时刻，带电粒子所受的力为

$$\boldsymbol{F} = q(\boldsymbol{E} + \boldsymbol{v} \times \boldsymbol{B})$$

式中，$\boldsymbol{E}$ 和 $\boldsymbol{B}$ 分别为时变电场强度和磁感应强度。当电荷在力 $\boldsymbol{F}$ 的作用下，于 $\mathrm{d}t$ 时间内移动了 $\mathrm{d}\boldsymbol{l}$ 距离时，力对带电粒子所做的功 $\mathrm{d}W$ 为

$$\mathrm{d}W = q(\boldsymbol{E} + \boldsymbol{v} \times \boldsymbol{B}) \cdot \mathrm{d}\boldsymbol{l}$$

因为 $\mathrm{d}\boldsymbol{l} = \boldsymbol{v}\mathrm{d}t$ ，$\mathrm{d}W = P\mathrm{d}t$ ，所以

$$P = q(\boldsymbol{E} + \boldsymbol{v} \times \boldsymbol{B}) \cdot \boldsymbol{v} = q\boldsymbol{v} \cdot \boldsymbol{E} \tag{2-79}$$

注意，这里 $(\boldsymbol{v} \times \boldsymbol{B}) \cdot \boldsymbol{v} = 0$ 。

由式(2-79)可见，时变电磁场对带电粒子不提供任何能量。只有电场强度才对经过此区域的带电粒子提供功率。推广这一结果，考虑体密度为 ρ_v 的分布电荷在体积 $\mathrm{d}V$ 中匀速运动，则微小电荷 $\rho_v \mathrm{d}V$ 获得的功率为

$$\mathrm{d}\boldsymbol{P} = \rho_v \mathrm{d}V\boldsymbol{E} \cdot \boldsymbol{v} = \boldsymbol{E} \cdot \rho_v \boldsymbol{v} \mathrm{d}V \tag{2-80}$$

由于 $\boldsymbol{J} = \rho_v \boldsymbol{v}$ ，因而得到功率密度 p (单位体积的功率)为

$$p = \frac{\mathrm{d}P}{\mathrm{d}\boldsymbol{v}} = \boldsymbol{J} \cdot \boldsymbol{E} \tag{2-81}$$

它表示电场的能量转变成了其他形式的能量，可视作为电磁场能量的损耗。

由麦克斯韦方程组中的安培定律表达式，有

$$\boldsymbol{J} = \nabla \times \boldsymbol{H} - \frac{\partial \boldsymbol{D}}{\partial t}$$

代入式(2-81)，得

$$\boldsymbol{J} \cdot \boldsymbol{E} = \boldsymbol{E} \cdot (\nabla \times \boldsymbol{H}) - \boldsymbol{E} \cdot \frac{\partial \boldsymbol{D}}{\partial t} \tag{2-82}$$

利用矢量恒等式 $\boldsymbol{E} \cdot (\nabla \times \boldsymbol{H}) = \boldsymbol{H} \cdot (\nabla \times \boldsymbol{E}) - \nabla \cdot (\boldsymbol{E} \times \boldsymbol{H})$ ，式(2-82)可写成

$$\boldsymbol{J} \cdot \boldsymbol{E} = \boldsymbol{H} \cdot (\nabla \times \boldsymbol{E}) - \nabla \cdot (\boldsymbol{E} \times \boldsymbol{H}) - \boldsymbol{E} \cdot \frac{\partial \boldsymbol{D}}{\partial t}$$

将 $\nabla \times \boldsymbol{E} = -\frac{\partial \boldsymbol{B}}{\partial t}$ 代入，得

$$\nabla \cdot (\boldsymbol{E} \times \boldsymbol{H}) + \boldsymbol{J} \cdot \boldsymbol{E} + \boldsymbol{H} \cdot \frac{\partial \boldsymbol{B}}{\partial t} + \boldsymbol{E} \cdot \frac{\partial \boldsymbol{D}}{\partial t} = 0 \tag{2-83}$$

式(2-83)称为坡印亭定理的微分表达式。矢积 $\boldsymbol{E} \times \boldsymbol{H}$ 具有功率密度单位 $\mathrm{W/m^2}$，称为坡印亭矢量(Poynting vector)。因此，坡印亭矢量表示单位面积的瞬时功率流。功率流的方向与包含 $\boldsymbol{E}$ 和 $\boldsymbol{H}$ 的平面垂直。本书用 $\boldsymbol{S}$ 表示坡印亭矢量，即

$$S = E \times H \tag{2-84}$$

线形、均匀、各向同性媒质中的时变场，$\boldsymbol{B} = \mu\boldsymbol{H}$ 和 $\boldsymbol{D} = \varepsilon\boldsymbol{E}$ 。此外

$$\boldsymbol{H} \cdot \frac{\partial \boldsymbol{B}}{\partial t} = \frac{1}{2} \frac{\partial}{\partial t}(\boldsymbol{B} \cdot \boldsymbol{H}) = \frac{1}{2} \frac{\partial}{\partial t}(\mu \boldsymbol{H}^2)$$

$$\boldsymbol{E} \cdot \frac{\partial \boldsymbol{D}}{\partial t} = \frac{1}{2} \frac{\partial}{\partial t}(\boldsymbol{D} \cdot \boldsymbol{E}) = \frac{1}{2} \frac{\partial}{\partial t}(\varepsilon \boldsymbol{E}^2)$$

所以,式(2-84)可表示成

$$\nabla \cdot \boldsymbol{S} + \boldsymbol{J} \cdot \boldsymbol{E} + \frac{\partial}{\partial t}(\mu \boldsymbol{H}^2) + \frac{1}{2} \frac{\partial}{\partial t}(\varepsilon \boldsymbol{E}^2) = 0 \tag{2-85}$$

由式(2-73)和式(2-77)可知,式(2-85)中第三项表示磁场能量密度的变化率,第四项表示电场能量密度的变化率。将它写成积分形式如下

$$\int_v \nabla \cdot \boldsymbol{S}(t) \mathrm{d}V + \int_v \boldsymbol{J} \cdot \boldsymbol{E} \mathrm{d}V + \int_v \frac{\partial}{\partial t} w_{\mathrm{m}} \mathrm{d}V + \int_v \frac{\partial}{\partial t} w_{\mathrm{e}} \mathrm{d}V = 0$$

或

$$\oint_s \boldsymbol{S}(t) \cdot \mathrm{d}\boldsymbol{s} + \int_v \boldsymbol{J} \cdot \boldsymbol{E} \mathrm{d}V + \frac{\mathrm{d}}{\mathrm{d}t} \int_v w_{\mathrm{m}} \mathrm{d}V + \frac{\mathrm{d}}{\mathrm{d}t} \int_v w_{\mathrm{e}} \mathrm{d}V = 0 \tag{2-86}$$

式中,体积 V 由面 s 所包围。

式(2-86)为坡印亭定理的积分表达式。第一项表示穿过包围体积 V 的闭合面 s 的功率。如积分为正,表示功率流出体积;如积分为负,则表示功率流入体积 V,可表示 $P_{\mathrm{in}} = -\oint_s \boldsymbol{S} \cdot \mathrm{d}\boldsymbol{s} = -\oint_s \boldsymbol{E} \times \boldsymbol{H} \cdot \mathrm{d}\boldsymbol{s}$ 。

第二项表示由场提供给带电粒子的功率。当积分为正时,场对带电粒子做功。当积分为负时,则外力做功,使带电粒子反抗场而运动。在导电媒质中 $\boldsymbol{J} = \sigma \boldsymbol{E}$,此项表示功率损耗或欧姆损耗,表示为 $P_n = \int_v \boldsymbol{J} \cdot \boldsymbol{E} \mathrm{d}V = \int_v \sigma E^2 \mathrm{d}V$ 。

第三项表示磁场能量的变化率。当积分为正时,表明有外源提供能量,磁场增强。当积分为负时,释放磁能,磁场减弱。

最后一项表示电场能量的变化率,意义如同第三项说明。式(2-86)可写成

$$P_{\mathrm{in}} = \frac{\partial}{\partial t}(w_{\mathrm{e}} + w_{\mathrm{m}}) + P_n \tag{2-87}$$

表示流入体积 V 的净功率,提供区域内的热损耗和电场及磁场增加的能量。对于静态场,式(2-87)可写成

$$P_{\mathrm{in}} = -\oint_s \boldsymbol{S} \cdot \mathrm{d}\boldsymbol{s} = \int_v \boldsymbol{J} \cdot \boldsymbol{E} \mathrm{d}V$$

它说明经过面 s 流入体积 V 的净功率等于体积内的功率损耗。

坡印亭定理实际反映了电磁场中的能量守恒关系,说明外界经闭合曲面 s 流入体积 V 内的全部电磁功率等于 V 内导体的焦耳热与 V 内的电磁场能量的时间增加率之和。

例 2-19　已知在无源电介质中的电场强度为 $\boldsymbol{E} = E\cos(\omega t - kz)\boldsymbol{a}_x$ (V/m) 。式中,E 为峰值,k 为传播常数。试求:①此区域内的磁场强度;②功率流的方向;③平均功率密度。

解　①求磁场强度。首先检验已知电场强度能否在此电介质中存在。$\boldsymbol{E}$ 场的 x 方向分量为

$$E_x = E\cos(\omega t - kz)\ (\mathrm{V/m})$$

若 ε 为电介质的介电常数,则电位移矢量为

$$D_x = \varepsilon E\cos(\omega t - kz)\ (\mathrm{C/m^2})$$

由于 $\boldsymbol{D}$ 仅在 x 方向有一分量 D_x ,且它又不是 x 的函数,因而满足无源介质区内的麦克斯韦方程:

$$\rho_v = \nabla\cdot \boldsymbol{D} = 0$$

再用麦克斯韦方程 $\nabla\times \boldsymbol{E} = -\dfrac{\partial \boldsymbol{B}}{\partial t}$ 来确定 $\boldsymbol{B}$

$$\frac{\partial \boldsymbol{B}}{\partial t} = -\nabla\times \boldsymbol{E} = -\frac{\partial E_x}{\partial z}\boldsymbol{a}_y = -Ek\sin(\omega t - kz)\boldsymbol{a}_y$$

对时间积分,得到 $\boldsymbol{B}$ 的 y 分量为

$$B_y = \frac{Ek}{\omega}\cos(\omega t - kz) \quad (\mathrm{T})$$

由于 $\boldsymbol{B} = \mu\boldsymbol{H}$,此处 μ 为电介质的磁导率,即可求得磁场强度为

$$H_y = \frac{Ek}{\omega\mu}\cos(\omega t - kz) \quad (\mathrm{A/m})$$

现在我们来检验 $\boldsymbol{B}$ 或 $\boldsymbol{H}$ 是否存在:

$$\nabla\cdot \boldsymbol{B} = \frac{\partial B_y}{\partial y} = \frac{\partial}{\partial y}\left[\frac{Ek}{\omega}\cos(\omega t - kz)\right] = 0$$

由于 $\nabla\cdot \boldsymbol{B} = 0$,因而 $\boldsymbol{B}$ 能存在。

现在由其余麦克斯韦方程来计算电流体密度 $\boldsymbol{J}$ 如下:

$$\boldsymbol{J} = \nabla\times \boldsymbol{H} - \frac{\partial \boldsymbol{D}}{\partial t} = -\frac{\partial H_y}{\partial t}\boldsymbol{a}_x - \frac{\partial D_x}{\partial t}\boldsymbol{a}_x$$

$$= \left(\omega\varepsilon - \frac{1}{\omega\mu}k^2\right)E\sin(\omega t - kz)\boldsymbol{a}_x$$

由于在无源电介质中, $\boldsymbol{J}$ 必须为零,所以上式仅当

$$\omega\varepsilon - \frac{1}{\omega\mu}k^2 = 0 \quad 或 \quad k = \pm\omega\sqrt{\mu\varepsilon}$$

时,方程式才能等于零。这样, k 不是一个任意常数,它与时变场的频率、媒质的介电常数和磁导率有关。所以场能存在,因为它满足所有的麦克斯韦方程。

②瞬时功率密度或坡印亭矢量为

$$\boldsymbol{S} = \boldsymbol{E}\times\boldsymbol{H} = \frac{k}{\omega\mu}E^2\cos^2(\omega t - kz)\boldsymbol{a}_t \quad (\mathrm{W/m^2})$$

由于 $\boldsymbol{S}$ 仅有一个 z 分量,因而功率沿 z 方向流动。

③现在可以得出 z 方向的平均功率密度为

$$S_{\mathrm{av}} = \frac{1}{T}\int_0^T \frac{k}{\omega\mu}E^2\cos^2(\omega t - kz)\mathrm{d}t$$

此处 T 为时间周期,即 $\omega T = 2\pi$ 。由三角恒等式

$$\cos(2\omega t - 2kz) = 2\cos^2(\omega t - kz) - 1$$

得平均功率密度为

$$S_{\mathrm{av}} = \frac{1}{2T}\int_0^T \frac{k}{\omega\mu}E^2\mathrm{d}t + \frac{1}{2T}\int_0^T \frac{k}{\omega\mu}E^2\cos(2\omega t - 2kz)\mathrm{d}t = \frac{k}{2\omega\mu}E^2\ (\mathrm{W/m^2})$$

如果电场和磁场是正弦形式的场,并用向量形式来表示,则可以证明,坡印亭矢量的平均值也可以用下式来计算:

$$\boldsymbol{S}_{\mathrm{av}} = \frac{1}{2}\mathrm{Re}\,[\boldsymbol{E}\times\boldsymbol{H}^*]$$

式中, $\boldsymbol{E}$ 为电场相量, $\boldsymbol{H}^*$ 为磁场相量的共轭复数。

例 2-20　用坡印亭矢量分析直流电源沿同轴电缆向负载传送能量的过程。设电缆本身导体的电阻可以忽略。

解　考虑到同轴电缆本身导体的电阻可以忽略,其内外导体表面无电场的切向分量,只有电场的径向分量。已知内外导体间的电压为 U ,流过的电流为 I ,如图 2-23 所示,先求出在内外导体之间的电场和磁场。

取高度为 1,半径为 ρ 的圆柱面为高斯面,如图 2-24 所示,则高斯面的面积 $S=2\pi\rho\cdot 1$。

电荷分布具有轴对称性,设同轴内外导体单位长度带电量分别为 ρ_L 和 $-\rho_L$ 。由高斯定理,得

$$\int_s \boldsymbol{E}\cdot \mathrm{d}\boldsymbol{S}=E_\rho\cdot 2\pi\rho\cdot 1=\frac{\rho_L}{\varepsilon_0} \tag{1}$$

$$E_\rho=\frac{\rho_L}{2\pi\rho\varepsilon_0} \tag{2}$$

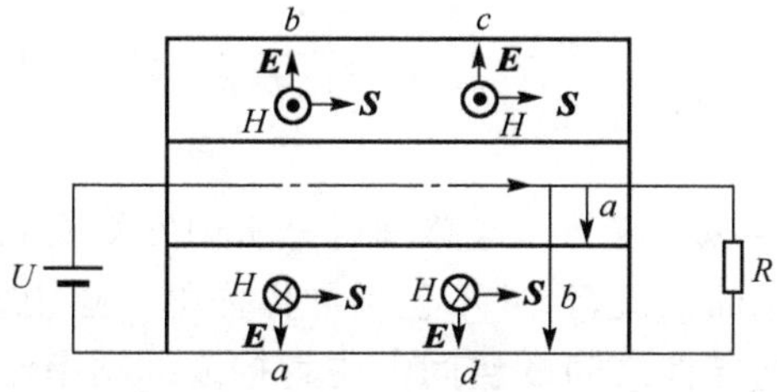

图 2-23　理想导体构成的同轴电缆中的电场、磁场和坡印亭矢量

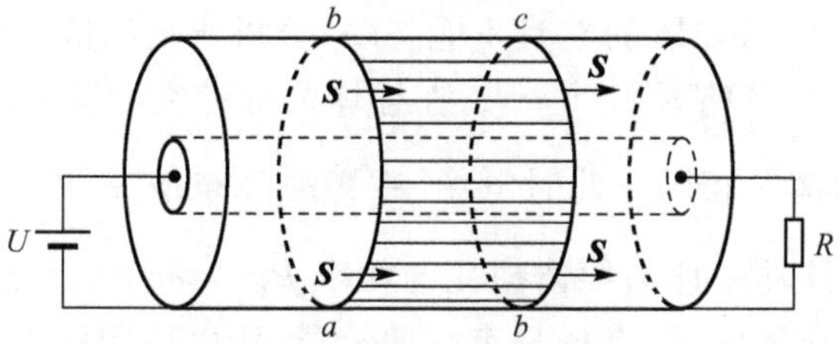

图 2-24　场的求解

电压为电场强度的梯度,所以

$$U=\int_a^b E_\rho \mathrm{d}\rho=\frac{\rho_L}{2\pi\varepsilon_0}\ln\frac{b}{a} \tag{3}$$

$$\rho_L=\frac{2\pi\varepsilon_0 U}{\ln\dfrac{b}{a}} \tag{4}$$

将式(4)代入式(2),得

$$E_\rho=\frac{U}{\rho\ln\dfrac{b}{a}}$$

$$\boldsymbol{E}=\frac{U}{\rho\ln\dfrac{b}{a}}\boldsymbol{a}_\rho$$

对于磁场,求磁场的环流量

$$\int_c \boldsymbol{H} \cdot \mathrm{d}l = H_\phi 2\pi\rho = I$$

$$H_\phi = \frac{I}{2\pi\rho}$$

$$\boldsymbol{H} = \frac{I}{2\pi\rho} a_\phi$$

式中，a、b 分别为内外导体的半径。

内外导体间任意截面上的坡印亭矢量为

$$\boldsymbol{S} = \boldsymbol{E} \times \boldsymbol{H} = \frac{UI}{2\pi\rho^2 \ln b/a} \boldsymbol{a}_z$$

上式说明，电磁能量在内外导体之间的空间内沿 z 轴由电源流向负载。而在电缆外部空间和内外导体内部均没有电磁场，从而坡印亭矢量为零，无能量流动。

单位时间内通过同轴电缆内外导体间横截面 A 的总功率为

$$P = \int_A \boldsymbol{S} \cdot \mathrm{d}A = \int_a^b \frac{UI}{2\pi\rho^2 \ln b/a} 2\pi\rho \mathrm{d}\rho = UI$$

式中，$A = 2\pi\rho \mathrm{d}\rho \boldsymbol{a}_z$ 。

A 正好等于电源的输出功率，这是在电路理论分析中熟知的结果。有趣的是，在求解过程中，积分在内外导体之间的截面上进行，并不包括导体内部。这说明所传输的电磁能量不是在导体内部进行的，而是由内外导体之间的空间电磁场构成的功率流传递。这样，从能量传递的角度看，电缆的条件似乎并不重要。但是，正因为导体上有电荷和电流分布，才使空间存在电场和磁场，通过场把能量送给负载。当然导体还起着引导能流走向的作用。

例 2-21　在例 2-20 中，若导体的电阻不能忽略，分析能量的传输情况。

解　当导体的电阻不能忽略时（$\sigma \neq \infty$），在导体内部存在沿着电流方向的电场分量 $E_z = \dfrac{J}{\gamma}$。磁场的分布仍和上面例题相同。此时电场、磁场的分布情况如图 2-25 所示。当电荷沿着电场方向移动时会做功，该功率即为导体损耗的功率 $P_n = \sigma E_z^2$ ，因 $\boldsymbol{J} = \sigma E_z$ 。

从图中可以看出，在导体内部，电场只有 z 向分量，所以坡印廷矢量只有径向分量 S_ρ 。也就是说，在导体内部没有沿 z 方向的能量传输，所以能量的传输仍在内外导体间的空间进行。

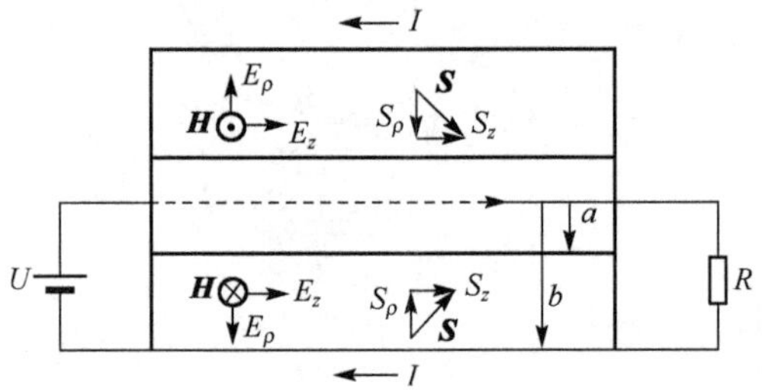

图 2-25　非理想导体构成的同轴电缆中的电场、磁场和坡印亭矢量

在内外导体之间，除了有径向的电场分量外，还存在 z 方向的电场分量，即

$$\boldsymbol{E} = E_\rho \boldsymbol{a}_\rho + E_z \boldsymbol{a}_z$$

而 $\boldsymbol{H}$ 的方向不变，但大小有所改变。所以，坡印亭矢量

$$\boldsymbol{S} = (E_\rho \boldsymbol{a}_\rho + E_z \boldsymbol{a}_z) \times \boldsymbol{H} = (E_\rho H_\phi)\boldsymbol{a}_z - (E_z H_\phi)\boldsymbol{a}_\rho$$

上式表明，坡印亭矢量 $\boldsymbol{S}$ 除了有上述的沿 z 轴方向传输的分量 S_z 外，还有一个沿径向反方向的分量 S_ρ，即指向导体内部。这部分能流进入导体后，变成导体的焦耳热。能流密度的分布如图 2-25 所示。这表示导体中消耗在电阻上的焦耳热也是通过坡印亭矢量传送的。

现在截取单位长度的内导体，把它的表面作为闭合面 A。由坡印廷定理可知，由 A 面进入的坡印亭矢量的通量应等于这段导体上的热损耗功率 P。因为在 A 面上(在两端面处，因 S_ρ 与端面的法线垂直，所以不予考虑)

$$E_z=\frac{J}{\gamma}=\frac{I}{\pi a^2\gamma}=IR\,,H_\phi=\frac{I}{2\pi a}$$

和

$$S_\rho=-E_zH_\phi=-\frac{I^2R}{2\pi a}$$

故流进单位长度内导体的功率为

$$P=\int_0^1\frac{I^2R}{2\pi a}\mathrm{d}z=I^2R$$

式中，$R=\dfrac{1}{\pi a^2\sigma}$ 为该单位长度导体的电阻。I^2R 这个结果正是从电路理论中得到的这段导体内的消耗功率。

此例再一次说明，电磁能量的储存者和传递者都是电磁场，导体仅起着定向导引电磁能流的作用，故通常称为导波系统。对于有损耗的传输线，能量仍在导体之间的空间传输，只是在传输过程中有部分能量为导体所吸收，变为导体电阻上的热损耗罢了。如果仅凭直觉，往往会认为能量是通过电流在导体中传输的。但理论分析说明，实际情况不是这样，电磁能量是在空间介质中传输的。

2.6　动态矢量位和标量位

从理论上讲，利用麦克斯韦方程组及其边界条件可以解决所有的电磁场问题或与电磁场有关的问题。现在，随着计算机技术和数值计算技术的发展，也基本可以实现这一点。换句话说，求解麦克斯韦方程组的解析法和数值计算法中，我们可以用解析法来解决一些简单的、具有规则边界条件的一些电磁场问题，而复杂的、不规则边界条件下的电磁场问题则要通过数值计算法来解决。数值计算法将在 2.7 节中介绍。本节将介绍在求解麦克斯韦方程组的过程中，为使求解过程简化而引入的矢量位和标量位等辅助位函数。

因为 $\boldsymbol{B}$ 的散度恒为零($\nabla\cdot\boldsymbol{B}=0$)，可以令

$$\boldsymbol{B}=\nabla\times\boldsymbol{A}\tag{2-88}$$

代入式(2-11)，得

$$\nabla\times\boldsymbol{E}=-\frac{\partial}{\partial t}(\nabla\times\boldsymbol{A})$$

$$\nabla\times\left(\boldsymbol{E}+\frac{\partial\boldsymbol{A}}{\partial t}\right)=0\tag{2-89}$$

因为无旋的矢量可以用一个标量函数的梯度来表示，所以令

$$\boldsymbol{E}+\frac{\partial\boldsymbol{A}}{\partial t}=-\nabla\phi\tag{2-90}$$

则

$$\boldsymbol{E}=-\nabla\phi-\frac{\partial\boldsymbol{A}}{\partial t} \tag{2-91}$$

式中，$\boldsymbol{A}$ 称为动态矢量位，或简称矢量位，单位是 Wb/m。ϕ 称为动态标量位，或简称标量位，单位是 V。

将式(2-88)和式(2-91)代入式(2-12)和式(2-13)，得

$$\nabla\cdot\boldsymbol{E}=\nabla\cdot\left(-\nabla\phi-\frac{\partial\boldsymbol{A}}{\partial t}\right)=\frac{\rho}{\varepsilon}$$

$$\nabla^2\phi+\frac{\partial}{\partial t}(\nabla\cdot\boldsymbol{A})=-\frac{\rho}{\varepsilon} \tag{2-92}$$

和

$$\nabla\times\boldsymbol{H}=\frac{1}{\mu}\nabla\times\nabla\times\boldsymbol{A}=\boldsymbol{J}+\frac{\partial\boldsymbol{E}}{\partial t}=\boldsymbol{J}+\varepsilon\frac{\partial}{\partial t}\left(-\nabla\phi-\frac{\partial\boldsymbol{A}}{\partial t}\right)$$

利用矢量恒等式 $\nabla\times\nabla\times\boldsymbol{A}=\nabla(\nabla\cdot\boldsymbol{A})-\nabla^2\boldsymbol{A}$，得

$$\nabla(\nabla\cdot\boldsymbol{A})-\nabla^2\boldsymbol{A}=\mu\boldsymbol{J}-\mu\varepsilon\nabla\left(\frac{\partial\phi}{\partial t}\right)-\mu\varepsilon\frac{\partial^2\boldsymbol{A}}{\partial t^2}$$

即

$$\nabla^2\boldsymbol{A}-\mu\varepsilon\frac{\partial^2\boldsymbol{A}}{\partial t^2}=-\mu\boldsymbol{J}-\nabla\left(\nabla\cdot\boldsymbol{A}+\mu\varepsilon\frac{\partial\phi}{\partial t}\right) \tag{2-93}$$

根据亥姆霍兹定理，要唯一确定矢量位 $\boldsymbol{A}$，除规定它的旋度外，还必须规定它的散度。故令

$$\nabla\cdot\boldsymbol{A}=-\mu\varepsilon\frac{\partial\phi}{\partial t} \tag{2-94}$$

代入式(2-93)和式(2-92)，得

$$\nabla^2\boldsymbol{A}-\mu\varepsilon\frac{\partial^2\boldsymbol{A}}{\partial t^2}=-\mu\boldsymbol{J} \tag{2-95}$$

和

$$\nabla^2\phi-\mu\varepsilon\frac{\partial^2\phi}{\partial t^2}=-\frac{\rho}{\varepsilon} \tag{2-96}$$

式(2-94)称为洛伦兹条件。采用洛伦兹条件使 $\boldsymbol{A}$ 和 ϕ 分离在两个方程里，式(2-95)和式(2-96)称为达朗贝尔方程。此方程显示 $\boldsymbol{A}$ 的源是 $\boldsymbol{J}$，而 ϕ 的源是 ρ，这对求解方程是有利的。当然，在时变场中 $\boldsymbol{J}$ 和 ρ 是有相互联系的。洛伦兹条件是人为地规定 $\boldsymbol{A}$ 的散度值，如果不采取洛伦兹条件而采取另外的 $\nabla\cdot\boldsymbol{A}$ 值，得到的 $\boldsymbol{A}$ 和 ϕ 的方程将不同于式(2-95)和式(2-96)，会得到另一组 $\boldsymbol{A}$ 和 ϕ 的解。但最后由 $\boldsymbol{A}$ 和 ϕ 求出的 $\boldsymbol{B}$ 和 $\boldsymbol{E}$ 是不变的。

2.7 麦克斯韦方程组的数值计算方法

20 世纪 60 年代，随着计算机技术的发展，开始采用数值计算技术解决不规则边界条件下的电磁场问题：麦克斯韦方程＋不规则边界＝数值法。

解决电磁场问题的主要数值计算方法有有限差分法（FDM）、矩量法（MOM）、有限元法（FEM）、时域有限差分法（FDTD）等。其中频域求解包括差分法、有限元法、矩量法等；时域求

解包括时域有限差分法等。差分法、有限元法、时域有限差分法属于微分型;矩量法属于积分型。各种数值方法之间的内在联系如图 2-26 所示。

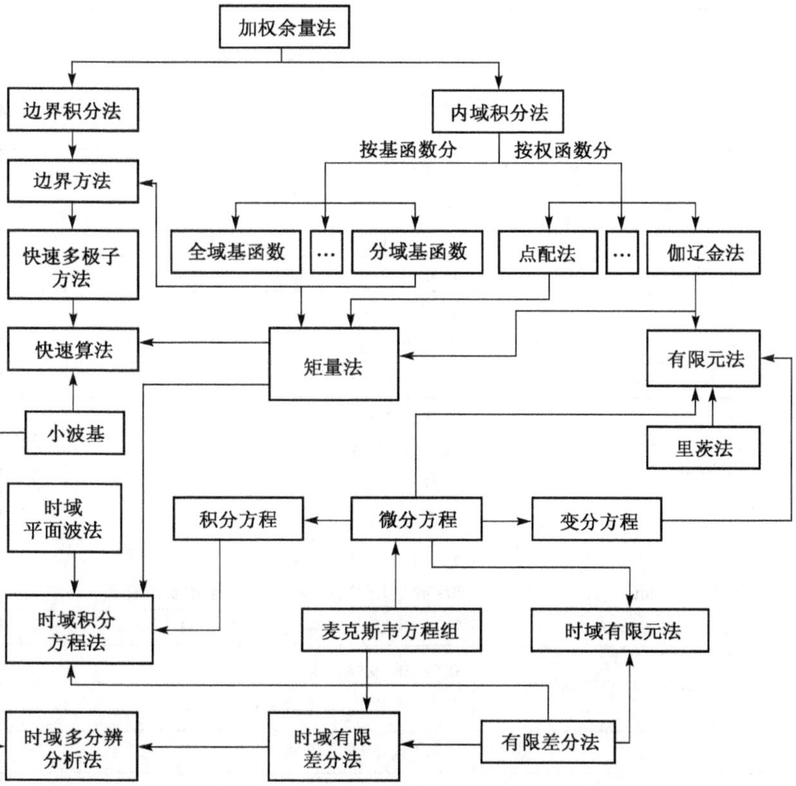

图 2-26　几种主要数值方法之间的联系

2.8　常用电磁仿真软件介绍

没有一种软件能够解决所有的电磁场问题。每一种软件都有自己的优点,也有一定的局限性。应针对不同的电磁场工程问题,选择使用合适的软件,使计算准确、快速。使用仿真软件的最新趋势是仿真软件组合应用。例如,Ansoft HFSS 与 Ansoft Designer 组合,CST Microwave Studio与 CST Design Studio 组合。这样可以发挥软件两两组合的优点,使计算达到快速准确的目的。一般来说,微波工程中的 2D 问题,不提倡使用 3D 软件求解;可以使用解析方法求解的问题,一般不提倡使用数值方法。解析方法的计算结果最准、计算速度也是最快的。另外,有经验的设计者也会使用一种以上的软件验证计算结果。表 2-1 是对常用电磁仿真软件的介绍。

表 2-1　常用电磁仿真软件介绍

厂商	软件名称	主要性能	计算方法
Agilent	ADS	线性/非线性电路仿真 数字电路仿真 信号系统分析、仿真	矩量法
	Momentum	2.5D 平面电路高频电磁场仿真	矩量法

续表

厂商	软件名称		主要性能	计算方法
Ansoft	HFSS		3D 高频电磁场仿真	有限元法
	Designer		线性/非线性电路仿真 2.5D 平面电路高频电磁场仿真 信号系统分析、仿真	矩量法
	Ensemble		2.5D 平面电路高频电磁场仿真	矩量法
	Serenade	Symphony	信号系统分析、仿真	模拟算法
		Harmonica	线性/非线性电路仿真 2.5D 平面电路高频电磁场仿真	矩量法
	Spice link		高级信号与系统仿真	模拟算法
	Schematic Capture		驱动系统仿真 提取等效电路	模拟算法
	Optimetrics		参数分析、优化和灵敏度分析	有限差分法
CST	Mafia		低频电场和磁场仿真 3D 高频电磁场仿真 系统热力学仿真 带电粒子运动仿真	有限积分技术
	Microwave Studio EM Studio		3D 高频电磁场仿真 3D 静电场、横磁场和低频电磁场仿真	有限积分技术
	Design Studio		2.5D 平面电路高频电磁场仿真	解析算法
AWR	Microwave Office		线性/非线性电路 2.5D 平面电路高频电磁场仿真	矩量法
IMST GmbH	EMPIRE		3D 高频电磁场仿真	时域有限差分法
Zeland	IE3D		2.5D 平面电路高频电磁场仿真	矩量法
	Fidelity		3D 高频电磁场仿真	时域有限差分法
Sonnet	EM		2.5D 平面电路高频电磁场仿真	矩量法
ANSYS	ANSYS		结构静力分析 结构动力分析 线性及非线性屈曲分析 断裂力学分析 高度非线性瞬态动力分析 热分析，流体动力学分析 3D 高频电磁场分析	有限元法
Remcom Inc	XFDTD		3D 高频电磁场仿真，尤其在手机天线和 SAR 计算方面	时域有限差分法
EM Software &Systems-S. A. (Pty)Ltd.	WinFEKO		3D 高频电磁场仿真 大尺度天线和散射问题分析	矩量法 物理光学法 归一化衍射理论
Poynting Software (Pty)Ltd.	Super NEC		主要用于天线及散射问题仿真	矩量法 归一化衍射理论

2.8.1　仿真软件简介

1. Ansoft Designer

Ansoft Designer 可以精确快速仿真超大电尺寸结构的电磁场问题，它拥有如下特点：SVD 快速求解器；低内存需求；模型结构可以自由创建或直接输入；友好的用户图形界面；直接输入 DXF、IGES 和其他 MCAD 结构设计的几何模型；通过 Ansoft Links 还可读入 Cadence、Zuken、Synopsys、Mentor Graphics 等 EDA 软件所设计的数据信息；全参数化；按需求解（Designer 可以由用户来决定，不同单元部分用不同的求解器来求解）；协同仿真；可以无缝集成电路、系统及电磁场仿真；具有多种场分布显示功能。图 2-27 所示为 Ansoft Designer 的界面。

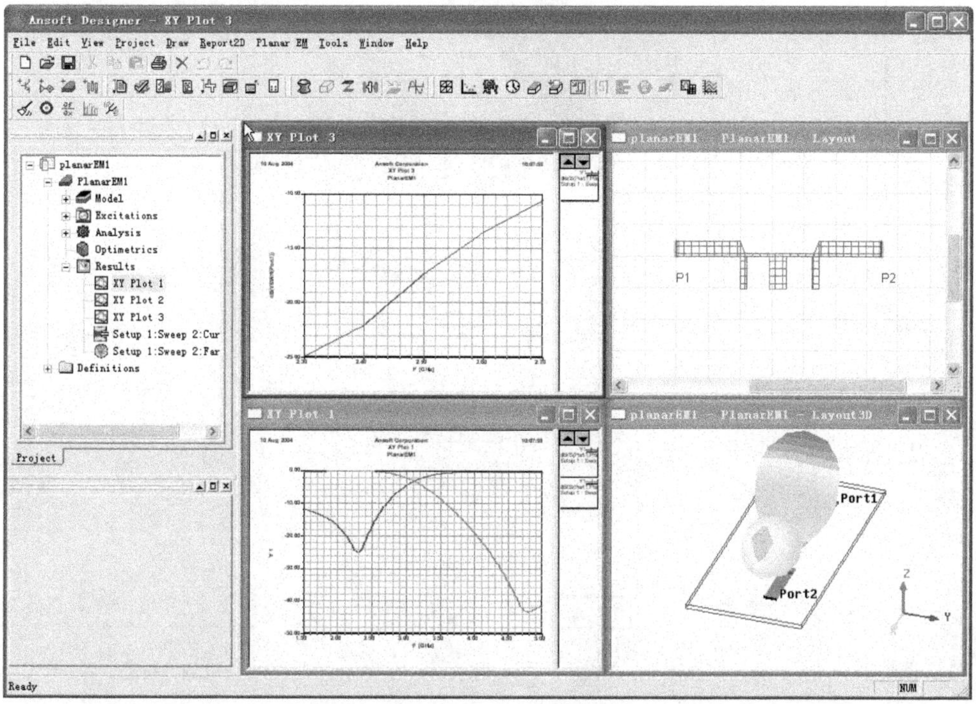

图 2-27　Ansoft Designer 界面

2. CST Design Studio

CST Design Studio 软件可提供：若干分析组件；可用性的电路元件；半导体模型库；支持层次模型（如系统分成几个逻辑单元）；可以与 Microwave Studio 的 3D 电磁场仿真软件很好地集成；可以与 Sonnet 的 EM 高频平面分析很好地集成；可以以 Touchstone 文件格式导入测量或仿真数据；可以控制和扩展元素库。软件具有如下分析能力：全局参数；可以以任意数量的参数进行参数扫描；可以以任意数量的参数或参数的加权组合进行优化；根据仿真任务定义一些特殊器件，如混频器、放大器、天线等；自动（重新）计算综合的仿真结果；对仿真区块插值以加快仿真速度；求解的透明度，允许选择数值分析或评价的单元；通过不同端口可以使用所有类型的电路/EM 进行联合仿真；考虑了高阶模式。图 2-28 为 CST Design Studio 仿真结果显示界面。

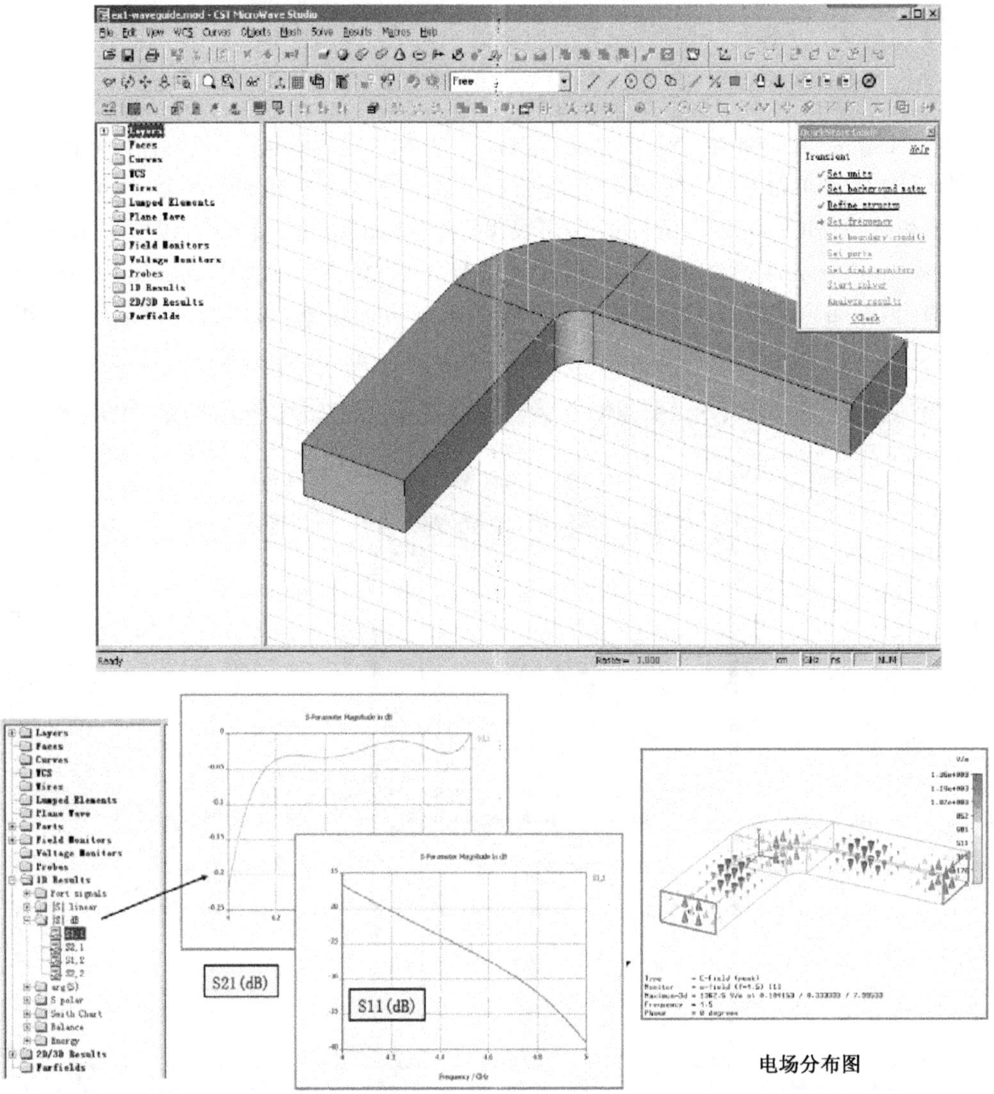

图 2-28　CST Design Studio 仿真结果显示界面

3. IE3D

IE3D 是一款分析全波三维电流分布和多层形状结构的电磁仿真和优化软件包；Fidelity 是一个全波，3D 时域电磁仿真器，用来解决复杂介质结构的近场问题；MD Spice 是频域 SPICE 仿真器，包含一个时域仿真引擎和频域仿真引擎，其最显著的特点是，它可以稳健、准确、高效执行基于 S 参数频率响应的时域仿真，它还具有提取耦合传输线和连接器的宽带 SPICE 模型的能力；(coupled cavity filter synthesis package，COCAFIL)是一个基于综合矩形波导滤波器模式匹配的仿真器：4 个仿真器适用于微波电路、微波和毫米波集成电路(MMIC)、RF 电路、高温超导电路(HTS)和滤波器、微带天线、线天线、波导天线、IC 传输线、IC 封装、EMC/EMI 和医疗科学中的电磁设备的设计。图 2-29 为 IE3D 仿真结果显示界面。

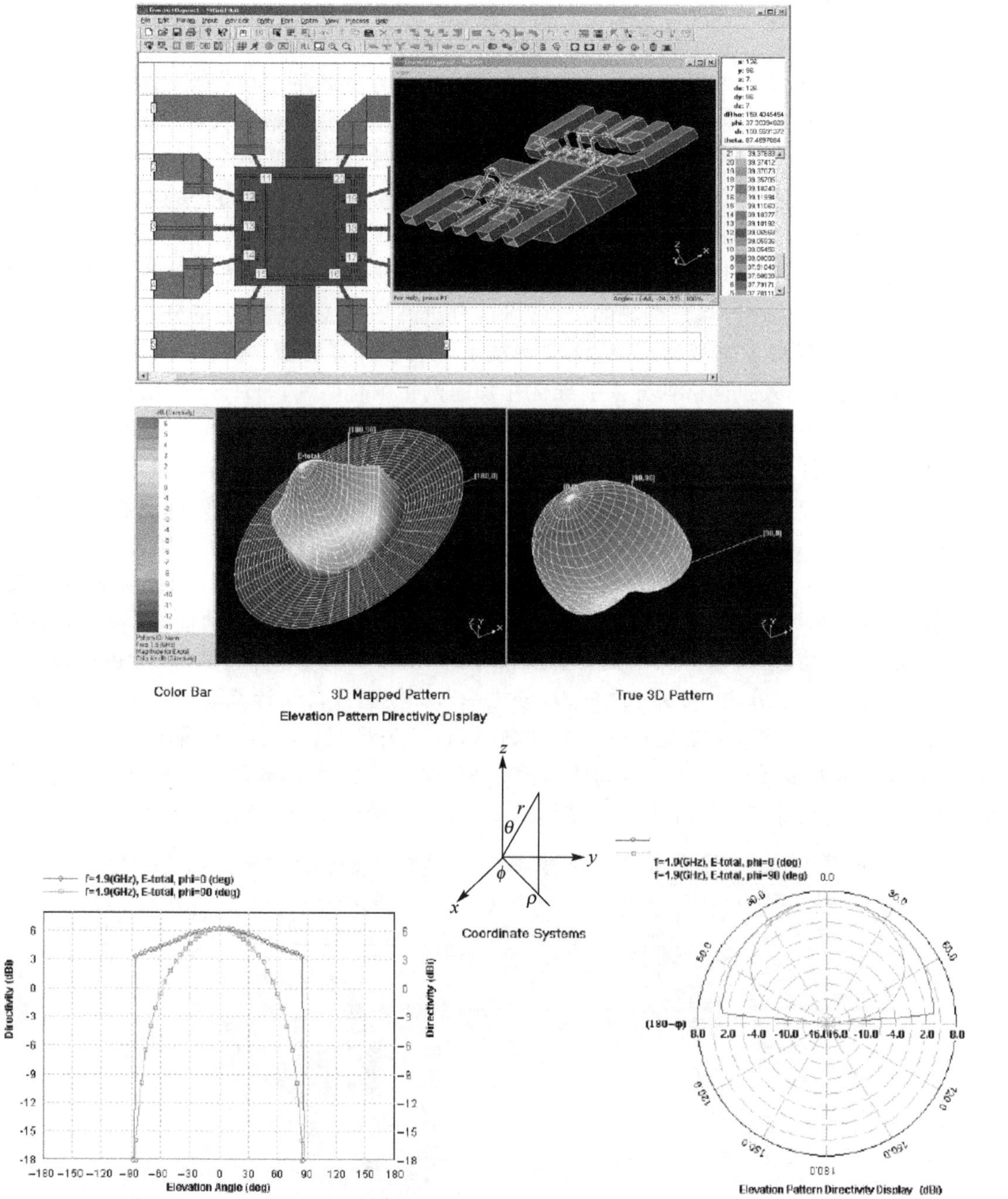

图 2-29　IE3D 界面

4. Ansoft HFSS

Ansoft HFSS 软件是适用于射频、无线通信、封装及光电子设计的任意形状三维电磁场仿真软件。HFSS 提供了简洁直观的用户设计界面、精确自适应的场求解器、拥有电性能分析能力的功能强大的后处理器，能计算任意形状三维无源结构的 S 参数和全波电磁场。该软件充分利用了如自动匹配网格产生及加密、切向矢量有限元、ALPS(adaptive Lanczos pade sweep)和模式-节点转换(mode-node)等先进技术,从而使操作人员可利用有限元法在自己的电脑上对任意形状的三维无源结构进行电磁场仿真。HFSS 自动计算多个自适应的解决方案,直到满足用户指定的收敛要求值。其基于麦克斯韦方程的场求解方案能精确预测所有高频性能,如散射、模式转换、材料和辐射引起的损耗等。仿真分析诸如天线、微波转换器、发射设备、波导器件、射频滤波器的任意三维非连续性复杂问题,已简单化成只需画结构图、定义材料性能、设置端口和边界条件。HFSS 自动产生场求解方案、端口特性和 S 参数。其 S 参数结果可输出到通用的线性和非线性电路仿真器中使用。HFSS 的自适应网格加密技术使有限元方法得以实用化:初始网格(将几何图形分为四面体单元)的产生是以几何结构形状为基础的。利用初始网格可以快速计算分析场的信息,以区分出高场强或大梯度的场分布区域。然后,只在需要的区域将网格加密细化,其迭代求解技术节省了计算资源,并可获得最大精度。必要时,还可方便地使用人工网格划分来引导优化加速网格细化匹配。HFSS 采用高阶基函数、对称性和周期边界等方法,从而节省计算了时间和内存,可进一步加大求解问题的规模,并加快求解的速度。软件还有强大的绘图功能,可以与 AutoCAD 完全兼容,完全集成 ACIS 固态建模器。拥有先进的材料库,用户在仿真中可分析均匀材料、非均匀材料、各向异性材料、导电材料、阻性材料和半导体材料。HFSS 软件还含有一个庞大的库,用该库可参数化定义以下标准形状:微带 T 行结、宽边耦合线、斜接弯和非斜接弯、半圆弯和非对称弯、圆螺旋和方螺旋、混合 T 接头、贴片天线、螺旋几何结构等。HFSS 还有强大的天线设计功能,可以计算天线参量,如增益、方向性、远场方向图剖面、远场 3D 图和 3dB 带宽;绘制极化特性,包括球形场分量、圆极化场分量;二分之一、四分之一、八分之一对称模型并自动计算远场方向图。HFSS 拥有强大的后处理器,产生生动逼真的场型动画图,包括矢量图、等高线图、阴影等高线图;任意表面,包括物体表面、任意剖面、3D 物体表面和 3D 等相位面的静态和动态图形;动态矢量场、标量场或任何用场计算器推导出的变量等。图 2-30 所示为 Ansoft HFSS 界面。

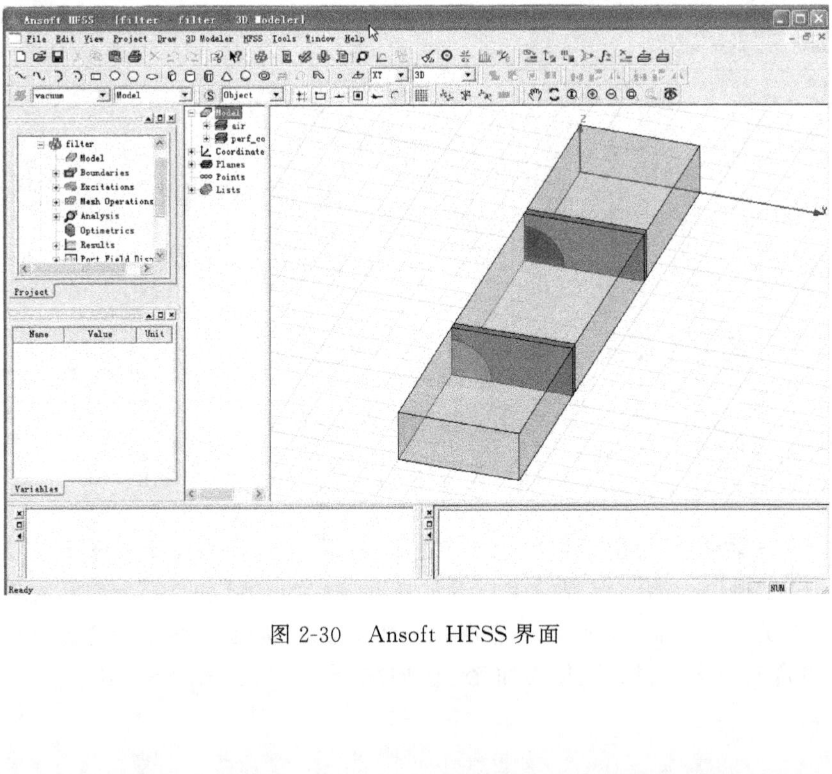

图 2-30　Ansoft HFSS 界面

5. ANSYS

该软件是一种广泛应用的商业套装工程分析软件。主要包括三个模块:前处理模块、分析计算模块和后处理模块。前处理模块提供了一个强大的实体建模及网格划分工具,用户可以方便地构造有限元模型;分析计算模块包括结构分析(可进行线性分析、非线性分析和高度非线性分析)、流体动力学分析、电磁场分析、声场分析、压电分析以及多物理场的耦合分析,可模拟多种物理介质的相互作用,具有灵敏度分析及优化分析能力;后处理模块可将计算结果以彩色等值线显示、梯度显示、矢量显示、粒子流迹显示、立体切片显示、透明及半透明显示(可看到结构内部)等图形方式显示出来,也可将计算结果以图表、曲线形式显示或输出。软件提供了 100 种以上的单元类型,用来模拟工程中的各种结构和材料。图 2-31 所示为 ANSYS 的界面。

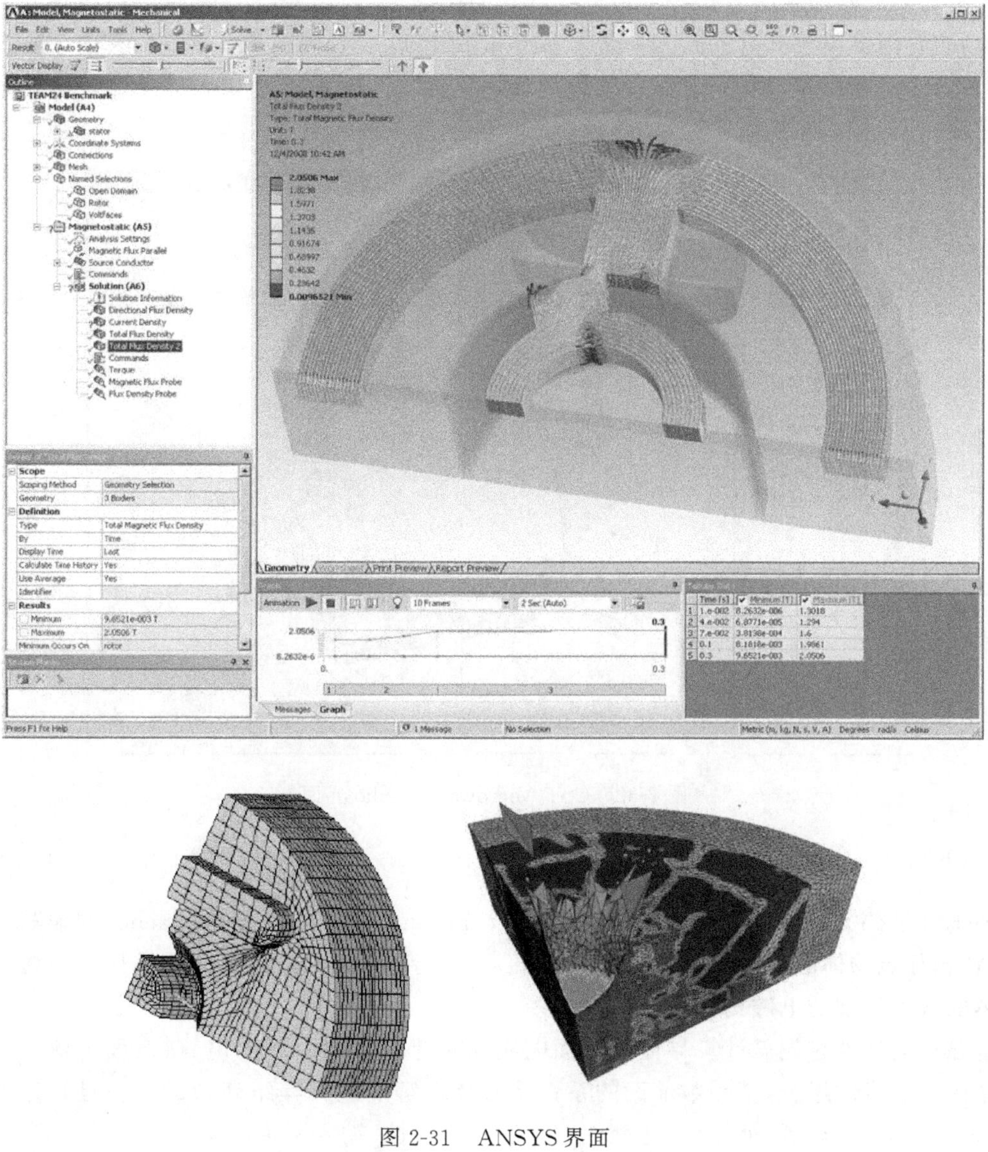

图 2-31　ANSYS 界面

该软件的电磁场部分，主要涉及以下几个方面：2D、3D 及轴对称静磁场分析及轴对称时变磁场分析。静电场、AC 电场分析，电路、磁场耦合分析，电磁兼容分析，高频电磁场分析，计算洛伦兹力和焦耳热/力等。主要应用于螺线管、调节器、发电机、变换器、磁体、加速器、天线辐射、等离子体装置、磁悬浮装置、磁成像系统、电解槽及无损检测装置等。

6. CST Microwave Studio

该软件是 CST 公司为快速、精确仿真电磁场高频问题而专门开发的 EDA 工具，是基于 PC 机 Windows 环境下的仿真软件。其主要应用领域有：移动通信、无线设计、信号完整性和电磁兼容等。具体应用包括：耦合器、滤波器、平面结构电路、连接器、IC 封装、各种类型天线、微波元器件、蓝牙技术和 EMC/EMI 等。软件提供三个解算器——时域解算器、频域解算器、本征模解算器和四种求解方式——传输线问题的频域解、时域解、模式分析解、谐振问题的本征模解，同时提供各种有效的 CAD 输入选项和 SPICE 参数的提取。另外，该软件通过调用 CST Design Studio 而内含一个巨大的设计环境库，CST Design Studio 本身也提供外部仿真器的连接。图 2-32 所示为 CST Microwave Studio 的界面。

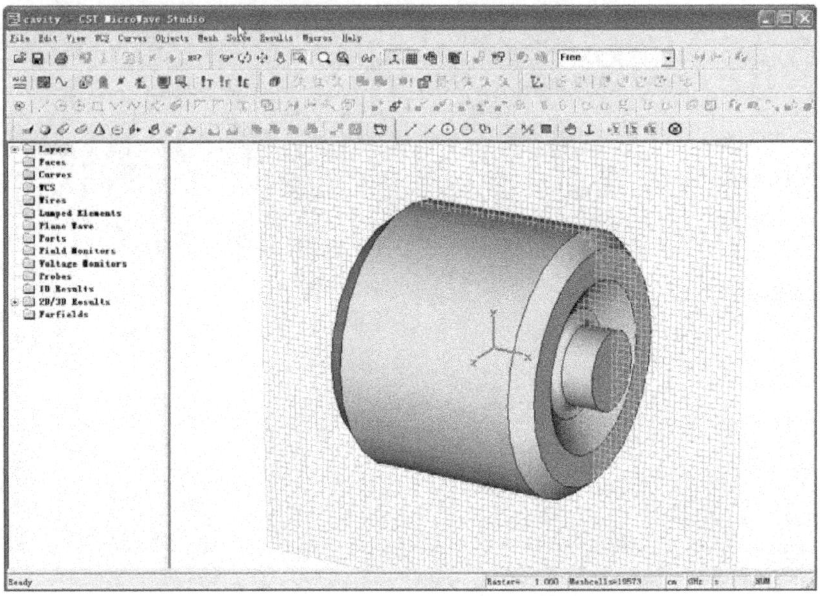

图 2-32　CST Microwave Studio 界面

7. FEKO

FEKO 是德文短语(FEldberechnungbei Körpernmitbeliebiger Oberfläche)的缩写。其含义为“包含任意物体的场计算”。正如 FEKO 这个名字所提示的，FEKO 能够用于包含任意形状物体的各种类型的电磁场分析。

电磁场的计算首先需计算导体的表面电流和对等固体电介质的电、磁表面电流。表面电流是基函数的线性组合，基函数前面的系数是通过求解线性方程组获得的。一旦知道电流分布，其他的参数，如近场、远场、雷达截面或天线的方向性、输入阻抗等就可以求出。图 2-33 为 FEKO 界面。

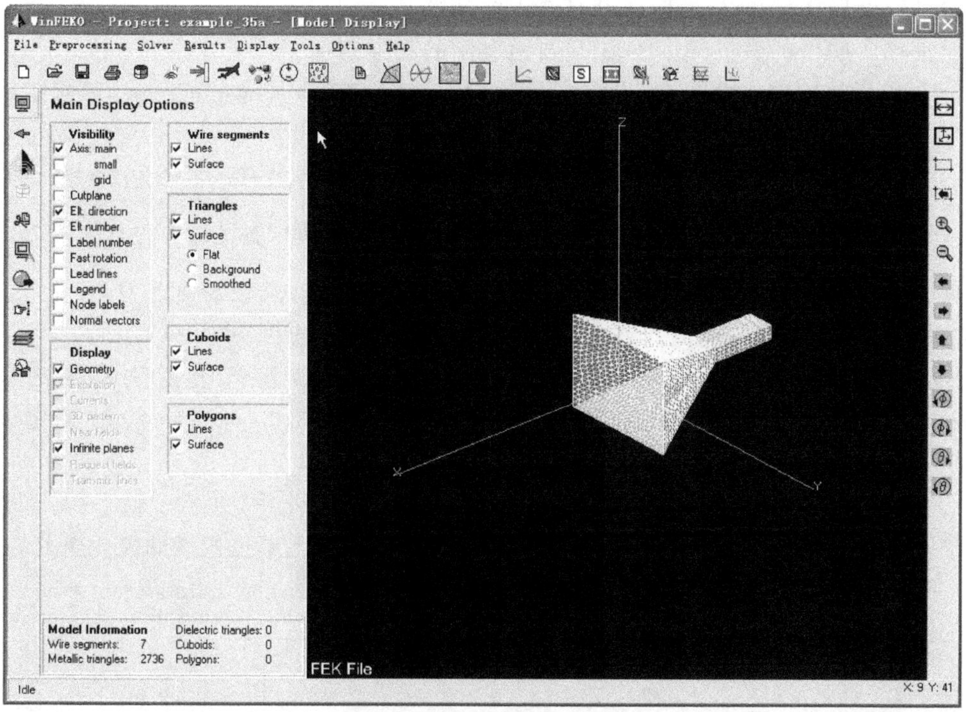

图 2-33　FEKO 界面

电大问题通常由物理光学法(PO)近似及其扩展或归一化衍射理论(UTD)来求解。FEKO 中的公式是 MOM 在互矩阵层的混合。这是解决单有 MOM 算法计算的电特大尺寸电磁问题和单有 UTD 计算的电特小尺寸电磁问题的计算精度的关键。应用混合 MOM/PO 或 MOM/UTD 技术,需要仿真的几何结构中的关键区域用 MOM 法,其他区域(通常是较大的平面或曲面)用 PO 或 UTD 法。

习　　题

1. 在均匀的非导电媒质($\sigma = 0$, $\mu_r = 1$)中,已知时变电磁场为

$$E = 300\pi\cos\left(\omega t - \frac{4}{3}y\right)\boldsymbol{a}_z\,(\text{V/m}),\boldsymbol{H} = 10\cos\left(\omega t - \frac{4}{3}y\right)\boldsymbol{a}_x\,(\text{A/m})$$

利用麦克斯韦方程组求出 ω 和 ε_r 。

2. 已知无源空间中的电场为 $\boldsymbol{E} = 0.1\sin(10\pi x)\cos(6\pi\times10^9 t - \beta z)\boldsymbol{a}_y\,(\text{V/m})$,利用麦克斯韦方程求 $\boldsymbol{H}$ 及常数 β 。

3. 已知自由空间中的磁场强度矢量在直角坐标系中表达式为

$$\boldsymbol{H} = H_x\sin\alpha x\sin(\omega t - \beta z)\boldsymbol{a}_x + H_z\cos\alpha x\cos(\omega t - \beta z)\boldsymbol{a}_z$$

求满足安培定律的电场强度矢量。

4. 已知自由空间中的磁场强度矢量在直角坐标系中的表达式为

$$\boldsymbol{H} = H_{\text{m}}\cos\beta z\sin(\omega t)\boldsymbol{a}_y$$

求满足安培定律的电场强度矢量。

5. 验证第 3 题中的磁场强度 $\boldsymbol{H}$ 满足自由空间的高斯定律。

6. 验证第 4 题中的磁场强度 $\boldsymbol{H}$ 满足自由空间的高斯定律。

7. 两个相同的均匀线电荷沿 x 轴和 y 轴放置，电荷密度 $\rho_l = 20(\mathrm{mC/m})$ ，求点(3,3,3)处的电位移矢量 $\boldsymbol{D}$。

8. $\rho_l = 30(\mathrm{mC/m})$ 的均匀线电荷沿 z 轴放置，以 z 轴为轴心另有一半径为 2m 的无限长圆柱面，其上分布有密度为 $\rho_s = -\dfrac{1.5}{4\pi}(\mathrm{mC/m^2})$ 的电荷，利用高斯定理求各区域内的电位移矢量 $\boldsymbol{D}$。

9. 半径为 a 的实心圆柱导体，电流 I 在其截面上均匀分布，求磁场强度 $\boldsymbol{H}$。

10. 求半径为 a 的圆形电流回路中心轴上的磁场 $\boldsymbol{H}$，并给出回路中心的磁场。

11. 有一导体滑片在两根平行的轨道上滑动，整个装置位于正弦时变磁场 $\boldsymbol{B} = 5\cos\omega t\boldsymbol{a}_x(\mathrm{mT})$ 中，如图 2-34 所示。滑片的位置由 $x = 0.35(1-\cos\omega t)(\mathrm{m})$ 确定，轨道终端连接负载电阻 $R = 0.2(\Omega)$ ，求电流 I。

12. 一根半径为 a 的长圆柱介质棒放入均匀磁场 $\boldsymbol{B} = B_0\boldsymbol{a}_z$ 中，并与 z 轴平行。设棒以角速度 ω 绕轴作等速运动，求介质内的极化强度、体积内和表面上单位长度的极化电荷。

13. 平行双线传输线与一矩形回路共面，如图 2-35 所示，设 $a = 0.2\mathrm{m}, b = c = d = 0.1\mathrm{m}$，$I = 1.0\cos(2\pi\times10^7 t)(\mathrm{A})$ ，求回路中的感应电动势。

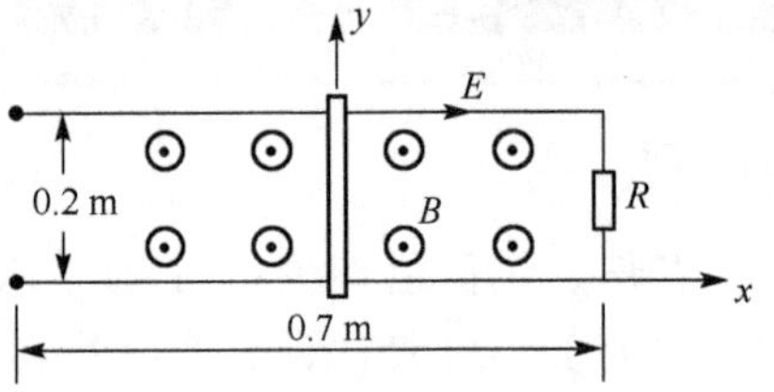

图 2-34　平行轨道及导体滑片

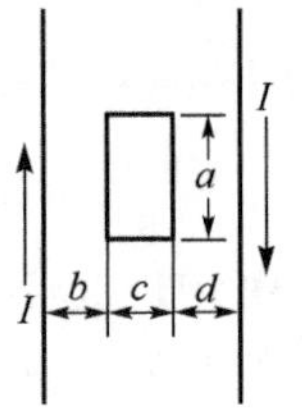

图 2-35　平行双线与矩形回路

14. 在两导体平板（分别位于 $z=0$ 和 $z=d$ 处）之间的空气中，已知电场强度为 $\boldsymbol{E} = E_0\sin\left(\dfrac{\pi}{d}z\right)\cos(\omega t - k_x x)\boldsymbol{a}_y(\mathrm{V/m})$ ，式中，E_0 和 k_x 为常数。试求：①磁场强度 $\boldsymbol{H}$；②两导体表面上的电流密度 $\boldsymbol{J_S}$ 。

15. 两种媒质的分界面位于 yOz 面上 $x=0$ 处。如果已知媒质 1 中的电场强度矢量在分界面($x=0$)处为 $\boldsymbol{E}_1|_{x=0} = \alpha\boldsymbol{a}_x + \beta\boldsymbol{a}_y + \gamma\boldsymbol{a}_z$ ，求 $\boldsymbol{E}_2|_{x=0}$ ，即在第二种媒质中靠近分界面的电场强度矢量。

16. 两种媒质的分界面位于 yOz 面上 $x=0$ 处。如果已知媒质 1 中的磁通密度矢量在分界面($x=0$)处为 $\boldsymbol{B}_1|_{x=0} = \alpha\boldsymbol{a}_x + \beta\boldsymbol{a}_y + \gamma\boldsymbol{a}_z$ ，求 $\boldsymbol{B}_2|_{x=0}$ ，即在第二种媒质中靠近分界面的磁通密度矢量。

17. 两种媒质的分界面位于 yOz 面上 $x=0$ 处。如果已知媒质 1 中的电通密度矢量在分界面($x=0$)处为 $\boldsymbol{D}_1|_{x=0} = \alpha\boldsymbol{a}_x + \beta\boldsymbol{a}_y + \gamma\boldsymbol{a}_z$ ，求 $\boldsymbol{D}_2|_{x=0}$ ，即在第二种媒质中靠近分界面的电通密度矢量。

18. 两种媒质的分界面位于 yOz 面上 $x=0$ 处。如果已知媒质 1 中的磁通密度矢量在分界面($x=0$)处为 $\boldsymbol{H}_1|_{x=0} = \alpha\boldsymbol{a}_x + \beta\boldsymbol{a}_y + \gamma\boldsymbol{a}_z$ ，求 $\boldsymbol{H}_2|_{x=0}$ ，即在第二种媒质中靠近分界面的磁通密度矢量。

19. 设电场强度和磁场强度分别为 $\boldsymbol{E}=\boldsymbol{E}_0\cos(\omega t+\phi_e)$ 和 $\boldsymbol{H}=\boldsymbol{H}_0\cos(\omega t+\phi_m)$，证明其坡印亭矢量的平均值为：$\boldsymbol{S}_{av}=\frac{1}{2}\boldsymbol{E}_0\times\boldsymbol{H}_0\cos(\phi_e-\phi_m)$。

20. 已知在海水中传播的一个电波在直角坐标系中的电场和磁场为

$$\boldsymbol{E}=10e^{-4z}\cos(\omega t-4z)\boldsymbol{a}_x(\mathrm{V/m}) \text{ 和 } \boldsymbol{H}=7.15e^{-4z}\cos\left(\omega t-4z-\frac{\pi}{4}\right)\boldsymbol{a}_y(\mathrm{A/m})$$

求存在于一个长为 1m，四角位于(0,0,0)、(1m,0,0)、(0,0,1m)、(1m,0,1m)、(0,1m,1m)、(1m,1m,1m)、(0,1m,0)和(1m,1m,0)的管道表面的总功率。

21. 干燥的土地 $\varepsilon_r\approx 4$，电导率为 $\sigma\approx 10^{-5}$ S/m，求频率大于多少时，位移电流比传导电流主要。

第3章 电 磁 波

电磁波传播理论主要研究电磁场脱离源后的电磁运动规律，其主要内容就是在不考虑源的情况下，求出电磁场的解。电波传播作为一种电磁现象，有许多不同的表现形式。这是因为，除了激励源之外，电波传播问题一方面和媒质的电磁性质有关，另一方面又和空间的几何特性有关。常见的电磁波传播例子有自由空间平面波的传播、表面波的传播和导行波的传播。

3.1 波 动 方 程

3.1.1 电磁场的时域波动方程

在时变情况下，电场和磁场相互激励，在空间循环往复、周而复始而形成电磁波。时变电磁场的能量以电磁波的形式进行传播。电磁场的波动方程描述了电磁场的波动性。由麦克斯韦方程组可以建立电磁场的波动方程，它揭示了时变电磁场的运动规律，即电磁场的波动性。下面建立无源空间中电磁场的波动方程。

在无源的均匀媒质中，麦氏方程组的微分形式为

$$\nabla\times \boldsymbol{E} = -\frac{\partial \boldsymbol{B}}{\partial t} = -\mu\frac{\partial \boldsymbol{H}}{\partial t} \tag{3-1}$$

$$\nabla\times \boldsymbol{H} = \frac{\partial \boldsymbol{D}}{\partial t} = \varepsilon\frac{\partial \boldsymbol{E}}{\partial t} \tag{3-2}$$

$$\nabla\cdot \boldsymbol{D} = 0 \tag{3-3}$$

$$\nabla\cdot \boldsymbol{B} = 0 \tag{3-4}$$

对式(3-1)两边取旋度，再利用矢量恒等式

$$\nabla\times(\nabla\times \boldsymbol{E}) = \nabla\cdot(\nabla\cdot \boldsymbol{E}) - \nabla^2\boldsymbol{E}$$

及

$$\nabla\times(\nabla\times \boldsymbol{E}) = -\mu\nabla\times\frac{\partial \boldsymbol{H}}{\partial t}$$

得

$$\nabla\cdot(\nabla\cdot \boldsymbol{E}) - \nabla^2\boldsymbol{E} = -\mu\nabla\times\frac{\partial \boldsymbol{H}}{\partial t} = -\mu\frac{\partial}{\partial t}(\nabla\times \boldsymbol{H}) \tag{3-5}$$

将式(3-2)代入式(3-5)，得

$$\nabla\cdot(\nabla\cdot \boldsymbol{E}) - \nabla^2\boldsymbol{E} = -\mu\frac{\partial}{\partial t}\left(\varepsilon\frac{\partial \boldsymbol{E}}{\partial t}\right) = -\mu\varepsilon\frac{\partial^2 \boldsymbol{E}}{\partial t^2} \tag{3-6}$$

由式(3-3)可知，$\nabla\cdot(\nabla\cdot \boldsymbol{E}) = 0$，所以

$$\nabla^2\boldsymbol{E} - \mu\varepsilon\frac{\partial^2 \boldsymbol{E}}{\partial t^2} = 0 \tag{3-7}$$

同理可得

$$\nabla^2\boldsymbol{H} - \mu\varepsilon\frac{\partial^2 \boldsymbol{H}}{\partial t^2} = 0 \tag{3-8}$$

式(3-7)和式(3-8)称为电场和磁场的波动方程,其解称为波动解。在直角坐标系中,波动方程可展开为三个标量方程

$$\left.\begin{aligned}\nabla^2 E_x - \mu\varepsilon \frac{\partial^2 E_x}{\partial t^2} = 0\\ \nabla^2 E_y - \mu\varepsilon \frac{\partial^2 E_y}{\partial t^2} = 0\\ \nabla^2 E_z - \mu\varepsilon \frac{\partial^2 E_z}{\partial t^2} = 0\end{aligned}\right\}$$

因为 **E** 和 **H** 有相似的表达式,所以 **E** 和 **H** 的各分量均为以下标量波动方程的解。

$$\nabla^2 \phi - \mu\varepsilon \frac{\partial^2 \phi}{\partial t^2} = 0$$

3.1.2 时谐场的相量域波动方程

对于时谐场,无源区相量形式的麦克斯韦方程为

$$\nabla\times \dot{\boldsymbol{E}} = -\mathrm{j}\omega\dot{\boldsymbol{B}} \tag{3-9}$$

$$\nabla\times \dot{\boldsymbol{H}} = \mathrm{j}\omega\dot{\boldsymbol{D}} \tag{3-10}$$

$$\nabla\cdot \dot{\boldsymbol{D}} = 0 \tag{3-11}$$

$$\nabla\cdot \dot{\boldsymbol{B}} = 0 \tag{3-12}$$

根据两个相量形式的旋度方程可以导出相量形式的波动方程,称为亥姆霍兹方程(也称简谐振动方程)

$$\nabla^2 \dot{\boldsymbol{E}} + k^2 \dot{\boldsymbol{E}} = 0 \tag{3-13a}$$

$$\nabla^2 \dot{\boldsymbol{H}} + k^2 \dot{\boldsymbol{H}} = 0 \tag{3-13b}$$

式中,$k^2 = \omega^2\mu\varepsilon$,称为电磁波的传播常数。在一般性媒质中,

$$k^2 = \omega^2\varepsilon\mu - j\omega\sigma\mu = \omega^2\varepsilon\mu(1 + \sigma/j\omega\varepsilon)$$

本书下面为方便起见,将省略相量形式的场量表达式中字母上方的“·”,如 $\dot{\boldsymbol{H}}$ 就写为 $\boldsymbol{H}$ 。即上述方程改写为

$$\left.\begin{aligned}\nabla^2 \boldsymbol{E} + k^2 \boldsymbol{E} = 0\\ \nabla^2 \boldsymbol{H} + k^2 \boldsymbol{H} = 0\end{aligned}\right\}$$

因为 $\nabla^2 \boldsymbol{E}$ 在直角坐标系中可展开为

$$\nabla^2 \boldsymbol{E} = \nabla^2 E_x \boldsymbol{a}_x + \nabla^2 E_y \boldsymbol{a}_y + \nabla^2 E_z \boldsymbol{a}_z$$

在圆柱坐标系中可展开为

$$\nabla^2 \boldsymbol{E} = \left(\nabla^2 E_r - \frac{1}{r^2}E_r - \frac{2}{r^2}\frac{\partial}{\partial\phi}E_\phi\right)\boldsymbol{a}_r + \left(\nabla^2 E_\phi - \frac{1}{r^2}E_\phi + \frac{2}{r^2}\frac{\partial}{\partial\phi}E_r\right)\boldsymbol{a}_\phi + \left(\nabla^2 E_z\right)\boldsymbol{a}_z$$

在球坐标系中可展开为

$$\begin{aligned}\nabla^2 \boldsymbol{E} = &\left(\nabla^2 E_r - \frac{2}{r^2}E_r - \frac{2}{r^2\sin\theta}\frac{\partial}{\partial\theta}(\sin\theta E_\theta) - \frac{2}{r^2\sin\theta}\frac{\partial}{\partial\phi}E_\phi\right)\boldsymbol{a}_r\\ &+ \left(\nabla^2 E_\theta - \frac{1}{r^2\sin^2\theta}E_\theta + \frac{2}{r^2}\frac{\partial}{\partial\theta}E_r - \frac{2\cos\theta}{r^2\sin^2\theta}\frac{\partial}{\partial\phi}E_\phi\right)\boldsymbol{a}_\theta\\ &+ \left(\nabla^2 E_\phi - \frac{1}{r^2\sin^2\theta}E_\phi + \frac{2}{r^2\sin\theta}\frac{\partial}{\partial\phi}E_r + \frac{2\cos\theta}{r^2\sin^2\theta}\frac{\partial}{\partial\phi}E_\theta\right)\boldsymbol{a}_\phi\end{aligned}$$

所以，亥姆霍兹方程在直角坐标系中的展开式为

$$\left.\begin{aligned} \nabla^2 E_x + k^2 E_x &= 0 \\ \nabla^2 E_y + k^2 E_y &= 0 \\ \nabla^2 E_z + k^2 E_z &= 0 \end{aligned}\right\} \tag{3-14a}$$

在圆柱坐标系中的展开式为

$$\left.\begin{aligned} &\nabla^2 E_r - \frac{1}{r^2}E_r - \frac{2}{r^2}\frac{\partial}{\partial\phi}E_\phi + k^2 E_r = 0 \\ &\nabla^2 E_\phi - \frac{1}{r^2}E_\phi + \frac{2}{r^2}\frac{\partial}{\partial\phi}E_r + k^2 E_\phi = 0 \\ &\nabla^2 E_z + k^2 E_z = 0 \end{aligned}\right\} \tag{3-14b}$$

在球坐标系中的展开式为

$$\left.\begin{aligned} &\nabla^2 E_r - \frac{2}{r^2}E_r - \frac{2}{r^2\sin\theta}\frac{\partial}{\partial\theta}(\sin\theta E_\theta) - \frac{2}{r^2\sin\theta}\frac{\partial}{\partial\phi}E_\phi + k^2 E_r = 0 \\ &\nabla^2 E_\theta - \frac{1}{r^2\sin^2\theta}E_\theta + \frac{2}{r^2}\frac{\partial}{\partial\theta}E_r - \frac{2\cos\theta}{r^2\sin^2\theta}\frac{\partial}{\partial\phi}E_\phi + k^2 E_\theta = 0 \\ &\nabla^2 E_\phi - \frac{1}{r^2\sin^2\theta}E_\phi + \frac{2}{r^2\sin\theta}\frac{\partial}{\partial\phi}E_r + \frac{2\cos\theta}{r^2\sin^2\theta}\frac{\partial}{\partial\phi}E_\theta + k^2 E_\phi = 0 \end{aligned}\right\} \tag{3-14c}$$

由式(3-14)可见，只有在直角坐标系中，场的三个分量才各自满足标量波动方程；在柱坐标系中，仅有纵向分量独自满足标量波动方程，而其他两个分量以及球坐标中场的三个分量均不能独立满足标量波动方程。

3.2　波动方程的解

波动方程的解是在空间中沿着一个特定方向传播的电磁波。研究电磁波的传播问题都可以归结为，在给定的边界条件和初始条件下求波动方程的解。当然，除了最简单的情况外，求解波动方程常常是很复杂的。

设电波沿 z 轴方向传播，而电场在 x 方向，则

$$\boldsymbol{E} = E_x(z,t)\boldsymbol{a}_x \tag{3-15}$$

$\boldsymbol{E}$ 所满足的波动方程为

$$\nabla^2 E_x - \mu\varepsilon\frac{\partial^2 E_x}{\partial t^2} \tag{3-16}$$

因为电波沿 z 方向传播，且仅为变量 z 的函数，其对 x、y 的偏导数均为零，所以

$$\frac{\partial^2 E_x}{\partial z^2} - \mu\varepsilon\frac{\partial^2 E_x}{\partial t^2} \tag{3-17}$$

求解该方程，得

$$E_x(z,t) = f_1\left(t - \frac{z}{v}\right) + f_2\left(t + \frac{z}{v}\right) \tag{3-18}$$

式中，$v = \dfrac{1}{\sqrt{\mu\varepsilon}}$ (m/s)。

如果该电波为正弦波，则其时域表达式为

$$E_x(z,t)=E_m\cos(\omega t-kz)+E_m\cos(\omega t+kz)=E_m\cos\omega\left(t-\frac{z}{v}\right)+E_m\cos\omega\left(t+\frac{z}{v}\right)$$

电波的向量形式为

$$\boldsymbol{E}(z)=\boldsymbol{E}_m e^{-jkz}+\boldsymbol{E}_m e^{jkz}$$

式中，$\boldsymbol{E}(z)$ 为电场强度的复矢量(向量形式)，省略了 $\boldsymbol{E}$ 上面的(·)；本例中，$\boldsymbol{E}_m$ 为振幅常矢量，在等相位面内及传播方向上都不变化。

在 $f_1\left(t-\frac{z}{v}\right)$ 中，令 $\phi=t-\frac{z}{v}$，则 $z=v(t-\phi)$。设 $t=t_1$ 时，$z=z_1$；$t=t_2$ 时，$z=z_2$。如果 $t_2>t_1$，则 $z_2>z_1$，即在 t_2 时刻，波形在 t_1 时刻的右边。显然，f_1 所表示的波沿 $+z$ 轴方向传播。同理，对于 f_2 而言，令 $\phi=t+\frac{z}{v}$，则 $z=v(\phi-t)$。当 $t_2>t_1$ 时，$z_2<z_1$，显然，f_2 所表示的波沿 $-z$ 轴方向传播。这样，我们就可以认为，电磁波就是电磁扰动的传播，这正如拿住绳子的一端上下抖动时，这一扰动就会由近及远地向另一端传播。一般情况下，我们取沿其中一个方向传播的波即可，即

$$\boldsymbol{E}(z)=\boldsymbol{E}_m e^{-jkz}$$

或

$$\boldsymbol{E}(z)=\boldsymbol{E}_m e^{jkz}$$

容易验证，任意二阶可微的时间函数 f_1、f_2 都满足波动方程(3-17)。它可能是窄脉冲，也可能是数字波形或连续波。波的形态千变万化，但它们都必须满足麦克斯韦方程组，因而也就必须满足波动方程。换言之，所有能够存在的电磁波都是波动方程的解。

3.3 均匀平面电磁波

3.3.1 均匀平面电磁波的概念

本节开始讨论电磁波的最简单形式，即均匀平面电磁波，简称均匀平面波。讨论均匀平面波是因为均匀平面波是电磁波的一种理想情况，其分析方法简单，但又表征了电磁波的重要特性。同时，还因为沿传输线和波导传输的波以及由天线发射的波与均匀平面波有惊人的相似。

在引出均匀平面波的概念之前，我们先熟悉几个简单的定义。在电磁波传播过程中，对应任意时刻 t，空间电磁场中具有相位相同的点所构成的面称为等相位面(波阵面)或波前；波阵面为平面的电磁波，称为平面波；如果在平面波的波阵面上，电场和磁场都均匀分布，即电场和磁场的振幅都相等，这种平面波就称为均匀平面波(UPW)；场量随时间作正弦变化的均匀平面波，称为正弦均匀平面波(SUPW)。

3.3.2 描述均匀平面波的参数及其传播特性

在平面波传播空间的任意一点，电场随时间变化的周期是

$$T=\frac{2\pi}{\omega} \tag{3-19}$$

振荡的频率是

$$f=\frac{1}{T}=\frac{\omega}{2\pi} \tag{3-20}$$

频率是由激励源决定的。在任何媒质中，在空间的任一点，f 都相同。

对于无耗媒质，磁导率 μ 和介电常数 ε 都是实数，定义

$$\beta = k = \omega\sqrt{\mu\varepsilon} = \frac{\omega}{v} \tag{3-21}$$

由于 βz 代表相位，故 β 代表电磁波沿 z 方向传播时每单位距离改变的相位，单位为 rad/m，称为相移常数或波数。由式(3-21)可见，平面波的相移常数与电磁波的频率及其所在空间中媒质的 μ,ε 有关。由于正弦波一个周期的距离，即相位差为 2π 的两点之间的距离称为一个波长，以 λ 表示(图 3-1)，因此

$$\beta = \frac{2\pi}{\lambda} \tag{3-22}$$

由此，无耗媒质中的均匀平面波(垂直于等相面的)相速为

$$v = \frac{\omega}{k} = \frac{\omega}{\beta} = \frac{1}{\sqrt{\mu\varepsilon}} \quad (\text{m/s}) \tag{3-23}$$

真空中的相速为 $v_0 = c = \dfrac{1}{\sqrt{\mu_0\varepsilon_0}} = 3\times10^8\ (\text{m/s})$。式(3-23)表明，在完纯介质中，相速只取决于介质的参数 μ、ε，与波的频率无关。

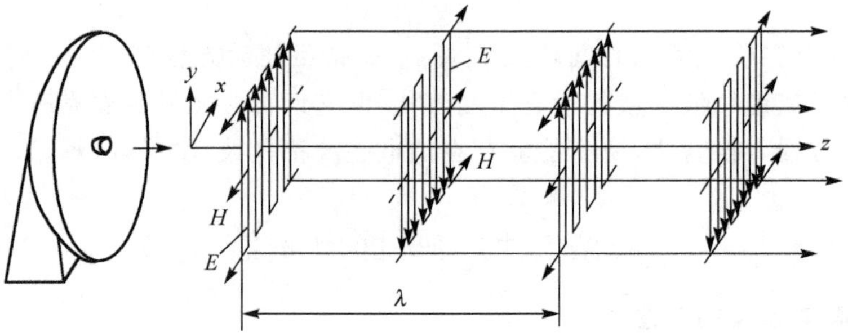

图 3-1　平面波的波阵面上电力线和磁力线的分布示意图

根据前面的讨论，平面波的相速还可以表达为波长与频率的乘积

$$v = \lambda f \tag{3-24}$$

根据平面波的电场表达式以及电磁场满足的旋度方程

$$\nabla\times E = -\mathrm{j}\omega\mu H$$

可以得到磁场的复振幅表达式

$$H_y = \frac{\beta}{\omega\mu}E_{\mathrm{m}}\mathrm{e}^{-\mathrm{j}\beta z} \tag{3-25}$$

式(3-25)在时域可以写成

$$H_y = \frac{\beta}{\omega\mu}E_{\mathrm{m}}\cos(\omega t - \beta z) = \frac{E_{\mathrm{m}}\cos(\omega t - \beta z)}{\eta} = \frac{E_x}{\eta} \tag{3-26}$$

磁场的复振幅表达式也可写为

$$H_y = \frac{E_{\mathrm{m}}}{\eta}\mathrm{e}^{-\mathrm{j}\beta z} \tag{3-27}$$

式中

$$\eta = \frac{E_x}{H_y} = \frac{\omega\mu}{\beta} = \sqrt{\frac{\mu}{\varepsilon}} \tag{3-28}$$

η 是具有阻抗的量纲。对于完纯介质，仅与介质的参数有关，而与 ω 无关，因此被称为媒质的本征阻抗或本质阻抗。在真空中

$$\eta_0 = \sqrt{\frac{\mu_0}{\varepsilon_0}} = 120\pi \approx 377(\Omega)$$

由式(3-26)可以看出，均匀平面波的电场与磁场是同相的，在空间上相互垂直，振幅间的比值为 η。可以画出在某一时刻 t，电场和磁场沿 z 轴的分布，如图 3-2 所示(其中虚线所示为有耗媒质中的情形)，图中的平面波随着时间 t 沿 z 轴正向以速度 $v = \frac{1}{\sqrt{\mu\varepsilon}}$(m/s) 传播。

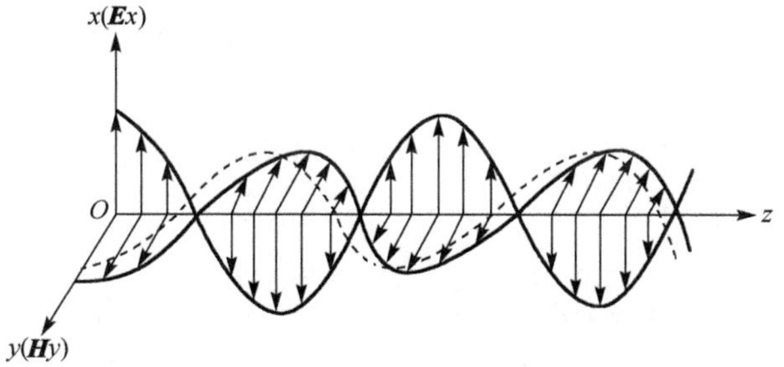

图 3-2 理想介质中均匀平面电磁波的电场和磁场

均匀平面波的瞬时坡印亭矢量为

$$\boldsymbol{S} = \boldsymbol{E} \times \boldsymbol{H}$$

将电场和磁场的表达式代入上述公式得到

$$\boldsymbol{S}(z,t) = \frac{E_x^2}{\eta}\boldsymbol{a}_z = \eta H_y^2 \boldsymbol{a}_z = \eta H_0^2 \cos^2(\omega t - \beta z)\boldsymbol{a}_z \tag{3-29}$$

这表明平面波能量传输的方向垂直于电场和磁场所构成的平面，其大小和电场或磁场振幅的平方成正比。坡印亭矢量、电场矢量和磁场矢量的方向满足右手螺旋关系：即右手四指从 $\boldsymbol{E}$ 的方向指向 $\boldsymbol{H}$ 的方向，则大拇指的指向就是均匀平面电磁波的传播方向。显然，这一关系与坐标系如何设置无关。习惯上，我们把这种电场 $\boldsymbol{E}$ 和磁场 $\boldsymbol{H}$ 均垂直于电磁波传播方向的平面波称为横电磁波，简称 TEM 波。可以看出，尽管能流是变化的，但它总是正值，表示 $\boldsymbol{S}$ 总是顺着电磁波传播的方向 $\boldsymbol{k} = \beta\boldsymbol{a}_z$ 流动的，不会逆 $\boldsymbol{k}$ 的方向流动。$\boldsymbol{S}(z,t)$ 随时间 $(\omega t - \beta z_0)$ 和空间 $(\omega t_0 - \beta z)$ 的变化曲线也是很容易描绘的。

容易算出均匀平面波的平均坡印亭矢量为

$$\boldsymbol{S}_{\mathrm{av}} = \frac{1}{2}\mathrm{Re}\,[\boldsymbol{E} \times \boldsymbol{H}^*]$$

将电场和磁场的复振幅表达式代入上述公式得到

$$\boldsymbol{S}_{\mathrm{av}} = \frac{|E_x|^2}{2\eta}\boldsymbol{a}_z = \frac{1}{2}\eta\,|H_y|^2\,\boldsymbol{a}_z \tag{3-30}$$

由于 E_{m}，H_{m} 在整个空间为常数，因而完纯介质中均匀平面波的平均能流是一个与时、空变量都无关的常矢量。它与波矢量的方向一致，表示相位和能量的传播方向。

根据电场和磁场单位体积的储能公式

$$w_{\mathrm{e}} = \frac{1}{2}\varepsilon \boldsymbol{E}^2$$

和

$$w_{\mathrm{m}}=\frac{1}{2}\mu\boldsymbol{H}^{2}$$

以及电场、磁场的表达式,可得

$$w_{\mathrm{e}}=w_{\mathrm{m}} \tag{3-31}$$

这表明均匀平面波在任意时刻,在空间任意一点单位体积内的电场能量和磁场能量都是相等的。

3.3.3 正弦均匀平面波的一般表达式

不失一般性,考虑沿任意方向传播的正弦均匀平面波的表达式。假设某一均匀平面波沿任意方向 $\boldsymbol{a}_k=\cos\alpha\,\boldsymbol{a}_x+\cos\beta\,\boldsymbol{a}_y+\cos\gamma\,\boldsymbol{a}_z$ 传播。可以定义一个波矢量 $\boldsymbol{k}$,其方向为 $\boldsymbol{a}_k$,模为传播常数 $|\boldsymbol{k}|=k$

$$\boldsymbol{k}=k\boldsymbol{a}_k=k\cos\alpha\,\boldsymbol{a}_x+k\cos\beta\,\boldsymbol{a}_y+k\cos\gamma\,\boldsymbol{a}_z \tag{3-32}$$

则

$$\boldsymbol{k}\cdot\boldsymbol{r}=C \tag{3-33a}$$

或

$$\boldsymbol{k}\cdot\boldsymbol{r}=k_x x+k_y y+k_z z=C \tag{3-33b}$$

就表示与 $\boldsymbol{k}$ 相垂直的平面方程,这是均匀平面波的特点。其中,$\boldsymbol{r}=x\boldsymbol{a}_x+y\boldsymbol{a}_y+z\boldsymbol{a}_z$ 为任一场点的位置矢量。因此,可用 $\boldsymbol{k}\cdot\boldsymbol{r}$ 来表示平面波的相位,即

$$\boldsymbol{E}(r)=\boldsymbol{E}_0\mathrm{e}^{-\mathrm{j}\boldsymbol{k}\cdot\boldsymbol{r}} \tag{3-34a}$$

式中,$\boldsymbol{E}_0$ 为常矢量。

其瞬时表达式为

$$\boldsymbol{E}(r,t)=\boldsymbol{E}_0\cos(\omega t-\boldsymbol{k}\cdot\boldsymbol{r})=\boldsymbol{E}_0\cos(\omega t-(k_x x+k_y y+k_z z)) \tag{3-34b}$$

平面方程——式(3-33)表示平面波——式(3-34)的等相位面,而波矢量 $\boldsymbol{k}=-\nabla(-\boldsymbol{k}\cdot\boldsymbol{r})$ 则为等相位面的负梯度矢量,因而它指向相位滞后得最快的方向。容易验证式(3-34)满足波动方程。与此同时,无源区电场的解还必须满足

$$\nabla\cdot\boldsymbol{E}=0$$

所以有

$$\nabla\cdot(\boldsymbol{E}_0\mathrm{e}^{-\mathrm{j}\boldsymbol{k}\cdot\boldsymbol{r}})=\boldsymbol{E}_0\nabla\mathrm{e}^{-\mathrm{j}\boldsymbol{k}\cdot\boldsymbol{r}}=-\mathrm{j}\boldsymbol{k}\cdot\boldsymbol{E}_0\mathrm{e}^{-\mathrm{j}\boldsymbol{k}\cdot\boldsymbol{r}}=0$$

于是得到

$$\boldsymbol{k}\cdot\boldsymbol{E}_0=0 \tag{3-35}$$

式(3-34)就是均匀平面波的一般表达式,$\boldsymbol{k}$ 的大小就是传播常数,其方向 $\boldsymbol{a}_k$ 就是平面电磁波传播的方向。均匀平面波的一般表达式必须满足式(3-35)的条件,即电场的方向与平面波前进的方向垂直,所以,均匀平面电磁波的电场是横波。

特别地,当 $\boldsymbol{k}=\boldsymbol{a}_z k_z$,即是沿 z 轴方向传播的平面电磁波,此时 $\boldsymbol{k}\cdot\boldsymbol{r}=k_z z$,式(3-34)就成为

$$\boldsymbol{E}=\boldsymbol{E}_0\mathrm{e}^{-\mathrm{j}k_z z}$$

平面电磁波的磁场可由麦克斯韦方程 $\nabla\times\boldsymbol{E}=-\mathrm{j}\omega\mu\boldsymbol{H}$ 导出。由式(3-34)容易计算

$$\nabla\times\boldsymbol{E}=-\mathrm{j}\boldsymbol{k}\times\boldsymbol{E}_0\mathrm{e}^{-\mathrm{j}\boldsymbol{k}\cdot\boldsymbol{r}}$$

从而可以得到

$$\boldsymbol{H}=\frac{1}{\eta}\boldsymbol{a}_k\times\boldsymbol{E}\quad 或\quad \boldsymbol{E}=\eta\boldsymbol{H}\times\boldsymbol{a}_k \tag{3-36}$$

式(3-36)表明磁场与平面波的传播方向 $\boldsymbol{a}_k$ 垂直,可见磁场也是横波。

下面讨论平面波沿不同方向传播的相速度、波长和群速。为方便起见，以二维的情形(例如在 xOz 面上)来说明问题。从图 3-3 可以看到

$$PA = \lambda_z = \frac{\lambda}{\cos\gamma} = \frac{2\pi}{k\cos\gamma} = \frac{2\pi}{k_z} \quad (3\text{-}37a)$$

$$PB = \lambda_x = \frac{\lambda}{\cos\alpha} = \frac{2\pi}{k\cos\alpha} = \frac{2\pi}{k_x} \quad (3\text{-}37b)$$

相应地，沿 z、x 方向的相速度分别为

$$\boldsymbol{v}_{pz} = \frac{\boldsymbol{v}}{\cos\gamma} = \frac{\omega}{k\cos\gamma} = \frac{\omega}{k_z} > c \quad (3\text{-}38a)$$

$$\boldsymbol{v}_{px} = \frac{\boldsymbol{v}}{\cos\alpha} = \frac{\omega}{k\cos\alpha} = \frac{\omega}{k_x} > c \quad (3\text{-}38b)$$

事实上，只要我们所考虑的方向 $\boldsymbol{v}_p$ 与 $\boldsymbol{k}$ 不同(设两者的夹角为 θ，$0 < \theta < \pi/2$)，就会有

$$\boldsymbol{v}_p = \frac{\omega}{k\cos\theta} > c(\text{或}\boldsymbol{v}_p \cdot \boldsymbol{k} = \omega) \quad (3\text{-}39)$$

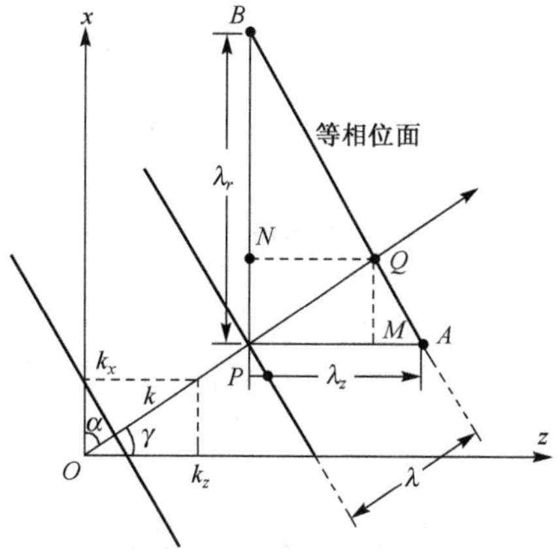

图 3-3　平面波沿不同方向的波长、相速和群速

但这并不表示电磁波的传播速度大于光速。因为朝某个方向的相速(例如，$\boldsymbol{v}_{pz}$)只是代表两个等相位面的斜距离，而斜距离总是大于垂直距离的(如 $PA > PQ$)，这是一个简单的几何道理。

此外，如果把真空中等相位面沿 $\boldsymbol{k}$、z、x 方向推进的速度分别用 c、$\boldsymbol{v}_{ez}$、$\boldsymbol{v}_{ex}$ 表示(易知 $\boldsymbol{v}_{ez}$、$\boldsymbol{v}_{ex}$ 分别是 c 在 z、x 方向的分速度)，则有

$$\boldsymbol{v}_{ez} \leqslant c \quad (PM \leqslant PQ) \quad (3\text{-}40a)$$

$$\boldsymbol{v}_{ex} \leqslant c \quad (PN \leqslant PQ) \quad (3\text{-}40b)$$

并且容易证明

$$\boldsymbol{v}_{ez}\boldsymbol{v}_{pz} = c^2 \quad (PM \cdot PA = PQ^2) \quad (3\text{-}41a)$$

$$\boldsymbol{v}_{ex}\boldsymbol{v}_{px} = c^2 \quad (PN \cdot PB = PQ^2) \quad (3\text{-}41b)$$

这表明，电磁波沿某一方向的群速与相速的乘积总是等于电磁波在那种媒质中沿 $\boldsymbol{k}$ 方向的传播速度的平方。

例 3-1　已知真空中的电磁波其电场为：$E_y = 37.7\cos(6\pi \times 10^8 t + kz)$，问此波是否为均匀平面波？求波的振荡频率 f，传播速度 $\boldsymbol{v}$，波数 $\boldsymbol{k}$，波的传播方向，磁场 $\boldsymbol{H}$ 及 $\boldsymbol{S}_{av}$。

解　此波是均匀平面波，由电场的表达式可知，$\omega = 6\pi \times 10^8$ (rad/m)。

$$f = \omega/2\pi = 6\pi \times 10^8/2\pi = 3 \times 10^8(\text{Hz})$$

真空中，均匀平面波的传播速度是

$$\boldsymbol{v} = \frac{1}{\sqrt{\mu_0\varepsilon_0}} = 3 \times 10^8(\text{m/s})$$

$$\boldsymbol{k} = \omega\sqrt{\mu\varepsilon} = \omega\sqrt{\mu_0\varepsilon_0} = 2\pi(\text{rad/m})$$

波的传播方向是负 z 轴方向。

磁场
$$\boldsymbol{H} = \frac{1}{\eta}\boldsymbol{a}_k \times \boldsymbol{E} = \frac{1}{120\pi}(-\boldsymbol{a}_z) \times \boldsymbol{a}_y 37.7\cos(6\pi \times 10^8 t + 2\pi z)$$

$$= \frac{1}{10}\cos(6\pi \times 10^8 t + 2\pi z)\,\boldsymbol{a}_x(\text{A/m})$$

电磁场的复振幅表达式分别为

$$\boldsymbol{E}=37.7\mathrm{e}^{\mathrm{j}2\pi z}\boldsymbol{a}_y,\boldsymbol{H}=\frac{1}{10}\mathrm{e}^{\mathrm{j}2\pi z}\boldsymbol{a}_x$$

$$\boldsymbol{S}_{\mathrm{av}}=\mathrm{Re}\left[\frac{1}{2}\boldsymbol{E}\times\boldsymbol{H}^*\right]=-\eta_0\boldsymbol{H}^2\boldsymbol{a}_z=-1.885\boldsymbol{a}_z(\mathrm{W/m^2})$$

3.3.4 波的极化特性

电磁波的极化是电磁理论和工程应用中的一个基本概念，它指电磁波的电场矢量在空间的取向。很多物理现象都与电磁波的极化有关。

一般以电场矢量的端点在空间(随时间变化)所画的轨迹来划分极化的类型。为方便起见，选择沿 z 轴方向传播的均匀平面波为研究对象。均匀平面波没有 z 方向的分量，一般可用 E_x 和 E_y 分量来表示。如果 $E_y=0$，只有 E_x，则为沿 x 轴方向极化的平面波；如果 $E_x=0$，只有 E_y，则为沿 y 轴方向极化的平面波。

在一般情况下，E_x 和 E_y 分量都存在，这两个分量的振幅和相位不一定相同，因此波的极化方向也是复杂的。可分为三种情况来讨论。

1. 直线极化

电磁波的电场矢量 $\boldsymbol{E}$ 在空间随时间的变化轨迹为一直线的波称为直线极化波或线极化波。对于直线极化波，电场矢量的两个分量 E_x 和 E_y 的相位相同或相差 180°。为此可以假定

$$E_x=E_{x\mathrm{m}}\cos(\omega t-kz+\phi)$$

则

$$E_y=E_{y\mathrm{m}}\cos(\omega t-kz+\phi)$$

其中，$E_{x\mathrm{m}}$ 和 $E_{y\mathrm{m}}$ 为振幅，ϕ 为初始相位。

合成电场的大小是

$$E=\sqrt{E_{x\mathrm{m}}^2+E_{y\mathrm{m}}^2}\cos(\omega t-kz+\phi)$$

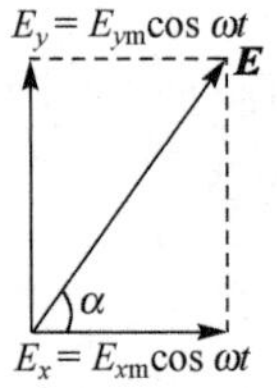

图 3-4　直线极化波

合成电场的取向与 x 轴的夹角 α 为

$$\alpha=\arctan\frac{E_y}{E_x}=\arctan\frac{E_{y\mathrm{m}}}{E_{x\mathrm{m}}}$$

式中，由于 $E_{x\mathrm{m}}$ 和 $E_{y\mathrm{m}}$ 是不随时间变化的常数，因此 α 也不随时间变化。故合成电场端点的轨迹始终位于与 x 轴成 α 角的直线上，所以称为直线极化波。在传播方向上振动方向相同的点构成的平面，称为线极化面，如图 3-4 所示。

2. 圆极化

电磁波的电场矢量 $\boldsymbol{E}$ 的端点在空间随时间运动的轨迹为一圆的波称为圆极化波。对于圆极化波，电场矢量的两个分量 E_x 和 E_y 的振幅相同，而相位相差 90°或 270°。以相位相差 90°为例，可以假定

$$E_x=E_{\mathrm{m}}\cos(\omega t-kz+\phi)$$

则

$$E_y = E_m \cos(\omega t - kz + \phi - 90°) = E_m \sin(\omega t - kz + \phi)$$

合成电场的振幅是

$$E = \sqrt{E_x^2 + E_y^2} = E_m$$

故电场的大小是不变的。

合成电场的取向与 x 轴的夹角 α：

$$\tan\alpha = \frac{E_y}{E_x} = \tan(\omega t - kz + \phi)$$

$$\alpha = \omega t - kz + \phi$$

上式表明，合成电场的矢端在一圆周上以角速度 ω 旋转。当 E_y 较 E_x 滞后 90°时，沿逆时针方向旋转；反之，当 E_y 较 E_x 超前 90°时，沿顺时针方向旋转，如图 3-5 所示。

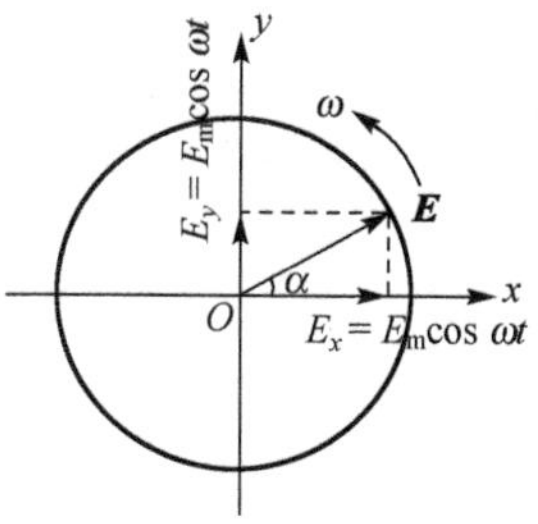

图 3-5 圆极化波

圆极化波与线极化波不同之处在于，电场矢量是沿着传播方向 $\boldsymbol{a}_k$ 旋转的。在某一时刻 t，顺着 $\boldsymbol{a}_k$ 的方向看过去，如果空间各点 $\boldsymbol{E}$ 的矢端顺时针方向旋转，则为右旋圆极化波，反之，为左旋圆极化波。

3. 椭圆极化

电磁波的电场矢量 $\boldsymbol{E}$ 的端点在空间随时间变化的轨迹为一椭圆的波称为**椭圆极化波**。一般情况下，电场的两个分量 E_x 和 E_y 之间有一任意相位差 ϕ，振幅也不相同。可以假定

$$E_x = E_{xm}\cos(\omega t - kz)$$

则

$$E_y = E_{ym}\cos(\omega t - kz + \phi)$$

为讨论方便而又不失一般性，可在以上二式中取 $z = 0$，由此 E_x 和 E_y 成为

$$E_x = E_{xm}\cos\omega t$$

$$E_y = E_{ym}\cos(\omega t + \phi)$$

在此二式中消去 t，可得

$$\frac{E_x^2}{E_{xm}^2} + \frac{E_y^2}{E_{ym}^2} - \frac{2E_xE_y}{E_{xm}E_{ym}}\cos\phi = \sin^2\phi$$

这是一个椭圆方程，说明合成电场矢量端点的运动轨迹为椭圆，如图 3-6 所示。当 $\phi > 0$ 时，它沿逆时针方向旋转；当 $\phi < 0$ 时，它沿顺时针方向旋转。可以证明，椭圆的长轴与 x 轴的夹角 θ 由下式决定

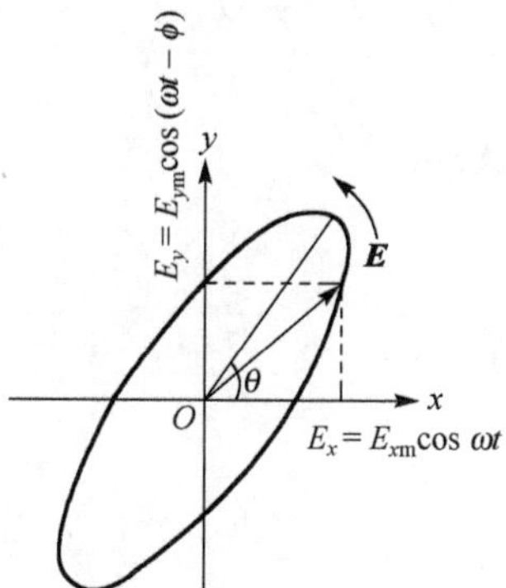

图 3-6 椭圆极化波

$$\tan 2\theta = \frac{2E_{xm}E_{ym}}{E_{xm} - E_{ym}}\cos\phi$$

直线极化波和圆极化波都可以看成是椭圆极化波的特殊情况。当椭圆的长短轴相等时，椭圆极化波退化成圆极化波，当椭圆的短轴缩为零时，椭圆极化波则退化成直线极化波。

例如，一个无衰减的均匀平面波可用 $\boldsymbol{E}_0 e^{-j\boldsymbol{k}\cdot\boldsymbol{r}}$ 来表示，其中，$\boldsymbol{E}_0$ 是垂直于 $\boldsymbol{k}$ 的复矢量。如果取 $\boldsymbol{k}$ 平行于 z 轴，则 $\boldsymbol{E}_0$ 就是位于 xoy 平面内的复矢量，即

$$\boldsymbol{E}_0 = E_x\boldsymbol{a}_x + E_y\boldsymbol{a}_y$$

E_x 和 E_y 均为复数，$E_x = E_{xm} e^{j\phi_x}$ ，$E_y = E_{ym} e^{j\phi_y}$ 。E_x 与 E_y 两者不可能全为零，不妨设$E_y \neq 0$，于是

$$\frac{E_x}{E_y} = A e^{j\phi}$$

其中，$A = \frac{E_{xm}}{E_{ym}}$ ，$\phi = \phi_x - \phi_y$ 。根据 A 的大小和 ϕ 的大小，可将 $\boldsymbol{E}_0$ 分为三种极化类型：

$\phi = 0, \pi$　　线极化

$\phi = \pm \frac{\pi}{2}, A = 1$　　圆极化

$\phi =$ 其他　　椭圆极化

例 3-2 频率为 100MHz 的正弦均匀平面波在各向同性的均匀理想介质中沿（$+z$）方向传播，介质的特性参数为 $\varepsilon_r = 4, \mu_r = 1, \sigma = 0$ 。设电场沿 x 方向，即 $\boldsymbol{E} = E_x \boldsymbol{a}_x$。当 $t = 0$ ，$z = \frac{1}{8} m$ 时，电场等于其振幅值 10^{-4} V/m。试求：① $\boldsymbol{E}(z,t)$ 和 $\boldsymbol{H}(z,t)$ ；②波的传播速度；③平均坡印亭矢量。

解 ①以余弦形式写出电场强度表示式

$$\boldsymbol{E}(z,t) = E_x(x,t)\boldsymbol{a}_x = E_m \cos(\omega t - kz + \psi_{xE})\boldsymbol{a}_x$$

式中，$E_m = 10^{-4}$ (V/m)，ψ_{xE} 为初始相位。

$$k = \omega\sqrt{\mu\varepsilon} = 2\pi f\sqrt{4\mu_0\varepsilon_0} = 2\pi \times 100 \times 10^6 \times 2\sqrt{\mu_0\varepsilon_0} = \frac{4\pi}{3} (\text{rad/m})$$

又由 $t = 0$ ，$z = \frac{1}{8} m$ 时，$E_x\left(\frac{1}{8}, 0\right) = E_m = 10^{-4}$ ，得

$$\omega t - kz + \psi_{xE} = 0$$

故

$$\psi_{xE} = kz = \frac{4\pi}{3} \times \frac{1}{8} = \frac{\pi}{6} \quad (\text{rad})$$

则

$$\boldsymbol{E}(z,t) = 10^{-4}\cos\left(2\pi \times 10^8 t - \frac{4\pi}{3}z + \frac{\pi}{6}\right)\boldsymbol{a}_x \quad (\text{V/m})$$

$$\boldsymbol{H}(z,t) = \boldsymbol{a}_y H_y = \boldsymbol{a}_y \frac{E_x}{\eta} = \boldsymbol{a}_y \frac{1}{\sqrt{\frac{\mu}{\varepsilon}}} 10^{-4}\cos\left(2\pi \times 10^8 t - \frac{4\pi}{3}z + \frac{\pi}{6}\right)$$

$$= \frac{1}{60\pi} 10^{-4}\cos\left(2\pi \times 10^8 t - \frac{4\pi}{3}z + \frac{\pi}{6}\right)\boldsymbol{a}_y \quad (\text{A/m})$$

②波的传播速度为

$$\boldsymbol{v} = \frac{1}{\mu\varepsilon} = \frac{1}{\sqrt{4\mu_0\varepsilon_0}} = 1.5 \times 10^8 \quad (\text{m/s})$$

③平均坡印亭矢量为

$$\boldsymbol{S}_{av} = \frac{1}{2}\text{Re}\left[\boldsymbol{E} \times \boldsymbol{H}^*\right]$$

式中，$\boldsymbol{E} = 10^{-4} e^{-j\left(\frac{4\pi}{z} - \frac{\pi}{6}\right)} \boldsymbol{a}_x$ ，$\boldsymbol{H}^* = \frac{10^{-4}}{60\pi} e^{-j\left(\frac{4\pi}{z} - \frac{\pi}{6}\right)} \boldsymbol{a}_y$ 。

故

$$\boldsymbol{S}_{\mathrm{av}}=\frac{1}{2}\mathrm{Re}\left[10^{-4}\mathrm{e}^{-\mathrm{j}\left(\frac{4\pi}{z}-\frac{\pi}{6}\right)}\boldsymbol{a}_x\times\frac{10^{-4}}{60\pi}\mathrm{e}^{-\mathrm{j}\left(\frac{4\pi}{z}-\frac{\pi}{6}\right)}\boldsymbol{a}_y\right]$$

$$=\frac{1}{120\pi}\times10^{-8}\cos\left(\frac{8\pi}{z}-\frac{\pi}{3}\right)\boldsymbol{a}_z\quad(\mathrm{W/m^2})$$

例 3-3 均匀平面波在均匀理想介质中沿相对于 z 轴为 θ 角的方向传播，如图 3-7 所示。设电场与 y 轴平行，试确定磁场的方向。

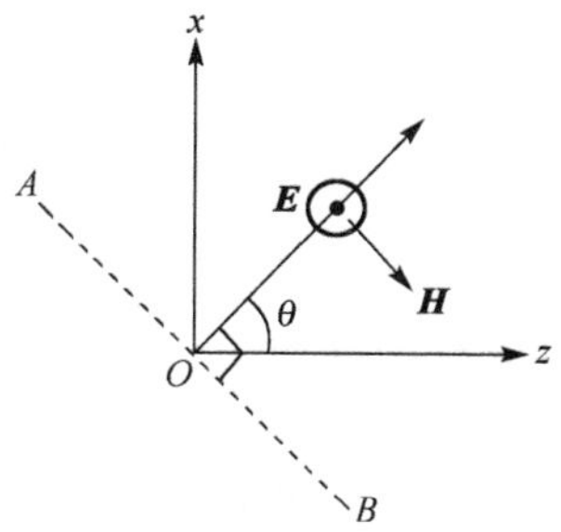

图 3-7 均匀平面波的传播方向

解 由于是均匀平面波，所以电场方向、磁场方向及传播方向三者相互垂直且满足右手螺旋法则，因此，磁场方向应平行于图 3-7 中的 AOB 线，沿 OB 方向，用单位矢量表示为 $\boldsymbol{a}_H=-\boldsymbol{a}_x\cos\theta+\boldsymbol{a}_y\sin\theta$。

3.4 有耗媒质中的平面波

有耗媒质指的是导体和非理想介质。当电磁波在导体中传播时会产生欧姆损耗；在非理想介质中传播时，会产生介电损耗。本节讨论电磁波在均匀无源的导电媒质中的传播特性。导电媒质的本构关系由 $\boldsymbol{J}_{\mathrm{c}}=\sigma\boldsymbol{E}$ 表示，此时，无源导电媒质中麦克斯韦第一方程的复数形式可表示为

$$\nabla\times\boldsymbol{H}=\sigma\boldsymbol{E}+\mathrm{j}\omega\varepsilon\boldsymbol{E}=\mathrm{j}\omega\left(\varepsilon-\mathrm{j}\frac{\sigma}{\omega}\right)\boldsymbol{E}=\mathrm{j}\omega\varepsilon_{\mathrm{c}}\boldsymbol{E}\tag{3-42}$$

式中

$$\varepsilon_{\mathrm{c}}=\varepsilon-\mathrm{j}\frac{\sigma}{\omega}\tag{3-43}$$

称为导电媒质的等效介电常数，为一复数。这样，无源导电媒质中的麦克斯韦方程为

$$\nabla\times\boldsymbol{H}=\mathrm{j}\omega\varepsilon_{\mathrm{c}}\boldsymbol{E}\tag{3-44}$$

$$\nabla\times\boldsymbol{E}=-\mathrm{j}\omega\mu\boldsymbol{H}\tag{3-45}$$

$$\nabla\cdot\boldsymbol{H}=0\tag{3-46}$$

$$\nabla\cdot\boldsymbol{E}=0\tag{3-47}$$

用与完纯介质中相同的方法，可导出导电媒质中的齐次亥姆霍兹方程

$$\nabla^2\boldsymbol{E}+k_{\mathrm{c}}^2\boldsymbol{E}=0\tag{3-48}$$

$$\nabla^2\boldsymbol{H}+k_{\mathrm{c}}^2\boldsymbol{H}=0\tag{3-49}$$

式中，$k_{\mathrm{c}}^2=\omega^2\mu\varepsilon_{\mathrm{c}}$。

定义复波矢量

$$\boldsymbol{k}_{\mathrm{c}}=k_{\mathrm{c}}\boldsymbol{a}_k\tag{3-50}$$

其中，$\boldsymbol{a}_k$ 表示电波传播方向的单位矢量，$k_{\mathrm{c}}=\omega\sqrt{\mu\varepsilon_{\mathrm{c}}}=\beta-\mathrm{j}\alpha$ 表示波矢量的大小。

在式(3-50)中代入 $\varepsilon_{\mathrm{c}}=\varepsilon-\mathrm{j}\dfrac{\sigma}{\omega}$，得

$$k_{\mathrm{c}}^2=\omega^2\mu\varepsilon_{\mathrm{c}}=\omega^2\mu\left(\varepsilon-\mathrm{j}\frac{\sigma}{\omega}\right)=\beta^2-\alpha^2-\mathrm{j}2\alpha\beta$$

所以

$$\alpha = \omega\sqrt{\frac{\mu\varepsilon}{2}\left(\sqrt{1+\left(\frac{\sigma}{\omega\varepsilon}\right)^2}-1\right)}\quad(\mathrm{Np/m}) \tag{3-51}$$

$$\beta = \omega\sqrt{\frac{\mu\varepsilon}{2}\left(\sqrt{1+\left(\frac{\sigma}{\omega\varepsilon}\right)^2}+1\right)}\quad(\mathrm{rad/m}) \tag{3-52}$$

波动方程的解为

$$\boldsymbol{E} = \boldsymbol{E}_{\mathrm{m}}\mathrm{e}^{-\mathrm{j}\boldsymbol{k}_{\mathrm{c}}\cdot\boldsymbol{r}}$$

设均匀平面波沿 z 轴方向传播，且只有 E_x 分量，则

$$E_x(z) = E_{\mathrm{m}}\mathrm{e}^{-k_{\mathrm{c}}z} = E_{\mathrm{m}}\mathrm{e}^{-\alpha z}\mathrm{e}^{-\mathrm{j}\beta z} \tag{3-53}$$

即

$$\boldsymbol{E} = E_x\boldsymbol{a}_x = E_{\mathrm{m}}\mathrm{e}^{-\alpha z}\mathrm{e}^{-\mathrm{j}\beta z}\boldsymbol{a}_x \tag{3-54}$$

将式(3-54)代入式(3-45)，可求得与电场 $\boldsymbol{E}$ 相伴的磁场 $\boldsymbol{H}$

$$\boldsymbol{H} = \frac{E_{\mathrm{m}}}{\eta_{\mathrm{c}}}\mathrm{e}^{-k_{\mathrm{c}}z}\boldsymbol{a}_y = \frac{E_{\mathrm{m}}}{|\eta_{\mathrm{c}}|}\mathrm{e}^{-\alpha z}\mathrm{e}^{-\mathrm{j}\beta z}\mathrm{e}^{-\mathrm{j}\psi}\boldsymbol{a}_y \tag{3-55}$$

式中

$$\eta_{\mathrm{c}} = \sqrt{\frac{\mu}{\varepsilon_{\mathrm{c}}}} = \frac{\sqrt{\frac{\mu}{\varepsilon}}}{\sqrt{1-j\frac{\sigma}{\omega\varepsilon}}} = |\eta_{\mathrm{c}}|\mathrm{e}^{\mathrm{j}\psi}(\Omega) \tag{3-56}$$

称为导电媒质的本征阻抗。由于 η_{c} 为复数，所以 $\boldsymbol{E}$ 和 $\boldsymbol{H}$ 在时间上不再同相。

由式(3-54)和式(3-55)写出相应的瞬时值表示式

$$\boldsymbol{E}(z,t) = \mathrm{Re}(E_x\mathrm{e}^{\mathrm{j}\omega t}\boldsymbol{a}_x) = E_{\mathrm{m}}\mathrm{e}^{-\alpha z}\cos(\omega t-\beta z)\boldsymbol{a}_x \tag{3-57}$$

$$\boldsymbol{H}(z,t) = \mathrm{Re}(H_y\mathrm{e}^{\mathrm{j}\omega t}\boldsymbol{a}_y) = \frac{E_{\mathrm{m}}}{|\eta_{\mathrm{c}}|}\mathrm{e}^{-\alpha z}\cos(\omega t-\beta z-\psi)\boldsymbol{a}_y \tag{3-58}$$

可见，电场和磁场的振幅均以因子 $\mathrm{e}^{-\alpha z}$ 随 z 的增大而减小。因此，α 表示电磁波传播每单位距离衰减程度的系数，称为电磁波的衰减系数，单位是 Np/m；β 表示电磁波每传播单位距离落后的相位，称为电磁波的相移系数，单位是 rad/m。

由式(3-52)看到波的传播速度 $\boldsymbol{v} = \frac{\omega}{\beta}$ 与频率有关。在导电媒质中，电磁波的相速随频率改变的现象，称为色散效应。

另外，从式(3-57)和式(3-58)可以看出，在导电媒质中，均匀平面波的电场和磁场在空间仍然相互垂直且均垂直于传播方向，但在时间上存在相位差。图 3-8 给出了一特定时刻的波形图。

下面讨论两种常见的情况：

1)弱导电媒质

弱导电媒质的参数满足 $\frac{\sigma}{\omega\varepsilon} \ll 1$，$\boldsymbol{J}_c \ll \boldsymbol{J}_d$，此时

$$k_{\mathrm{c}} = \omega\sqrt{\mu\varepsilon_{\mathrm{c}}} = \omega\sqrt{\mu\varepsilon\left(1-\mathrm{j}\frac{\sigma}{\omega\varepsilon}\right)} \approx \omega\sqrt{\mu\varepsilon}\left(1-\mathrm{j}\frac{\sigma}{2\omega\varepsilon}\right) \tag{3-59}$$

故此时的衰减系数为

$$\alpha \approx \frac{\sigma}{2}\sqrt{\frac{\mu}{\varepsilon}} \tag{3-60}$$

相移系数为

$$\beta \approx \omega\sqrt{\mu\varepsilon} \tag{3-61}$$

本征阻抗为

$$\eta_c = \sqrt{\frac{\mu}{\varepsilon}}\left(1-\mathrm{j}\frac{\sigma}{\omega\varepsilon}\right)^{-1/2} \approx \sqrt{\frac{\mu}{\varepsilon}} = \eta \tag{3-62}$$

由此可见，电磁波在弱导体中传输时存在衰减，但很小。相移常数和本征阻抗与完纯介质近似相等。

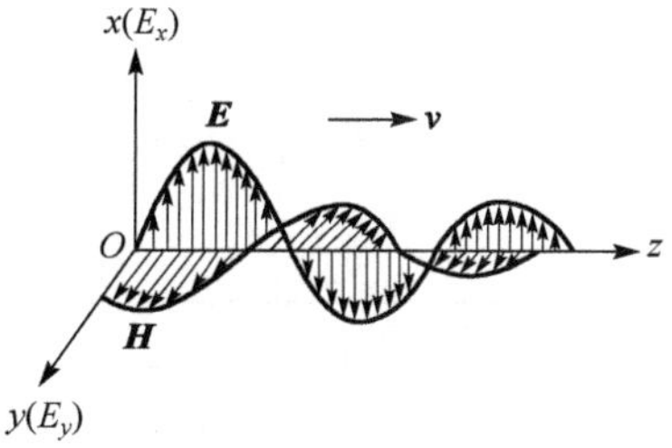

图 3-8　导电媒质中均匀平面波的电场和磁场

2)强导电媒质

强导电媒质也称为良导体，其参数满足 $\frac{\sigma}{\omega\varepsilon} \gg 1$，$\boldsymbol{J}_c \gg \boldsymbol{J}_d$，此时

$$k_c = \omega\sqrt{\mu\varepsilon_c} = \omega\sqrt{\mu\varepsilon\left(1-\mathrm{j}\frac{\sigma}{\omega\varepsilon}\right)} \approx \omega\sqrt{\mu\varepsilon}\left(\frac{\sigma}{\mathrm{j}\omega\varepsilon}\right)^{1/2} = \sqrt{\frac{\omega\mu\sigma}{2}}(1-\mathrm{j}) \tag{3-63}$$

故此时的衰减系数和相移系数的量值相等

$$\alpha = \beta \approx \sqrt{\frac{\omega\mu\sigma}{2}} = \sqrt{\pi f\mu\sigma} \tag{3-64}$$

本征阻抗为

$$\eta_c = \sqrt{\frac{\mu}{\varepsilon}}\left(1-\mathrm{j}\frac{\sigma}{\omega\varepsilon}\right)^{-1/2} \approx \sqrt{\frac{\mathrm{j}\omega\mu}{\sigma}} = \sqrt{\frac{\pi f\mu}{\sigma}}(1+\mathrm{j}) \tag{3-65}$$

这表明，在良导体中，磁场的相位滞后于电场 45°。在良导体中，波的相速为

$$\boldsymbol{v} = \frac{\omega}{\beta} \approx 2\sqrt{\frac{\pi f}{\mu\sigma}} \tag{3-66}$$

波长为

$$\lambda = \frac{2\pi}{\beta} = 2\sqrt{\frac{\pi}{f\mu\sigma}} \tag{3-67}$$

在强导电媒质中，正弦均匀平面波的解为

$$E_x(z) = E_m e^{-\alpha z} e^{-\mathrm{j}\beta z}$$

$$H_y(z) = \frac{E_m}{\eta_c} e^{-\alpha z} e^{-\mathrm{j}\beta z} \approx (1-\mathrm{j})\sqrt{\frac{\sigma}{2\omega\mu}} e^{-\alpha z} e^{-\mathrm{j}\beta z} = \sqrt{\frac{\sigma}{\omega\mu}} e^{-\alpha z} e^{-\mathrm{j}\left(\beta z+\frac{\pi}{4}\right)}$$

式中，$\alpha = \beta \approx \sqrt{\pi f\mu\sigma}$。

可见，随着频率 f 的提高，衰减系数 α 增大，场强的衰减加速，这意味着电磁波进入良导体后会很快衰减。定义电磁波进入良导体后，场强振幅衰减为其表面值的 $1/e$ 时，所传播的距离为良导体的趋肤深度 δ。令

$$e^{-\alpha\delta} = e^{-1}$$

得趋肤深度为

$$\delta = \frac{1}{\alpha} = \sqrt{\frac{2}{\omega\mu}} = \frac{1}{\sqrt{\pi f\mu\sigma}} \quad (\mathrm{m}) \tag{3-68}$$

由此可见，当高频电磁波在良导体中传播时，只能集中在导体表面很薄的一层内，这种现象称为良导体的趋肤效应，而 $\frac{1}{\sigma\delta}$ 定义为良导体的表面电阻 R_s，即

$$R_s = \frac{1}{\sigma\delta} = \sqrt{\frac{\omega\mu}{2\sigma}} \quad (\Omega) \tag{3-69}$$

表 3-1 列出了常见金属的趋肤深度和表面电阻。

表 3-1　常见金属材料的趋肤深度和表面电阻

材料名称	$\gamma/(\mathrm{S \cdot m^{-1}})$	δ/m	R_S/Ω
银	6.17×10^7	$0.064/\sqrt{f}$	$2.52\times10^{-7}\sqrt{f}$
紫铜	5.8×10^7	$0.066/\sqrt{f}$	$2.61\times10^{-7}\sqrt{f}$
铝	3.72×10^7	$0.083/\sqrt{f}$	$3.26\times10^{-7}\sqrt{f}$
钠	2.1×10^7	$0.11/\sqrt{f}$	
黄铜	1.6×10^7	$0.13/\sqrt{f}$	$5.01\times10^{-7}\sqrt{f}$
锡	0.87×10^7	$0.17/\sqrt{f}$	
石墨	0.01×10^7	$1.6/\sqrt{f}$	

例 3-4　海水的特性参数为 $\mu=\mu_0$，$\varepsilon=81\varepsilon_0$ 和 $\sigma=4\mathrm{S/m}$。已知频率为 $f=100Hz$ 的均匀平面波在海水中沿 z 轴方向传播，设 $\boldsymbol{E}=E_x\boldsymbol{a}_x$，其振幅为 1V/m。①求衰减系数、相移系数、本征阻抗、相速和波长；②写出电场和磁场的瞬时表达式 $\boldsymbol{E}(z,t)$ 和 $\boldsymbol{H}(z,t)$。

解　当 $f=100\mathrm{Hz}$ 时

$$\frac{\sigma}{\omega\varepsilon} = \frac{4}{2\pi\times100\times81\varepsilon_0} = \frac{4\times36\pi\times10^9}{200\pi\times81} = 8.89\times10^6 \gg 1$$

可见，海水在频率为 100Hz 时可视为良导体。

① $\alpha \approx \sqrt{\pi f\mu\sigma} = \sqrt{\pi\times100\times4\pi\times10^{-7}\times4} = 3.97\times10^{-2}\,(\mathrm{Np/m})$

$\beta \approx \sqrt{\pi f\mu\sigma} = 3.97\times10^{-2}\,(\mathrm{rad/m})$

$$\eta_c \approx \sqrt{\frac{\pi f\mu}{\sigma}}(1+\mathrm{j}) = \sqrt{\frac{\pi\times100\times4\pi\times10^{-7}}{4}}(1+j) = 9.93\times10^{-3}(1+j)$$

$$= 14.04\times10^{-3}e^{j45^\circ}\,(\Omega)$$

$$\boldsymbol{v} = \frac{\omega}{\beta} = \frac{2\pi\times100}{3.97\times10^{-2}} = 1.58\times10^4 \quad (\mathrm{m/s})$$

$$\lambda = \frac{2\pi}{\beta} = \frac{2\pi}{3.97\times10^{-2}} = 1.58\times10^2 \quad (\mathrm{cm})$$

②设电场的初相位为 0，故

$$E(z,t) = E_m e^{-\alpha z}\cos(\omega t-\beta z)\boldsymbol{a}_x\,(\mathrm{V/m})$$

$$\boldsymbol{H}(z,t) = \frac{E_m}{|\eta_c|}e^{-\alpha z}\cos(\omega t-\beta z-\psi)\boldsymbol{a}_y$$

$$= \frac{10^3}{14.04}\times e^{-3.97\times10^{-2}z}\cos(2\pi\times100t-3.97\times10^{-2}z-45^\circ)\boldsymbol{a}_y \quad (\mathrm{A/m})$$

例 3-5　海水中一频率为 $f=1\mathrm{MHz}$ 的均匀平面波，海水的 $\sigma=4\mathrm{S/m}$，$\varepsilon_r=81$，求 $\alpha,\beta,\eta,\lambda,\delta$ 及该均匀平面波振幅衰减一半所传播的距离。

解　因为 $\frac{\sigma}{\omega\varepsilon} = \frac{\sigma}{2\pi f\varepsilon_0\varepsilon_r} \approx 888 \gg 1$，所以 $\beta=\alpha\approx\sqrt{\pi f\mu_0\sigma}\approx4$；

$$\eta_c = R_s(1+j) = (1+j)\frac{\alpha}{\sigma} \approx 1+\mathrm{j} \quad (\Omega)$$

$$\lambda = \frac{2\pi}{\beta} = \frac{2\pi}{4} \approx 1.57(\mathrm{m})$$

$$\delta = \frac{1}{\alpha} = \frac{1}{4} = 0.25(\mathrm{m})$$

因为 $e^{-\alpha l} = \frac{1}{2}$，所以 $l = \frac{\ln 2}{\alpha} \approx \frac{0.693}{4} \approx 0.17(\mathrm{m})$。

下面讨论非理想介质中的正弦均匀平面波。在非理想介质中，$\sigma = 0$，而介电常数为复数，$\varepsilon_e = \varepsilon' - j\varepsilon''$。用上述类似的方法可导出非理想介质的衰减系数为

$$\alpha = \omega\sqrt{\frac{\mu\varepsilon'}{2}\left(\sqrt{1+\left(\frac{\varepsilon''}{\varepsilon'}\right)^2} - 1\right)} \quad (\mathrm{Np/m}) \tag{3-70}$$

相移常数为

$$\beta = \omega\sqrt{\frac{\mu\varepsilon'}{2}\left(\sqrt{1+\left(\frac{\varepsilon''}{\varepsilon'}\right)^2} + 1\right)} \quad (\mathrm{rad/m}) \tag{3-71}$$

本征阻抗为

$$\eta_e = \sqrt{\frac{\mu}{\varepsilon_e}} = \frac{\sqrt{\frac{\mu}{\varepsilon'}}}{\sqrt{1 - j\frac{\varepsilon''}{\varepsilon'}}} = |\eta_e| e^{j\psi} \quad (\Omega) \tag{3-72}$$

3.5　电磁波在不同媒质分界面上的传播

前面讨论了均匀平面电磁波在均匀无界空间传播的问题，本节和 3.6 节将讨论均匀平面波入射到两种不同媒质分界面的问题。

3.5.1　对不同介质分界面的垂直入射

当入射波到达介质分界面时，会在分界面上感应出随时间变化的电荷，形成新的波源。新波源产生向分界面两侧传播的波，其中，与入射波在同一侧的波称为反射波，进入介质面另一侧的波则称为透射波或折射波。在分界面两侧，入射波、反射波和透射波应满足电磁场的边界条件。

如图 3-9 所示，设沿 x 轴方向极化的均匀平面波向 z 轴方向传播。$z = 0$ 处为介质的分界面。在 $z < 0$ 的一侧，设介质的参数为 ε_1 和 μ_1，在 $z > 0$ 的一侧，介质的参数为 ε_2 和 μ_2。则入射波电场可表示成

$$E_{ix} = E_{im} e^{-jk_1 z} \tag{3-73}$$

式中，$\boldsymbol{k}_1$ 为入射波的波数

$$\boldsymbol{k}_1 = \omega\sqrt{\mu_1\varepsilon_1} \tag{3-74}$$

入射波的磁场可根据均匀平面波中电场与磁场的关系得到

$$\boldsymbol{H}_i = \frac{1}{\eta_1}\boldsymbol{a}_z \times \boldsymbol{E}_i \tag{3-75}$$

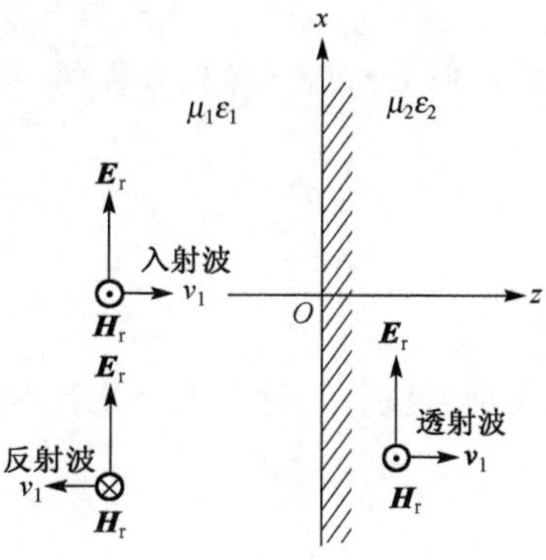

图 3-9　均匀平面波的垂直入射

所以

$$H_{iy} = \frac{E_{ix}}{\eta_1} = \frac{E_{im}}{\eta_1} e^{-jk_1 z} \tag{3-76}$$

式中，η_1 为 1 区(入射波区)的本征阻抗。

当入射波到达介质的分界面 $z=0$ 处时，形成反射波和透射波(也称折射波)。反射波在 1 区沿 $-z$ 轴方向传播，其电场与 x 轴平行，可表示为

$$E_{rx} = E_{rm}e^{+j\boldsymbol{k}_1 z} \tag{3-77}$$

反射波的磁场为

$$\boldsymbol{H}_r = -\boldsymbol{a}_z \times \boldsymbol{E}_r$$

$$H_{ry} = -\frac{E_{rx}}{\eta_1} = -\frac{E_{rm}}{\eta_1}e^{j\boldsymbol{k}_1 z} \tag{3-78}$$

透射波在 2 区沿 $+z$ 轴方向传播，其电场与 x 轴平行，为

$$E_{tx} = E_{tm}e^{-j\boldsymbol{k}_2 z} \tag{3-79}$$

式中，$\boldsymbol{k}_2$ 为透射波的波数，即

$$\boldsymbol{k}_2 = \omega\sqrt{\mu_2\varepsilon_2} \tag{3-80}$$

透射波的磁场根据公式(3-75)，得

$$H_{tx} = \frac{E_{tx}}{\eta_2} = \frac{E_{tm}}{\eta_2}e^{-j\boldsymbol{k}_2 z} \tag{3-81}$$

式中，η_2 为 2 区(透射波区)的本征阻抗。

反射波和透射波的大小 E_{rm} 和 E_{tm} 可以根据边界条件来确定。在分界面两侧，合成场电场强度矢量的切向分量应该连续，即

$$E_{1切向} = E_{2切向}$$

式中，$\boldsymbol{E}_1$ 表示 1 区内的总电场，$\boldsymbol{E}_1 = \boldsymbol{E}_i + \boldsymbol{E}_r$；$\boldsymbol{E}_2$ 表示 2 区内的电场，$\boldsymbol{E}_2 = \boldsymbol{E}_t$。

1 区和 2 区的电场与分界面平行，即是分界面的切向，因此在 $z=0$ 的分界面两侧，有

$$E_{im} + E_{rm} = E_{tm} \tag{3-82}$$

由于在理想介质的分界面上不存在电流，因此磁场强度矢量的切向分量也应该连续，即

$$H_{1切向} = H_{2切向}$$

将分界面 $z=0$ 两侧的磁场代入上式得

$$\frac{E_{im}}{\eta_1} - \frac{E_{rm}}{\eta_1} = \frac{E_{tm}}{\eta_2} \tag{3-83}$$

联立求解方程(3-82)和方程(3-83)，得到

$$E_{rm} = \frac{\eta_2 - \eta_1}{\eta_2 + \eta_1}E_{im} \tag{3-84}$$

$$E_{tm} = \frac{2\eta_2}{\eta_2 + \eta_1}E_{im} \tag{3-85}$$

定义反射波与入射波大小之比为反射系数，即

$$\Gamma = \frac{E_{rm}}{E_{im}} = \frac{\eta_2 - \eta_1}{\eta_2 + \eta_1} \tag{3-86}$$

同样，定义透射波与入射波大小之比为透射系数，即

$$T = \frac{E_{tm}}{E_{im}} = \frac{2\eta_2}{\eta_2 + \eta_1} \tag{3-87}$$

一般情况下，Γ 和 T 可为复数。这表明在分界面上的反射和透射将引入一个附加相移。若 1、

2 两区均为完纯介质，则 η_1 和 η_2 皆为实数。当 $\eta_2 > \eta_1$ 时，在 $z=0$ 平面上的反射系数 Γ 为正，意味着反射电场与入射电场同相相加，电场为最大值，磁场为最小值。反之，当 $\eta_1 > \eta_2$ 时，Γ 为负，在 $z=0$ 平面上电场为最小值，磁场为最大值。

由 Γ 和 T 的公式容易看出，它们之间有如下关系

$$1+\Gamma = T \tag{3-88}$$

已知 $E_{\mathrm{rm}} = \Gamma E_{\mathrm{im}}$，可以得到 1 区中的合成电场为

$$E_{1x} = E_{\mathrm{im}}(\mathrm{e}^{-\mathrm{j}k_1 z} + \Gamma \mathrm{e}^{\mathrm{j}k_1 z})$$

即

$$\boldsymbol{E}_1(\boldsymbol{r}) = E_{\mathrm{i}}(\mathrm{e}^{-\mathrm{j}\boldsymbol{k}_1 z} + \Gamma \mathrm{e}^{\mathrm{j}\boldsymbol{k}_1 z})\boldsymbol{a}_x = E_i((1-\Gamma)\mathrm{e}^{-\mathrm{j}k_1 z} + 2\Gamma\cos \boldsymbol{k}_1 z)\boldsymbol{a}_x \tag{3-89}$$

根据式(3-78)、式(3-81)和式(3-86)，求得 1 区中的合成磁场为

$$H_{1y} = \frac{1}{\eta_1}E_{\mathrm{im}}(\mathrm{e}^{-\mathrm{j}\boldsymbol{k}_1 z} - \Gamma \mathrm{e}^{\mathrm{j}\boldsymbol{k}_1 z})$$

即

$$\boldsymbol{H}_1(\boldsymbol{r}) = \frac{1}{\eta_1}E_{\mathrm{i}}(\mathrm{e}^{-\mathrm{j}\boldsymbol{k}_1 z} - \Gamma \mathrm{e}^{\mathrm{j}\boldsymbol{k}_1 z})\boldsymbol{a}_y = \frac{1}{\eta_1}E_{\mathrm{i}}([1+\Gamma)\mathrm{e}^{-\mathrm{j}\boldsymbol{k}_1 z} - 2\Gamma\cos \boldsymbol{k}_1 z]\boldsymbol{a}_y \tag{3-90}$$

可见，由于反射波与入射波干涉叠加，介质 1 中电磁波由两个部分组成，第一项表示沿 z 方向传播的波，称为行波项；第二项没有相移因子，是两个振幅相等、传播方向相反的行波叠加而形成的空间分布，且不随时间而传播，称为驻波项。

2 区中的电磁场即为透射电磁场。

对于完纯介质

$$|\boldsymbol{E}_1| = |\boldsymbol{E}_{\mathrm{i}}|\sqrt{1+\Gamma^2+2\Gamma\cos 2\boldsymbol{k}_1 z}$$

$$|\boldsymbol{H}_1| = \frac{1}{\eta_1}|\boldsymbol{E}_{\mathrm{i}}|\sqrt{1+\Gamma^2-2\Gamma\cos 2\boldsymbol{k}_1 z}$$

可见，由于反射波与入射波的干涉作用，电场和磁场的振幅不再是常数，而是随空间位置的变化而变化，如图 3-10 所示。当 $z=-\frac{n\lambda_1}{2}(n=0,1,2,\cdots)$ 时，电场振幅达到最大值，$|\boldsymbol{E}_1|_{\max} = |\boldsymbol{E}_{\mathrm{i}}|(1+\Gamma)$；磁场振幅达到最小值，$|\boldsymbol{H}_1|_{\min} = \frac{1}{\eta_1}|\boldsymbol{E}_{\mathrm{i}}|(1-\Gamma)$。

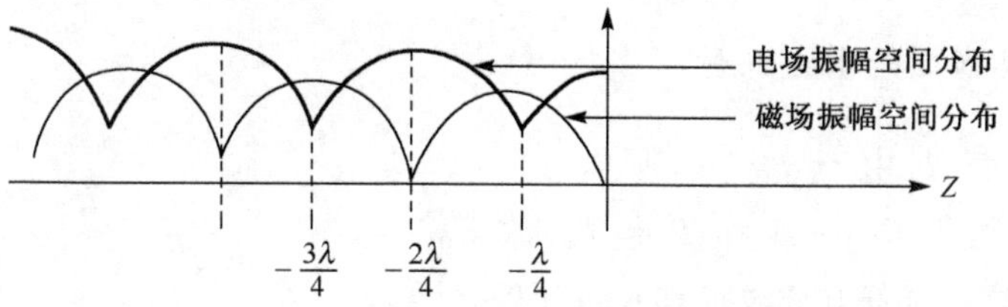

图 3-10　介质 1 中电场幅度和磁场幅度的分布

电磁波在不同介质分界面上垂直入射时，波的传播如图 3-11 所示。

入射波、反射波和透射波的能量关系如下：

在 1 区，坡印亭矢量的平均值可以根据 1 区的合成电场和合成磁场求出为

$$\boldsymbol{S}_{\mathrm{av}} = \frac{1}{2}\mathrm{Re}[\boldsymbol{E}_1 \times \boldsymbol{H}_1^*] = \frac{|E_{\mathrm{im}}|^2}{2\eta_1}(1-\Gamma^2)\boldsymbol{a}_z = (\boldsymbol{S}_{\mathrm{av}})_{\mathrm{i}} - (\boldsymbol{S}_{\mathrm{av}})_{\mathrm{r}} \quad (z=0) \tag{3-91}$$

1 区中沿 z 轴传输的功率密度等于入射波的功率密度减去反射波的功率密度。2 区中坡印亭矢量的平均值为

$$\boldsymbol{S}_{av} = \frac{|E_{im}|^2}{2\eta_2}T^2 a_z \quad (z=0) \tag{3-92}$$

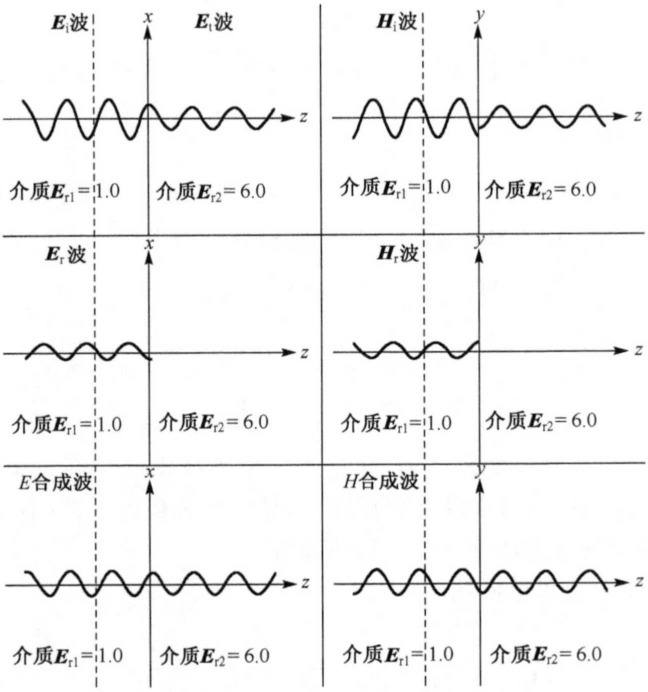

图 3-11　电磁波在不同介质分界面上垂直入射

根据 Γ 和 T 的公式，容易验证式(3-91)和式(3-92)是相等的，因此有

$$\frac{|E_{im}|^2}{2\eta_1} = \frac{|E_{im}|^2}{2\eta_1}\Gamma^2 + \frac{|E_{im}|^2}{2\eta_2}T^2 = (\boldsymbol{S}_{av})_r + (\boldsymbol{S}_{av})_t \tag{3-93}$$

说明入射波的功率密度等于反射波的功率密度和透射波的功率密度之和。能量守恒规律是成立的。

当分界面的两侧为非理想介质时，可用复介电常数 ε_e 或复磁导率 μ_e 来分析。

3.5.2　对理想导体表面的垂直入射

对于理想导体而言，由于 $\sigma=\infty$，所以 $\eta_2=0$，从式(3-86)和式(3-87)可得 $\Gamma=-1$ 和 $T=0$。故 $E_{rm}=-E_{im}$ 及 $E_{tm}=0$，这意味着电磁波垂直入射到理想导体表面时将发生全反射，没有波透射入理想导体。在这种情况下，只在媒质 1 中存在电磁波，如图 3-12 所示。

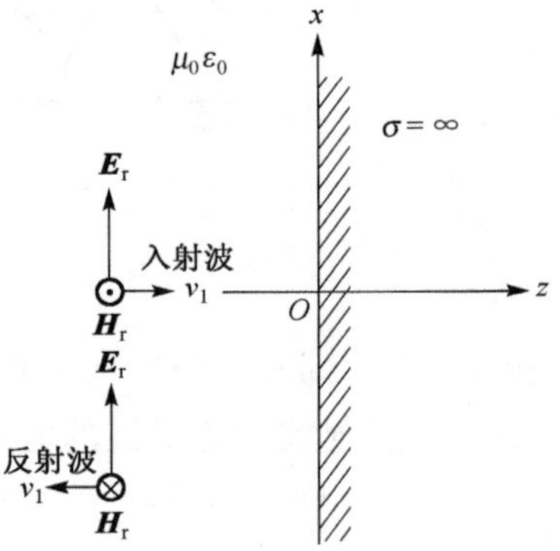

图 3-12　电磁波垂直入射到理想导体表面

设理想导体表面位于 xOy 面，入射波沿 z 轴传播，电场方向为 x 轴正方向，即 $\boldsymbol{E}_i(z)=E_{ix}\boldsymbol{a}_x$，则磁场只有 y 方向上的分量，即 $\boldsymbol{H}_i(z)=H_{iy}\boldsymbol{a}_y$。其中，$E_{ix}$ 和 H_{iy} 分别为

$$E_{ix} = E_{im} e^{-jk_1 z} \tag{3-94}$$

$$H_{iy} = \frac{E_{ix}}{\eta} = \frac{E_{im}}{\eta} e^{-jk_1 z} \tag{3-95}$$

反射波的电场为

$$E_{rx} = E_{rm} e^{-jk_1 z} = - E_{im} e^{-jk_1 z} \tag{3-96}$$

所以媒质 1 中的合成电场为

$$E_x = E_{im} (e^{-jk_1 z} - e^{jk_1 z}) = - j2E_{im} \sin \boldsymbol{k}_1 z \tag{3-97}$$

反射波磁场为

$$H_{ry} = -\frac{E_{rx}}{\eta} = \frac{-E_{rm}}{\eta} e^{jk_1 z} = \frac{E_{im}}{\eta} e^{jk_1 z} \tag{3-98}$$

式中,负号是考虑到电场、磁场和波的传播方向三者应符合右手螺旋关系而确定的,所以媒质 1 中的磁场为

$$H_y = H_{iy} + H_{ry} = \frac{E_{im}}{\eta} (e^{-jk_1 z} + e^{jk_1 z}) = \frac{2E_{im}}{\eta} \cos \boldsymbol{k}_1 z \tag{3-99}$$

由式(3-97)和式(3-99)可得,媒质 1 中合成波的电场和磁场的瞬时表达式为

$$E_x(z,t) = \text{Re}\,[E_x e^{j\omega t}] = \text{Re}\,[-j2E_{im} \sin(\beta z) e^{j\omega t}] = 2E_{im} \sin(\beta z) \sin(\omega t) \tag{3-100}$$

$$E_y(z,t) = \text{Re}\,[H_y e^{j\omega t}] = \text{Re}\left[\frac{2E_{im}}{\eta} \cos(\beta z) e^{j\omega t}\right] = \frac{2E_{im}}{\eta} \cos(\beta z) \cos(\omega t) \tag{3-101}$$

可见,对于任意时刻 t,在 $\beta z = - n\pi (n = 0,1,2,\cdots)$ 或 $z = - n\frac{\lambda}{2} (n = 0,1,2,\cdots)$ 处,电场皆为零值,磁场则为最大值;在 $\beta z = - (2n+1)\frac{\pi}{2} (n = 0,1,2,\cdots)$ 或 $z = - (2n+1)\frac{\lambda}{4} (n = 0,1,2,\cdots)$ 处,电场皆为最大值,磁场则为零值。这说明在媒质 1 中,两个传播方向相反的行波合成的结果形成了驻波。在给定的时刻 t,电场 E_x 和磁场 H_y 都随离开分界面的距离作正弦变化。但要注意,电场 E_x 和磁场 H_y 的驻波在时间上有$\pi/2$ 的相移,在空间位置上又相差$\lambda/4$。图 3-13 给出了不同 ωt 值时,电场 E_x 和磁场 H_y 的驻波波形。

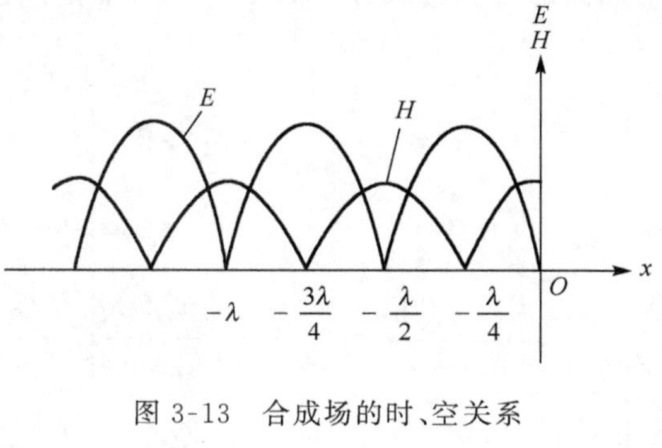

图 3-13 合成场的时、空关系

在理想导体边界上,电场为零,磁场为最大值。为满足边界条件,在理想导体表面应有 x 方向的感应电流,即

$$\boldsymbol{J}_s = \boldsymbol{n} \times \boldsymbol{H}\big|_{z=0} = -\boldsymbol{a}_x \times \boldsymbol{a}_y H_y\big|_{z=0} = \frac{2E_{\mathrm{im}}}{\eta}\boldsymbol{a}_z$$

在媒质 1 中的平均坡印亭矢量为

$$\boldsymbol{S}_{\mathrm{av}} = \frac{1}{2}\mathrm{Re}\left[\boldsymbol{E} \times \boldsymbol{H}^*\right] = \frac{1}{2}\mathrm{Re}\left[-\mathrm{j}2E_{\mathrm{im}}\sin(\beta z)\boldsymbol{a}_x \times \frac{2E_{\mathrm{im}}}{\eta}\cos(\beta z)\boldsymbol{a}_y\right] = 0$$

可见，驻波不能传输电磁能量，而只存在电场能量和磁场能量的相互转换。

3.5.3　对不同媒质分界面的斜入射

电磁波的垂直入射只是一种特殊情况，当均匀平面波以一定的角度入射到两种媒质的分界面时，将会发生反射和折射现象。和垂直入射相比，反射波和折射波的极化方向与入射波的极化方向不再平行，波的传播方向也偏离了入射波的方向。我们将会看到，在满足一定的条件下，斜入射也会产生全反射和全透射现象。

为简单起见，我们分析线极化均匀平面波从一种媒质（ε_1, μ_1）斜入射到另一种媒质（ε_2，μ_2）分界面上的问题。所研究的媒质是均匀、线性和各向同性的理想媒质。

设媒质的分界面位于 xOy 坐标面，分界面在 $z=0$ 处。我们把入射波的传播方向与分界面的法线所构成的平面成为入射面。一般情况下，由于入射波的电场方向与入射面不一定垂直，但我们总是可以将入射波的电场分解为与入射面平行和垂直这两种情况。当电场的方向与入射面平行时，这样的入射称为平行极化波入射；而当电场的方向与入射面垂直时，这样的入射称为垂直极化波入射。

1. 平行极化波的斜入射

1）入射波、反射波、折射波

如图 3-14(a)所示，平面波平行入射时，其电场矢量与入射面平行，并将入射面选择为 xOz 平面，波的传播方向与 z 轴的夹角称为入射角，用 θ_{i} 表示。当平面波到达分界面时，就产生反射和折射现象，反射波和折射波都在入射面内沿各自的传播方向前进，如图 3-14(a)所示。设反射波和折射波的传播方向与 z 轴的夹角分别是 θ_{r} 和 θ_{t}，θ_{r} 称为反射角，θ_{t} 为折射角。这样选择入射面后，根据均匀平面波的一般公式 $\boldsymbol{E} = \boldsymbol{E}_0 \mathrm{e}^{-\mathrm{j}\boldsymbol{k}\cdot\boldsymbol{r}}$，并假定入射波电场的最大值是 E_{im}，可以求出

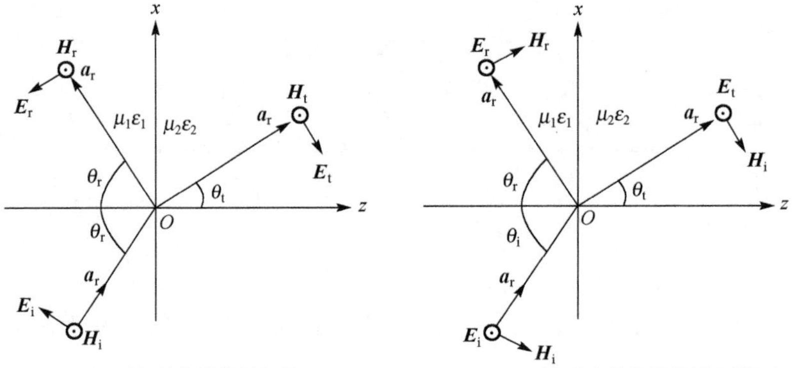

(a)平行极化波的斜入射　　(b)垂直极化波的斜入射

图 3-14　均匀平面波的斜入射

$$E_0 = E_{im}(\cos\theta a_x - \sin\theta a_z)$$

$$k \cdot r = k_1(\sin\theta a_x + \cos\theta a_z)\cdot(x a_x + y a_y + z a_z) = k_1(x\sin\theta + z\cos\theta)$$

式中，k_1 为入射波的波数，且 $k_1 = \omega\sqrt{\varepsilon_1\mu_1}$ 。

因此，入射波的电场是

$$E_i = E_{im}(\cos\theta_i a_x - \sin\theta_i a_z)e^{-jk_1(x\sin\theta_i + z\cos\theta_i)} \tag{3-102}$$

入射波的磁场矢量与 y 轴平行，根据均匀平面波公式 $H = \frac{1}{\eta}a_k \times E$ ，求出入射波的磁场为

$$H_i = \frac{E_{im}}{\eta_1}e^{-jk_1(x\sin\theta_i + z\cos\theta_i)}a_y \tag{3-103}$$

式中，$\eta_1 = \sqrt{\mu_1/\varepsilon_1}$ ，为入射波空间的本征阻抗。

类似地，可以写出反射波的电场是

$$E_r = E_{rm}(-\cos\theta_r a_x - \sin\theta_r a_z)e^{-jk_1(x\sin\theta_r - z\cos\theta_r)} \tag{3-104}$$

式中，E_{rm} 是电场的最大值。

反射波的磁场是

$$H_r = \frac{E_{rm}}{\eta_1}e^{-jk_1(x\sin\theta_r - z\cos\theta_r)}a_y \tag{3-105}$$

折射波的电场是

$$E_t = E_{tm}(\cos\theta_t a_x - \sin\theta_t a_z)e^{-jk_2(x\sin\theta_t + z\cos\theta_t)} \tag{3-106}$$

其中，E_{tm} 是电场的最大值，k_2 为折射波的波数，且 $k_2 = \omega\sqrt{\varepsilon_2\mu_2}$ 。

折射波的磁场为

$$H_t = \frac{E_{tm}}{\eta_2}e^{-jk_2(x\sin\theta_t + z\cos\theta_t)}a_y \tag{3-107}$$

式中，$\eta_2 = \sqrt{\mu_2/\varepsilon_2}$ ，为折射波空间的本征阻抗。

2)斯涅耳定律

现在我们来确定反射角和透射角与入射角之间的关系。根据边界条件，在 $z = 0$ 的分界面上，电场的切向分量应该是连续的。由图 3-14(a)可以看出，电场的 E_x 分量是切向分量。

在 $z = 0$ 的分界面上，令入射波和反射波的 E_x 分量之和等于折射波的 E_x 分量，得到

$$E_{im}\cos\theta e^{-jk_1x\sin\theta_i} + E_{rm}(-\cos\theta_r)e^{-jk_1x\sin\theta_r} = E_{tm}\cos\theta_t e^{-jk_2x\sin\theta_t} \tag{3-108}$$

式(3-108)对任意 x 值都成立，必然有

$$e^{-jk_1x\sin\theta_i} = e^{-jk_1x\sin\theta_r} = e^{-jk_2x\sin\theta_t} \tag{3-109}$$

即

$$-jk_1x\sin\theta_i = -jk_1x\sin\theta_r = -jk_2x\sin\theta_t \tag{3-110}$$

故

$$\theta_i = \theta_r \tag{3-111}$$

式(3-111)表明反射角等于入射角，该结果称为斯涅耳反射定律。

$$k_1\sin\theta_i = k_2\sin\theta_t \tag{3-112}$$

已知 $k_1 = \omega\sqrt{\varepsilon_1\mu_1}$ 和 $k_2 = \omega\sqrt{\varepsilon_2\mu_2}$ ，代入上式得

$$\sqrt{\varepsilon_1\mu_1}\sin\theta_i = \sqrt{\varepsilon_2\mu_2}\sin\theta_t \tag{3-113}$$

或

$$\frac{\sin\theta_t}{\sin\theta_i}=\frac{\sqrt{\varepsilon_1\mu_1}}{\sqrt{\varepsilon_2\mu_2}}=\frac{\boldsymbol{v}_2}{\boldsymbol{v}_1} \tag{3-114}$$

式中，$\boldsymbol{v}_1=\frac{1}{\sqrt{\mu_1\varepsilon_1}}$，$\boldsymbol{v}_2=\frac{1}{\sqrt{\mu_2\varepsilon_2}}$分别是均匀平面波在媒质 1 和媒质 2 中的相速。

一般非磁性介质的 $\mu_1\approx\mu_2\approx\mu_0$，式(3-114)可写成

$$\frac{\sin\theta_t}{\sin\theta_i}=\frac{\sqrt{\varepsilon_1}}{\sqrt{\varepsilon_2}}=\frac{n_1}{n_2} \tag{3-115}$$

式(3-115)称为斯涅耳折射定律。n_1 和 n_2 分别代表媒质 1 和媒质 2 的折射率。

3)斜入射时的反射系数、透射系数、波阻抗

以下我们来确定反射波和折射波的大小与入射波的关系。习惯上我们是用电场的切向分量来讨论问题的。知道了电场的切向分量，根据式(3-102)、式(3-104)和式(3-106)就可以确定入射波、反射波和折射波的电场，波的磁场也能得到。

用电场的切向分量来讨论问题，引进波阻抗的概念是方便的。我们把平行于分界面的切向电场与切向磁场的比值定义为波阻抗。对于我们所讨论的平行极化波，即

$$\eta_{z1}=\frac{E_{ix}}{H_{iy}}=\frac{-E_{rx}}{H_{ry}} \tag{3-116}$$

$$\eta_{z2}=\frac{E_{tx}}{H_{ty}} \tag{3-117}$$

根据式(3-102)和式(3-103)，得到

$$\eta_{z1}=\frac{E_{ix}}{H_{iy}}=\eta_1\cos\theta_i \tag{3-118}$$

再根据式(3-106)和式(3-107)，得到

$$\eta_{z2}=\frac{E_{tx}}{H_{ty}}=\eta_2\cos\theta_t \tag{3-119}$$

在理想介质的分界面上，电磁场的切向分量应该满足连续条件，即

$$E_{ix}+E_{rx}=E_{tx} \tag{3-120}$$

$$H_{ix}+H_{rx}=H_{tx} \tag{3-121}$$

利用波阻抗公式(3-116)和式(3-117)，式(3-121)可以写成

$$\frac{E_{ix}}{\eta_{z1}}-\frac{E_{rx}}{\eta_{z1}}=\frac{E_{tx}}{\eta_{z2}} \tag{3-122}$$

联立求解式(3-120)和式(3-122)，得到

$$E_{rx}=\frac{\eta_{z2}-\eta_{z1}}{\eta_{z2}+\eta_{z1}}E_{ix} \tag{3-123}$$

$$E_{tx}=\frac{2\eta_{z2}}{\eta_{z2}+\eta_{z1}}E_{ix} \tag{3-124}$$

用切向电场的比值定义的反射系数和传输系数为

$$\Gamma_{/\!/}=\frac{E_{rx}}{E_{ix}}=\frac{\eta_{z2}-\eta_{z1}}{\eta_{z2}+\eta_{z1}} \tag{3-123a}$$

$$T_{/\!/}=\frac{E_{tx}}{E_{ix}}=\frac{2\eta_{z2}}{\eta_{z2}+\eta_{z1}} \tag{3-124a}$$

将 η_{z1} 的表达式(3-118)和 η_{z2} 的表达式(3-119)代入，得到

$$\Gamma_{/\!/} = \frac{E_{rx}}{E_{ix}} = \frac{\eta_2\cos\theta_t - \eta_1\cos\theta_i}{\eta_2\cos\theta_t + \eta_1\cos\theta_i} \tag{3-123b}$$

$$T_{/\!/} = \frac{E_{tx}}{E_{ix}} = \frac{2\eta_2\cos\theta_t}{\eta_2\cos\theta_t + \eta_1\cos\theta_i} \tag{3-124b}$$

例 3-6　如图 3-15 所示，均匀平面波由空气入射到理想导体表面（$z = 0$），已知入射波电场：

$$E_i = 5(\boldsymbol{a}_x + \sqrt{3}\boldsymbol{a}_z)e^{j6(\sqrt{3}x - z)} \quad (\text{V/m})$$

求：①反射波电场和磁场；②理想导体表面的面电荷密度和面电流密度。

解

①要求反射波场的表达式，首先要求出反射波的传播方向。入射波传播方向单位矢量为

$$\boldsymbol{a}_i = \frac{\boldsymbol{k}_i}{k_i} = -\frac{\sqrt{3}}{2}\boldsymbol{a}_x + \frac{1}{2}\boldsymbol{a}_z = \cos\alpha_i\boldsymbol{a}_x + \cos\gamma_i\boldsymbol{a}_z$$

可以看出，入射面在 xOz 面内。式中，α_i 和 γ_i 分别是入射线与 x 轴和 z 轴的夹角，显然，$\alpha_i = \frac{5}{6}\pi$，$\gamma_i = \frac{\pi}{3}$。入射角 $\theta_i = \gamma_i = \frac{\pi}{3}$，几何关系如图 3-15 所示。由此可以写出反射波传播方向的单位矢量

$$\boldsymbol{a}_r = -\sin\theta_i\boldsymbol{a}_x - \cos\theta_i\boldsymbol{a}_z$$

考虑到 $\boldsymbol{E}_i$ 平行于入射面，于是反射波电场可以写成

$$\boldsymbol{E}_r = \boldsymbol{E}_{r0}e^{-jk\boldsymbol{a}_r\cdot\boldsymbol{r}} = E_{r0}(-\cos\theta_i\boldsymbol{a}_x + \sin\theta_i\boldsymbol{a}_z)e^{-jk(-\sin\theta_i\boldsymbol{a}_x - \cos\theta_i\boldsymbol{a}_z)\cdot\boldsymbol{r}}$$

将 $\cos\theta_i = \frac{1}{2}$，$\sin\theta_i = \frac{\sqrt{3}}{2}$，$E_{r0} = E_{i0}$，代入上式并求出 $\boldsymbol{H}$ 得

$$\boldsymbol{E}_r = 5(-\boldsymbol{a}_x + \sqrt{3}\boldsymbol{a}_z)e^{j6(\sqrt{3}x + z)} \quad (\text{V/m})$$

$$\boldsymbol{H}_r = \frac{1}{\eta_0}\boldsymbol{a}_r \times \boldsymbol{E}_r = \frac{10}{\eta_0}e^{j6(\sqrt{3}x + z)}\boldsymbol{a}_y \quad (\text{A/m})$$

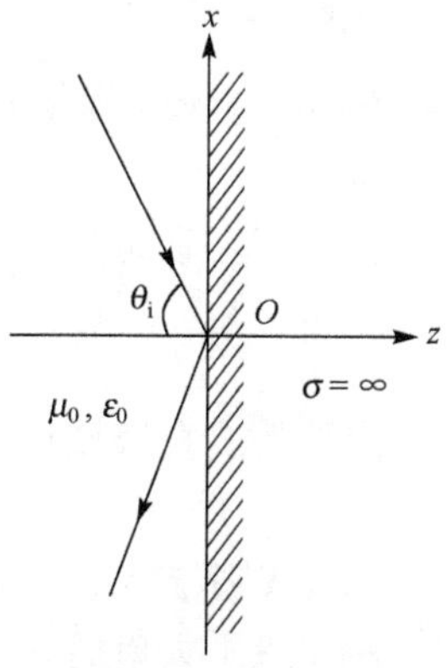

图 3-15　均匀平面波斜入射到理想导体表面

②理想导体表面的 ρ_s、$\boldsymbol{J}_s$ 取决于空气中的合成场，其中电场

$$\boldsymbol{E}_1 = \boldsymbol{E}_i + \boldsymbol{E}_r = 5(\boldsymbol{a}_x + \sqrt{3}\boldsymbol{a}_z)e^{j6(\sqrt{3}x - z)} + 5(-\boldsymbol{a}_x + \sqrt{3}\boldsymbol{a}_z)e^{j6(\sqrt{3}x + z)}$$
$$= 10(-j\sin 6z\boldsymbol{a}_x + \sqrt{3}\cos 6z\boldsymbol{a}_z)e^{j6\sqrt{3}x} \quad (\text{V/m})$$

类似可得

$$\boldsymbol{H}_1 = \boldsymbol{H}_i + \boldsymbol{H}_r = \frac{1}{6\pi}\cos 6z e^{j6\sqrt{3}x}\boldsymbol{a}_y \quad (\text{A/m})$$

于是

$$\rho_s = \boldsymbol{n}\cdot\boldsymbol{D}_1\big|_{z=0} = \varepsilon_0(-\boldsymbol{a}_z)\cdot\boldsymbol{E}_1\big|_{z=0} = -10\sqrt{3}\varepsilon_0 e^{j6\sqrt{3}x} \quad (\text{C/m}^2)$$

$$\boldsymbol{J}_s = \boldsymbol{n}\times\boldsymbol{H}_1\big|_{z=0} = (-\boldsymbol{a}_z)\times\boldsymbol{a}_y\frac{1}{6\pi}e^{j6\sqrt{3}x} = \frac{1}{6\pi}e^{j6\sqrt{3}x}\mathrm{a}_x \quad (\text{A/m})$$

2. 垂直极化波的斜入射

对于垂直极化波入射，入射波和反射波的波阻抗

$$\eta_{z1\perp} = \frac{E_{iy}}{H_{ix}} = -\frac{E_{ry}}{H_{rx}} = \frac{\eta_1}{\cos\theta_i} \tag{3-125}$$

折射波的波阻抗

$$\eta_{z2\perp} = \frac{E_{\mathrm{ty}}}{H_{\mathrm{t}x}} = \frac{\eta_2}{\cos\theta_{\mathrm{t}}} \tag{3-126}$$

仿照平行极化波的做法,可以得到按切向电场的比值定义的反射系数是

$$\Gamma_\perp = \frac{E_{\mathrm{ry}}}{E_{\mathrm{iy}}} = \frac{\eta_{z2} - \eta_{z1}}{\eta_{z2} + \eta_{z1}} \tag{3-127}$$

或

$$\Gamma_\perp = \frac{\eta_2\cos\theta_{\mathrm{i}} - \eta_1\cos\theta_{\mathrm{t}}}{\eta_2\cos\theta_{\mathrm{i}} + \eta_1\cos\theta_{\mathrm{t}}} \tag{3-128}$$

传输系数是

$$T_\perp = \frac{E_{\mathrm{ty}}}{E_{\mathrm{iy}}} = \frac{2\eta_{z2}}{\eta_{z2} + \eta_{z1}} \tag{3-129}$$

$$T_\perp = \frac{2\eta_2\cos\theta_{\mathrm{i}}}{\eta_2\cos\theta_{\mathrm{i}} + \eta_1\cos\theta_{\mathrm{t}}} \tag{3-130}$$

例 3-7 均匀平面波以入射角 $\theta_1 = \theta_2$ 入射到两种无耗媒质的分界面,入射波的电场矢量与入射面垂直,折射角 $\theta_{\mathrm{t}} = \theta_2$ 。

①若已知反射系数 $\Gamma_\perp = \frac{1}{2}$,求透射系数 $T_\perp$;②若 E_{io} 自媒质 2 向媒质 1 垂直于入射,$\theta'_{\mathrm{i}} = \theta_2$,求 θ'_{t},$R'_\perp$,$T'_\perp$;③在上述两种入射情况下,功率反射系数和功率透射系数是否相等?

解

①当 E_{io} 垂直于入射面时,有

$$T_\perp = 1 + \Gamma_\perp = \frac{3}{2}$$

②平面波自媒质 1 入射时,由折射定律有

$$k_1\sin\theta_1 = k_2\sin\theta_2$$

当自媒质 2 入射,且 $\theta'_{\mathrm{i}} = \theta_2$ 时,仍由上式联系入射角和透射角,所以有 $\theta'_{\mathrm{t}} = \theta_1$。

自媒质 1 入射时

$$\Gamma_\perp = \frac{\eta_2\cos\theta_1 - \eta_1\cos\theta_2}{\eta_2\cos\theta_1 + \eta_1\cos\theta_2}$$

自媒质 2 入射时,入射、透射角分别为 θ_2、θ_1 ,入射、透射区的波阻抗分别是 η_2、η_1 ,故

$$\Gamma'_\perp = \frac{\eta_1\cos\theta_2 - \eta_2\cos\theta_1}{\eta_1\cos\theta_2 + \eta_2\cos\theta_1} = -\Gamma_\perp = -\frac{1}{2}$$

$$T'_\perp = 1 + \Gamma'_\perp = \frac{1}{2}$$

可见,反向入射时,反射系数只改变符号。

③因功率反射系数是场强反射系数的平方,故自媒质 1 入射及媒质 2 入射的功率反射系数 γ 和 γ' 分别是

$$\gamma = |\Gamma_\perp|^2 = |\Gamma'_\perp|^2 = \gamma'$$

而功率透射系数 t、t' 为

$$t = 1 - \gamma = 1 - \gamma' = t'$$

即两种情况下,功率反射、透射系数相同。

3. 波的全反射

由斯涅耳折射定律式(3-115)知道,折射波的折射角是随入射角变化的,即

$$\sin\theta_t = \frac{\sqrt{\varepsilon_1}}{\sqrt{\varepsilon_2}}\sin\theta_i$$

可以看出,当 $\varepsilon_1 > \varepsilon_2$,必有 $\theta_t > \theta_i$,即折射角比入射角大。如果入射角为某个角度时,刚好使得 $\sqrt{\varepsilon_1/\varepsilon_2}\sin\theta_i = 1$,此时的折射角刚好是 90°,表明媒质 2 中没有折射波,这种现象称为波的全反射现象。此时所对应的入射角称为临界角 θ_c ,临界角满足

$$\sin\theta_c = \sqrt{\varepsilon_2/\varepsilon_1} \tag{3-131a}$$

或

$$\theta_c = \arcsin\sqrt{\varepsilon_2/\varepsilon_1} \tag{3-131b}$$

无论是什么极化波,只要满足入射角大于或等于临界角的条件,就会发生全反射。由于发生全反射要求 $\varepsilon_1 > \varepsilon_2$,所以波的全反射现象只有在波从光密媒质入射到光疏媒质的表面时才可能发生。

光纤是应用波的全反射现象的典型例子,它是传到电波的玻璃纤维。比如由芯子和敷层构成的光纤,芯子的相对介电常数比敷层的要高,这样才能使光不断地被敷层所反射而在光纤内传播。

4. 波的全折射

在电磁波斜入射的情况下,只要满足一定的条件,可能会发生没有反射波的现象,这就是波的全折射现象。由于在发生折射时,没有反射波,所以全折射的条件可以通过令波的反射系数为零来求得。对于平行极化波的斜入射,其反射系数根据式(3-123b)得

$$\Gamma_{/\!/} = \frac{\eta_2\cos\theta_t - \eta_1\cos\theta_i}{\eta_2\cos\theta_t + \eta_1\cos\theta_i}$$

发生全折射时, $\Gamma_{/\!/} = 0$,得到

$$\eta_2\cos\theta_t = \eta_1\cos\theta_i$$

对于一般的非磁性媒质, $\mu_1 \approx \mu_2 \approx \mu_0$,代入上式得

$$\cos\theta_i = \sqrt{\frac{\varepsilon_1}{\varepsilon_2}}\cos\theta_t \tag{3-132}$$

根据折射定律

$$\sin\theta_t = \sqrt{\frac{\varepsilon_1}{\varepsilon_2}}\sin\theta_i \tag{3-133}$$

利用三角函数关系,从式(3-132)和式(3-133)中消去 θ_t ,得

$$\sin\theta_i = \sqrt{\frac{\varepsilon_2}{\varepsilon_1 + \varepsilon_2}}$$

或

$$\theta = \theta_p = \arcsin\sqrt{\frac{\varepsilon_2}{\varepsilon_1 + \varepsilon_2}} = \arctan\sqrt{\frac{\varepsilon_2}{\varepsilon_1}} \tag{3-134}$$

θ_p 就是全折射角,称为布儒斯特角,也称为极化角或偏振角。这说明对于平行极化波的入射,当入射角是 θ_p 时,电磁波的全部能量将传输到 2 区而没有反射波。

我们再来看垂直极化波的斜入射,其反射系数根据式(3-128)

$$\Gamma_{\perp}=\frac{\eta_2\cos\theta_i-\eta_1\cos\theta_t}{\eta_2\cos\theta_i+\eta_1\cos\theta_t}$$

令 $\Gamma_{\perp}=0$，得

$$\eta_2\cos\theta_i=\eta_1\cos\theta_t$$

一般媒质，$\mu_1\approx\mu_2\approx\mu_0$，则有

$$\cos\theta_t=\sqrt{\frac{\varepsilon_1}{\varepsilon_2}}\cos\theta_i$$

根据折射定律

$$\sin\theta_t=\sqrt{\frac{\varepsilon_1}{\varepsilon_2}}\sin\theta_i$$

解得

$$\theta_t=\theta_i \tag{3-135}$$

但由于 $\varepsilon_1\neq\varepsilon_2$，因此 $\theta_t=\theta_i$ 是不可能的。这说明在垂直极化波的斜入射情况下，波的全折射现象是不可能发生的。

波的全折射现象的一个典型的应用是，当沿不同方向极化的电磁波以布儒斯特角 θ_p 入射时，反射波中就只剩下垂直极化波的分量，而没有平行极化波的分量。

5. 向理想导体平面的斜入射

理想导体是媒质的一种特殊情况，当平面波向理想导体斜入射时，不会有折射波的存在，电磁波被完全反射，并且反射角 θ_r 等于入射角 θ_i。

平行极化波的斜入射。由于在理想导体的表面，电场的切向分量应该为零。由入射波和反射波电场的表达式(3-102)和式(3-104)，可以看出，电场的 E_x 分量应该满足

$$E_{im}\cos\theta_i-E_{rm}\cos\theta_r=0\quad(\theta_r=\theta_i)$$

故

$$E_{im}=E_{rm}$$

从而入射波和反射波的合成电场为

$$\boldsymbol{E}=E_{im}(\cos\theta_i\boldsymbol{a}_x-\sin\theta_i\boldsymbol{a}_z)e^{-jk(x\sin\theta_i+z\cos\theta_i)}+E_{im}(-\cos\theta_i\boldsymbol{a}_x-\sin\theta_i\boldsymbol{a}_z)e^{-jk(x\sin\theta_i-z\cos\theta_i)} \tag{3-136}$$

或

$$\begin{aligned}E_x&=E_{im}\cos\theta_i[e^{-jk(x\sin\theta_i+z\cos\theta_i)}-e^{-jk(x\sin\theta_i-z\cos\theta_i)}]\\&=-2jE_{im}\cos\theta_i\sin(kz\cos\theta_i)e^{-jkx\sin\theta_i}\end{aligned} \tag{3-137}$$

$$\begin{aligned}E_z&=-E_{im}\sin\theta_i[e^{-jk(x\sin\theta_i+z\cos\theta_i)}+e^{-jk(x\sin\theta_i-z\cos\theta_i)}]\\&=-2E_{im}\sin\theta_i\cos(kz\cos\theta_i)e^{-jkx\sin\theta_i}\end{aligned} \tag{3-138}$$

合成磁场可根据式(3-103)和式(3-105)得到

$$H=\frac{E_{im}}{\eta}e^{-jk(x\sin\theta_i+z\cos\theta_i)}\boldsymbol{a}_y+\frac{E_{im}}{\eta}e^{-jk(x\sin\theta_r-z\cos\theta_r)}\boldsymbol{a}_y \tag{3-139}$$

或

$$H_y=2\frac{E_{im}}{\eta}\cos(kz\cos\theta_i)e^{-jkx\sin\theta_i} \tag{3-140}$$

由于电磁场的表达式都出现了行波因子 $e^{-jkx\sin\theta_i}$，表明合成波是沿 x 轴方向传播的行波，且沿 x 轴方向传播的相速是 $v/\sin\theta_i$，是一种快波。电磁场沿 z 轴方向是按驻波分布的，这和导体表面垂直入射的情形是类似的。

对于垂直极化波的斜入射，我们同样可以得到合成电磁场

$$E_y = -2jE_{im}\sin(kz\cos\theta_i)e^{-jkx\sin\theta_i} \tag{3-141}$$

$$H_x = -2\frac{E_{im}}{\eta}\cos\theta_i\cos(kz\cos\theta_i)e^{-jkx\sin\theta_i} \tag{3-142}$$

$$H_z = -2\frac{E_{im}}{\eta}\sin\theta_i\sin(kz\cos\theta_i)e^{-jkx\sin\theta_i} \tag{3-143}$$

它们是沿 x 轴方向传播的行波，而沿 z 轴方向是按驻波形式分布的。

习　题

1. 已知在自由空间传播的电磁波电场强度为

$$\boldsymbol{E} = 10\sin(6\pi\times10^8 t + 2\pi z)\,\boldsymbol{a}_y \quad (\mu\text{V/m})$$

试求：①该电磁波是不是均匀平面波；②该电磁波的频率 f、波长 λ、相速 v_p；③该电磁波的磁场强度 H；④该电磁波的传播方向。

2. 已知自由空间传播的均匀平面电磁波，电场强度为

$$\boldsymbol{E} = 10^{-4}e^{-j20\pi z}\,\boldsymbol{a}_x + 10^{-4}e^{-j20\pi z + j\frac{\pi}{2}}\,\boldsymbol{a}_y \quad (\text{V/m})$$

试求：①该电磁波向何方向传播；②该电磁波的频率 f；③该电磁波的极化方式；④该电磁波的磁场强度 H；⑤与该波传播方向垂直的单位面积流过的平均功率。

3. 已知在理想介质中传播的均匀平面波矢量为

$$\boldsymbol{E}(\boldsymbol{r},t) = 3\times10^{-2}\cos[30\pi\times10^8 t + 4\pi(\sqrt{5}x + 2y - 4z) + \phi](\boldsymbol{a}_x + E_{y_0}\,\boldsymbol{a}_y + \sqrt{5}\,\boldsymbol{a}_z) \quad (\text{V/m})$$

试求：①该平面波的传播方向；②该平面波的频率 f、波长 λ、相速 v_p；③若介质的磁导率 $\mu = \mu_0$，求介电常数 ε；④电场振幅中的常数 E_{y_0}；⑤磁场强度矢量 $\boldsymbol{H}(\boldsymbol{r},t)$。

4. 已知真空中传播的平面电磁波磁场强度矢量为

$$\boldsymbol{H} = 10^{-3}\cos(6\pi\times10^8 t - 2\pi z)\,\boldsymbol{a}_x + \sqrt{2}\times10^{-3}\cos(6\pi\times10^8 t - 2\pi z - \frac{\pi}{3})\,\boldsymbol{a}_y \quad (\text{A/m})$$

试求：①电场强度矢量 $\boldsymbol{E}(\boldsymbol{r},t)$；②平均坡印亭矢量 $\boldsymbol{S}_{av}$。

5. 已知真空中传播的平面电磁波的电场强度为

$$\boldsymbol{E}(\boldsymbol{r},t) = 5\cos[6\pi\times10^7 t - 0.05\pi(3x - \sqrt{3}y + 2z)](\boldsymbol{a}_x + \sqrt{3}\,\boldsymbol{a}_y) \quad (\text{V/m})$$

试求：①电场强度的振幅、波矢量及波长；②磁场强度矢量 $\boldsymbol{H}(\boldsymbol{r},t)$；③平均坡印亭矢量 $\boldsymbol{S}_{av}$。

6. 在 $\mu_r = 1, \varepsilon_r = 4$，$\sigma = 0$ 的媒质中，有一个均匀平面波，其电场强度为

$$\boldsymbol{E}(z,t) = E_0\sin(\omega t - kz + \frac{\pi}{3})$$

若已知 $f = 150\text{MHz}$，波在任意点的平均功率流密度为 0.265w/m^2，求：①相位常数 k、波长 λ、相速 v_p 以及波阻抗 η；② $t = 0$，$z = 0$ 的电场强度 $\boldsymbol{E}(0,0)$；③时间经过 $0.1\mu\text{s}$ 之后，电场 $\boldsymbol{E}(0,0)$ 的值在什么地方；④时间在 $t = 0$ 时刻之前 $0.1\mu\text{s}$，电场 $\boldsymbol{E}(0,0)$ 的值在什么地方。

7. 已知一个真空中存在的驻波电磁场为

$$\boldsymbol{E} = \mathrm{j}E_0 \sin kz\, \boldsymbol{a}_x$$

$$\boldsymbol{H} = \sqrt{\frac{\varepsilon_0}{\mu_0}} E_0 \cos kz\, \boldsymbol{a}_y$$

其中，$k = \frac{2\pi}{\lambda} = \frac{\omega}{c}$，$\lambda$ 是波长。求：① z 为任意值时的坡印亭矢量 $\boldsymbol{S}(t)$ 和平均坡印亭矢量 $\boldsymbol{S}_{\mathrm{av}}$，并画出 $0 \leqslant z \leqslant \frac{\lambda}{4}$ 区间 $\boldsymbol{S}(t)$ 的振幅随 z 变化的曲线；②驻波的能流矢量在 $z = n\frac{\lambda}{4}$，$z = (2n+1)\frac{\lambda}{8}$ 时取值有何特点；③驻波有没有能量沿 z 轴流动。

8. 已知真空中一个 TM 波的电磁场为

$$E_x = -\mathrm{j}E_0 \cos\theta \sin\beta_z z\, \mathrm{e}^{-\mathrm{j}\beta_x x}$$

$$E_z = -E_z \sin\theta \cos\beta_z z\, \mathrm{e}^{-\mathrm{j}\beta_x x}$$

$$H_y = \frac{E_0}{\eta} \cos\beta_z z\, \mathrm{e}^{-\mathrm{j}\beta_x x}$$

其中，η、β_x、β_z、θ 都是常数，试求：坡印亭矢量 $\boldsymbol{S}(t)$ 和平均坡印亭矢量 $\boldsymbol{S}_{\mathrm{av}}$。

9. 海水的 $\sigma = 4\mathrm{S/m}$，$\varepsilon_{\mathrm{r}} = 81$，试求：频率为 100kMz、100MHz、100GHz 的电磁波在海水中的波长 λ、衰减常数和波阻抗。

10. 设沿 z 方向传播的两个电磁波为

$$\boldsymbol{E}_1 = E_1 \mathrm{e}^{-\mathrm{j}\omega_1 z/c}\, \boldsymbol{a}_x$$

$$\boldsymbol{E}_2 = E_2 \mathrm{e}^{-\mathrm{j}\omega_2 z/c}\, \boldsymbol{a}_x$$

式中，$\omega_1 \neq \omega_2$，试证明：总的平均能流等于两个波的平均能流之和。

11. 试证明：圆极化波 $\boldsymbol{E} = \cos\omega t\, \boldsymbol{a}_x + \sin\omega t\, \boldsymbol{a}_y$，$\boldsymbol{H} = -\frac{\sin\omega t}{\eta}\boldsymbol{a}_x + \frac{\cos\omega t}{\eta}\boldsymbol{a}_y$ 的坡印亭矢量 $\boldsymbol{S}(t)$ 是一个与时间 t 无关的常数。

12. 试证明：任何椭圆极化波均可分解为两个方向相反旋转的圆极化波。

13. 如果 $z \geqslant 0$ 的空间被理想导电体所填满，$z < 0$ 区域为空气，空气中有均匀平面电磁波入射到理想导体平面，入射波电场为

$$\boldsymbol{E}_i = E_x \cos(\omega t - kzt)\, \boldsymbol{a}_x + E_y \cos(\omega t - kz)\, \boldsymbol{a}_y \quad (\mathrm{V/m})$$

试求：①入射波的磁场强度 $\boldsymbol{H}$；②反射波的电场强度和磁场强度；③z≤0 区域电场的波节点和波腹点位置。

14. 已知一均匀平面波垂直入射到 $z = 0$ 处的理想导电平面上，其电场为

$$\boldsymbol{E}_i = E_0 \mathrm{e}^{-\mathrm{j}kz} (\boldsymbol{a}_x - \mathrm{j}\, \boldsymbol{a}_y)$$

则：①试确定入射波和反射波的极化方式；②试求导电平面上的面电流密度；③试写出 $z \leqslant 0$ 区域的合成电场强度的瞬时值。

15. 有一个圆极化的均匀平面波，其电场为

$$\boldsymbol{E}_i = E_0 \mathrm{e}^{-\mathrm{j}kz} (\boldsymbol{a}_x - \mathrm{j}\, \boldsymbol{a}_y)$$

从空气垂直入射到 $\varepsilon_{\mathrm{r}} = 9$，$\mu_{\mathrm{r}} = 1$ 的理想介质表面上，空气与介质的分界面为 $z = 0$ 平面，

试求：①反射波和透射波的电场并说明极化方式；② $z < 0$ 区域合成波的坡印亭矢量 $\boldsymbol{S}(t)$。

16. 均匀平面波 $\boldsymbol{H}$ 的振幅为 $\frac{1}{3\pi}$(A/m)，以相移常数 $\beta = 30\text{rad/m}$ 在空气中沿 $-\boldsymbol{a}_z$ 方向传播。若 $t = 0$ ，$z = 0$ 时，$\boldsymbol{H}$ 取向为 $-\boldsymbol{a}_y$ ，试求出 $\boldsymbol{E}$、$\boldsymbol{H}$ 表达式和频率 f 、波长 λ。

17. 已知在自由空间传播的电磁波为

$$E_x(z,t) = 1000\cos(\omega t - \beta z) \quad (\text{V/m})$$

$$H_y(z,t) = 2.65\cos(\omega t - \beta z) \quad (\text{A/m})$$

其中，$f = 20\text{MHz}$ ，$\beta = \omega\sqrt{\mu_0\varepsilon_0} = 0.42\text{rad/m}$。试求：① 坡印亭矢量 $\boldsymbol{S}(t)$ ；② 平均坡印亭矢量 $\boldsymbol{S}_{\text{av}}$；③流入图中平行六面体的净功率流。

18. 已知极化波垂直投射于一个介质板上，入射电场为 $\boldsymbol{E} = E_{\text{m}}\text{e}^{-\text{j}\beta z}(\boldsymbol{a}_x + \text{j}\,\boldsymbol{a}_y)$ ，试求：反射波与传输波的电场，并说明它们极化如何？

19. 已知 UPW 的电场振幅为 $E_{\text{m1}}^{+} = 100\text{V/m}$ ，从空气垂直入射到无损耗的介质平面上（$\mu_2 = \mu_0$ ，$\varepsilon_2 = 4\varepsilon_0$ ，$\sigma_2 = 0$），求：反射波和传输波中电场的振幅。

20. 已知 UPW 从 (μ_0,ε_0) 垂直入射到介质平面时，在 (μ_0,ε_0) 中形成驻波。设驻波比为 3，介质表面为电场驻波最小点，且波在介质中的波长为 (μ_0,ε_0) 中的 $\frac{1}{6}$ ，试求介质的 μ_{r} 和 ε_{r}。

21. 已知 (μ_0,ε_0) 中的 UPW 的 $f = 1\text{GHz}$ ，$E_{\text{m}} = 1\text{V/m}$ ，垂直入射于一块大铜板上，试求铜片上每平方米所吸收的平均功率。

22. 已知一 UPW 自波阻抗为 η 的介质垂直入射到电导率为 σ，$\mu_{\text{r}} = 1$ 的良导体表面，试证明：透入导体内部的功率密度与入射功率流密度之比近似等于 $4R_{\text{s}}/\eta$ 。

23. 已知一个 $E_{\text{m}} = 30\pi(\text{V/m})$ ，$f = 10\ \text{MHz}$ 的 UPW 自空气垂直入射到银板平面，银的 $\sigma = 6.1 \times 10^7\text{S/m}$ ，$\mu_{\text{r}} = \varepsilon_{\text{r}} = 1$ 。设界面上的磁场强度振幅 $H_0 = 0.5\text{A/m}$。试求：①银表面处电场强度振幅；②银板每单位面积吸收的平均功率。

24. 已知空气中一 UPW 垂直入射到一理想导体平面上，试证明：任一点合成波的电场能量密度与磁场能量密度之和的时间平均值等于一常数。

25. 已知空气中一 UPW 斜入射到一电介质表面上，电介质 $\varepsilon_{\text{r}} = 3$，$\mu_{\text{r}} = 1$，$\theta = 60°$ ，入射波电场振幅为 1V/m，试分别计算垂直极化和平行极化两种情形下，反射波和折射波电场强度振幅。

26. 光纤折射率 $n = 1.55$ ，光线束自空气向其端面入射，并要能量沿光纤传输，试计算入射光线与光纤轴线间的最大角度，若：①光纤外面是空气而无包层；②光纤外面有包层，其折射率为 1.53。

27. 已知 UPW 磁场振幅为 $\frac{1}{3\pi}$(V/m)，以 $\beta = 30\text{rad/m}$ 在空气中沿 $-\boldsymbol{a}_z$ 方向传播，若 $t = 0$ ，$z = 0$ 时，$\boldsymbol{H}$ 取向为 $-\boldsymbol{a}_y$ ，试写出 $\boldsymbol{E}$、$\boldsymbol{H}$ 表达式和 f、λ。

第 4 章　天 线 基 础

在讨论电磁波在无界空间传播和在分界面上反射与折射的问题时，没有对电磁波的发生源进行探讨。本章将讨论电磁波是如何产生的。产生电磁波一般是用天线。当振荡源的频率提高到使电磁波的波长与天线的尺寸可相比拟时，天线就会产生较强的辐射。

对于天线，我们重点讨论它辐射电磁波的场强、方向性和它的辐射功率以及如何利用天线测出空间电磁波的场强。求解天线辐射问题的严格方法是找出满足天线边界条件的麦克斯韦方程的解。这种方法往往在计算上会遇到很大的困难，有时甚至无法求解，所以实际上都采用近似解法，并使用电磁场仿真软件进行天线的分析和设计。天线的形式可大致分为线天线和面天线两大类。前者多半是在元电流上积分来求解，而后者则多半是求解口径绕射的问题。本章我们仅讨论线天线。

4.1　电 偶 极 子

已知天线表面上的电流分布，通过对该电流分布的积分运算，可以得到天线的辐射电场和磁场。进一步分析可以得出天线的辐射特性。容易求解的简单天线，考虑观察点距离天线足够远，即远场情况是研究天线的基础。

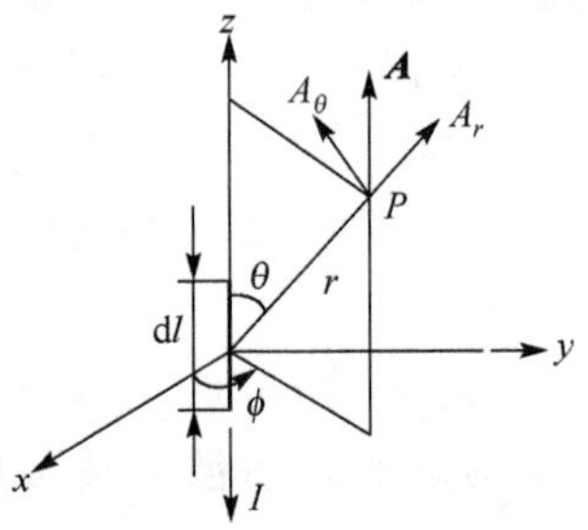

图 4-1　求解电偶极子的辐射场

电偶极子（又称短偶极子、电流元、赫兹电偶极子等）是一种基本的辐射单元。它是一段长度 dl 远小于波长的直线电流元，线上电流是均匀的，且相位也相同。设该直线电流元 Idl（电矩沿 z 轴放置，如图 4-1 所示），我们将用矢量位 $\mathbf{A}$ 来计算它的电磁场。对于电偶极子，已知 $Idl\boldsymbol{a}_z = \dfrac{I}{S}\cdot Sdl\boldsymbol{a}_z = \boldsymbol{J}d\tau$，式中的 S 为电流元的横截面积，利用 $\mathbf{A}$ 矢量的公式

$$\mathbf{A} = \frac{\mu}{4\pi r} I\,dl e^{-jkr}\,\boldsymbol{a}_z \tag{4-1}$$

$\mathbf{A}$ 在球坐标系中的三个分量为

$$A_r = A_z\cos\theta$$
$$A_\theta = -A_z\sin\theta$$
$$A_\phi = 0$$

A_θ 表示式中的负号表明 A_θ 分量的方向中沿 θ 减小的方向。有了 A_r、A_θ、A_ϕ，就可由式(4-2)求出磁场。

$$\boldsymbol{H} = \frac{1}{\mu}(\nabla\times\mathbf{A}) = \frac{1}{\mu r^2\sin\theta}\begin{vmatrix} e_r & re_\theta & r\sin\theta e_\phi \\ \dfrac{\partial}{\partial r} & \dfrac{\partial}{\partial\theta} & 0 \\ A_z\cos\theta & -A_z\sin\theta r & 0 \end{vmatrix} \tag{4-2}$$

由此可解得

$$\left.\begin{aligned} H_{\phi} &= \frac{I\mathrm{d}l\mathrm{e}^{-\mathrm{j}kr}}{4\pi r}\left(\mathrm{j}k+\frac{1}{r}\right)\sin\theta \\ H_r &= H_{\theta} = 0 \end{aligned}\right\} \tag{4-3}$$

电场可以由

$$\boldsymbol{E} = \frac{1}{\mathrm{j}\omega\varepsilon}(\boldsymbol{\nabla}\times\boldsymbol{H})$$

解得

$$\left.\begin{aligned} E_r &= -\mathrm{j}\,\frac{I\mathrm{d}l}{2\pi\omega\varepsilon}\cdot\frac{\mathrm{e}^{-\mathrm{j}kr}}{r^2}\left(\mathrm{j}k+\frac{1}{r}\right)\cos\theta \\ E_{\theta} &= -\mathrm{j}\,\frac{I\mathrm{d}l}{4\pi\omega\varepsilon}\cdot\frac{\mathrm{e}^{-\mathrm{j}kr}}{r}\left(-k^2+\frac{\mathrm{j}k}{r}+\frac{1}{r^2}\right)\sin\theta \\ E_{\phi} &= 0 \end{aligned}\right\} \tag{4-4}$$

式(4-3)和式(4-4)给出了电偶极子的电磁场，整个表示式相当复杂。下面分别讨论靠近和远离电偶极子区域的场的特性。

当场点距离天线非常近时，公式所含 $\frac{1}{r^3}$ 和 $\frac{1}{r^2}$ 项起支配作用；远离天线时，含 $\frac{1}{r}$ 的项开始起支配作用。当含 $\frac{1}{r^3}$ 和 $\frac{1}{r^2}$ 的项与含 $\frac{1}{r}$ 的项相比开始可以忽略不计时的点就是远场和近场的边界，这个边界大致在 $1/(\beta_0 r)^2 = 1/\beta_0 r$ 或 $r = \lambda_0/2\pi \cong \frac{1}{6}\lambda_0$ 处。应注意对其他天线而言，远场和近场的分界并不是简单的如通常假设的 $\frac{\lambda_0}{2\pi}$ 处。一般认为大于 $3\lambda_0$ 或者 $\frac{2D^2}{\lambda_0}$ 的区域是远场。其中，D 为天线的最大尺寸。前者常用于“线”天线，后者常用于“面”天线，如抛物面天线或喇叭天线。

近区场

在靠近电偶极子的区域，$kr = \frac{2\pi}{\lambda}r \ll 1$。此时，$\mathrm{e}^{-\mathrm{j}kr} \approx 1$，则式(4-3)和式(4-4)可近似为

$$H_{\phi} \approx \frac{I\mathrm{d}l}{4\pi r^2}\sin\theta \tag{4-5}$$

$$E_r \approx -\mathrm{j}\,\frac{I\mathrm{d}l}{2\pi\omega\varepsilon r^3}\cos\theta \tag{4-6}$$

$$E_{\theta} \approx -\mathrm{j}\,\frac{I\mathrm{d}l}{4\pi\omega\varepsilon r^3}\sin\theta \tag{4-7}$$

在式(4-6)和式(4-7)中考虑到 $i = \frac{\partial q}{\partial t}$，即以 $I = \mathrm{j}\omega q$ 代入，可得

$$E_r = \frac{q\mathrm{d}l}{2\pi\varepsilon r^3}\cos\theta \tag{4-8}$$

$$E_{\theta} = \frac{q\mathrm{d}l}{4\pi\varepsilon r^3}\sin\theta \tag{4-9}$$

此结果与由正负二电荷 q 相距 $\mathrm{d}l$ 所构成的偶极子的静电场分量完全相同。这就说明，在讨论近区场时，电流相当于电偶极子。

由式(4-5)、式(4-6)和式(4-7)可看到，电场和磁场的相位相差 90°，因此能量在电场与磁场之间相互交换而平均坡印亭矢量为零，这种区域的场称为感应场。

远区场

在远离电偶极子的区域，$kr \gg 1$。此时在式(4-3)中可略去包含 $\frac{1}{r^2}$ 的项，而在式(4-4)中，E_r 与 E_θ 相比较也可略去不计，于是最后可得

$$H_\phi = \mathrm{j}\,\frac{I\mathrm{d}l}{2\lambda r}\sin\theta \mathrm{e}^{-\mathrm{j}kr} \tag{4-10}$$

$$E_\theta = \mathrm{j}\,\frac{I\mathrm{d}l}{2\lambda r}\,\frac{k}{\omega\varepsilon}\sin\theta \mathrm{e}^{-\mathrm{j}kr} \tag{4-11}$$

由式(4-10)和式(4-11)可看到，电场和磁场都与 $\frac{\mathrm{e}^{-\mathrm{j}kr}}{r}$ 成正比并且它们彼此同相，均比电流超前 $\left(\frac{\pi}{2}-kr\right)$ 相位。此外，它们在空间相互垂直，其比值为

$$\frac{E_\theta}{H_\phi} = \frac{k}{\omega\varepsilon} = \eta \tag{4-12}$$

即等于媒质的本质阻抗，对于自由空间是 $120\pi\Omega$。

在远区，坡印亭矢量的模为

$$|\boldsymbol{S}| = \eta\,|H_\phi|^2 = \eta\left(\frac{I\mathrm{d}l}{2\lambda r}\right)^2 \sin^2\theta \tag{4-13}$$

此式表示有能量向外辐射。这就说明，一个作时谐振荡的电流元可以辐射电磁波。我们把能辐射电磁波的装置称为天线，上述偶极子又称为元天线。

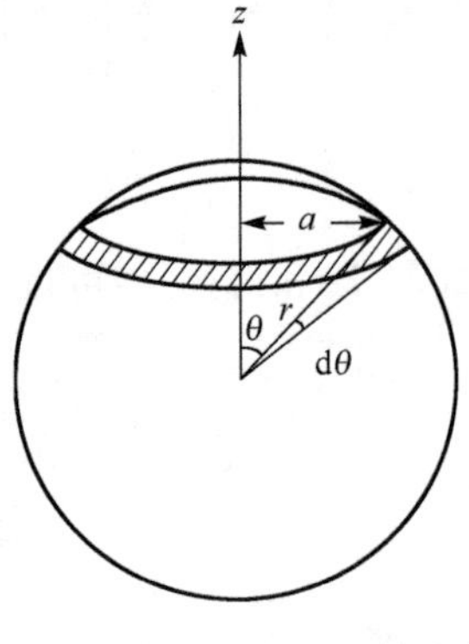

图 4-2　求元天线的辐射功率

如果用一个很大的球面把元天线包围起来，将元天线放在球心，则从天线辐射出来的能量必然全部通过这个球面。天线的总辐射功率为

$$P = \int_S \boldsymbol{S}\cdot d\boldsymbol{A} \tag{4-14}$$

式中，$\boldsymbol{S}$ 为坡印亭矢量。由于在一定 θ 角的球带上各点的坡印亭矢量相同，式中的面积元 $\mathrm{d}\boldsymbol{A}$ 可用一球带来计算，如图 4-2 所示，即

$$\mathrm{d}\boldsymbol{A} = 2\pi\alpha\cdot r\mathrm{d}\theta = 2\pi r^2\sin\theta\mathrm{d}\theta$$

将它代入式(4-14)并利用式(4-13)，可得

$$P = \int_0^\pi \eta\left(\frac{I\mathrm{d}l}{2\lambda r}\right)^2 \sin^2\theta 2\pi r^2\sin\theta\mathrm{d}\theta = \frac{2\eta\pi I^2\mathrm{d}l^2}{3\lambda^2} \tag{4-15}$$

以空气中的 $\eta = 120\pi$ 代入，可得

$$P = 80\pi^2 I^2\left(\frac{\mathrm{d}l}{\lambda}\right)^2 \tag{4-16}$$

这就是元天线的总辐射功率。式中，I 的单位为 A，P 的单位为 W。

我们知道，功率等于电流的平方乘上电阻，因此我们可以把式(4-16)写成

$$P = I^2 R_\tau \tag{4-17}$$

式中，

$$R_r = 80\pi^2 \left(\frac{dl}{\lambda}\right)^2 \tag{4-18}$$

称为电偶极子天线的辐射电阻。

4.2 电小环天线

4.2.1 方环

假设方环的尺寸远小于波长，若环的取向如图 4-3(b)所示，其远区电场仅有 E_ϕ 分量。为了求得 yz 平面的远场方向图，只需考虑四小段直偶极子中与 yz 平面正交的一对(2 和 4)，如图 4-3(c)所示。由于这两小段偶极子在 yz 平面内都是无方向性的，因此环的场方向性图等同于两个各向同性点源。

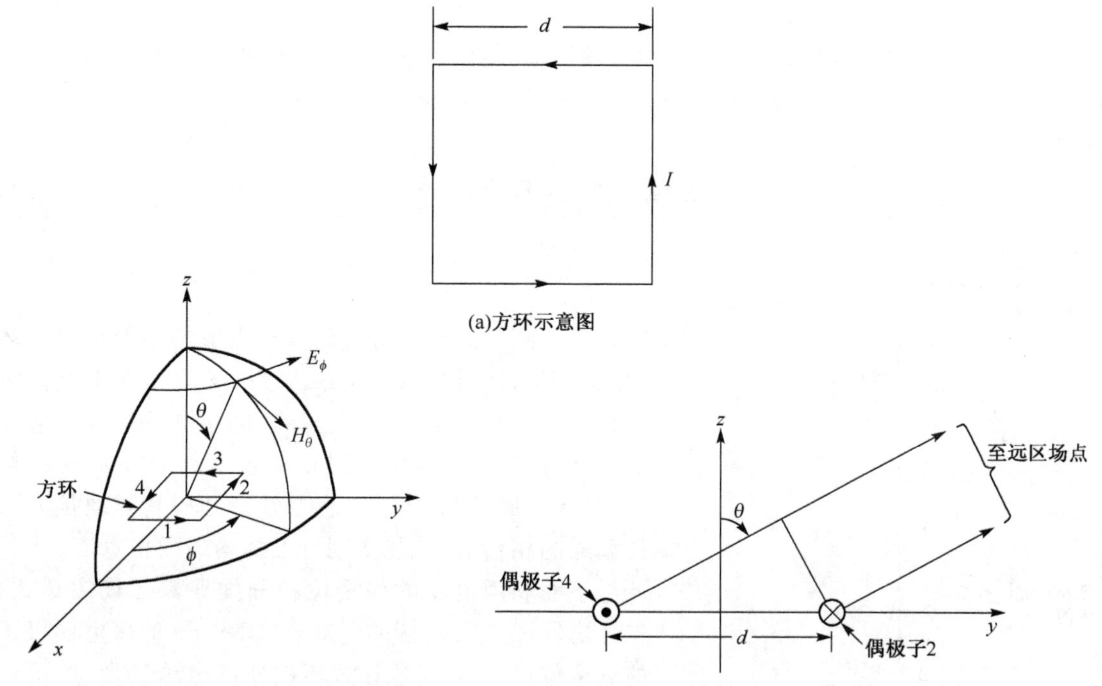

(a)方环示意图

(b)方环与坐标系的关系

(c)方环偶极子段2和4的结构

图 4-3 在 yz 平面上

$$E_\phi = - E_{\phi 0}\, e^{j\psi/2} + E_{\phi 0}\, e^{-j\psi/2} \tag{4-19}$$

式中，$E_{\phi 0}$ 表示由一个偶极子产生的电场，所含的相位因子。

$$\psi = \frac{2\pi d}{\lambda}\sin\theta = d_r \sin\theta \tag{4-20}$$

即

$$E_\phi = - 2j\, E_{\phi 0} \sin\left(\frac{d_r}{2}\sin\theta\right) \tag{4-21}$$

式(4-21)中的因子 j 表明，总场 E_ϕ 与单个偶极子的电场在相位上正交。已知 $d \ll \lambda$，$d_r =$

$2\pi d/\lambda \ll 2\pi$，故式(4-21)可简化为

$$E_{\phi} = -\mathrm{j}\, E_{\phi 0} d_r \sin\theta \tag{4-22}$$

其中，单个偶极子 2 和 4(或 1 和 3)的远场已在 4.1 节给出，只是 z 方向在环天线情况下改成了 x（或 y）方向(图 4-3)；式(4-10)中的 θ 总是取 90°。式(4-22)中的 θ 表示的意义与图 4-1 所示的不同。因此，单个偶极子的远场 $E_{\phi 0}$ 为

$$E_{\phi 0} = \frac{\mathrm{j}60\pi IL}{r\lambda} \tag{4-23}$$

式中，I 是偶极子上的滞后电流，r 是到方环中心的距离。单个偶极子的长度 L 与间距 d 相同，$d_r = 2\pi d/\lambda$。将此连同式(4-23)一起代入式(4-22)，即得到该小环的远场 E_{ϕ} 为

$$E_{\phi} = \frac{60\pi ILd_r \sin\theta}{r\lambda} \tag{4-24}$$

方环的面积为 $\mathbf{A} = d^2 = 2\pi a^2$，则式(4-24)变成

$$E_{\phi} = \frac{120\pi^2 I\sin\theta}{r}\frac{\mathbf{A}}{\lambda^2} \tag{4-25}$$

这就是面积为 $\mathbf{A}$ 的小方环的远场 E_{ϕ} 分量的瞬时值。若用环上电流的峰值 I_0 取代 I，则得到场的峰值。小环远场的另一个分量 H_{ϕ} 可由式(4-27)与媒质(自由空间)的本征阻抗相除而得到，为

$$H_{\theta} = \frac{E_{\phi}}{120\pi} = \frac{\pi I\sin\theta}{r}\frac{\mathbf{A}}{\lambda^2} \tag{4-26}$$

4.2.2　圆环天线

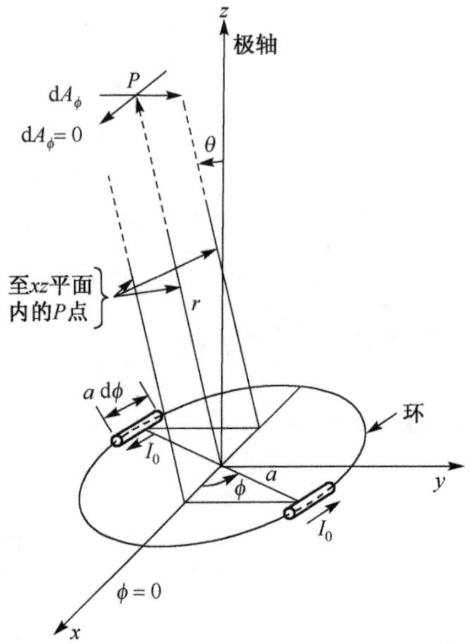

图 4-4　任意半径 a 的环与坐标系的关系

对于圆环天线载有均匀同相电流的一般情况。环的尺寸可以任意取值，不受必须小于波长的限制。将半径为 a 的圆环中心置于坐标系的原点(图 4-4)，假设沿环绕行的电流为均匀同相。电小环能满足这种假设，当环的周长超过 λ/4 时，必须沿圆周间隔地接入某种型式的相移器，才能实现近似的均匀同相电流。

下面利用电流的矢量位积分推导其远场表达式。先考虑同一直径两端的一对长度为 $a\mathrm{d}\phi$ 的短电偶极子的矢量位(图 4-4)，然后沿环积分得出总矢量位，再由此推导出远场分量。

由于电流被束缚在导线环上，其矢量位只有 A_{ϕ} 分量，而其他分量 $A_{\phi}=A_r=0$。对直径两端两个(简称对径)无限短偶极子在 P 点所产生的矢量位为

$$dA_{\phi} = \frac{\mu \mathrm{d}M}{4\pi r} \tag{4-27}$$

式中，$\mathrm{d}M$ 是该长度为 $a\,\mathrm{d}\phi$ 的对径短偶极子所构成的电流矩($I\mathrm{d}l$)。在 $\phi = 0$ 的平面内，单个偶极子的滞后电流矩的 ϕ 分量为

$$Ia\,\mathrm{d}\phi\cos\phi \tag{4-28}$$

式中，$I = I_{\mathrm{m}}\mathrm{e}^{\mathrm{j}\omega(t-(r/c))}$，$I_{\mathrm{m}}$ 是环上电流的时间峰值。

图 4-5 取自图 4-4 的 xz 剖面，可见对径偶极子的合成电流矩为

$$\mathrm{d}M = 2\mathrm{j}Ia\,\mathrm{d}\phi\cos\phi\sin\frac{\psi}{2} \tag{4-29}$$

式中，$\psi = 2\beta a\cos\phi\sin\theta$ 弧度，将其带入式(4-29)即得

$$\mathrm{d}M = 2\mathrm{j}Ia\cos\phi\sin(\beta a\cos\phi\sin\theta)\mathrm{d}\phi \tag{4-30}$$

现将式(4-30)代入式(4-27)，并沿半个圆周积分，即

$$A_\phi = \frac{\mathrm{j}\mu Ia}{2\pi r}\int_0^\pi \sin(\beta a\cos\phi\sin\theta)\cos\phi\mathrm{d}\phi \tag{4-31}$$

得

$$A_\phi = \frac{\mathrm{j}\mu Ia}{2r}J_1(\beta a\sin\theta) \tag{4-32}$$

式中，$J_1(*)$ 是一阶贝塞尔函数，其宗量为 $\beta a\sin\theta$。在式(4-31)中，表示各对径偶极子的被积函数都坐落于原点，但随 ϕ 角而取向不同。滞后电流 I 是以原点为参照的，在积分中保持不变。

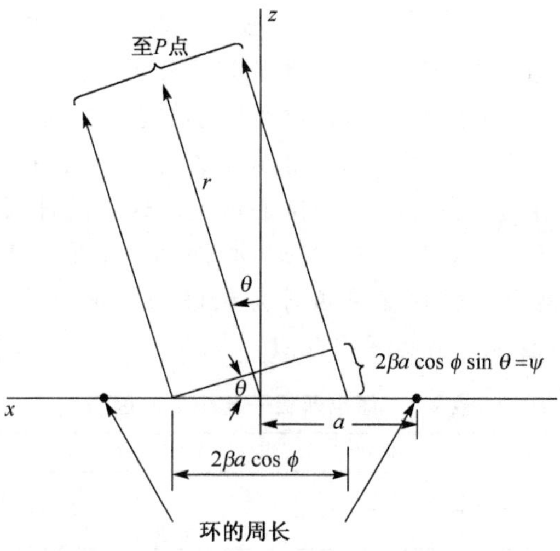

图 4-5　图 4-4 的 xz 剖面

该环的远区电场仅有 ϕ 分量

$$E_\phi = -\mathrm{j}\omega A_\phi \tag{4-33}$$

将式(4-32)的 A_ϕ 代入式(4-33)，得到

$$E_\phi = \frac{\mu\omega Ia}{2r}J_1(\beta a\sin\theta) \tag{4-34}$$

或

$$E_\phi = \frac{60\pi\beta aI}{r}J_1(\beta a\sin\theta) \tag{4-35}$$

式(4-35)给出了任意半径 a 的圆环辐射至很远距离 r 处的瞬时电场。E_ϕ 的峰值可通过将式(4-35)中的 I 换成环上电流的峰值 I_0 而得到。与电场 E_ϕ 相关的磁场 H_θ 可根据媒质(自由空间)的本征阻抗得出，为

$$H_\theta = \frac{\beta aI}{2r}J_1(\beta a\sin\theta) \tag{4-36}$$

式(4-36)给出了任意半径 a 的圆环辐射至很远距离 r 处的瞬时磁场。

4.2.3　电小圆环

式(4-35)和式(4-36)可应用于任意尺寸的圆环。对于 $a \ll \lambda$ 电小环的特殊情况，这些表达式可以简化。小宗量的一阶贝塞尔函数有如下近似表达式：

$$J_1(x) \approx \frac{x}{2} \tag{4-37}$$

当 $x=1/3$ 时，式(4-37)的近似存在约 1% 的误差；当 $x \to 0$ 时，式(4-37)变为精确式。因此，若环的周长不超过 $\lambda/3$，则式(4-35)和式(4-36)可近似为

$$E_\phi = \frac{60\pi\beta a I \beta a \sin\theta}{2r} = \frac{120\,\pi^2 I \sin\theta}{r}\frac{A}{\lambda^2} \tag{4-38}$$

$$H_\theta = \frac{\beta a I \beta a \sin\theta}{4r} = \frac{\pi I \sin\theta}{r}\frac{A}{\lambda^2} \tag{4-39}$$

比较式(4-38)与式(4-26)，可见，半径为 a 的小圆环可等效成面积相同的小方环：

$$d^2 = \pi a^2 \tag{4-40}$$

式中，d = 方环的边长。因此，电小环可以不区分方环和圆环。

将上述小环与短电偶极子的远场表达式对照比较如表 4-1 所示。

表 4-1 中，偶极子的公式含有虚数因子，而小环的公式却没有，这说明了偶极子和小环两者在相同电流馈电下所辐射的场在时间—相位上正交。这是两种天线的基本差异。

表 4-1 中的公式适用于环按图 4-3 的布置取向、而偶极子平行于 z 轴取向的情况。这些公式只有对尺寸趋于零的小环和短偶极子来说才是精确的。对于尺寸(直径或长度)不及 $\lambda/10$ 的环和偶极子，表 4-1 中的也能提供良好的近似。

表 4-1　短电偶极子与小环的远场

场　强	电偶极子	环
电场	$E_\theta = \frac{\mathrm{j}60\pi I \sin\theta}{r}\frac{L}{\lambda}$	$E_\phi = \frac{120\pi^2 I \sin\theta}{r}\frac{A}{\lambda^2}$
磁场	$H_\phi = \frac{\mathrm{j}I \sin\theta}{2r}\frac{L}{\lambda}$	$H_\theta = \frac{\pi I \sin\theta}{r}\frac{A}{\lambda^2}$

4.3　基本天线参数

有关天线的电参数包括辐射方向性、增益、输入阻抗、带宽、驻波比、辐射电阻、辐射效率、有效孔径和天线系数等。方向性和增益、有效孔径或天线系数是学习本课程需掌握的基本参数。简单天线如偶极子天线、半波对称振子等的天线参数可以通过理论计算得出。实用中是通过测量获得天线方向性和增益、有效孔径或天线系数等天线参数。

4.3.1　方向性和增益

天线的方向性 $D(\theta,\phi)$，是用来衡量天线在远离天线的固定距离 r 处的某特定方向 (θ,ϕ) 上集中辐射功率的程度。对基本的偶极子、长偶极子和单极天线，辐射功率的最大值在 $\theta = 90°$ 处，零值在 $\theta = 0°$ 和 $\theta = 180°$ 处。为了定量描述天线集中辐射功率的程度，我们定义辐射强度 $U(\theta,\phi)$。

电偶极子和电小环远场的平均功率密度大小具有以下形式：

$$S_{av} = \frac{E^2}{2\eta} = \frac{E_0}{2\eta r^2} a_r \tag{4-41}$$

式中，E_0 依赖于 θ、天线类型和天线电流。注意，由于远场电场、磁场与距离成反比，所以功率密度依赖于距离平方的倒数。为了得到与距离无关的辐射功率关系式，将式(4-41)乘以 r^2 并定义所得到的变量为辐射强度，即

$$U(\theta,\phi) = r^2 S_{av} \tag{4-42}$$

辐射强度是 θ 和 ϕ 的函数，但与距天线的距离无关。总的平均辐射功率为

$$P_{rad} = \oint S_{av} \cdot dS = \oint_S U(\theta,\phi) d\Omega \tag{4-43}$$

式中，在球坐标系中的微分面积为 $dS = r^2 \sin\theta d\theta d\phi$。变量 $d\Omega = \sin\theta d\theta d\phi$ 为立体角 Ω 的微元，立体角的单位为 sr，则 U 的单位为 w/sr。注意，当 U=1 时，式(4-43)的积分为 4π。这样，总的辐射功率即是辐射强度在大小为 4πsr 的立体角上的积分。同时也要注意，平均辐射强度为总的辐射功率除以 4πsr。

$$U_{av} = \frac{P_{rad}}{4\pi} \tag{4-44}$$

对于更复杂的天线的辐射强度定义相同。天线在某一个特定方向上的方向性，$D(\theta,\phi)$，为该方向上的辐射强度与平均辐射强度的比值：

$$D(\theta,\phi) = \frac{U(\theta,\phi)}{U_{av}} = \frac{4\pi U(\theta,\phi)}{P_{rad}} \tag{4-45}$$

天线的方向性常常用天线在其最大辐射方向上的最大值来表示：

$$D_{max} = \frac{U_{max}}{U_{av}} \tag{4-46}$$

天线增益 $G(\theta,\phi)$ 考虑了天线的损耗。对于无耗天线，方向性系数和增益相等。假定天线输入的总功率为 P_{in}，仅有 P_{rad} 被辐射出去，两者之差即是天线的损耗。定义天线效率因子 e 为

$$e = \frac{P_{rad}}{P_{in}} \tag{4-47}$$

那么，增益与方向性的关系为

$$G(\theta,\phi) = eD(\theta,\phi) \tag{4-48}$$

式中，我们定义增益为

$$G(\theta,\phi) = \frac{4\pi U(\theta,\phi)}{P_{in}} \tag{4-49}$$

对于大多数天线，效率接近 100%。因此，增益和方向性系数近似相等。假设效率为 100%，那么增益和方向性系数可以互换。

下面讨论各向同性的点源的概念。各向同性的点源是一种假想的无耗天线，它向所有方向辐射的功率都相等。由于这种天线是无耗的，因此，它的方向性系数和增益相等。如果各向同性的点源辐射或发射的总功率为 P_T，则距离 d 处的功率密度为总的辐射功率被半径为 d 的球面面积去除：

$$S_{av} = \frac{P_T}{4\pi d^2} a_r \tag{4-50}$$

点源辐射的电磁波(局部)类似于均匀平面波，因此

$$S_{av} = \frac{E^2}{2\eta}a_r \tag{4-51}$$

比较式(4-50)和式(4-51),有

$$E = \frac{\sqrt{60P_T}}{d} \tag{4-52}$$

式中,$\eta = 120\pi$ 。

虽然各向同性的点源相当理想化,但它作为许多计算中的标准或参考天线还是很有用的。例如,由于各向同性点源是无耗的,方向性系数和增益相等。因此,两者均可用 G_0 来表示

$$G_0 = 1$$

方向性系数也可定义为天线主波瓣上的功率密度与全向点源的功率密度之比,在该方向上的发射总功率 P_T 相同,并在相同的距离 r 处测量

$$D = \frac{S_{av}(\theta_{max}, \phi_{max})}{P_T/4\pi r^2} \tag{4-53}$$

该式与式(4-45)相同:

$$U = r^2 S_{av}$$

因此,已知天线输入端的输入功率为 P_{in} 或辐射的总功率 P_T :我们可以根据增益 G 或方向性系数 D 求出距天线 r 处的平均功率密度。

$$S_{av} = G\frac{P_{in}}{4\pi r^2} = D\frac{P_T}{4\pi r^2} \tag{4-54}$$

例 4-1 求电偶极子的增益。

解 电偶极子的功率密度由式(4-13)给出

$$S_{av} = 30\pi I^2 \left(\frac{dl}{\lambda}\right)^2 \frac{\sin^2\theta}{r^2} \quad (W/m^2)$$

在天线两侧 $\theta=90°$ 处有最大值,由式(4-16)给出的总的辐射功率为

$$P = 80\pi^2 I^2 \left(\frac{dl}{\lambda}\right)^2 \quad (W)$$

因此,根据式(4-53),由于电偶极子为无耗的,所以增益为 $G=1.5$。

天线的增益或方向性系数常以 dB 为单位给出。天线的增益用 dB 来表示为

$$G_{dB} = 10\lg G$$

电偶极子的增益为 $G = 10\lg 1.5 = 1.76dB$ 。半波偶极子的增益为 $G=2.15dB$。喇叭天线和抛物面天线的增益可以达到 40dB。

天线的增益也可以按照某一参考天线的增益来规定。参考天线用全向点源,点源具有单位增益,$G_0 = 1$ 。在这种情况下,天线的增益是相对全向天线的增益:

$$G_{dB_i} = 10\lg\left(\frac{G}{G_0}\right)$$

如天线的增益按照半波偶极子来规定,天线增益为相对于半波偶极子的增益。

$$G_{dB_d} = 10\lg\left(\frac{G}{1.64}\right)$$

4.3.2 天线系数

天线用于电磁兼容(electromagnetic compatibility,EMC)测试领域时,描述天线接收特性最常用的是天线系数(天线校正系数)。讨论天线因子需要先了解天线的等效电路。

1. 接收天线等效电路

如图 4-6(a)所示，接收天线沿 z 轴放置，假设电场为 E_i 的平面波以入射角 θ 入射到接收天线(线天线，如对称偶极子)上。E_{i} 与入射方向垂直。假设负载 Z_{L} 跨接在天线 a、b 两端。

长度为 $\mathrm{d}l$ 的导线放在电场强度是 E_{i} 的位置，该导线两端感应出的感应电动势是

$$\mathrm{d}V = \mathrm{d}\boldsymbol{l} \cdot \boldsymbol{E}_{\mathrm{i}}$$

图 4-6(a)中的天线如果是短偶极子天线，Z_{L} 开路时的电压 V_{OC} 等于感应电动势。图 4-6(a)中的天线如果是长偶极子，由于导线上的 E_{i} 不是处处相同，开路电压 V_{OC} 是沿导线 l 进行积分，即

$$V_{OC} = \int_l E_{\mathrm{i}z} f(z) \mathrm{d}z$$

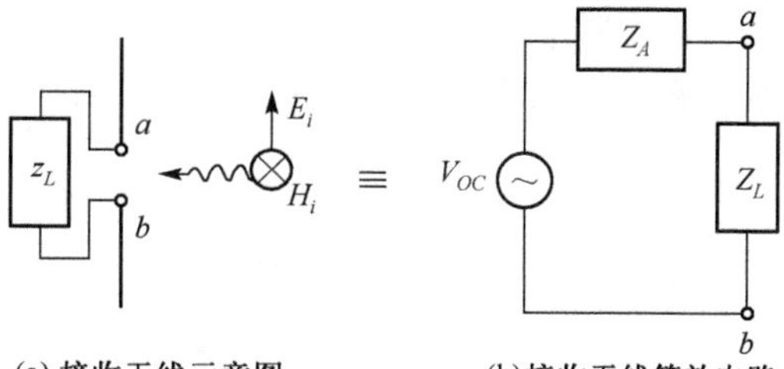

(a) 接收天线示意图　　(b)接收天线等效电路

图 4-6　接收天线

E_{iz} 表示 E_i 在平行 z 轴放置的导线上的分量。$f(z)$是一个将线上 z 处的 d_z 导线段产生的 $\mathrm{d}V_{OC}(z)$ 换算到端口 $a-b(z=0)$处 $\mathrm{d}V_{OC}(0)$ 有关的函数。

接收天线效电路如图 4-6(b)所示。其中，电压源 V_{OC} 是开路情况下由入射波在终端 a－b 感应产生的。开路条件下的 V_{OC} 仅作用在天线上，因此感应电压源 V_{OC} 的内阻等于天线在发射状态下的内部阻抗 Z_A 。

假设 V_{OC} 已知，则可以确定负载上消耗的有效功率。

$$I_{\mathrm{L}} = \frac{V_{OC}}{(R_A + R_{\mathrm{L}}) + \mathrm{j}(x_A + x_{\mathrm{L}})} \tag{4-55}$$

在共扼匹配情况下，$x_A = x_{\mathrm{L}}$，$R_A = R_{\mathrm{L}}$，天线接收到的有效功率为

$$P_C = \frac{|V_{OC}^2|}{4R_L}$$

负载消耗或接收的功率为

$$P_{\mathrm{L}} = \frac{|V_{OC}^2|}{8R_L} \tag{4-56}$$

损失在天线阻抗 Z_A 上的功率为

$$P_A = \frac{|V_{OC}|}{8R_L} \tag{4-57}$$

天线的电阻包括辐射电阻 R_{r} 和损耗电阻 R_l ，而损耗电阻与天线导体的损耗、平衡与不平衡转换及阻抗匹配电路有关。对大多数天线而言，$R_l \ll R_r$ 。因此可以将 R_A 写成

$$R_A = R_r + R_l \tag{4-58}$$

根据等效电路可知 $P_A = P_r + P_l$ 。其中，P_r 是消耗在 R_r 上的功率，P_l 消耗在 R_l 上的功率。因此，

$$P_r = \frac{|V_{OC}^2|}{8} \frac{R_r}{4R_A^2} \tag{4-59}$$

$$P_l = \frac{|V_{OC}^2|}{8} \frac{R_l}{4R_A^2} \tag{4-60}$$

式(4-56)～式(4-60)表明，在共扼匹配条件下，天线接收功率的一半给了负载，另一半消耗在天线的电阻 R_A 上。负载 Z_L 与天线阻抗匹配时，其两端的电压 V_{ab} 由天线的感应电动势 V_{OC} 确定，而 V_{OC} 与电场平行于线天线的分量有关。天线系数表示了 V_{ab} 与 E 的关系。

2. 天线系数

图 4-7(a)表示用天线和接收机测量线性极化均匀平面波入射电场。测量天线的输出端与接收机如频谱分析仪通过同轴电缆相连。测量设备所测得的电压用 V_r 表示。接收天线等效电路表明接收到的电压 V_r 与天线处的电场有关系，天线的天线系数就是表示这一关系的。天线系数定义为天线输出端接匹配负载测量天线表面的入射电场与接收到的电压之比：

$$AF = \frac{|E_i|}{|V_r|} \quad (1/\mathrm{m}) \tag{4-61}$$

天线系数常以 dB 为单位，则

$$AF(\mathrm{dB/m}) = E_i(\mathrm{dB}\,\mu\mathrm{V/m}) - V_r(\mathrm{dB}\,\mu\mathrm{V}) \tag{4-62}$$

或

$$E_i(\mathrm{dB}\mu\mathrm{V/m}) = V_r(\mathrm{dB}\,\mu\mathrm{V}) + AF(\mathrm{dB/m}) \tag{4-63}$$

天线系数的单位为 dB/m。实用中的天线系数是由厂商或计量单位通过标准规定的方法测量得出的，不是通过理论计算得出。图 4-8 是某型号半波偶极子天线校准系数，图中两条曲线表示在开阔场地上，接收和发射天线之间的距离分别是 3m 和 10m 时，校准得到的天线系数。不同校准距离的天线系数不同是由于接收天线处的电场分布不满足自由空间的均匀平面波的条件。

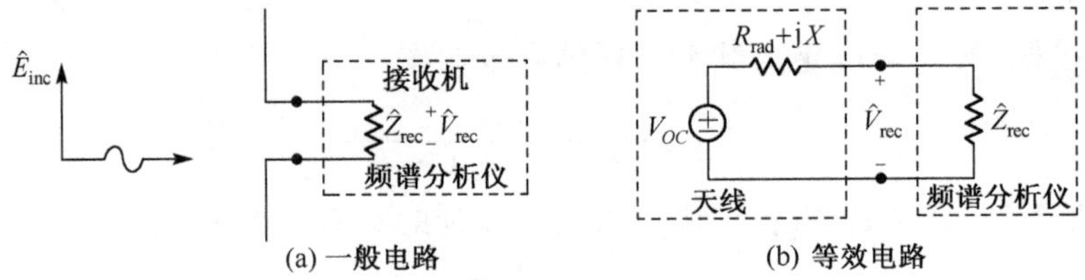

图 4-7　天线和频谱仪测场强

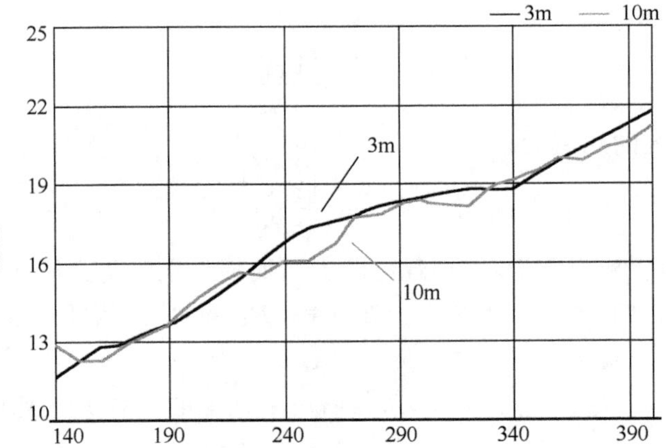

图 4-8　EMC 测量用半波偶极子天线的天线系数

4.3.3　有效孔径

天线的有效孔径(有效口径)从接收天线引入比较简单。天线的有效孔径与接收电磁波能量有关，与天线的物理口径不等同。天线的有效孔径 A_e 是指(在其负载阻抗上)接收的功率

P_R 与入射波的功率密度 S_{av} 之比：

$$A_e = \frac{P_R}{S_{av}} \quad (m^2) \tag{4-64}$$

当负载阻抗与天线阻抗共轭匹配时，图 4-6(b)中 $Z_L = Z_S^*$，式(4-64)中的比值是最大有效孔径 A_{em}。为实现最大有效孔径，要求入射波的极化与天线的极化相匹配。对线性极化的入射波和接收天线(如偶极子、单极天线和对数周期天线)，入射波的电场矢量要平行于接收天线用于发射时所产生的电场矢量方向。

例 4-2 计算电偶极子天线的最大有效孔径。

解 如果偶极子端接负载阻抗 Z_L，$Z_L = R_{rad} - jX$，其中偶极子的输入阻抗为 $Z_{in} = R_{rad} + jX$，假设偶极子没有损耗，那么，当入射波的电场矢量平行偶极子时，即 $\theta = 90°$时，感应电压最大，如图 4-9 所示。在天线终端产生的开路电压为(是最大值非有效值)

$$U_0 = E_\theta dl \tag{4-65}$$

入射波的功率密度为

$$S_{av} = \frac{E_\theta^2}{2\eta}$$

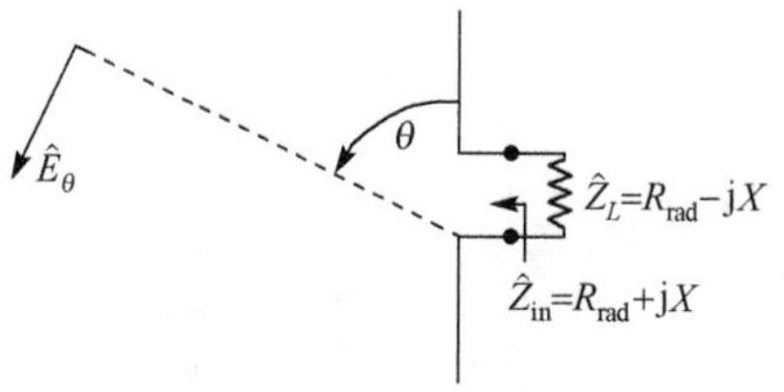

图 4-9 线性天线最大有效孔径 A_{em} 的计算

所以接收到的功率为

$$P_R = \frac{U_0^2}{8R_{rad}} = \frac{(E_\theta dl)^2}{8R_{rad}} \tag{4-66}$$

代入式(4-16)中 R_{rad} 的值

$$P_R = \frac{E_\theta^2 \lambda^2}{640\pi^2} \tag{4-67}$$

所以，最大有效孔径为

$$A_{em} = \frac{P_R}{S_{av}} = 1.5\frac{\lambda^2}{4\pi} = \frac{\lambda^2}{4\pi}G \tag{4-68}$$

可见，天线的最大有效孔径不是一定非与它的"物理孔径"有关系。

式(4-68)虽然是针对偶极子推导出的，但对一般的天线都有效。也就是说，用于接收的天线的最大有效孔径与当其用于发射时在入射波方向上的系数有关：

$$G(\theta,\phi) = \frac{4\pi}{\lambda^2}A_e(\theta,\phi) \tag{4-69}$$

A_e 的方向(与接收天线有关的入射波的方向)就是增益 G 的方向(当天线用于发射时在该方向上的增益)。在假定天线是无耗天线的基础上，方向性系数 D 和增益 G 可以互换。

4.4 半波偶极子天线

如前所述，电偶极子的辐射电阻很小。因此，其辐射效率很低，实际应用价值不大。电偶极子的辐射电阻与其电长度的平方成正比，所以常用线天线的长度都可以与波长相比。

长偶极子天线由在长度 l 的细导线中点处插入馈电电压源构成。如由长度 l 为 1/2 波长的细导线所构成，则称半波偶极子天线。

4.4.1　电场分布

如果已知天线表面上的电流分布，就能计算出辐射场。实际上，常常可以对天线表面的电流分布做合理的估计。长度为 L 的中心馈电、对称的细直天线上的电流分布（近似地）与传输线上的电流分布相同，即 $I(z)$ 正比于 $\sin\ (\beta_0 z)$ 。将长偶极子的中点放在球坐标系的原点，如图 4-10 所示，长偶极子沿 z 轴放置，由此便得到细直线上电流分布的表达式，即

$$\begin{aligned} I(z) &= I_{\mathrm{m}}\sin\left[\beta\left(\frac{1}{2}l - z\right)\right] \qquad 0 \leqslant z \leqslant l/2 \\ I(z) &= I_{\mathrm{m}}\sin\left[\beta\left(\frac{1}{2}l + z\right)\right] \qquad -l/2 \leqslant z \leqslant 0 \end{aligned} \tag{4-70}$$

线上电流分布满足了两个必要条件：

① $I(z)$ 随变量 z 的变化正比于 $\sin\ (\beta_0 z)$ ；②在端点 $z=-\frac{1}{2}l$ 和 $z=+\frac{1}{2}l$ 处电流为零。

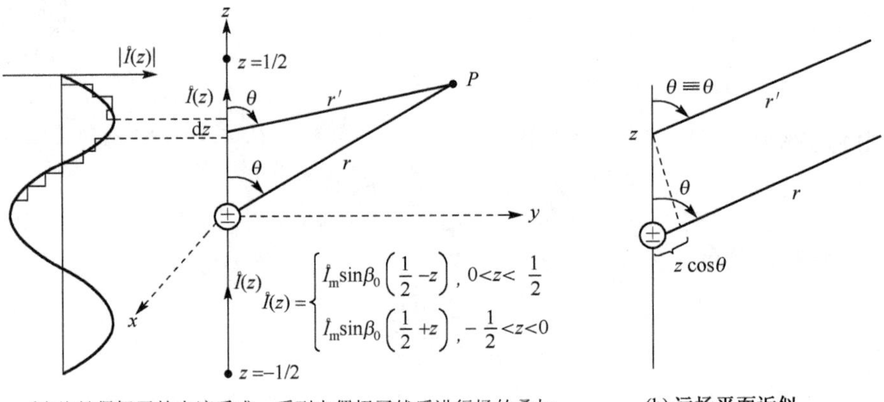

(a) 将长偶极子的电流看成一系列电偶极子然后进行场的叠加　　(b) 远场平面近似

图 4-10　偶极子天线辐射场的计算

在假设了沿偶极子的电流分布后，就能通过许多小的长度为 $\mathrm{d}z$ 的电偶极子的场的叠加来计算长偶极子的场。电偶极子上的电流分布为常数并等于偶极子上对应点处的电流值 $I(z)$ ，如图 4-10(a)所示。同时，也假设待求的场点位于这些电偶极子的远场区。因此，仅仅需要由式(4-8)给出的电偶极子的远场表达式，将该式重写在下面。

$$E_\theta = \mathrm{j}\,\frac{I\mathrm{d}l}{2\lambda r}\,\frac{k}{\omega\varepsilon}\sin\theta\mathrm{e}^{-\mathrm{j}kr}$$

根据电磁波理论 $\eta = \frac{k}{\omega\varepsilon} = \sqrt{\frac{\mu}{\varepsilon}}$ ，将 k 用 β 代替，图 4-10(a)中 p 点处 $\mathrm{d}z$ 部分所产生的场为

$$\mathrm{d}E_\theta = \mathrm{j}\eta\beta\,\frac{I(z)\sin\theta'}{4\pi r'}\mathrm{e}^{-\mathrm{j}\beta r'}\mathrm{d}z \tag{4-71}$$

要得到 P 点处以从偶极子中点出发的径向距离 r 和 θ 为变量的场强，仅考虑远场，从偶极子中点出发的径向距 r 和电偶极子 z' 到 P 点处的距离 r 近似相等（ $r' \approx r$ ），角度 θ 和 θ' 也近似相等（ $\theta' \approx \theta$ ），如图 4-10(b)所示，这称为远场平行线近似。

可将 $r' \approx r$ 代入式(4-71)的分母中。但不能将其代入 $\mathrm{e}^{-\mathrm{j}\beta_0 r'}$ 项中。这一项可改写为 $\mathrm{e}^{-\mathrm{j}\beta_0 r'} = \mathrm{e}^{-\mathrm{j}\frac{2\pi}{\lambda}r'}$ 的形式，它的值不取决于物理距离 r ，而是取决于电长度 r'/λ 。因此，即使 r' 和 r 近似相

等,这一项的值与两个电长度的差有关。例如,假设 $r=1000\text{m}$, $r'=1000.5\text{m}$,频率为 $f=300\text{MHz}$。注意,1000m 处的场和仅差 0.5m 处场的相位相差 180°。如果两个天线在物理上相距很远,但间距是半波长的奇数倍,这两个天线所产生的远场相位完全相反合成场强的结果为零。因此,在式(4-71)中表示相位的项中不能用 r 代替 r'。考虑图 4-10(b),图中表明了两个径向距离 r 和 r' 近似平行,因此,假设场点在物理上距离天线足够远,由图 4-10(b),得

$$r' \approx r - z \cdot \cos\theta \tag{4-72}$$

将式(4-72)代入式(4-71)中表示相位的项,将 r 代入分母,得

$$\mathrm{d}E_\theta = \mathrm{j}\eta\beta \frac{I(z)\sin\theta}{4\pi r} \mathrm{e}^{-\mathrm{j}\beta(r - z\cos\theta)}\mathrm{d}z \tag{4-73}$$

总的电场是上述这些项之和:

$$E_\theta = \int_{z=-l/2}^{z=l/2} \mathrm{j}\eta\beta \frac{I(z)\sin\theta}{4\pi r} \mathrm{e}^{-\mathrm{j}\beta r}\mathrm{e}^{\mathrm{j}\beta z\cos\theta}\mathrm{d}z \tag{4-74}$$

将式(4-70)中给出的电流 $I(z)$ 的表达式代入式(4-74),得

$$E_\theta = \mathrm{j}\frac{\eta I_\mathrm{m}\mathrm{e}^{-\mathrm{j}\beta r}}{2\pi r}F(\theta) = \mathrm{j}\frac{60 I_\mathrm{m}\mathrm{e}^{-\mathrm{j}\beta r}}{r}F(\theta) \tag{4-75}$$

式中,以 θ 为变量表示辐射方向性的函数为

$$F(\theta) = \frac{\cos\left(\beta\left(\frac{1}{2}l\right)\cos\theta\right) - \cos\beta\left(\frac{1}{2}\right)}{\sin\theta} = \frac{\cos\left(\frac{\pi l}{\lambda}\cos\theta\right) - \cos\left(\frac{\pi l}{\lambda}\right)}{\sin\theta} \tag{4-76}$$

电偶极子在远区场中的磁场和电场正交,并通过 η_0 相联系。如果对磁场进行上述推导,可得

$$H_\phi = \frac{E_\theta}{\eta} \tag{4-77}$$

式中,E_θ 由式(4-75)给出。

最常见的情况是半波偶极子,偶极子的总长度为 $l=\lambda_0/2$。代入式(4-76),得

$$F(\theta) = \frac{\cos\left(\frac{1}{2}\pi\cos\theta\right)}{\sin\theta} \tag{4-78}$$

当 $\phi=90°$时,电场最大(天线两侧)。在这种情况下,$F(90°)=1$。半波偶极子的最大电场强度为

$$E = 60\frac{I_\mathrm{m}}{r} \tag{4-79}$$

电场的方向为 θ 方向,与 ϕ 无关,Z 轴是对称轴。对于半波偶极子,输入电流 I_m 通过式(4-70)来计算,$z=0$ 处:

$$I(0) = I_\mathrm{m}\sin(\beta_0 l/2) = I_\mathrm{m}\sin(\pi/2) = I_\mathrm{m}$$

表示辐射方向性函数的图形称做辐射方向性图。半波偶极子天线的辐射方向性图如图 4-11 所示。

4.4.2 参数

根据式(4-75)平均功率密度为

$$S_\mathrm{av} = \frac{E^2}{2\eta} = \left(\frac{\eta}{8\pi^2}\right)\frac{I_\mathrm{m}^2}{r^2}F^2(\theta) \tag{4-80}$$

将平均功率密度在半径为 r 的球面上积分得到总的辐射功率为

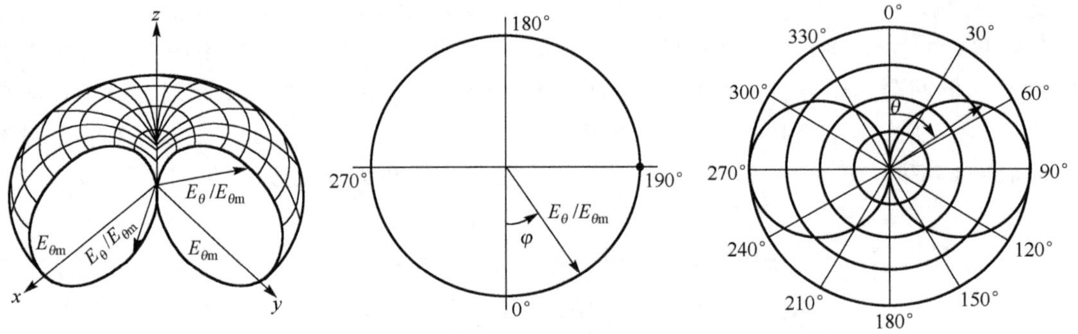

(a)偶极子的立体方向性图　(b)偶极子赤道面方向性图　(c)偶极子子午面方向性图

图 4-11　半波偶极子的辐射电场方向性图

$$P_{\mathrm{av}} = \int_{\phi=0}^{2\pi}\int_{\theta}^{\pi} S_{\mathrm{av}} \cdot r^2 \sin\theta \mathrm{d}\theta \mathrm{d}\phi = 73\frac{I_{\mathrm{m}}^2}{2} \tag{4-81}$$

计算偶极子的平均辐射功率，将坡印廷矢量在半径为 r 的球面上积分，得到总的辐射功率：

$$P_{\mathrm{rad}} = 73\frac{I_{\mathrm{m}}^2}{2} = 73 I_{\mathrm{rms}}^2 \tag{4-82}$$

式中，电流的有效值通过 $I_{\mathrm{rms}} = I_{\mathrm{m}}/\sqrt{2}$ 与峰值相联系。因此，如果已知半波偶极子终端输入电流的有效值，那么就能通过将电流有效值的平方乘以 73Ω 计算出总的平均功率。半波偶极子的辐射电阻为

$$R_{\mathrm{rad}} = 73\Omega(\text{半波偶极子天线}) \tag{4-83}$$

已知天线的输入阻抗，也可以通过计算 R_{rad} 所消耗的平均功率来计算由天线辐射的总平均功率。例如，考虑如图 4-12(a)所示的被 $100V_{\mathrm{m}}$、150MHz、50Ω 的激励源所激励的半波偶极子天线。将天线用其输入端的等效电路来代替，如图 4-12(b)所示，则天线的输入电流为

$$I_i = \frac{V_{\mathrm{S}}}{R_{\mathrm{S}} + R_{\mathrm{loss}} + R_{\mathrm{rad}} + \mathrm{j}X}$$

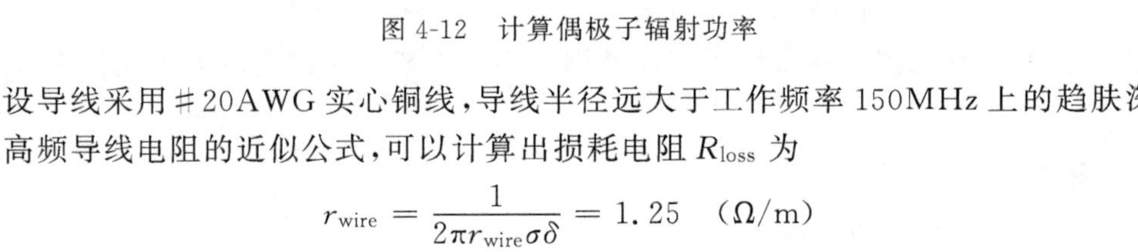

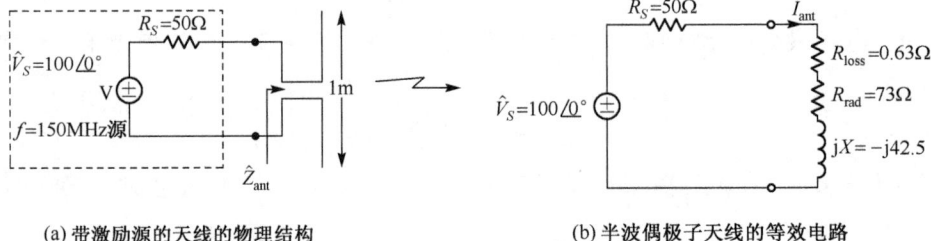

(a) 带激励源的天线的物理结构　(b) 半波偶极子天线的等效电路

图 4-12　计算偶极子辐射功率

假设导线采用♯20AWG 实心铜线，导线半径远大于工作频率 150MHz 上的趋肤深度，利用计算高频导线电阻的近似公式，可以计算出损耗电阻 R_{loss} 为

$$r_{\mathrm{wire}} = \frac{1}{2\pi r_{\mathrm{wire}}\sigma\delta} = 1.25 \quad (\Omega/\mathrm{m})$$

利用这个结果可以得到构成偶极子天线的导线的净电阻为

$$R_{\mathrm{loss}} = r_{\mathrm{wire}}\frac{l}{2} = 0.63 \quad (\Omega)$$

半波偶极子的输入阻抗为 $73+\mathrm{j}42.5\Omega$，因此

$$Z_{\text{in}} = R_{\text{loss}} + R_{\text{rad}} + \mathrm{j}x_{\text{in}} = (0.63 + 73 + \mathrm{j}42.5)\Omega$$

所以天线输入端的电流为

$$I_{\text{out}} = \frac{100\angle 0^\circ}{50 + 73.63 + \mathrm{j}42.5} = 0.765\angle -18.97^\circ A$$

天线损耗电阻上所消耗的功率为

$$P_{\text{loss}} = \frac{1}{2}|I_{\max}|^2 R_{\text{loss}} = 184 \quad (\text{mW})$$

天线总的平均辐射功率为

$$P_{\text{rad}} = \frac{1}{2}|I_{\text{out}}|^2 R_{\text{rad}} = 21.36 \quad (\text{W}) \tag{4-84}$$

由于所计算的天线电流为峰值，所以平均功率表达式中要求有 $\frac{1}{2}$ 这个系数。

无耗半波偶极子的增益计算，由式(4-80)给出的半波偶极子的功率密度为

$$S_{\text{av}} = 4.77\frac{I_{\text{m}}^2}{r^2}F^2(\theta) \quad (\text{W/m}^2)$$

在方向 $\theta_{\max} = 90^\circ$ 处有最大值，且 $F(\theta_{\max}) = 1$ 。总辐射功率为由式(4-82)知

$$P = 73\frac{I_{\text{m}}^2}{2}\text{W}$$

由此，由(4-49)式求出的增益为

$$G = 1.64$$

或增益 G=2.15dB。电偶极子的 G=1.5，因此，半波偶极子集中辐射功率的能力仅稍好于电偶极子。

4.5　理想导电地平面上的天线

前面讲的天线方向性和阻抗是建立在自由空间基础上的。实用中高增益的天线架设的离地面较高的情况下，地面的影响比较小。宽波束天线和离地面较近的天线的方向性和阻抗受地面影响较大。将实际地面视为导电率无限大的无限延伸的平面，即理想导电地平面，利用镜像原理可以分析地面对方向性和阻抗的影响。

4.5.1　镜像原理

一个电偶极子靠近并垂直于理想导电地平面放置，如图 4-13(a)所示，需要求出 PP'平面上方的 E 和 H。满足波动方程和特定边界条件的解具有唯一性。可以引入一个等效的系统，在 PP'平面上满足相同的边界条件，在 PP'平面上方具有相同的源和场，在 PP'平面的下方不相同，PP'平面的下方有一个等距离，相同指向的镜像源，如图 4-13(b)所示的垂直电偶极子。

下面说明等效的系统满足在 PP'平面上电场的切向分量为零。根据式(4-14)给出的电偶极子的电场分布完整表达式，径向分量按 $\cos\theta$ 变化，θ 分量按 $\sin\theta$ 变化，θ 是射线与电偶极子方向轴线的夹角。令 θ_1 和 θ_2 分别表示原始的电偶极子源和镜像源从电偶极子轴线到 PP'平面上任意一个观察点的角度，则径向分量为

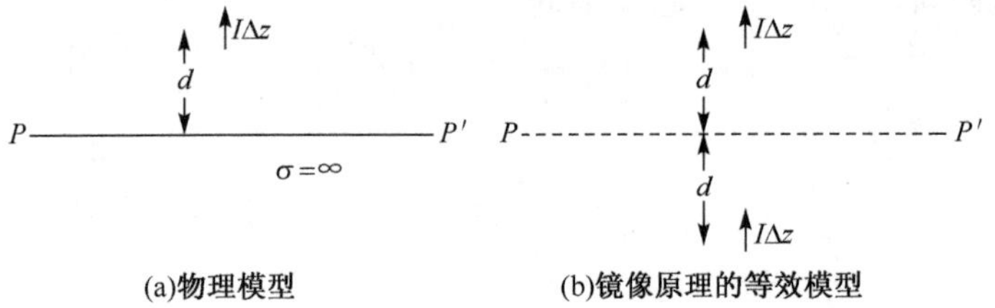

图 4.13 理想导电地面上方的垂直的电偶极子

$$\left.\begin{aligned} E_{r1} &= C\cos\theta_1 \\ E_{r2} &= C\cos\theta_2 \end{aligned}\right\} \tag{4-85}$$

由于源的幅度相同，对于每一个场的分量常数 C 是相同的，边界上的点到电偶极子的距离也相同，由图 4-14(a)可见 $\theta_1+\theta_2=180°$，因此，$E_{r1}=\cos(180-\theta_2)=-\cos\theta_2$ 与式(4-35)相比可见，边界上任意一点 $E_{r1}=-E_{r2}$ 。因此，在 PP' 平面上切向分量的幅度相等而相位相反。对于 θ 分量，同理可导出

$$\begin{aligned} E_{\theta1} &= D\sin\theta_1 = D\sin\theta_2 \\ E_{\theta2} &= D\sin\theta_2 \end{aligned} \tag{4-86}$$

式中，D 为常数。因此，在边界上 $E_{\theta1}=E_{\theta2}$ 。图 4-14(b)表明 θ 分量在 PP' 上的投影为零。

综上所述，垂直于镜像面的电偶极子与其镜像共同作用，使沿镜像面 PP' 的电场强度的总切向分量为零。由于面上方的源结构以及边界条件没有改变，图 4-13(b)的系统等效于图 4-13(a)的原系统。这里，等效是指在 PP' 面上方的场相等。

方向平行于理想导电地平面的电偶极子(水平偶极子)也在镜像面下等距离处有一镜像，但此镜像的指向相反，如图 4-15 所示。图 4-15(b)的等效模型在 PP' 面上方给出与图 4-15(a)物理模型中相同的场。

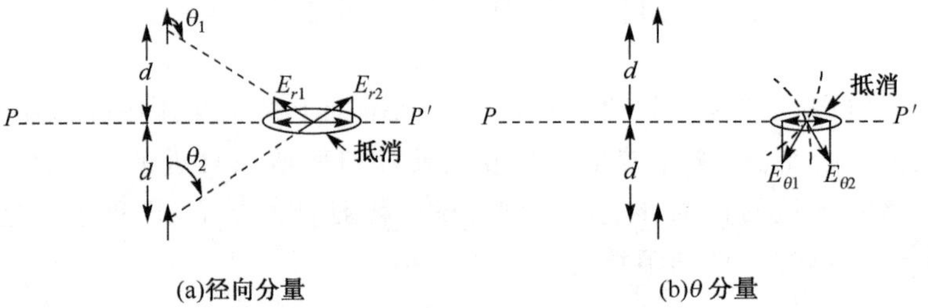

图 4-14 电偶极子和镜像在理想导电地平面位置的电场切向分量为零

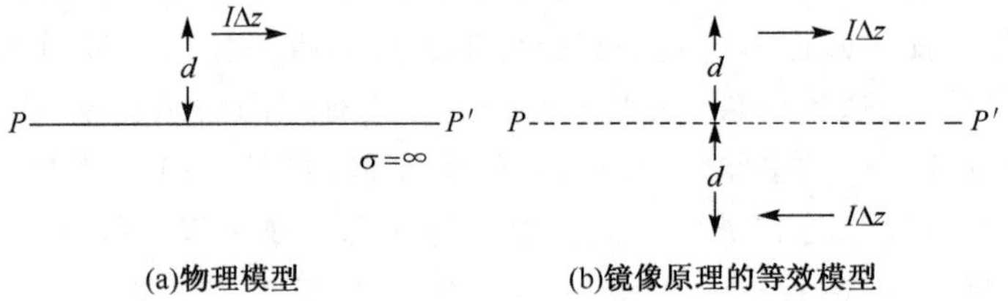

图 4-15 理想导电地平面上方平行的电偶极子

4.5.2 单极天线

单极天线如图 4-16 所示，由一与导电平面垂直的单臂构成。如果高度为 $\lambda/4$，则称为 1/4 波长单极天线。单极天线在其底部馈电，馈源另一端与导电平面相连。典型的单极天线有中波广播天线，电磁兼容测试用单极天线，移动通信用单极天线。根据前面所述的镜像原理。将接地平面看做无限大的理想导电平面，单极天线可以通过用接地平面上的电偶极子的镜像来代替接地平面的方法来分析，如图 4-16(b)所示。接地平面用镜像来代替，就简化为偶极子天线的问题。

单极天线上的电流、电荷与对应的偶极子的上半部分是一样的，其端电压只有偶极子的一半。这是由于单极天线输入端的隙缝宽度只有对应偶极子的一半，相同的电场在一半的距离上给出一半的电压。因此，单极天线的输入阻抗只有对应偶极子的一半。

由于电磁场只在上半球延伸，其辐射功率只有同样电流偶极子辐射功率的一半，因此单极天线的辐射电阻是对应偶极子天线辐射电阻的一半。

单极天线与对应偶极子天线在镜面上方的场是一样的。因此，单极天线的辐射方向性图，与自由空间偶极子天线辐射方向性图的上半部分相同。图 4-17 是一个单极天线的方向性图。

例如，对于常用的 1/4 波长单极天线的方向性是自由空间半波偶极子的两倍

$$2\times 1.64=3.28=5.16\text{dB}$$

四分之一波长单极天线的输入阻抗是

$$Z_A=\frac{1}{2}(72+\text{j}42.5)=36+\text{j}21.3$$

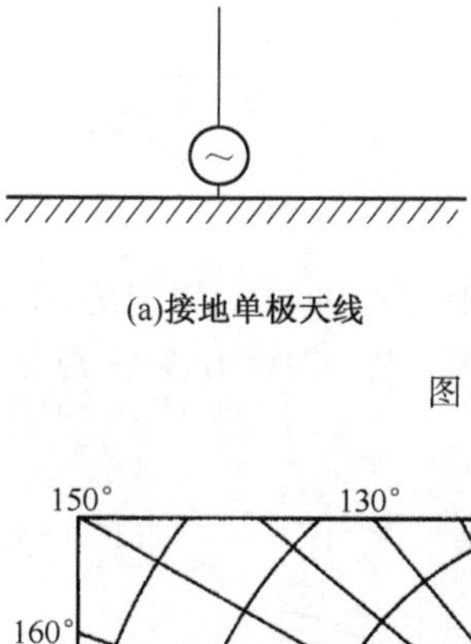

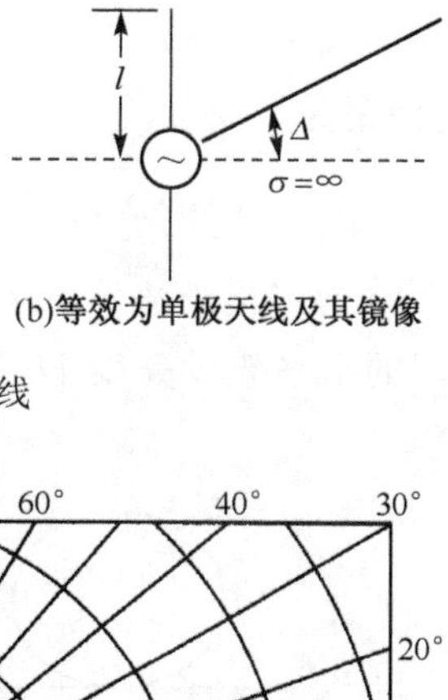

图 4-16 接地单极天线

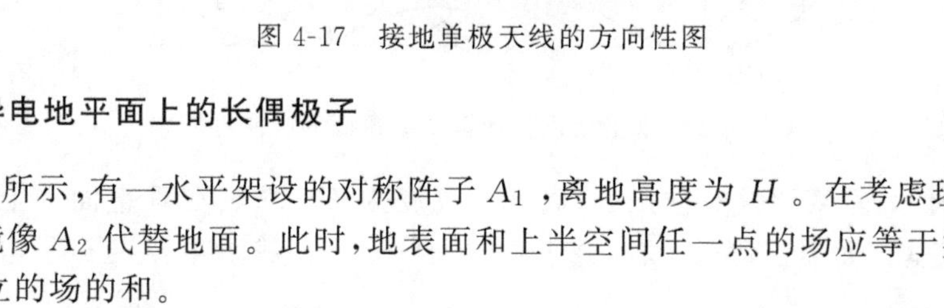

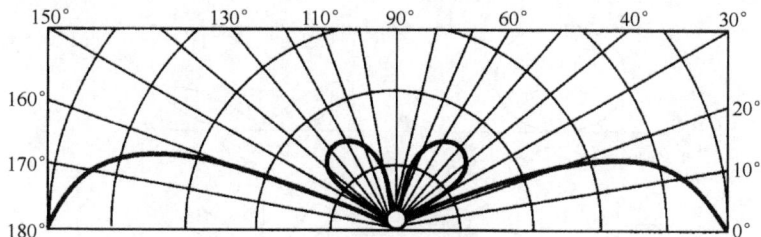

图 4-17 接地单极天线的方向性图

4.5.3 理想导电地平面上的长偶极子

如图 4-18 所示，有一水平架设的对称阵子 A_1，离地高度为 H。在考虑理想导电平面的影响时，用其镜像 A_2 代替地面。此时，地表面和上半空间任一点的场应等于实际振子 A_1 与镜像 A_2 所建立的场的和。

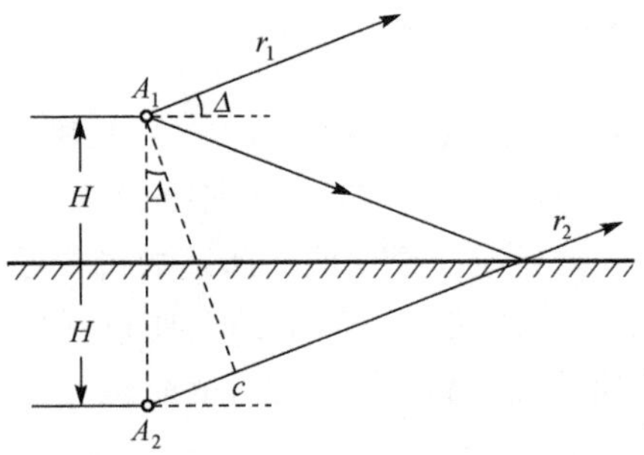

图 4-18　水平架设的长偶极子赤道面内的辐射场

现在求垂直面内上半空间任一点的场。垂直面为垂直振子轴，并经过它的中点的平面(图 4-18)。设观察点位于与地面夹角(仰角)为 Δ 的方向。在远区求场，$r \gg H$ 。因此，可以近似地认为由振子出发的传播路径与由镜像出发的传播路径是相互平行的。

在水平架设振子时，镜像电流与振子电流的振幅相同，但相位差 180°。因此，镜像产生的场 E_1 和振子产生的场 E_2 是振幅相等，但符号相反。在垂直振子的平面里，E_1 和 E_2 都在水平方向(观察点在振子和镜像的赤道面内，$\theta = 90°$)。因此，合成场为 E_1 和 E_2 的代数和。从振子到观察点的距离不等于从镜像到观察点的距离。因此，它们之间的行程差为 $r_2 - r_1 = 2H\sin\Delta$ 。地表面和上半空间任一点的场为

$$E = E_1 + E_1' = E_1(1 - e^{-j2kH\sin\Delta})$$

E_1 为对称阵子在赤道面($\theta = 90°$)内的场强值，由式(4-76)得

$$|E_1| = \frac{60I_m}{r_1}(1 - \cos kl)$$

将 $|E_1|$ 代入 $|E|$ ，得

$$|E| = \frac{60I_m}{r}(1 - \cos kl)2\sin(kH\sin\Delta) \quad (\text{V/m}) \tag{4-87}$$

水平架设振子的零辐射方向为

$$\sin\Delta_0 = \frac{m\lambda}{2H} \quad (m = 1, 2, \cdots) \tag{4-88}$$

最大辐射方向的仰角为

$$\sin\Delta_{\max} = \frac{(2m+1)\lambda}{4H} \quad (m = 0, 1, \cdots) \tag{4-89}$$

由式(4-88)和式(4-89)可以看出，在 H/λ 不同时，零辐射方向和最大辐射方向出现在不同的仰角上。因此，不同的水平架设高度 H 有不同的方向性图。图 4-19 为改变 H 时的方向性图。

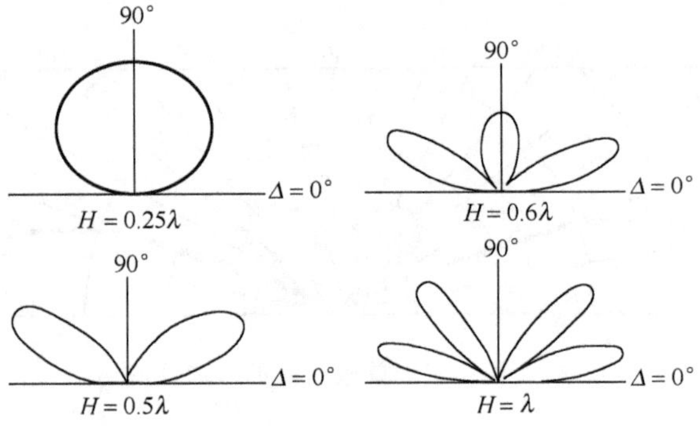

图 4-19　水平架设长偶极子赤道面的方向性图

如图 4-20 所示，垂直架设对称振子，离地面高度为 H ，求其在垂直面内上半空间任一点建立的场。此时垂直面为包含振子轴，并垂直地面的平面。镜像电流与振子电流的振幅和相

位都相同。传播路径的差为 $r_2 - r_1 = 2kH\sin\Delta$ 。在远区观察点，振子和镜像产生的电场都在 θ 方向。因此，地表面上和上半空间任一点的场强值为

$$E = E_1 + E_1{}' = E_1(1 + e^{-j2kH\sin\Delta})$$

根据式(4-75)，可得

$$|E| = \frac{60I_m}{r} = \frac{\cos(kl\sin\Delta) - \cos kl}{\cos\Delta} \cdot 2\cos(kH\sin\Delta) \quad (\mathrm{V/m}) \tag{4-90}$$

垂直架设振子的方向性图如图 4-21 所示。最大辐射方向第一次出现在 $\Delta=0°$的方向。此时，因子 $2\cos(kH\sin\Delta) = 2$ 为最大；如果 $l/\lambda \leqslant 0.7$，方向性函数 $(\cos(kl\sin\Delta) - \cos kl)/\cos\Delta$ 也为最大。随着 H/λ 的增加，边瓣数也增多。

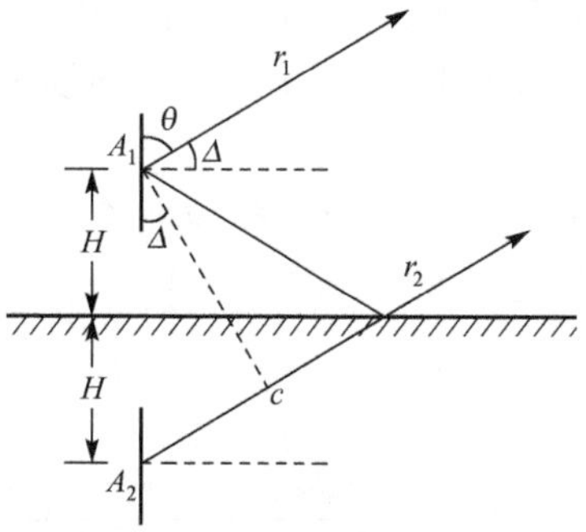

图 4-20 垂直架设的长偶极子子午面的辐射场

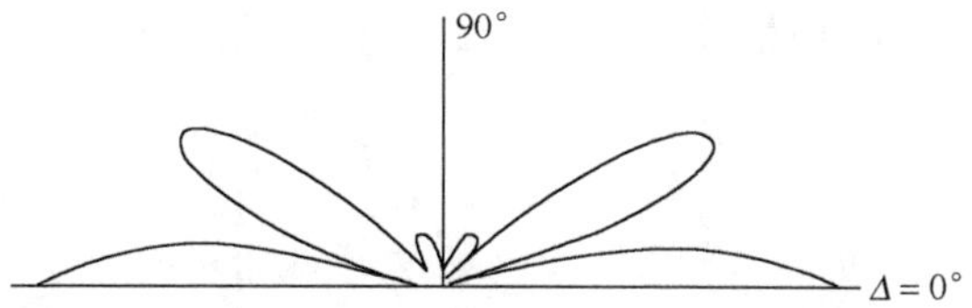

图 4-21 垂直架设长偶极子子午面的方向性图

4.6 天 线 阵

电偶极子、长偶极子和单极天线在自由空间的辐射特性在任何垂直于天线轴的面内都是全向的，因为所有的场都与 ϕ 无关。这种特性是由于天线结构关于 z 轴对称所得到的。从通信的观点出发，我们希望集中辐射信号，因为任何没有沿接收机方向传送的辐射功率都可以认为是被浪费掉了。另外，从 EMC 的观点出发，我们希望辐射的信号远离其他接收机，以保证其他接收机不受干扰。如果发射天线是全向天线，那我们就无法做出选择。

下面研究如何利用两个或更多个全向天线产生辐射方向上的最大点和零点。可以通过改变馈给天线的电流的相位以及它们之间的间隔来使合成场相加或相减以产生辐射场的最大点和零点。这个结果不仅已经用于改善通信天线的发射方向性，而且可直接用于电子产品的辐射发射分析中，因为它说明了多个发射是如何叠加的。

4.6.1 N 个各向同性点源的等幅等间隔直线阵

沿直线等间隔排列的 n 个等幅的各向同性点源如图 4-22 所示。这里，n 是任意的正整数。在 Φ 方向的远区任一点的总场 E 为

$$E = 1 + e^{j\psi} + e^{j2\psi} + e^{j3\psi} + \cdots + e^{j(n-1)\psi} \tag{4-91}$$

式中，ψ 是来自相邻点源的场之间的总相位差，可表示为

$$\psi = \frac{2\pi d}{\lambda}\cos\phi + \delta = d_r\cos\phi + \delta \tag{4-92}$$

式中，δ 是相邻源之间(即源 2 对源 1，源 3 对源 2 等)的相位差。

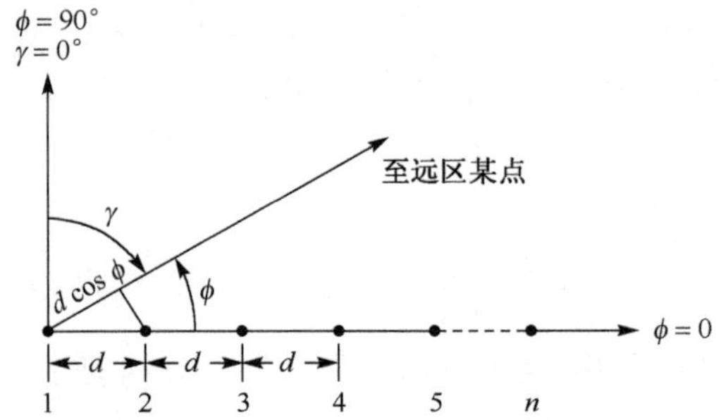

图 4-22 n 个各向同性点源直线阵的布置

假设来自源点的场的幅度都相等并设为 1，相位以源点 1 做参考。因此，在 Φ 方向的远区某一点，来自源 2 的场比来自源 1 的场相位超前 Ψ，来自源 3 的场比来自源 1 的场相位超前 2Ψ，等等。

式(4-91)是一个几何级数，其中每一项表示一个相量，总场 E 及其相位角 ξ 可由图 4-23 所示的相量叠加得到。在解析分析中，E 可用三角多项式表示。

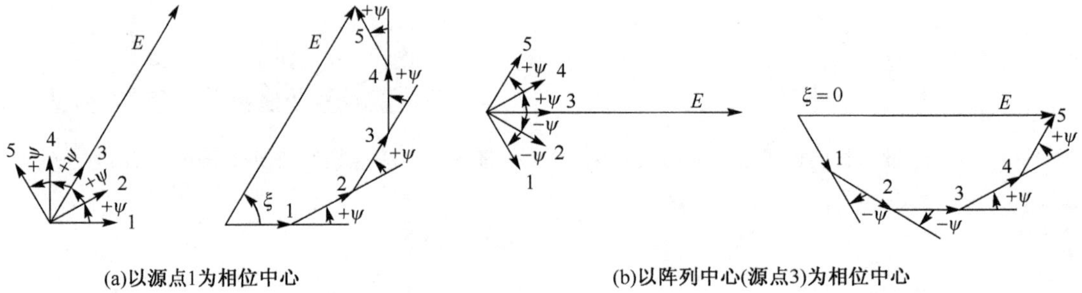

图 4-23 五个各向同性点源的等幅直线阵辐射场的向量加法

用 $e^{j\psi}$ 乘式(4-91)，可得

$$Ee^{j\psi} = e^{j\psi} + e^{j2\psi} + e^{j3\psi} + \cdots + e^{jn\psi} \tag{4-93}$$

代入式(4-91)，然后除以 $1-e^{j\psi}$，得

$$E = \frac{1-e^{jn\psi}}{1-e^{j\psi}} \tag{4-94}$$

改写成

$$E = \frac{e^{jn\psi}}{e^{j\psi}}\left(\frac{e^{jn\psi/2} - e^{-jn\psi/2}}{e^{j\psi/2} - e^{-j\psi/2}}\right) \tag{4-95}$$

从而得到

$$E = e^{j\xi}\left(\frac{\sin\ (n\psi/2)}{\sin\ (\psi/2)}\right) = \frac{\sin\ (n\psi/2)}{\sin\ (\psi/2)}\angle\xi \tag{4-96}$$

式中，ζ 是以来自源点 1 的场为参考的相位角，有

$$\xi = \frac{n-1}{2}\psi \tag{4-97}$$

若改成以阵列的中点做参考，则式(4-96)变成

$$E = \frac{\sin\ (n\psi/2)}{\sin\ (\psi/2)} \tag{4-98}$$

在这种情况下，式(4-98)无论 E 为何数值，相位总是常量，只有当 E 过零值时才变换符号。

当 $\psi=0$ 时，式(4-96)或式(4-98)变得不确定，采用极限的方法可求出

$$E = n \tag{4-99}$$

这是 E 所能达到的最大值，于是场的归一化值可以写成

$$E = \frac{1}{n}\frac{\sin\,(n\psi/2)}{\sin\,(\psi/2)} \tag{4-100}$$

式(4-100)被称为“阵因子”。

以上的讨论可以总结为：来自阵列的场的最大值出现在使 $\psi=0$ 的任何方向上，即当 $\psi=0$ 时，从所有源到达远区某点的场都同相。在特殊情况下，所有方向 Φ 上的 ψ 都不为零，此时场的最大值对应着 ψ 的最小值。

例 4-3　等幅同相直线阵产生的最大辐射方向在垂直于线阵的方向上。

解　设有 n 个各向通性源的等幅直线阵，其中 $\delta=0$，因此

$$\psi = d_{\mathrm{r}}\cos\phi \tag{4-101}$$

求 E 的最大值，要使 $\psi=0$，要求 $\Phi=(2k+1)\pi/2$。其中，$k=0,1,2,3,\cdots$，即场的最大方向为

$$\phi = \frac{\pi}{2} \qquad \text{和} \qquad \phi = \frac{3}{2}\pi$$

垂直于阵列。因此，同相源($\delta=0$)的条件是“边射阵”的特征。

例如，四个等幅同相的各向同性源构成间距为 $\lambda/2$ 的“边射阵”图 4-24 给出了其方向性图。

例 4-4　等幅相位差是 $\pi/2$ 的直线阵最大辐射方向在其直线的方向上。

解　为了找出使场的最大方向沿阵列方向($\Phi=0$)，将 $\psi=0$ 和 $\Phi=0$ 同时代入式(4-92)可得

$$\delta = d_{\mathrm{r}} \tag{4-102}$$

因此，要使最大辐射方向在线阵的直线上，其源间相位的递减数与源间距(弧度表示)的递增数恰好相等。若源间距是 $\lambda/2$，则图 4-22 中的源 2 比源 1、源 3 比源 2 的相位应滞后 90°，依次类推。例如，源间距是 $\lambda/2$ 且 $\delta=-\pi$ 的四元阵列的场方向性图如图 4-25 所示。

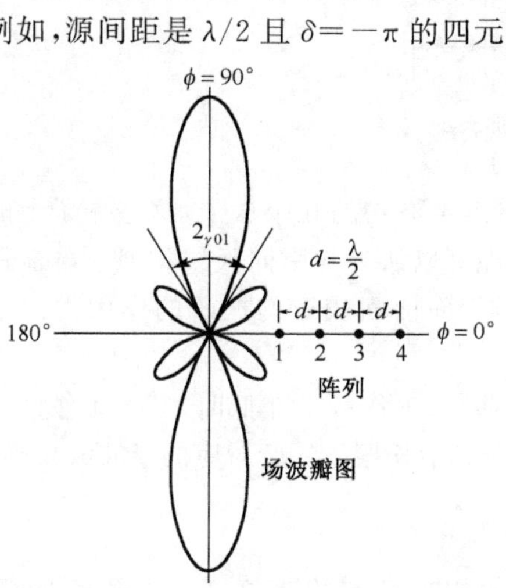

图 4-24　四个等幅同相各向同性点源的场方向性图

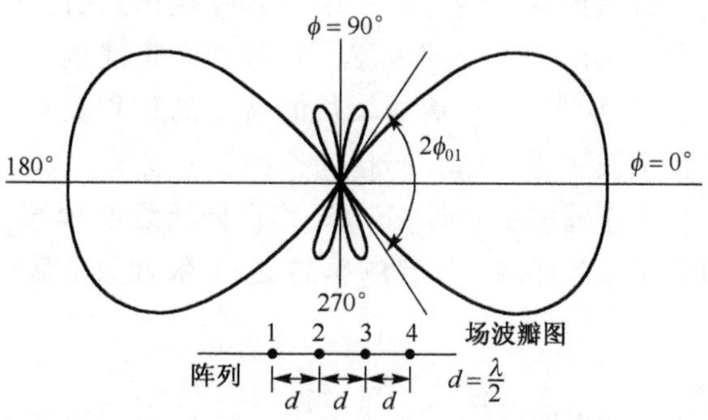

图 4-25　四个等幅相位差 180°的各向同性点源的场方向性图

4.6.2 对数周期振子阵天线

上面所述的天线阵理论是关于各个单元之间的距离相等，各向同性源用偶极子代替同样适用，只是天线阵的方向性应为求出的阵因子乘以单个偶极子的方向性函数。对数周期振子阵天线(简称对数周期天线)是电磁兼容测试中和无线电定位测量中常用天线之一，是一种结构简单、价格低廉和用途广泛的宽带天线。它虽不满足上面的条件，如各个偶极子的输入电流的大小不一样，间距变化，式(4-100)的阵因子不再适用，但基本分析方法可以采用。实际中常用天线仿真软件进行分析设计，而没有如同式(4-100)那样的简单公式可供使用。

图 4-26 为对数周期天线的结构图。对数周期振子阵是一个在双线传输线上串联有多个对称振子，振子的长度和相邻振子之间的距离随远离馈电点而增加，振子上臂和下臂的末端各在一直线上，两直线的夹角为 2α 。相邻振子的上、下两臂交叉馈电。

如图 4-26 所示，振子所在平面的 2α 角决定了振子的长度。定义对数周期天线的比例因子 τ，由角度为 α 的直角三角形可得到以下关系

$$\tau = \frac{R_{n+1}}{R_n} = \frac{L_{n+1}}{L_n} = \frac{D_{n+1}}{D_n}$$

定义间隔因子 $\sigma = \frac{D_n}{2L_n}$。

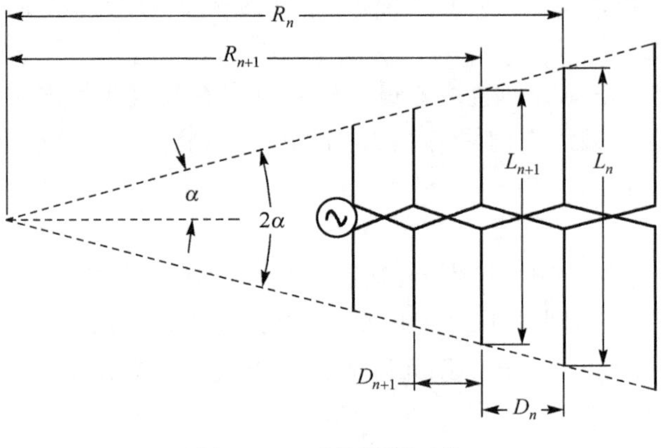

图 4-26　对数周期天线

对数周期天线存在一个有效作用区，该区包括接近半波长的几个振子，这些振子上的电流远大于其他振子上的电流。对数周期天线的工作原理可以认为与引向天线相似。电流最大的振子(辐射最强)后面的较长的振子的作用类似反射器，而前面较短的振子的作用类似于引向器。主波束最大值方向指向天线顶点方向。

工作频率变高时，有效工作区向天线的顶端方向移动；工作频率变低时，有效工作区向天线的末端方向移动。工作频率的上、下限近似由最短振子和最长振子的所对应的半波波长确定。

$$L_1 \approx \frac{\lambda_L}{2} \quad L_N \approx \frac{\lambda_U}{2}$$

式中，λ_L 和 λ_U 分别对应于下限工作频率的波长和上限工作频率的波长，L_N 为最短振子长度。有效作用区可能不仅限于一个振子，有时在天线阵的两端增加几个振子，以保证天线在整个频段的性能。

对数周期天线的方向性、增益和阻抗由有效辐射区内的振子数(通常是 3～5 个)和区内振子的电流振幅和相位关系决定,而且所有这些值均与天线的几何参数 τ 和 α 有关。

图 4-27(a)给出一个工作频段在 200～600MHz 对数周期天线的几何结构。该天线由 18 个对称振子单元构成,设计参数 τ=0.917、σ=0.169。最低工作频率 λ_L 波长 1.5m,第一个单元的长度是 L_1=0.75m。最高工作频率 λ_L 波长 0.250m,第十四个单元的长度 $L_{14}\approx$0.250m,在天线窄端的四个单元的长度与 600MHz 时的半波长的量级相同,用于改善 600MHz 的有效作用区,起引向器的作用。(注意:设计参数不同的对数周期天线,其特性参数增益、方向性和阻抗等与本例不同)

利用天线仿真软件,可以得到对应不同频率振子上的电流分布情况。例如,200MHz、300MHz 和 600MHz 的各个振子输入端的电流如图 4-27(b)所示。

对数周期天线的天线增益、方向性图和阻抗性能与工作频率有关。由仿真软件给出的 450MHz 的天线参数由图 4-28 给出。

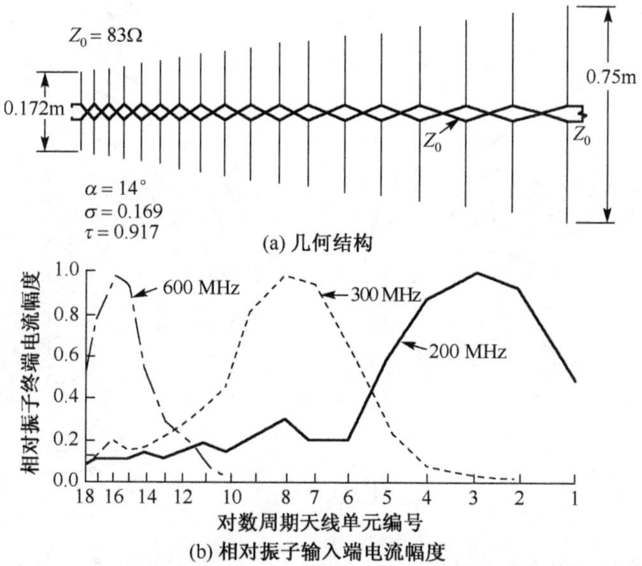

图 4-27　工作频段为 200～600MHz 的对数周期天线

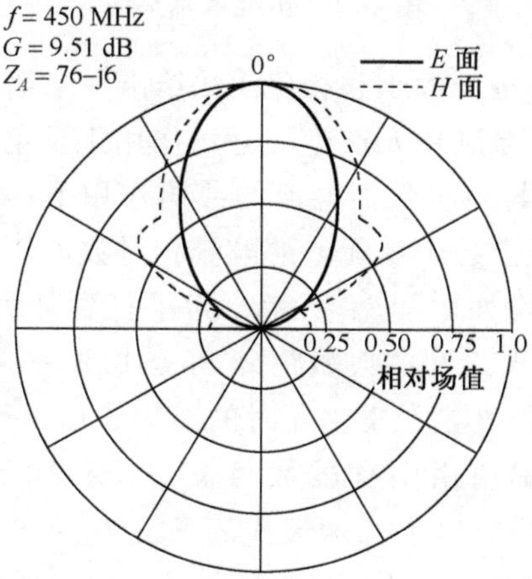

图 4-28　对数周期天线在 450MHz 的辐射方向性图、增益和阻抗

4.6.3　八木天线

由上述两节内容可知，阵列天线可以增加方向性。天线阵的所有阵元都是有源的，需要通过馈电网络连接每一个阵元，以便各个阵元输入电流的大小和相位满足要求。例如，对数周期天线的每个阵元是直接接在馈电的双线传输线上。如果只有少数阵元直接馈电，天线阵的馈电网络可以大大简化。这样的天线称为寄生阵。通过与有源阵元产生的近场耦合，不直接激励的阵元(称为寄生阵元)上感应出电流。

八木天线使用十分广泛，增益高且结构简单。最基本的八木天线由一个激励阵元、一个反射阵元或一个引向阵元构成。这些单元相互平行地放置在一根支撑杆上，相互之间隔离。这样的结构被称做 2 单元八木天线。当无源单元被安放在激励单元后面与最大辐射方向相反时，它就被称做反射器，当它被安放在激励单元前面时就叫做引向器。

一个五元八木天线，由一个反射器、一个引向器和三个激励单元构成。图 4-29 给出的是用天线仿真软件做出的五元八木天线的方向性图。五元八木天线的最大方向性约为 $10dB_d$。

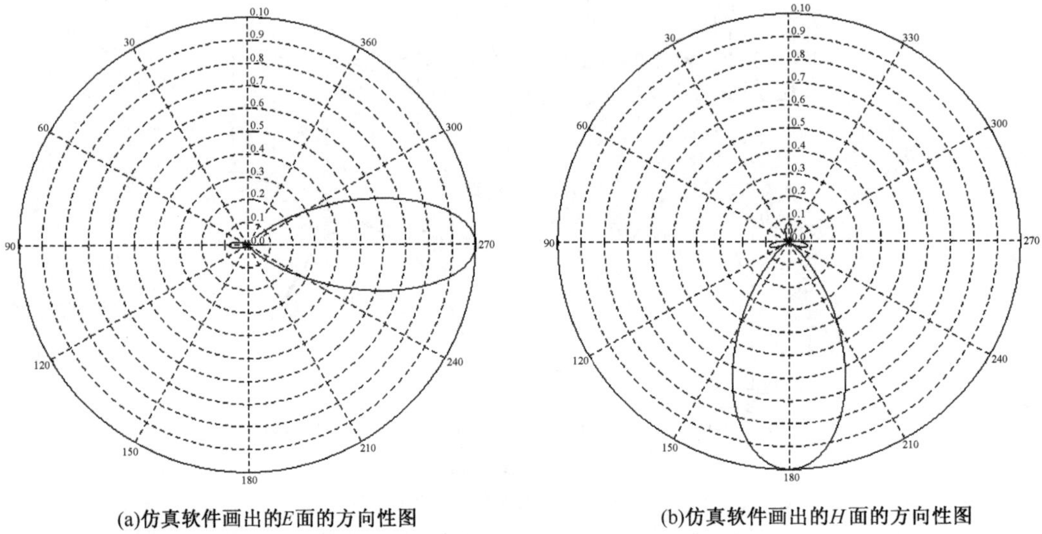

(a)仿真软件画出的E面的方向性图　　(b)仿真软件画出的H面的方向性图

图 4-29　五元八木天线

八木天线上各个单元上的电流大小和相位无法给出一个解析公式。一般采用计算机仿真和实验验证的方法进行研究。激励单元产生的电场作用于反射单元和各个引向单元，在这些单元上产生感应电流，在感应电流和激励电流的共同作用下，实现了天线的高增益。图 4-30 是一个有 5 个单元的八木天线上各个单元上的电流相对数值。

一般的八木天线阵的结构如图 4-31 所示。为了得到最大的方向性，反射器间距 S_R 在 0.15～0.25 个波长之间，引向器之间的典型距离 S_D 是 0.2～0.35 个波长，典型的反射器的长度是 0.5 个波长，激励单元的长度是无寄生元时的谐振长度。引向器的典型长度比谐振长度短 10%～20%，其长度的精确值由引向器数目 n 以及引向器间距 S_D 决定。Viezbicke 在 NIST，通过长大数十年的研究，给出了八木天线的长度 $L_B = S_R + h$ 确定后的最优设计参数，如表 4-2 所示。从该表可见，在间距一定的情况下，随着引向器数目的增大，天线长度增加，八木天线的增益增大，前后波瓣比增大。

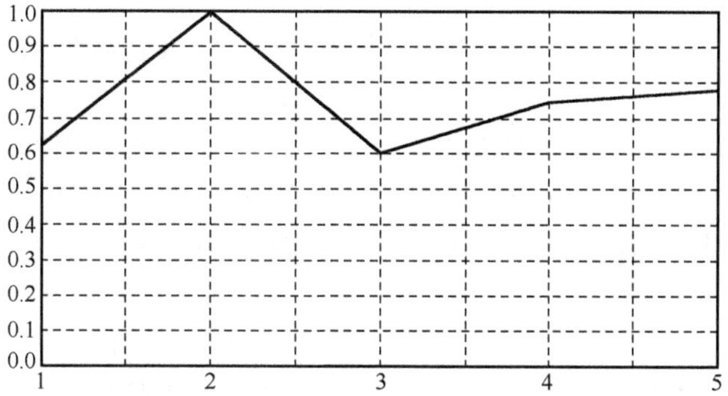

图 4-30 五单元八木天线各单元电流相对分布

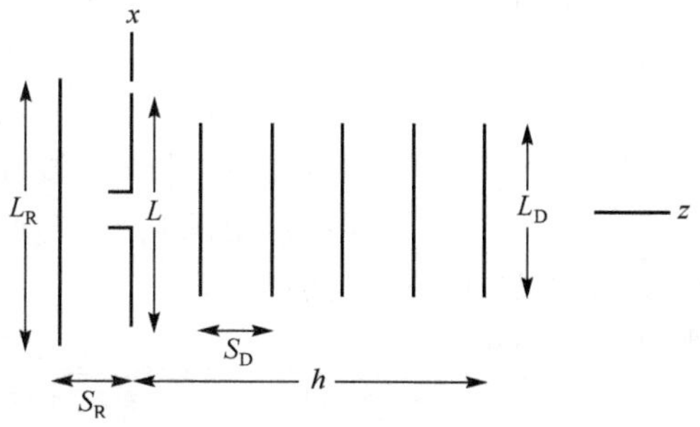

图 4-31 八木天线结构

表 4-2 八木天线寄生元最佳长度

$d/\lambda=0.0085$		八木天线的长度					
$S_R=0.2\lambda$		0.4	0.8	1.20	2.2	3.2	4.2
反射器长度 L_R/λ		0.482	0.482	0.482	0.482	0.482	0.475
引向器长度 D_n (L_{D_n})	D_1	0.482	0.428	0.428	0.432	0.428	0.424
	D_2		0.424	0.420	0.415	0.420	0.424
	D_3		0.428	0.420	0.407	0.407	0.420
	D_4			0.428	0.398	0.398	0.407
	D_5				0.390	0.394	0.403
	D_6				0.390	0.390	0.398
	D_7				0.390	0.386	0.394
	D_8				0.390	0.386	0.390
	D_9				0.398	0.386	0.390
	D_{10}				0.407	0.386	0.390
	D_{11}					0.386	0.390
	D_{12}					0.386	0.390
	D_{13}					0.386	0.390
	D_{14}					0.386	
	D_{15}					0.386	
引向器间距 S_D/D_1		0.20	0.20	0.25	0.20	0.20	0.308
相对半波偶极子增益		7.1	9.2	10.2	12.25	13.4	14.2
前后瓣比/dB		8	15	19	23	22	20

4.7 发射天线和接收天线之间的耦合

已知天线增益和输入功率可以计算出距离天线任意位置的最大电场强度，已知天线系数和接收机端口的输入功率也可以知道天线位置的电场强度。发射天线的发射功率和接收天线的接收功率之间用传输方程联系在一起。利用传输方程，可以进行两天线之间耦合的近似计算。

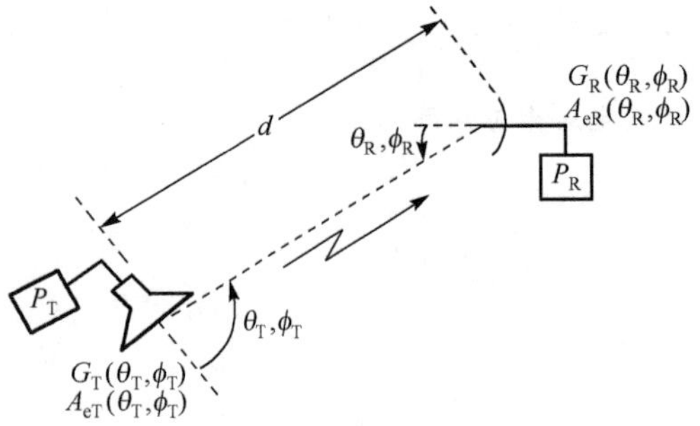

图 4-32　用 Friis 传输方程计算以增益表示的两天线之间的耦合举例

考虑图 4-32 所示的自由空间中的两个天线。一个天线发射的总功率为 P_T，另一个天线其终端阻抗上的接收功率为 P_R。发射天线的增益为 $G_T(\theta_T,\phi_T)$，在发射方向 (θ_T,ϕ_T) 上的有效孔径为 $A_{eT}(\theta_T,\phi_T)$。接收天线在该发射方向 (θ_R,ϕ_R) 上的增益和有效孔径分别为 $G_R(\theta_R,\phi_R)$ 和 $A_{eR}(\theta_R,\phi_R)$。接收天线处的功率密度为各向同性点源的功率密度乘以发射天线在发射方向上的增益：

$$S_{av}=\frac{P_T}{4\pi d^2}G_T(\theta_T,\phi_T) \tag{4-103}$$

接收功率为该功率密度与接收天线在发射方向上的有效孔径的乘积：

$$P_R=S_{av}A_{eR}(\theta_R,\phi_R) \tag{4-104}$$

将式(4-103)代入式(4-104)，得

$$\frac{P_R}{P_T}=\frac{G_T(\theta_T,\phi_T)A_{eR}(\theta_R,\phi_R)}{4\pi d^2} \tag{4-105}$$

用式(4-38)表示的增益来代替接收天线的有效孔径(假设负载匹配，极化方向匹配，则有效孔径为最大的有效孔径)，将得到传输方程最常见的形式：

$$\frac{P_R}{P_T}=G_T(\theta_T,\phi_T)G_R(\theta_R,\phi_R)\left(\frac{\lambda}{4\pi d}\right)^2 \tag{4-106}$$

距离发射天线 d 处的发射波的电场强度也能计算出来。所发射的电磁波的功率密度是均匀平面波的功率密度(局部)：

$$S_{av}=\frac{1}{2}\frac{E^2}{\eta_0} \tag{4-107}$$

与式(4-103)相加，得

$$E=\frac{\sqrt{60P_TG_T(\theta_T,\phi_T)}}{d} \tag{4-108}$$

天线增益用 dB 来表示，则传输方程为

$$10\lg\left(\frac{P_R}{P_T}\right)=G_T(\text{dB})+G_R(\text{dB})-20\lg f-20\lg d+147.56 \tag{4-109}$$

在传输方程中含有许多假设。为了使式(4-69)表示的增益和有效孔径之间的关系有效，接收天线必须与它的负载阻抗匹配，同时必须和来波极化匹配，否则传输方程将导致耦合的上限(“最差情况”)。也要求两天线互相处于对方的远场区中。远场区常常被认为

$$d_{远场} > \frac{2D^2}{\lambda_0} \qquad (面天线)$$

或

$$d_{远场} > 3\lambda_0 \qquad (线天线)$$

式中，D 为天线的最大尺寸。有效孔径的概念本身包含了在接收天线附近的来波类似于均匀平面波的假设。在发射天线远场区中的发射类似于点源发出的球面波，其仅仅是局部类似于均匀平面波，就如前面所有公式推导中的假设一样。两天线之间相距 $\frac{2D^2}{\lambda_0}$，保证了球面波入射在天线末端表面的相位与平面波相差至少 $\frac{\lambda_0}{16}$。$3\lambda_0$ 准则保证了入射波的"波阻抗"近似等于自由空间的波阻抗。

例 4-5 计算两个半波偶极子天线之间的耦合，并得出天线系数与天线增益的关系。假设天线相距 1000m，工作频率为 150MHz，在最大接收方向上相互平行排列。发射偶极子由 100V（峰值）、50Ω 的源激励，如图 4-31 所示。求接收天线的最大接收功率，并估算半波偶极子在 150MHz 的天线系数。

解 半波偶极子天线的输入阻抗 73.1＋j42.5Ω，由图 4-7(b)所示发射天线等效电路，忽略天线损耗，发射天线的辐射功率为

$$P_{\mathrm{T}} = I_m^2 R_A/2 = \frac{1}{2}\left(\frac{100}{73.1+50}\right)^2 73.1 = 24.1 \quad (\mathrm{W})$$

已知，半波偶极子天线的增益为 2.15dB(1.64)，由式(4-108)接收天线所在位置的电场为

$$E = \frac{\sqrt{60 \times 24.1 \times 1.64}}{1000} = 48.7 \quad (\mathrm{mV/m}) \tag{4-110}$$

不考虑损耗，则接收天线匹配负载所接收到的平均功率由公式(4-106)得

$$\frac{P_{\mathrm{R}}}{P_{\mathrm{T}}} = 1.64 \times 1.64 \times \left(\frac{2}{4 \times \pi \times 1000}\right)^2 = 6.81 \times 10^{-8}$$

$$P_{\mathrm{R}} = 6.81 \times 10^{-8} \times 24.1 = 1.64\mu\mathrm{W} \tag{4-111}$$

天线系数是电场场强与在 50Ω 负载上电压之间的换算系数，由式(4-61)

$$V = \sqrt{50P_R} = \sqrt{1.64 \times 10^{-6} \times 50} = 9.01 \times 10^{-3}\,\mathrm{V}$$

$$AF(\mathrm{dB}) = 20\lg\frac{E}{V} = 20\lg\frac{48.7}{9.01} = 14.7\mathrm{dB}_{1/m}$$

从图 4-8 可查出 F＝150MHz，天线系数 12.9，计算值与实际值产生误差的主要原因有：①忽略了天线的损耗，包括平衡与不平衡转换电路的损耗。②没有考虑实际半波偶极子用的是谐振长度，与半波长度有误差。③计算中是自由空间，而天线校准是在开阔场地。

习　题

1. 长度为 5cm 的偶极子天线，工作在 100MHz 的频率上，具有馈电端电流 I_0＝120mA。在距离 r＝1m 处，采用精确的一般表示式，求：① E_r；② E_θ；③ H_ϕ。并与远场表示式所得的结果相比较。

2. 设有 1m 长的偶极子天线，工作在 15MHz 频率上，问相距多远处，其场 E_θ 和 H_ϕ 的幅度和远场值相差在 1%以内？

3. 某全向(各向同性)天线具有场波瓣图 $E=10I/r(\mathrm{Vm}^{-1})$。其中,$I$ 是馈端电流(A),r 是距离(m)。求辐射电阻。

4. 设有 10cm 长的偶极子天线工作在 50MHz 频率上,载有平均电流 5mA。①求辐射功率;②辐射 1W 功率需要多大的平均电流?

5. 设有 $\lambda/15$ 长的中馈细偶极子天线,所载电流按线性锥削至末端为零值,损耗电阻为 1Ω。求:①定向性 D;②增益 G;③有效口径 A_e;④波速立体角 Ω_A;⑤辐射电阻 R_r。

6. 一个无耗损的半波偶极子天线,终端的输入电流为 500mA。计算天线两端 3000m 距离出的功率密度:①利用 E 和 H 的公式直接计算;②利用方向性来计算。

7. 求工作频率为 300MHz 的半波偶极子天线的最大有效孔径。

8. 某八木天线在频率 800MHz 的增益为 10dB 的,通过 5m 的同轴电缆连接在频谱分析仪输入端口,频谱仪测出的功率是 −47dB mW,电缆的损耗是 1dB。问空间 800MHz 的电场强度至少是多大?

9. 用对数周期天线和频谱仪测量空间的电场强度,在 800MHz 频谱仪的读数是60dBμV,已知 800MHz 的天线系数是 20dB,忽略电缆损耗,问天线所在位置的电场强度是多少?

10. 所设计的飞机中的发射机要与地面站通信,为了正确接收,地面接收机必须接收到至少 1μW 的功率。设两个天线都是全向天线,飞机起飞后,飞机在地面站上方 1524m 高度飞行,当飞机位于地面站正上方时,地面站接收到的信号功率为 500mW。求飞机的最大通信距离。

11. 位于月球上的遥测发射机要向地球发送数据,发射机的功率为 100mW。发射天线在传播方向上的增益为 12dB。求为了接收到 1nW 的信号,接收天线的最小增益。月球到地球的距离为 384403079.808m。发射频率为 100MHz。

12. 设计一个微波中继链路。发射天线和接受天线之间的距离是 48280.32m,两个天线在传播方向的功率增益均为 45dB。如果两天线均是无耗的,匹配的,频率为 3GHz,求接收功率为 1mW 时的最小发射功率。

13. 一架飞机上的天线被用来阻塞敌方的雷达。如果天线在传播方向的增益为 12dB,发射功率为 5kW,求距敌方雷达 3218.688m 附近的电场强度。发射频率为 7GHz。

14. 一个无损耗的半波偶极子,由一个 10V、50Ω 的馈源激励,计算垂直于天线的面内 10km 距离处的电场强度。利用 Friis 传输方程计算你的结果并用远场公式来验证你的结果。

15. 两个半波偶极子的电流相同,相位相同,间距 $d=1/4\lambda$,平行放置。证明在子午面的辐射方向性函数是 $E=\mathrm{j}\dfrac{60I}{r}\dfrac{\cos\left(\dfrac{\pi}{2}\cos\theta\right)}{\sin\theta}\cdot 2\cos\left(\dfrac{\pi}{4}\sin\theta\right)$,并画图表示。

16. 两个半波偶极子的电流相同,相位相同,间距 $d=1/4\lambda$,平行放置。证明在赤道面的辐射方向性函数的阵因子 $f(\phi)=\cdot\, 2\cos\left(\dfrac{\pi}{4}\cos\phi\right)$,并画图表示。

第 5 章　传　输　线

5.1　传输线的概念

用于传输数字信号或模拟信号的一对平行导体称为传输线。传输线的种类很多，图 5-1 给出了常用的平行双线、同轴电缆、单导线和地的示意图。图 5-2 给出了印制电路板(PCB)表面上和介质基板里面的矩形截面导线的微带线和带状线。图 5-2(a)所示的结构为常见的表面微带线。微带线贴敷在介质平面并直接暴露在空气中。

分析传输线常采用“路”的分析方法，即把传输线作为分布参数电路处理，利用传输线单位长度的电阻、电感、电容和电导组成的等效电路，根据基尔霍夫定律导出传输线方程。从传输线方程的解研究电压波和电流波沿传输线传播的特性。

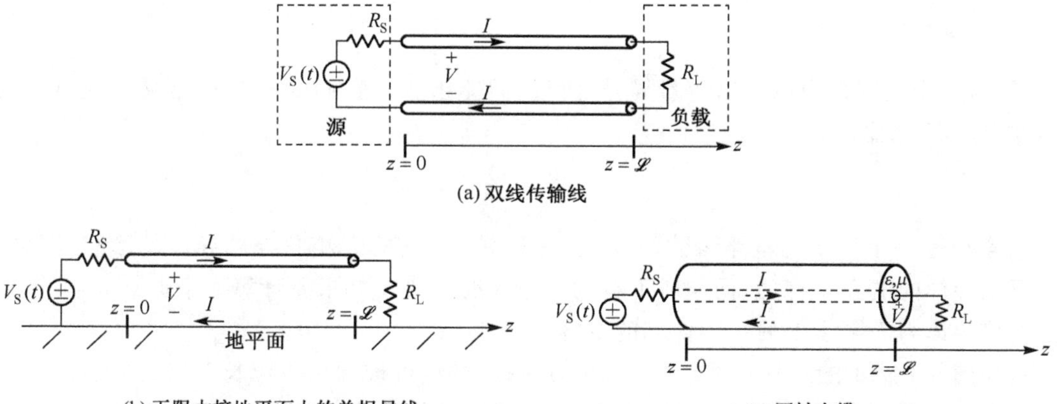

(a) 双线传输线

(b) 无限大接地平面上的单根导线

(c) 同轴电缆

图 5-1　典型的导线型传输线

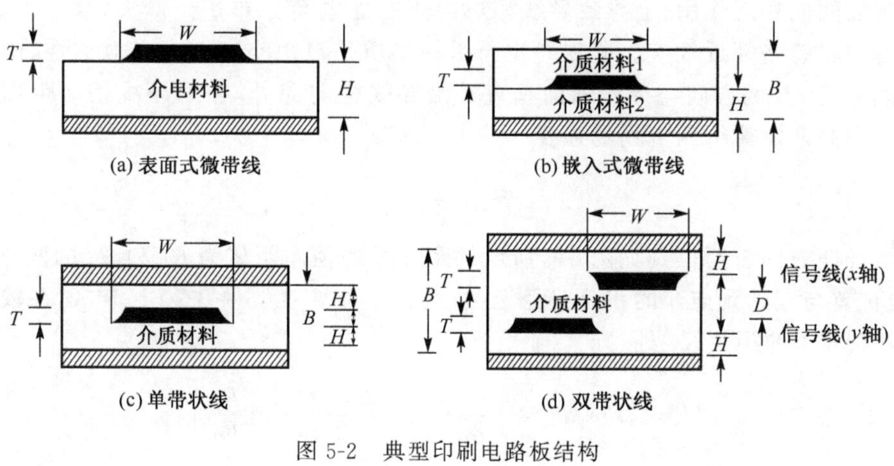

(a) 表面式微带线

(b) 嵌入式微带线

(c) 单带状线

(d) 双带状线

图 5-2　典型印刷电路板结构

5.2 分布参数

传输线传输高频信号时会出现以下分布参数效应:电流流过导线使导线发热,表明导线本身有分布电阻;双导线之间绝缘不完善而出现漏电流,表明导线之间处处有漏电导;导线之间有电压,导线间便有电场,表明导线之间有分布电容效应;导线中通过电流周围出现磁场,表明导线上有分布电感效应。当传输信号的波长远大于传输线的长度时,有限长的传输线上各点电流(或电压)的大小和相位可近似认为相同,就不显现分布参数效应,可作为集中参数电路处理。但当传输信号的波长与传输线长度可比拟时,传输线上各点电流(或电压)的大小和相位均不相同,显现出电路参数的分布效应,此时传输线就必须作为分布参数电路处理。

如传输线的电路参数是沿线均匀分布的,这种传输线称为均匀传输线。均匀传输线用以下四个参数来描述,R_1表示单位长度的电阻(Ω/m),L_1表示单位长度的电感(H/m),G_1表示单位长度的电导(S/m),C_1表示单位长度的电容(F/m)。这些电路参数可通过稳态场的方法来定义和计算。

5.2.1 单位长度分布电容

通常,一个电容是由两个带等量异号电荷的导体组成。它们的电容C定义为此电荷与两导体间电压U之比,即

$$C=\frac{Q}{U}$$

电容C是一个重要的电路参数,其单位是F(法)。它的大小只与两导体的形状、尺寸、相互位置及导体间的介质有关,而与所带电的实际情况无关。如果要计算一个孤立导体的电容,则是指该导体与无限远处另一导体间的电容。

对如图5-1所示的三种传输线形式,在均匀媒质中,可推导出单位长度的电容公式。

单位长度分布电荷为q(C/m)的导线上电荷沿导线均匀分布的电场,如图5-3(a)所示。假设电荷在导线表面上均匀分布。如果把另一根载流导线靠近该导线,两线上的分布电荷所产生的电场之间的相互作用,会导致导线相对两侧的面电荷分布达到最大,这称为邻近效应。下面的讨论中将忽略邻近效应。假定导线周围的媒质是自由空间。由于对称性,由该分布电荷所产生的电场,$\boldsymbol{E}$的方向与导线轴向垂直并沿导线径向向外,在距导线相同距离处的场强相等。可利用高斯定律得到电场场强。

$$\boldsymbol{E}=\frac{q}{2\pi\varepsilon_0 r} \tag{5-1}$$

电场方向沿径向方向。要得到如图5-4所示的距导线的径向距离为R_1和R_2的两点之间的电位差,该电位差与点a到点b的积分路径无关,选择a和b在同一矢径上,点a在较大的距离R_2处,点b在较小的距离R_1处,则

$$U=\int_a^b E\cdot \mathrm{d}r=\int_a^b \frac{q}{2\pi\varepsilon_0 r}\mathrm{d}r=\frac{q}{2\pi\varepsilon_0 r}\ln\left(\frac{R_2}{R_1}\right) \tag{5-2}$$

利用式(5-2)给出的带电导线两点之间的电位差公式,可以得出双线传输线的单位长度分布电容。利用该结果的条件,导线表面的电荷分布必须是均匀的,即可以忽略邻近效应;导线间距

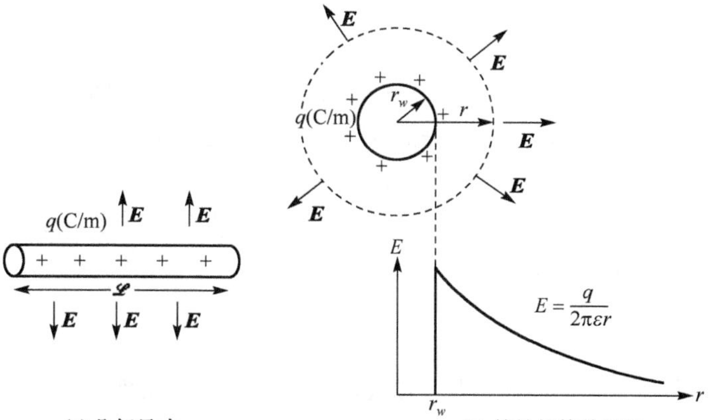

(a) 几何尺寸　　(b) 等效的简单问题

图 5-3　带电导线周围的电场

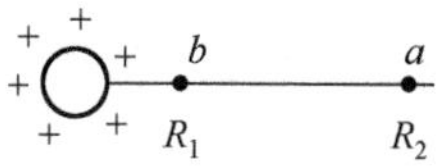

图 5-4　求解两点之间的电压举例

较大时这一点成立。考虑半径分别为 r_{w1} 和 r_{w2} 、间距为 s 的两根导线，如图 5-5 所示。积分路径选在通过两导线轴心连线上，根据式(5-2)，可得两导线之间的电位差为

$$
\begin{aligned}
U &= \int E_T \cdot \mathrm{d}r = \int (E_{T1} + E_{T2}) \cdot \mathrm{d}r \\
&= \frac{q}{2\pi\varepsilon_0}\ln\left(\frac{s-r_{w2}}{r_{w1}}\right) + \frac{q}{2\pi\varepsilon_0}\ln\left(\frac{s-r_{w1}}{r_{w2}}\right) \\
&= \frac{q}{2\pi\varepsilon_0}\ln\left(\frac{(s-r_{w2})(s-r_{w1})}{r_{w1}r_{w2}}\right) \\
&\approx \frac{q}{2\pi\varepsilon_0}\ln\left(\frac{s^2}{r_{w1}r_{w2}}\right)
\end{aligned}
\tag{5-3}
$$

近似条件是两导线之间的间距远大于导线半径。对于相同半径的导线，式(5-3)可进一步简化为

$$
U = \frac{q}{\pi\varepsilon_0}\ln\left(\frac{s}{r_w}\right) \tag{5-4}
$$

单位长度的分布电容是单位长度电荷与两线间电位差的比值：

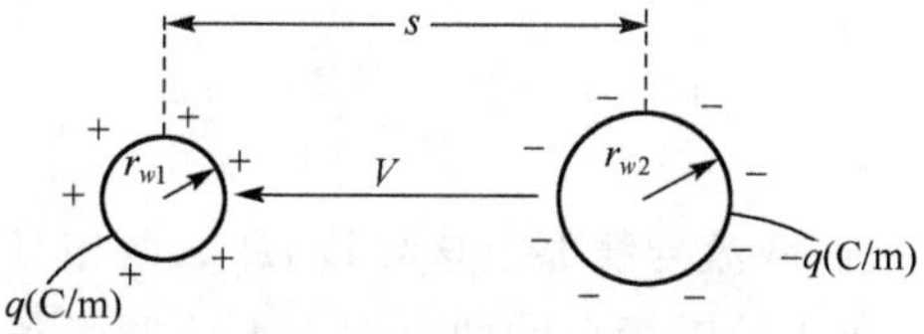

图 5-5　双线传输线分布电容的求解

$$
c = \frac{q}{U} = \frac{\pi\varepsilon_0}{\ln(s/r_w)} \tag{5-5}
$$

如导线之间的间距远大于导线半径，式(5-5)的计算结果与用电轴法得到的精确解相差很小。

5.2.2　单位长度分布电感

电感器的电感是电路理论中的基本参数之一。下面通过磁链来定义自感，并介绍它们的计算方法。

在各向同性的线性媒质中，如磁场通过某一电流回路则产生穿过此回路所限定面积的磁通，磁通与回路中的电流有正比关系，也就是与回路相交链的磁链 ψ_L 和电流成正比，即

$$
\psi_L = LI
$$

或

$$L = \frac{\psi_L}{I}$$

式中，ψ_L 为自感磁链，L 为自感系数，简称自感。自感的单位是 H(亨)。自感仅与回路的尺寸、几何形状、媒质的分布有关，而与通过回路的电流及磁链的具体量值无关。下面讨论自感 L 的计算问题。

在计算自感时，常用到内磁链和内自感的概念。在导线内部，仅与部分电流相交链的磁通称为内磁通，相应的磁链为内磁链，用 ψ_i 表示，则内自感

$$L_i = \frac{\psi_i}{I}$$

同样，完全在导体外部闭合的磁通称为外磁通，相应的磁链为外磁链，磁链用 ψ_o 表示，则外自感

$$L_o = \frac{\psi_o}{I}$$

因而自感为内自感和外自感之和，即

$$L = L_i + L_o$$

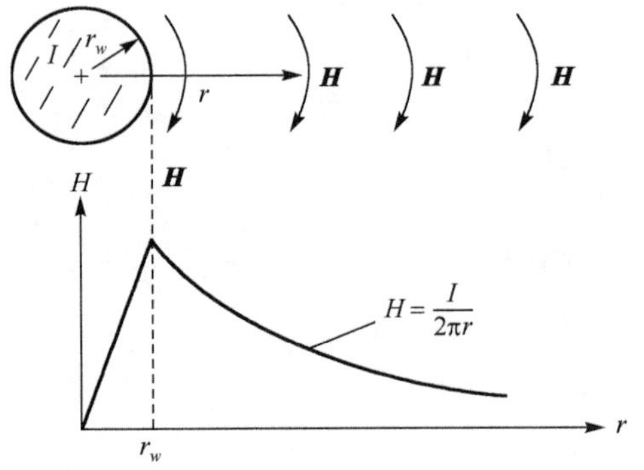

图 5-6　载流导线周围的磁场

考虑如图 5-1(a)所示的双线传输线，横向磁场 $\boldsymbol{H}$ 导致的传输线每单位长度的电感。图 5-6 所示为载流导线内部和外部的磁场强度。导线内部的磁场产生内电感，导线外部的磁场产生外电感。外电感比内电感大得多，因此每单位长度电感 l 近似等于外电感。

对图 5-1 所示的三种传输线形式，在均匀媒质中，均可推导出单位长度的外电感公式。与导线(圆柱形导体)有关的电感的推导依赖于以下基本假设，如图 5-6 所示的绝缘载流导线，电流沿导线表面均匀分布。如果我们用另一根载流导线靠近该导线，那么两根导线的磁场就会相互影响，使得导线上的电流分布不均匀；在两导线相对的两个面上电流密度最大，这称为邻近效应，以下分析中忽略了这种效应。

假设沿导体外表面的电流分布是均匀的，其对称性表明，磁场强度矢量 $\boldsymbol{H}$ 与导线轴向垂直，并且根据右手螺旋定则在与导线同轴、半径一定的圆柱面内是一常数。由安培定律可以很容易地推得该磁场的方程。由于所讨论的是静态(直流)场的问题，所以可以省略安培定律中的位移电流一项，于是得到式(5-6)给出的静态场情况下的安培定律表达式：

$$\oint_C \boldsymbol{H} \cdot \mathrm{d}l = I_{\text{in}} \tag{5-6}$$

选择与距离导线的径向距离为 r 的一条积分曲线 c，由于对称性，磁场与积分曲线相切，因此点积可用普通乘积来代替，并可去掉矢量符号。半径一定的积分路径的所有点上的磁场都相等，故可以从积分号中移出来，从而式(5-6)中的安培定律简化为

$$\boldsymbol{H} = \frac{I}{2\pi r} \tag{5-7}$$

式中，H 的方向沿导线的同心圆方向。横向的磁通密度矢量可由 $\boldsymbol{B} = \mu_0 \boldsymbol{H}$ 来求得，假定了周

围的媒质不是铁磁性的媒质。先确定导线外部面积 S 的总磁通 ψ_m。S 与导线在同一个平面上，两平行于导线的边距导线的距离为 R_1 和 R_2，且沿导线方向的长度是单位长度，如图 5-7(a)所示。ψ_m 可由磁通密度矢量在 S 面上的积分来得到：

$$\psi_m = \int_S B \cdot ds = \int_{r=R_1}^{R_2} \frac{\mu_0 I}{2\pi r} dr = \frac{\mu_0 I}{2\pi} \ln\left(\frac{R_2}{R_1}\right) \tag{5-8}$$

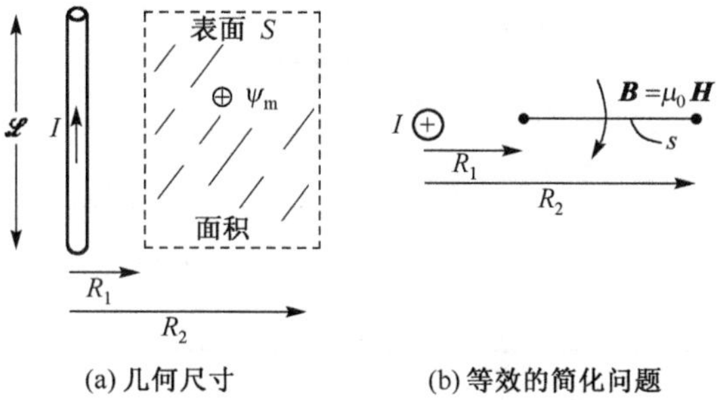

图 5-7　求解表面电流产生的磁通举例

对于 $R_2 > R_1$ 的情况，穿过表面的通量方向如图 5-7(a)所示，因此，式(5-9)给出的 ψ_m 是正值。

利用前面的结果能够直接推导出图 5-5 所示双线传输线单位长度的电感。假定一根导线上流有电流 I，指向纸面内，另一根导线上流有相同大小的电流，但方向是指向纸面外。一根导线的半径记为 r_{w1}，另一根导线的半径记为 r_{w2}。如果两根导线之间的间距为 s，两根导线之间的总磁通是每一根导线产生磁通的和，由图 5-5(a)利用得：

$$\psi_m = \frac{\mu_0 I}{2\pi} \ln\left(\frac{s - r_{w2}}{r_{w1}}\right) + \frac{\mu_0 I}{2\pi} \ln\left(\frac{s - r_{w1}}{r_{w2}}\right) = \frac{\mu_0 I}{2\pi} \ln\left(\frac{(s - r_{w2})(s - r_{w1})}{r_{w1} r_{w2}}\right) \tag{5-9}$$

式(5-9)成立的条件是假设每根导线上的电流在导线表面均匀分布。两导线之间的间距较大时，这一假设可以成立。因此，式(5-9)中隐含的要求是 $s \gg r_{w2}, r_{w1}$，所以该结果可简化为

$$\psi_m = \frac{\mu_0 I}{2\pi} \ln\left(\frac{s^2}{r_{w1} r_{w2}}\right) \tag{5-10}$$

通常，如果两根导线之间的间距与导线半径之比大于 5，即 $s/r_{w1} > 5$，$s/r_{w2} > 5$，则式(5-10)的精确度约在 3%之内，单位长度的外电感定义为穿过导线之间单位面积的磁通，利用式(5-10)，得到

$$L_0 = \frac{\psi_m}{I} = \frac{\mu_0}{2\pi} \ln\left(\frac{s^2}{r_{w1} r_{w2}}\right) \tag{5-11}$$

一般来说，两根导线的半径相同，对这种情况式(5-11)的结果变为

$$L_0 = \frac{\psi_m}{I} = \frac{\mu_0}{\pi} \ln\left(\frac{s}{r_w}\right) \tag{5-12}$$

这一结果给出了对相距较远的导线的合理近似，对于间隔与导线半径之比为 $s/r_w = 4$ 的传输线，式(5-12)给出的近似结果比有关参考文献中给出的精确结果大 5%。表 5-1 给出了几种常用传输线单位长度电感和电容的公式，这些公式可以采用上述方法推导出来。

表 5-1　常用传输线的参数

传输线形式	分布电容/(F/m)	分布电感/(L/m)	特性阻抗/Ω
同轴线 r_o—外导体内半径 r_i—内导体外半径	$\dfrac{2\pi\varepsilon}{\ln\left(\dfrac{r_o}{r_i}\right)}$	$\dfrac{\mu_0}{2\pi}\ln\left(\dfrac{r_o}{r_i}\right)$	$\dfrac{1}{2\pi}\sqrt{\dfrac{\mu_0}{\varepsilon}}\ln\left(\dfrac{r_o}{r_i}\right)$
平行双线 s—导线间距 r—导线半径	$\dfrac{\pi\varepsilon}{\ln\left(\dfrac{s}{r}\right)}$	$\dfrac{\mu_0}{\pi}\ln\left(\dfrac{s}{r}\right)$	$\dfrac{1}{\pi}\sqrt{\dfrac{\mu_0}{\varepsilon}}\ln\left(\dfrac{s}{r}\right)$
地平面上圆导线 r— —导线半径 h—导线离地高度	$\dfrac{2\pi\varepsilon}{\ln\left(\dfrac{2h}{r}\right)}$	$\dfrac{\mu_0}{2\pi}\ln\left(\dfrac{2h}{r}\right)$	$\dfrac{1}{2\pi}\sqrt{\dfrac{\mu_0}{\varepsilon}}\ln\left(\dfrac{2h}{r}\right)$
平行板传输线 W—平行板的宽度 d—两板之间距离	$\dfrac{\varepsilon W}{d}$	$\dfrac{\mu_0 d}{W}$	$\dfrac{\eta_0}{\sqrt{\varepsilon_r}}\dfrac{d}{W}$

5.3　传输线方程和正弦稳态解

研究如图 5-8 所示的平行双线传输线，设传输线的始端接信号源 U_S，终端接负载 Z_L。由于传输线是均匀的，故可在线上任一点 z 处取 dz 来研究。另外，因线元 dz 远小于波长，可把它看成集中参数电路，用串联阻抗 Z_1（由 R_1 和 L_1 构成）和并联导纳 Y_1（由 G_1 和 C_1 构成）组成的集中参数电路来等效，如图 5-9 所示。

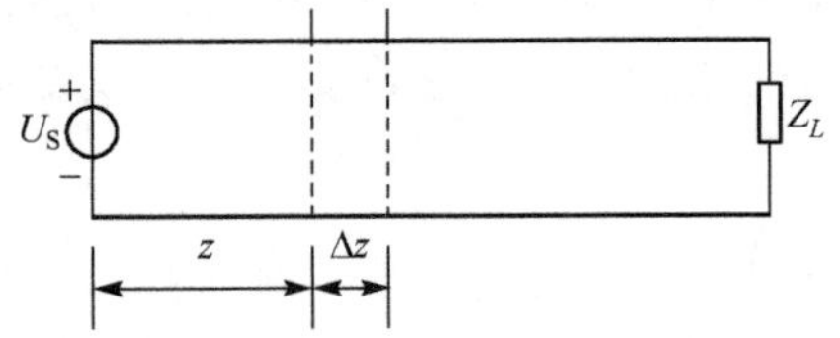

图 5-8

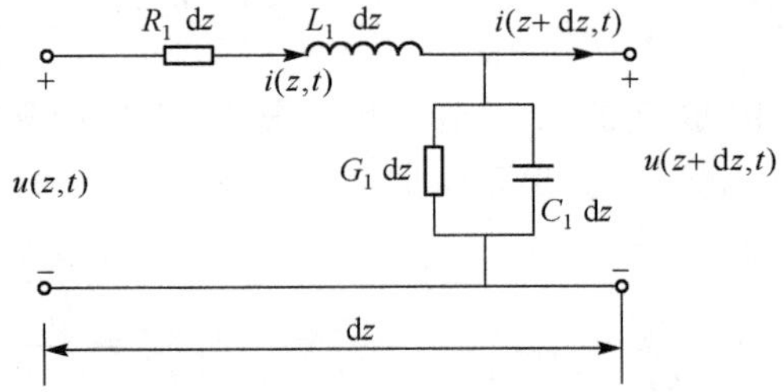

图 5-9　线元 dz 的等效电路

由图 5-9，据基尔霍夫定律得

$$u(z,t)-R_1 i(z,t)dz-L_1\frac{\partial i(z,t)}{\partial t}dz-u(z+dz,t)=0 \tag{5-13}$$

$$i(z,t)-G_1 u(z+dz,t)dz-C_1\frac{\partial u(z+dz,t)}{\partial t}dz-i(z+dz,t)=0 \tag{5-14}$$

而 $u(z,t)$ 和 $i(z,t)$ 沿 z 的变化率分别为 $\dfrac{\partial u(z,t)}{\partial z}$ 和 $\dfrac{\partial i(z,t)}{\partial z}$，故有如下关系：

$$\frac{\partial u(z,t)}{\partial z}dz=u(z+dz,t)-u(z,t) \tag{5-15}$$

$$\frac{\partial i(z,t)}{\partial z}dz=i(z+dz,t)-i(z,t) \tag{5-16}$$

根据式(5-13)～式(5-14)可导出

$$-\frac{\partial u(z,t)}{\partial z}\mathrm{d}z = R_1(z,t)i(z,t) + L_1\frac{\partial i(z,t)}{\partial t} \tag{5-17}$$

$$-\frac{\partial i(z,t)}{\partial z}\mathrm{d}z = G_1 u(z,t)i(z,t) + C_1\frac{\partial u(z,t)}{\partial t} \tag{5-18}$$

这就是均匀传输线方程的一般形式,又称电报方程。

若信号源是角频率为 ω 的正弦波,则式(5-17)和式(5-18)可表示为复数形式。

$$-\frac{\mathrm{d}U(z)}{\mathrm{d}z} = (R_1 + \mathrm{j}\omega L_1)I(z) \tag{5-19}$$

$$-\frac{\mathrm{d}I(z)}{\mathrm{d}z} = (G_1 + \mathrm{j}\omega C_1)U(z) \tag{5-20}$$

将相互耦合的上面两个方程再对 z 求导,可得

$$-\frac{\mathrm{d}^2U(z)}{\mathrm{d}z^2} = K^2U(z) \tag{5-21}$$

$$-\frac{\mathrm{d}^2I(z)}{\mathrm{d}z^2} = K^2I(z) \tag{5-22}$$

式中

$$K = \sqrt{(R_1 + \mathrm{j}\omega L_1)(G_1 + \mathrm{j}\omega C_1)} = \alpha + \mathrm{j}\beta \tag{5-23}$$

称为传播系数,是一复数,其实部为衰减系数(Np/m),虚部为相位系数(rad/m)。式(5-21)和式(5-22)称为均匀传输线的波动方程。式(5-21)的通解为

$$U(z) = U^+ \mathrm{e}^{-Kz} + U^- \mathrm{e}^{Kz} \tag{5-24}$$

将式(5-24)带入式(5-19),得

$$I(z) = \frac{1}{Z_0}(U^+ \mathrm{e}^{-Kz} - U^- \mathrm{e}^{Kz}) \tag{5-25}$$

式中,$Z_0 = \sqrt{\dfrac{R_1 + \mathrm{j}\omega L_1}{G_1 + \mathrm{j}\omega C_1}}$,表示入(反)射电压和入(反)射电流的比,称为传输线的特性阻抗。如果 $R_1 = 0, G_1 = 0$,即传输线无损耗,则 $Z_0 = \sqrt{L_1/C_1}$

式(5-24)中的常数 U^+ 和 U^- 要由传输线的边界条件来确定。下面讨论两种给定边界条件下方程的解。

5.3.1 已知终端电压和电流

如图 5-10 所示,设传输线的终端电压和电流为已知,将其代入式(5-24)和式(5-25)得

$$U_2 = U^+ \mathrm{e}^{-Kl} + U^- \mathrm{e}^{Kl}$$

$$I_2 = \frac{1}{Z_0}(U^+ \mathrm{e}^{-Kl} - U^- \mathrm{e}^{Kl})$$

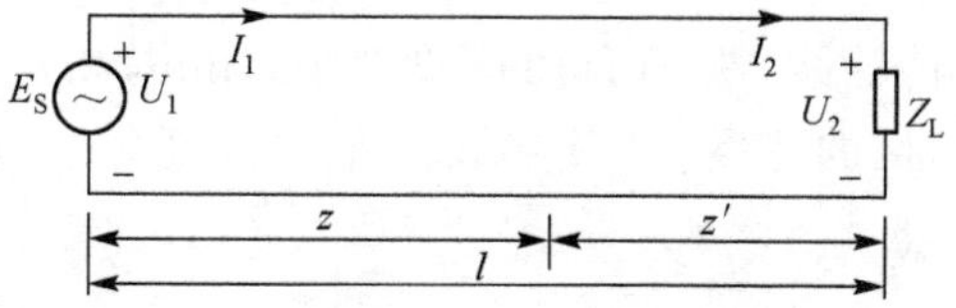

图 5-10 由端电压确定积分常数

联解上二式得

$$U^{+}=\frac{U_2+I_2Z_0}{2}e^{Kl},\quad U^{-}=\frac{U_2-I_2Z_0}{2}e^{-Kl}$$

将 U^{+}、U^{-} 代入式(5-24)和式(5-25)，得

$$U(z)=\frac{U_2+I_2Z_0}{2}e^{K(l-z)}+\frac{U_2-I_2Z_0}{2}e^{-K(l-z)}$$

$$I(z)=\frac{U_2+I_2Z_0}{2Z_0}e^{K(l-z)}-\frac{U_2-I_2Z_0}{2Z_0}e^{-K(l-z)}$$

为计算方便，选取由终端为起始点的坐标，即图 5-10 中的 $z'=l-z$，则以上二式变为

$$U(z')=\frac{U_2+I_2Z_0}{2}e^{Kz'}+\frac{U_2-I_2Z_0}{2}e^{-Kz'} \tag{5-26}$$

$$I(z')=\frac{U_2+I_2Z_0}{2Z_0}e^{Kz'}-\frac{U_2-I_2Z_0}{2Z_0}e^{-Kz'} \tag{5-27}$$

对于无耗传输线，$K=j\beta$，电压、电流表达式可写为

$$\begin{aligned}U(z')&=U_2\cdot\cos(\beta z')+jZ_0I_2\sin(\beta z')\\ I(z')&=I_2\cdot\cos(\beta z')+j\frac{U_2}{Z_0}\sin(\beta z')\end{aligned} \tag{5-28}$$

注意：$z'=0$ 对应终端，$z'=l$ 对应始端。

5.3.2　已知始端电压和电流

设始端电压 $U(0)=U_1$，电流 $I(0)=I_1$ 为已知，代入式(5-24)和式(5-25)得

$$U_1=U^{+}+U^{-}$$

$$I_1=\frac{1}{Z_0}(U^{+}-U^{-})$$

联解上二式得

$$U^{+}=\frac{U_1+I_1Z_0}{2},\qquad U^{-}=\frac{U_1-I_1Z_0}{2}$$

把 U^{+}、U^{-} 代回式(5-24)和式(5-25)，得

$$\begin{aligned}U(z)&=\frac{U_1+I_1Z_0}{2}e^{-Kz}+\frac{U_1-I_1Z_0}{2}e^{Kz}\\ I(z)&=\frac{U_1+I_1Z_0}{2Z_0}e^{-Kz}-\frac{U_1-I_1Z_0}{2Z_0}e^{Kz}\end{aligned} \tag{5-29}$$

对于无耗传输线，$K=j\beta$，电压、电流表达式可写为

$$\begin{aligned}U(z)&=U_1\cdot\cos(\beta z)-jZ_0I_1\sin(\beta z)\\ I(z)&=I_1\cdot\cos(\beta z)-j\frac{U_1}{Z_0}\sin(\beta z)\end{aligned} \tag{5-30}$$

例 5-1　无损耗平行板传输线，板间介质厚度为 0.4mm，相对介电常数为 2.25。若传输线的特性阻抗为 50Ω，求：①板的宽度；②传输线的单位长度分布电感 L_1 和电容 C_1；③电磁波的相位速度。

解　由表 5-1 可知

$$C_1=\frac{\varepsilon W}{d},\quad L_1=\frac{\mu_0 d}{W}$$

由式(5-25)知

$$Z_0 = \sqrt{\frac{L_1}{C_1}} = \sqrt{\frac{\mu_0}{\varepsilon}}\frac{d}{W}$$

(1)极板宽度

$$W = \sqrt{\frac{\mu_0}{\varepsilon}}\frac{d}{Z_0} = \frac{377 \times 0.4 \times 10^{-3}}{50 \times \sqrt{2.25}} = 2.0 \times 10^{-3} \quad (\text{m})$$

(2)L_0和C_1

$$L_1 = \frac{\mu_0 d}{W} = \frac{4\pi \times 10^{-7} \times 0.4}{2} = 2.51 \times 10^{-7} \quad (\text{H/m})$$

$$C_1 = \frac{\varepsilon W}{d} = \frac{10^{-9} \times 2.25 \times 2}{36\pi \times 0.4} = 99.5 \times 10^{-12} \quad (\text{F/m})$$

(3)相位速度

由式(5-35b)

$$v = \frac{\omega}{\beta} = \frac{1}{\sqrt{L_1 C_1}} = \frac{1}{\sqrt{\mu_0 \varepsilon}} = \frac{3 \times 10^8}{\sqrt{2.25}} = 2 \times 10^8 \quad (\text{m/s})$$

5.4 传输线特性参数

由式(5-24)和式(5-25)可看出,传输线上的电压波和电流波都由两项组成。其中,第一项表示沿($+z$)方向传播的行波,称为入射波,第二项表示沿($-z$)方向传播的行波,称为反射波。下面根据这个解来讨论传输线上波的传输特性参数。

5.4.1 特性阻抗

传输线的特性阻抗定义为行波电压与行波电流之比,由式(5-24)和式(5-25)得

$$Z_0 = \frac{U^+}{I^+} = \sqrt{\frac{R_1 + \mathrm{j}\omega L_1}{G_1 + \mathrm{j}\omega C_1}} \tag{5-31}$$

或

$$Z_0 = -\frac{U^-}{I^-}$$

可见,Z_0 只取决于传输线的分布参数和频率,而与传输线长度无关。

对于无损耗线,$R_1=0$,$G_1=0$,则

$$Z_0 = \sqrt{\frac{L_1}{C_1}} \tag{5-32}$$

几种常用传输线的特性阻抗如表 5-1 所示。

5.4.2 传播系数

式(5-23)已给出传播系数,可求出它的实部 α 和虚部 β

$$\alpha = \sqrt{\frac{1}{2}\left(\sqrt{(R_1^2 + \omega^2 L_1^2)(G_1^2 + \omega^2 C_1^2)} - (\omega^2 L_1 C_1 - R_1 G_1)\right)} \tag{5-33}$$

$$\beta = \sqrt{\frac{1}{2}\left(\sqrt{(R_1^2 + \omega^2 L_1^2)(G_1^2 + \omega^2 C_1^2)} + (\omega^2 L_1 C_1 - R_1 G_1)\right)} \tag{5-34}$$

衰减系数 α 表示传输线上单位长度行波电压(或电流)振幅的变化,相位系数 β 表示传输线上单位长度行波电压(或电流)相位的变化。

对于无损耗线,$R_1 = 0$, $G_1 = 0$,则

$$\alpha = 0 \tag{5-35a}$$

$$\beta = \omega\sqrt{L_1 C_1} \tag{5-35b}$$

5.4.3 输入阻抗

传输线上任一点的电压和电流的比值定义为该点朝负载端看去的输入阻抗,由式(5-29)得

$$Z_{\text{in}}(z') = \frac{U(z')}{I(z')} = \frac{U_2\cos(Kz') + I_2 Z_0 \sin(Kz')}{I_2\cos(Kz') + \dfrac{U_2}{Z_0}\sin(Kz')} = Z_0\frac{Z_L + Z_0\tan(Kz')}{Z_0 + Z_L\tan(Kz')} \tag{5-36}$$

式中,$Z_L = \dfrac{U_2}{I_2}$ 为终端负载阻抗,tan 是双曲正切函数。

对于无损耗线,$K = \text{j}\beta$,双曲正切函数变为正切函数,则式(5-36)变为

$$Z_{\text{in}}(z') = Z_0\frac{Z_L + \text{j}Z_0\tan(\beta z')}{Z_0 + \text{j}Z_L\tan(\beta z')} \tag{5-37}$$

1. 终端接匹配负载的输入阻抗

如果终端接匹配负载,$Z_L = Z_0$ 由式(5-36)知,

$$Z_{\text{in}} = Z_0$$

上式表明,当负载阻抗和特性阻抗相等时,传输线的入端阻抗和特性阻抗相等,且与线的长度无关。

2. 终端短路的输入阻抗

如果传输线终端短路,$Z_L = 0$,则长度为 L 传输线始端的输入阻抗

$$Z_{\text{in}}^{\text{S}} = \text{j}Z_0\tan\beta l \tag{5-37a}$$

式(5-37a)表明,一段终端短路的无耗均匀传输线的输入端阻抗具有纯电抗性质。电抗的性质和大小,随线的长度 l 变化而变化,如图 5-11(a)所示。当 l 小于 $\lambda/4$ 时,Z_{in}^{S} 随 l 增大而增加且呈感性;当 $\lambda/4 < l < \lambda/2$ 时,Z_{in}^{S} 随 l 增大而减小且呈容性;当 l 等于 $\lambda/4$ 时,输入端阻抗为无限大,表现为 LC 并联谐振性质;当 l 等于 $\lambda/2$ 时,输入端阻抗为 0,表现为 LC 串联谐振性质。线的长度每增加半个波长,输入端阻抗性质重复一次。

在实际应用中,可用短于 $\lambda/4$ 波长的终端短路线作为超高频电感元件,用等于 $\lambda/4$ 的短路线作为理想的并联谐振电路。

3. 终端开路的输入阻抗

如果传输线终端开路,$Z_L = \infty$,则长度为 l 传输线始端的输入阻抗。

$$Z_{\text{in}}^{\text{O}} = -\text{j}Z_0\cot\beta l \tag{5-37b}$$

可见,同终端短路一样,入端阻抗仍然呈现电抗性质。由 βl 决定是电感性质还是电容性质。

图 5-11(b)给出了阻抗随 l 的变化曲线。从图中可见,表现为感性和容性的线长范围恰与短路时相反。比较 a 和 b 两图可见,l 长的开路线入端阻抗等于 $l+\lambda/4$ 长的短路线的入端阻抗。

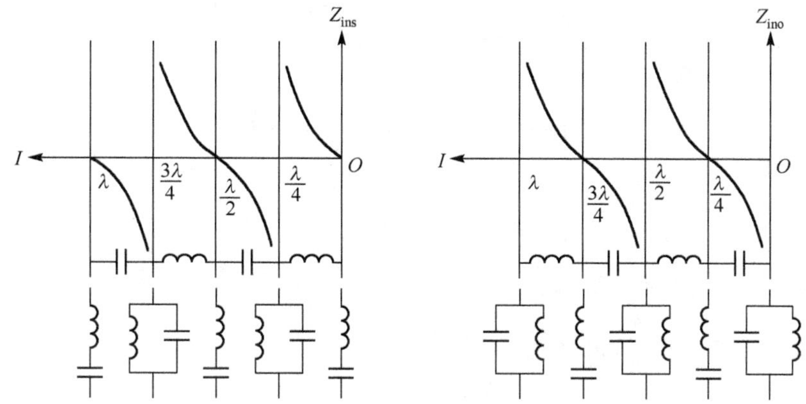

(a) 短路　　(b) 开路

图 5-11　短路和开路传输线输入阻抗

在实际应用中,可用短于 $\lambda/4$ 波长的终端短路线作为超高频的电容元件,用等于 $\lambda/4$ 的短路线作理想的串联谐振电路。

例 5-2　一特性阻抗为 500Ω 的平行双线传输线,两线间介质是空气。由 $f=1.5\text{MHz}$ 的正弦电源供电,终端负载为 $C=200\text{pF}$ 的电容器,试求:①终端到距离终端最近的电压波腹点及电压波节点的距离;②若电容器上的电压有效值 $U=400\text{V}$,计算波腹电压和波腹电流的有效值。

解　波长 $\lambda=\dfrac{v}{f}=\dfrac{1}{f\sqrt{L_1C_1}}=\dfrac{1}{150\times10^6\sqrt{\mu_0\varepsilon_0}}=200\quad(\text{m})$

①由于 l<λ/4 的开路线可等效为电容,所以终端接电容负载的传输线可以看成延长了一段长度 l 后的开路线,沿线电压和电流分布如图 5-12 所示,根据式(5-37b),

$$-\text{j}\frac{1}{\omega C}=-\text{j}Z_0\cot\left(\frac{2\pi}{\lambda}l\right)$$

所以,得

$$l=\frac{\lambda}{2\pi}\text{arccot}\left(\frac{1}{\omega CZ_0}\right)$$
$$=\frac{200}{2\pi}\text{arccot}\left(\frac{1}{2\pi\times1.5\times10^6\times200\times10^{-12}\times500}\right)=24.085\quad(\text{m})$$

终端到离终端最近的电压波腹点的距离:

$$l_1=\frac{\lambda}{2}-l=100-24.085=75.942\quad(\text{m})$$

终端到离终端最近的电压波节点的距离:

$$l_2=l_1-\frac{\lambda}{4}=75.942-50=25.942\quad(\text{m})$$

②波腹电压也就是开路线终端电压,由式(5-28)得

$$U(z')=U_2\cdot\cos(\beta z')+\text{j}Z_0I_2\sin(\beta z')$$

注意:图 5-10 建立的坐标系中 Z' 是离负载的距离。

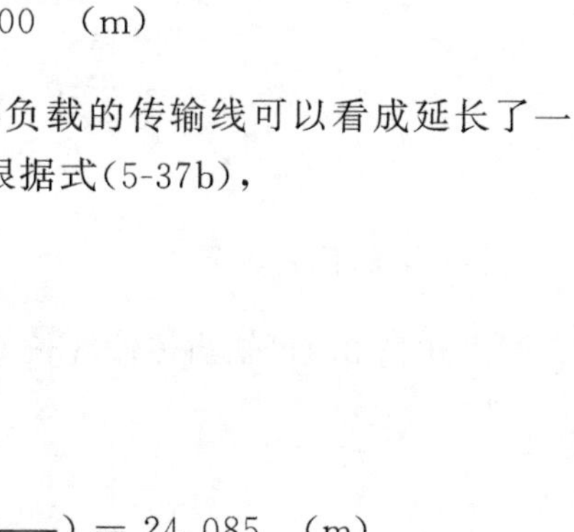

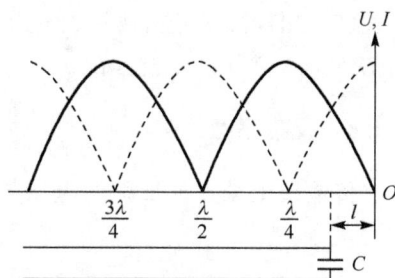

图 5-12　电容负载

$$U_C = U_2\cos\beta z' - 0 = U_2\cos\left(\frac{2\pi}{\lambda}\times 24.058\right) = 400$$

$$|U_2| = \frac{400}{\cos 43.30^\circ} = 549.662\text{V}$$

波腹电流距离终端 λ/4 处

$$I = 0 - \mathrm{j}\frac{U_2}{Z}\sin\left(\frac{2\pi}{\lambda}\cdot\frac{\lambda}{4}\right)$$

$$|I| = \frac{|U_2|}{Z_0} = \frac{549.662}{500} \approx 1.099\text{A}$$

4. 利用短路和开路测量特性阻抗

由开路和短路时输入阻抗的表达式，可知

$$Z_{\text{in}}^{O}\cdot Z_{\text{in}}^{S} = Z_0^2$$

$$Z_0 = \sqrt{Z_{\text{in}}^{O}\cdot Z_{\text{in}}^{S}} \tag{5-37c}$$

无耗传输线特性阻抗测量是基于式(5-37c)。只要测量出短路和开路的输入阻抗，就可以知道传输线的特性阻抗。

例 5-3 长度为 l=1.5m 的无损耗传输线（设 $l<\lambda/4$），当其终端短路时，测得入端阻抗 $Z_{\text{in}}^{S} = \mathrm{j}103\Omega$；当其终端开路时测得入端阻抗 $Z_{\text{in}}^{O} = -\mathrm{j}54.6\Omega$。试求该传输线得特性阻抗 Z_0 和传输常数 k。

解 根据式(5-37b)和式(5-37c)得

$$Z_0 = \sqrt{\mathrm{j}103\times(-\mathrm{j}54.6)}75\Omega$$

$$\beta = \frac{1}{1.5}\arctan\left(\sqrt{-\frac{\mathrm{j}103}{-\mathrm{j}54.6}}\right) = 0.628 \quad (\text{rad/m})$$

$$k = \mathrm{j}\beta = \mathrm{j}0.628 \quad (\text{rad/m})$$

5. λ/4 阻抗变换器

由式(5-37)可知当传输线长度 $l=\lambda/4$

$$Z_{\text{in}}\left(\frac{\lambda}{4}\right) = \frac{Z_0^2}{Z_{\text{L}}}$$

$$Z_0 = \sqrt{Z_{\text{in}}\left(\frac{\lambda}{4}\right)\cdot Z_{\text{L}}} \tag{5-37d}$$

由式(5-37d)可以知道，选用合适的特性阻抗的传输线，用 λ/4 的传输线可以实现两个阻抗；Z_{L}，$Z(\lambda/4)$ 之间的阻抗匹配。

5.4.4 反射系数

传输线上某点的反射波电压与入射波电压之比，定义为该点处的反射系数，即

$$\Gamma(z') = \frac{U^-(z')}{U^+(z')} \tag{5-38}$$

采用以传输线终端为起始点的坐标，即终端负载位于 $z'=0$，则据式(5-24)和式(5-25)得终端处的入射波电压和反射波电压分别为

$$U_2^+ = \frac{U_2 + I_2 Z_0}{2} \qquad U_2^- = \frac{U_2 - I_2 Z_0}{2}$$

入射波电流和反射波电流分别为

$$I_2^+ = \frac{U_2 + I_2 Z_0}{2Z_0} \qquad I_2^- = \frac{U_2 - I_2 Z_0}{2Z_0}$$

故式(5-24)和式(5-25)可表示为

$$U(z') = U_2^+ e^{Kz} + U_2^- e^{-Kz'}$$

$$I(z') = I_2^+ e^{Kz} - I_2^- e^{-Kz'}$$

按反射系数的定义得

$$\Gamma(z') = \frac{U^-(z')}{U^+(z')} = \frac{U_2^- e^{-Kz'}}{U_2^+ e^{Kz}} = \Gamma_2 e^{-2Kz'} \tag{5-39}$$

式中

$$\Gamma_2 = \frac{U_2^-}{U_2^+} = \frac{U_2 - I_2 Z_0}{U_2 + I_2 Z_0} = \frac{Z_L - Z_0}{Z_L + Z_0} = \left|\frac{Z_L - Z_0}{Z_L + Z_0}\right| e^{j\phi_2} = |\Gamma_2| e^{j\phi_2} \tag{5-40}$$

称为传输线的终端反射系数，则

$$\Gamma(z') = \Gamma_2 e^{-2Kz'} = |\Gamma_2| e^{-2\alpha z'} e^{-j2\beta z'} e^{j\phi_2} \tag{5-41}$$

对无损耗线，$\alpha = 0$，则

$$\Gamma(z') = |\Gamma_2| e^{-j2\beta z'} e^{j\phi_2}$$

同样，可定义电流反射系数。

$$\Gamma(z') = \frac{I^-(z')}{I^+(z')} = -\frac{U_2 - I_2 Z_0}{U_2 + I_2 Z_0} e^{-2Kz'} = -\Gamma_2 e^{-2Kz'} \tag{5-42}$$

可见，电流反射系数与用电压定义的反射系数只相差一负号，通常采用电压来定义反射系数。

反射系数与输入阻抗、负载阻抗、电压等量有关，这些量之间可以相互换算。

1. 反射系数与驻波比

传输线上一般都有反射波存在，反射波和入射波叠加形成了驻波。传输线上电压的最大值和最小值之比称为电压驻波比。

$$\text{VSWR} = \frac{U_{\max}}{U_{\min}} = \frac{|U^+| + |U^-|}{|U^+| - |U^-|} = \frac{1 + |\Gamma(z')|}{1 - |\Gamma(z')|}$$

由式(5-40)可知，如果 $Z_L = R_L$，即负载是一个电阻，则反射系数是一个实数。$R_L > Z_0$，则 $0 < \Gamma_2 < 1$ 正实数，负载处是电压的波腹；$R_L < Z_0$，则 $-1 < \Gamma_2 < 0$ 负实数，负载处是电压的波节。

2. 反射系数与电压和电流的关系

$$U(z) = U^+(z) + U^-(z) = U^+(z)\left(1 + \frac{U^-(z)}{U^+(z)}\right) = U^+(1 + \Gamma(z))$$

$$I(z) = I^+(z) + I^-(z) = I^+(z)(1 + \frac{I^-(z)}{I^+(z)}) = U^+(1 - \Gamma(z))$$

例 5-4 一信号发生器用一根特性阻抗 $Z_0 = 50\Omega$ 的无损耗传输线，同时输出给 $R_{L1} = 64\Omega$ 和 $R_{L2} = 25\Omega$ 的两个电阻负载。每个电阻各接一段 $\lambda/4$ 的阻抗变换器后再接 $Z_0 = 50\Omega$ 的传输

线，可以实现传输线阻抗匹配，且两个电阻得到相同的功率，如图 5-13 所示。求：①每一个 $\lambda/4$ 线的特性阻抗；②各 $\lambda/4$ 线上的驻波比。

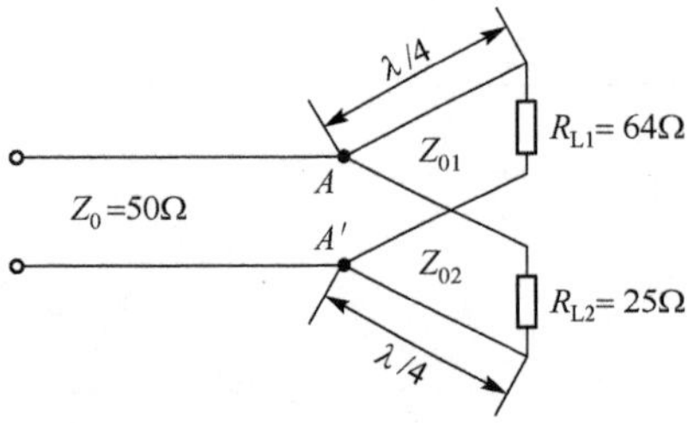

图 5-13　利用 $\lambda/4$ 传输线进行匹配

解　①匹配时，$A-A'$处的输入阻抗等于 50Ω，由于供给两个电阻相同的功率，所以

$$R_{i1}=R_{i2}=100\quad(\Omega)$$

$$Z_{01}=\sqrt{R_{i1}R_{L1}}=\sqrt{100\times 64}=80\quad(\Omega)$$

$$Z_{02}=\sqrt{R_{i2}R_{L2}}=\sqrt{100\times 25}=50\quad(\Omega)$$

②再匹配的情况下，主传输线上 $\Gamma=1$ 无反射波。在两个 $\lambda/4$ 线上的驻波比分别是

在特性阻抗为 Z_{01}的 $\lambda/4$ 线上

$$\Gamma_1=\frac{R_{L1}-Z_{01}}{R_{L1}+Z_{01}}=\frac{64-80}{64+80}=-0.11$$

$$\mathrm{VSWR}_1=\frac{1+|\Gamma_1|}{1-|\Gamma_1|}=\frac{1+0.11}{1-0.11}=1.25$$

在特性阻抗为 Z_{02}的 $\lambda/4$ 线上

$$\Gamma_2=\frac{R_{L2}-Z_{02}}{R_{L2}+Z_{02}}=\frac{25-50}{25+50}=-0.333$$

$$\mathrm{VSWR}_2=\frac{1+|\Gamma_2|}{1-|\Gamma_2|}=\frac{1+0.333}{1-0.333}=2.0$$

例 5-5　一特性阻抗为 50Ω 的无损耗传输线上接一未知负载阻抗，其电压驻波比 $VSWR$ 为 3.0。两相邻电压最小值之间的距离是 20cm，且第一个最小值距离负载端是 5cm，求负载阻抗。

解　两相邻电压最小值之间的距离是半个波长，所以

$$\lambda=2\times 0.2=0.4\quad(\mathrm{m})\qquad\qquad \beta=\frac{2\pi}{\lambda}=5\pi\quad(\mathrm{rad/m})$$

由上述可知，电压最小点处的入端阻抗为一个纯电阻，而且有

$$R=\frac{Z_0}{\mathrm{VSWR}}=\frac{50}{3}=16.7\quad(\Omega)$$

传输线长度每增加半个波长，Z_{in} 重复出现一次，可知，负载阻抗可以看成与 R 相距 $0.5\lambda-0.05=0.15$m处的输入阻抗，根据式(5-37)

$$Z_{in}=Z_L=Z_0\,\frac{R+\mathrm{j}Z_0\tan(\beta l)}{Z_0+\mathrm{j}R\tan(\beta l)}$$

$$=50\,\frac{\dfrac{50}{3}+\mathrm{j}50\tan(5\pi\times 0.15)}{\dfrac{50}{3}+\mathrm{j}\,\dfrac{50}{3}\tan(5\pi\times 0.15)}=30-\mathrm{j}40\quad(\Omega)$$

根据输入阻抗的定义，反射系数与输入阻抗的关系如下：

$$Z_{in}(l)=\frac{U(l)}{I(l)}=\frac{U^+(1+\Gamma(l))}{I^+(1-\Gamma(l))}=Z_0\,\frac{1+\Gamma(l)}{1-\Gamma(l)}$$

由此可见，如果终端接反射系数不为 0 的负载，则不同长度的传输线输入端的阻抗不同。

5.5 传输线的工作状态

传输线的工作状态取决于传输线终端所接的负载，本节就以终端负载状况为出发点来进行分析。

5.5.1 行波状态

行波状态即传输线上无反射波出现，只有入射波的工作状态。由式(5-26)和式(5-27)可看出，当传输线终端负载阻抗等于传输线的特性阻抗，即 $Z_L = Z_0$ 时，等式右端第二项(反射波)就为零。线上只有入射波(反射系数为零)。此时

$$U(z') = \frac{U_2 + I_2 Z_0}{2} e^{Kz'} = U_2^+ e^{Kz'} \tag{5-43}$$

$$I(z') = \frac{U_2 + I_2 Z_0}{2Z_0} e^{Kz'} = I_2^+ e^{Kz'} \tag{5-44}$$

对于无损耗线，$K = j\beta$，则

$$U(z') = U_2^+ e^{j\beta z'} = |U_2^+| e^{j\theta_2} e^{j\beta z'} \tag{5-45}$$

$$I(z') = I_2^+ e^{j\beta z'} = |I_2^+| e^{j\theta_2} e^{j\beta z'} \tag{5-46}$$

式中，θ_2 是 U_2^+ 的初相角，因 $Z_L = Z_0$ 是纯电阻，故此处的 $\theta_2 = \phi_2$ 。将式(5-45)和式(5-46)表示为瞬时值形式。

$$u(z',t) = R_e(U(z')e^{j\omega t}) = |U_2^+| \cos(\omega t + \beta z' + \phi_2) \tag{5-47}$$

$$i(z',t) = R_e(I(z')e^{j\omega t}) = |I_2^+| \cos(\omega t + \beta z' + \phi_2) \tag{5-48}$$

图 5-14 表示行波状态下沿传输线的电压、电流分布。可见，沿无损耗传输线电压、电流的振幅不变，而相位则随 z' 的减小(即入射波由源端朝向负载推进)而连续滞后，这是行波前进的必然结果。

由式(5-37)可看出，当 $Z_L = Z_0$ 时，有 $Z_{in}(z') = Z_0$，即沿线各点的输入阻抗均等于其特性阻抗，与频率无关。

综上所述，行波状态下的无损耗线有如下特点：①沿线电压，电流振幅不变；②电压、电流同相；③沿线各点的输入阻抗均等于其特性阻抗。

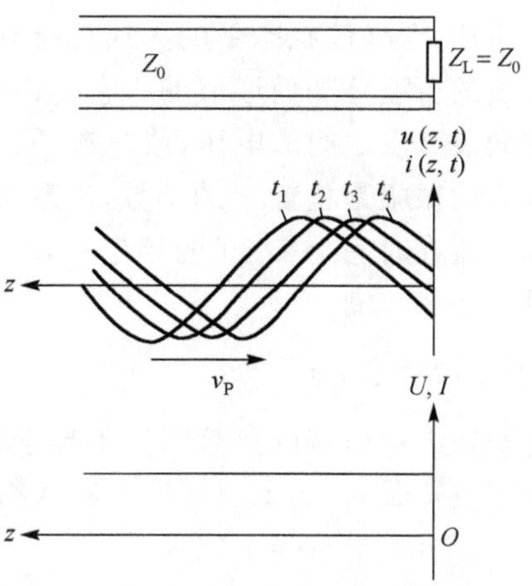

图 5-14 行波状态下沿线的电压电流分布

5.5.2 驻波状态

由式(5-40)可看出，当 $Z_L=0$，$Z_L=\infty$ 或 $Z_L=\pm jX_L$ 时，都有 $|\Gamma_2|=1$，即当传输线终端短路，开路或接纯电抗性负载时，都将产生全反射。入射波和反射波叠加形成驻波，传输线工作在全驻波状态，下面以 $Z_L=0$ 为例来分析传输线工作在全驻波状态时的特性。

由式(5-22)，当 $Z_L=0$ 时，$\rho_2=-1$，故 $U_2^-=\rho_2 U_2^+=-U_2^+=|U_2^+|e^{j(\phi_2+\pi)}$ 时，则

$$U(z')=U_2^+e^{j\beta z'}+U_2^-e^{-j\beta z'}=U_2^+(e^{j\beta z'}-e^{-j\beta z'})=j2|U_2^+|e^{j(\phi_2+\pi)}\sin(\beta z') \tag{5-49}$$

同样可得

$$I(z')=\frac{2|U_2^+|e^{j(\phi_2+\pi)}}{Z_0}\cos(\beta z') \tag{5-50}$$

表示为瞬时值形式(Z_0为实数时)。

$$u(z',t)=2|U_2^+|\sin(\beta z')\cos\left(\tilde{\omega}t+\phi_2+\frac{\pi}{2}\right) \tag{5-51}$$

$$i(z',t)=\frac{2|U_2^+|}{Z_0}\cos(\beta z')\cos(\tilde{\omega}t+\phi_2) \tag{5-52}$$

图 5-15 表示驻波状态下电压、电流沿线的瞬时分布曲线和振幅分布曲线。由式(5-37)可知，当 $Z_L=0$ 时，输入阻抗 $Z_{in}(z')=jZ_0\tan(\beta z')$ 是一个纯电抗，随 z' 值不同，传输线可以等效为一个电容，或一个电感，或一个谐振电路。

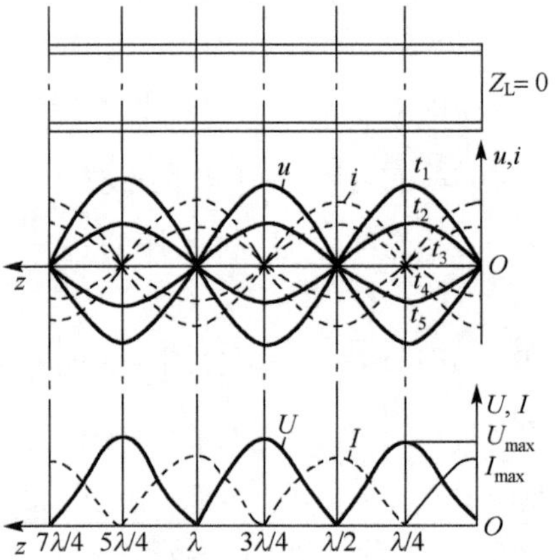

图 5-15　终端短路线上的驻波电压和电流

综上所述，全驻波状态下的无损耗线有如下特点：①全驻波是在满足全反射条件下，由两个相向传输的行波叠加而形成的。它不再具有行波的传输特性，而是在线上作简谐振荡。表现为相邻两波节点之间的电压(或电流)同相，波节点两侧的电压(或电流)反相。②传输线上电压和电流的振幅是位置 z' 的函数，出现最大值(波腹点)和零值(波节点)。③传输线上各点的电压和电流在时间上有 90°的相位差，在空间位置上也有 90°的相移，因此传输线在全驻波状态下没有功率传输。

5.5.3　混合波状态

当传输线终端所接的负载阻抗不等于特性阻抗，也不是短路、开路或接纯电抗性负载，而是接任意阻抗负载时，线上将同时存在入射波和反射波，两者叠加形成混合波状态。对于无损耗线，线上的电压、电流表示式为

$$\begin{aligned}U(z')&=U_2^+e^{j\beta z'}+U_2^-e^{-j\beta z'}=U_2^+e^{j\beta z'}+\rho_2U_2^+e^{-j\beta z'}\\&=U_2^+e^{j\beta z'}+2\rho_2U_2^+\frac{e^{j\beta z'}+e^{-j\beta z'}}{2}-\rho_2U_2^+e^{j\beta z'}\\&=U_2^+e^{j\beta z'}(1-\rho_2)+2\rho_2U_2^+\cos(\beta z')\end{aligned} \tag{5-53}$$

$$I(z')= I_2^+ e^{j\beta z'} - I_2^- e^{-j\beta z'} = I_2^+ (1-\rho_2) e^{j\beta z'} + j2\rho_2 I_2^+ \sin(\beta z') \tag{5-54}$$

由式(5-53)和式(5-54)可看出，线上的电压、电流皆由两项构成，前一项为行波分量，后一项为驻波分量。混合波状态下的电压、电流振幅分布如图 5-16 所示。

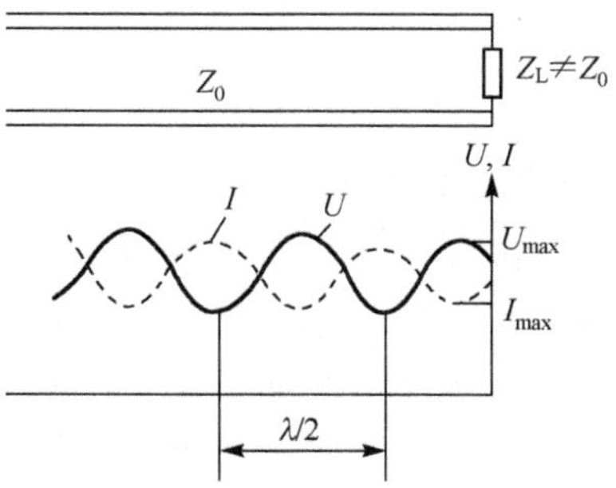

图 5-16　混合波状态下的电压、电流振幅分布

为了定量描述传输线上的行波分量和驻波分量，引入驻波系数。传输线上最大电压(或电流)与最小电压(或电流)的比值，定义为驻波系数或驻波比。电压驻波比 VSWR 表示为

$$\mathrm{VSWR} = \frac{|U_{\max}|}{|U_{\min}|} \tag{5-55}$$

驻波系数和反射系数的关系可导出如下：

$$U(z') = U^+(z') + U^-(z') = U^+(z')\left(1 + \frac{U^-(z')}{U^+(z')}\right) = U^+(z')(1+\rho(z'))$$

故得

$$|U|_{\max} = |U_2^+|(1+|\Gamma_2|), \qquad |U|_{\min} = |U_2^+|(1-|\Gamma_2|)$$

则

$$\mathrm{VSWR} = \frac{|U|_{\max}}{|U|_{\min}} = \frac{1+|\Gamma_2|}{1-|\Gamma_2|} \tag{5-56}$$

由此可见，当传输线工作在行波状态时，$|\Gamma_2|=0$(无反射)，则 VSWR＝1；当传输线工作在驻波状态时，$|\Gamma_2|=l$(全反射)，则 VSWR＝∞；当传输线工作在混合波状态时，$|\Gamma_2|<1$(部分反射)，则 1＜VSWR＜∞。

5.6　传输线对信号完整性的影响

5.6.1　传输线的时域解

在 5.4 节中分析了传输线的正弦稳态解或频域解，在分析中传输线的激励源的限定为正弦形式，而且假定正弦源加入的时间足够长以至于瞬态分量已经衰减为零，而只剩下正弦稳态分量。时域解给出的完全解应是瞬态解加上稳态解。下面讨论求解传输线电压的图示方法，以便了解反射系数如何影响电压波形。

下面以图示的方法介绍传输线的时域解。

无耗传输线的方程的通解见式(5-24)，由以正向传播的波和反向传播的波两项构成。将其改写成在时域的表达式(5-57)。

$$U(z,t) = U^+\left(t-\frac{z}{v}\right) + U^-\left(t+\frac{z}{v}\right) \tag{5-57a}$$

$$I(z,t) = \frac{1}{Z_0}U^+\left(t-\frac{z}{v}\right) - \frac{1}{Z_0}U^-\left(t+\frac{z}{v}\right) \tag{5-57b}$$

式中，Z_0 是传输线的特性阻抗：

$$Z_0 = \sqrt{\frac{L}{C}} = vL = \frac{1}{vC} \tag{5-58a}$$

特性阻抗 Z_0 是实数，传输线上波的传播速度为

$$v = \frac{1}{\sqrt{LC}} = \frac{1}{\sqrt{\mu\varepsilon}} \tag{5-58b}$$

式中，导体周围的媒质的特性参数为 μ 和 ε 。在非均匀媒质中的传输线仍可应用这些公式，但要用 $\varepsilon = \varepsilon_0 \varepsilon_r'$ ，而 ε_r' 为等效介电常数。式(5-57)给出的解的一般形式是用函数 $U^+(t-z/v)$ 和 $U^-(t+z/v)$ 的形式来表示的。这些函数的精确形式可以由激励源的时域函数 $V_S(t)$ 来确定。函数 U^+ 代表向负载方向传播的前向行波。函数 U^- 代表由负载向源端方向传播的后向行波。完全解由这两个行波之和构成。特性阻抗决定了每一个波的电流与电压的关系：

$$I^+(z,t) = \frac{1}{Z_0}U^+(t - \frac{z}{v}) \tag{5-59a}$$

$$I^-(z,t) = \frac{1}{Z_0}U^-(t - \frac{z}{v}) \tag{5-59b}$$

设传输线的长度为 l ，在负载端 $z = l$ 处的前向和后向行波由负载的反射系数联系起来：

$$\Gamma_L = \frac{U^-}{U^+} = \frac{R_L - Z_0}{R_L + Z_0} \tag{5-60}$$

因此，负载端的反射波可以利用反射系数从入射波得到：

$$U^-\left(t + \frac{l}{v}\right) = \Gamma_L U^+\left(t - \frac{l}{v}\right) \tag{5-61}$$

式(5-60)给出的反射系数仅适用于电压。电流反射系数可以通过把式(5-60)代入式(5-59)中推导出来，因此

$$I^-(t + \frac{l}{v}) = -\Gamma_L I^+(t - \frac{l}{v}) \tag{5-62}$$

负载端反射波的不连续性如图 5-17 所示。反射过程可以看做由镜面所产生的反射波 U^- ，即对 U^+ 的复制并翻转。所有在 U^- 波形上的点都是 U^+ 波形上的相应点乘以 Γ_L 。负载上的总电压 $U(l,t)$ ，是负载端在某一时刻所存在的各个波的总和。

下面讨论传输线源端部分，如图 5-18 所示。一开始把源接入传输线时，可以断定前向波将沿传输线传播。因为入射波在没有到达负载端时不会产生反射波，前向行波到达负载端所需时间 $T_D = l/v$ 。在负载端被反射的入射波部分将需要额外的时间 T_D 才能重新回到源端 $z = 0$ 处。因此，在 $0 \leqslant t \leqslant 2l/v$ 时，不会在 $z = 0$ 处出现反向行波，而在任意小于 $2\,T_D$ 的时刻，$z = 0$ 处的总电压和总电流也仅包含前向行波，U^+ 和 I^+ 。因此，

$$U(0,t) = U^+\left(t - \frac{0}{v}\right) \tag{5-63a}$$

$$I(0,t) = I^+\left(t - \frac{0}{v}\right) = \frac{U^+\left(t - \frac{0}{v}\right)}{Z_0} \tag{5-63b}$$

由于在 $0 \leqslant t \leqslant 2l/v$ 的时刻，传输线上输入端总电压和总电流之比是 Z_0 ，如式(5-63)所示。所以在该时间段内，传输线看上去具有输入电阻 Z_0 ，如图 5-18(b)所示。因此，初始的前向行波电压、电流与电源电压的关系为

$$U(0,t) = \frac{Z_0}{R_S + Z_0}U_S(t) \tag{5-64a}$$

$$I(0,t) = \frac{U_S(t)}{R_S + Z_0} \tag{5-64b}$$

初始波与电源电压的波形相同。

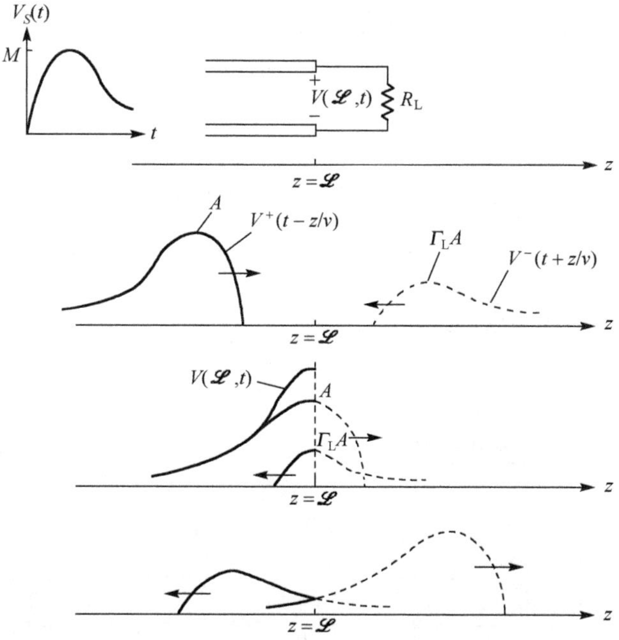

图 5-17 波在终端的反射

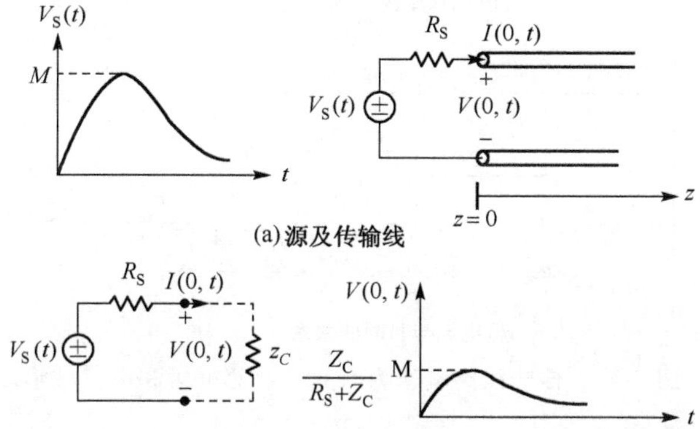

(a) 源及传输线

(b) $t<2\frac{\mathscr{L}}{v}$ 时，连接负载的传输线输入端的电压

图 5-18 波到达负载端反射以前从传输线输入端看进去的等效电路

初始的电波向负载端传播，脉冲前沿到达负载端需要时间 $T_D = l/v$。当脉冲到达负载端时，就会产生反射脉冲，如图 5-17 所示。反射脉冲又需要 $T_D = l/v$ 的时间，其脉冲前沿才能到达源端。在源端，可以得到电压反射系数为

$$\Gamma_S = \frac{R_S - Z_0}{R_S + Z_0} \tag{5-65}$$

即入射波（即负载端的反射波）和该入射波的反射部分（即再反射回负载端的波）的比值。因此，在源端产生的前向波形与在负载端产生的波的波形相同。该前向行波具有与入射的后向行波（由源发出的最初的脉冲在负载端被反射回来）相同的波形，但是入射波相应点上的波减

小了 Γ_S 。这个反射过程在源端和负载端持续重复进行下去。在任一时刻传输线上任意点上的总电压(电流)都是存在于传输线各点上的所有电压(电流)波的总和,如式(5-57)。

例 5-6　考虑如图 5-19(a)所示的传输线。在 $t=0$ 时刻,传输线上接入 30V 的源阻抗为 0 的电池。传输线总长 $\zeta=400\text{m}$,波的传播速度为 $v=200\text{m}/\mu\text{s}$,特性阻抗为 $Z_0=50\Omega$ 。传输线的终端接有 100Ω 的电阻,求传输线输出端,$z=\zeta$ 处的电压随时间的变化关系

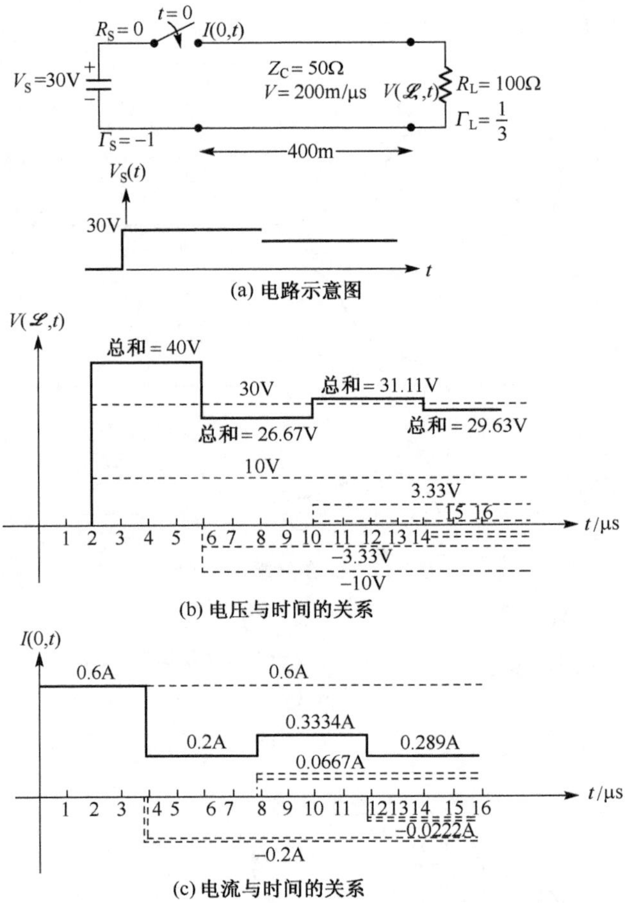

图 5-19　传输线终端作为时间函数的电压和电流波形

解　负载端的反射系数为

$$\Gamma_L=\frac{100-50}{100+50}=\frac{1}{3}$$

源端的反射系数为

$$\Gamma_S=\frac{0-50}{0+50}=-1$$

单向传输时间为　　$T_D=l/v=2\quad(\mu\text{s})$

负载第一次反射电压为

$$U_{L1}^{-}=\Gamma_L U^{+}=30\times\frac{1}{3}=10\quad(\text{V})$$

$U_{L1}^{-}=10\text{V}$ 电压波到达源端时间为

$$t=4\quad(\mu\text{s})$$

源端第一次反射电压为

$$U_{S1}^{+} = \Gamma_S \Gamma_L 30 = -10 \quad (V)$$

$U_{S1}^{+} = -10V$ 电压波反射回负载端时间为

$$t = 6 \quad (\mu s)$$

负载第二次反射电压为

$$U_{L2}^{-} = \Gamma_L \Gamma_S \Gamma_L 30 = -3.33 \quad (V)$$

在 $z = l$ 处这些波的总和，如图 5-19(b)中的虚线所示，而总电压用实线表示。注意：在瞬态期间，负载端的电压振荡幅度约为 30V，但是逐渐向所期望的稳态值 30V 收敛。

如图 5-19 所示的图形中包含瞬态过程。为了画出负载端的电流 $I(l,t)$，可以把负载端的电压用 R_L 去除，也可以直接通过电流反射系数 $\Gamma_S = 1$ 和 $\Gamma_L = -\frac{1}{3}$ 及初始电流脉冲 $30V/Z_0 = 0.6A$ 来直接得到电流波形。在传输线输入端的电流如图 5-19(c)所示。可观察到该电流在所期望的稳态值 $30V/R_L = 0.3A$ 左右振荡。

例 5-7 如图 5-20(a)所示的同轴电缆。源端电压为 100V 的、持续时间为 6μs 的脉冲。设传输线的单位长度电容和单位长度电感分别为 $c=100pF/m$ 和 $l=0.25\mu H/m$。该传输线的特性阻抗为

$$Z_C = \sqrt{\frac{l}{c}} = 50 \quad (\Omega)$$

传播速度为

$$v = \frac{1}{\sqrt{lc}} = 200 \quad (m/\mu s)$$

源端电阻为 150Ω（$R_S = 150\Omega$），负载端短路（$R_L = 0\Omega$）。画出传输线输入端的电压。

解 源端的反射系数为

$$\Gamma_S = \frac{100-50}{100+50} = \frac{1}{3}$$

负载端的反射系数为

$$\Gamma_L = \frac{0-50}{0+50} = -1$$

单向时延为

$$T_D = \frac{l}{v} = 2 \quad (\mu s)$$

初始时刻发送的电压为

$$\frac{50}{150+50} \times 100 = 25 \quad (V)$$

入射电压和反射电压如图 5-20(b)中带有箭头的虚线所示，箭头用来表示电磁波是向前传播的还是向后传播的。入射脉冲被发送至负载端，经过一次时延 2μs 后到达，在负载端又反射回一个 −25V 的脉冲，该脉冲在经过另一个 2μs 的时延后到达源端。这个反射回来的脉冲又被反射回去而幅度变为 −12.5V，它在 2μs 之后到达负载端，又在负载端被反射回来，幅度仍为 12.5V，再经过 2μs 后又到达源端。这个过程如图 5-20 所示地持续下去。将源端所有的入射脉冲和反射脉冲相加就得到了图中用实线表示的总电压。很明显，总电压将衰减为零，因为它应该处于稳定状态。

可以观察到在这个例子中，6μs 的脉冲宽度是单向时延的三倍。因此初始时刻发送的脉冲和到达的脉冲(即为在负载端反射的脉冲)叠加在一起。

可以写出源端，$z = l$ 处的电压表达式：

$$U(l,t) = \frac{Z_C}{R_S + Z_C}((1+\Gamma_L)U_S(t-t_D) + (1+\Gamma_L)\Gamma_S\Gamma_L U_S(t-3T_D) + (1+\Gamma_L)(\Gamma_S\Gamma_L)^2 U_S(t-5T_D) + (1+\Gamma_L)(\Gamma_S\Gamma_L)^3\Gamma_L U_S(t-7T_D) + \cdots) \tag{5-66}$$

可见,总电压即为源端电压波形和延迟了多个单向时延 T_D 后的电压波形之和。虽然负载端电压可以由式(5-66)得到,但是采用“追踪单个入射波和反射波”,并且在任意时刻将当时所有的波形叠加起来的方法更简单。就像在前面的例子中通过图形来完成一样。可观察到,如果传输线在负载端匹配,$R_L = Z_C$,那么负载端的反射系数为0,即 $\Gamma_L = 0$,式(5-66)也可简化为

$$U(l,t) = \frac{Z_C}{R_S + Z_C} U_S(t - T_D)$$

在这种情况下,传输线唯一的影响就是时延,传输线的输入电压和输出电压相等;该传输线不使信号波形畸变。

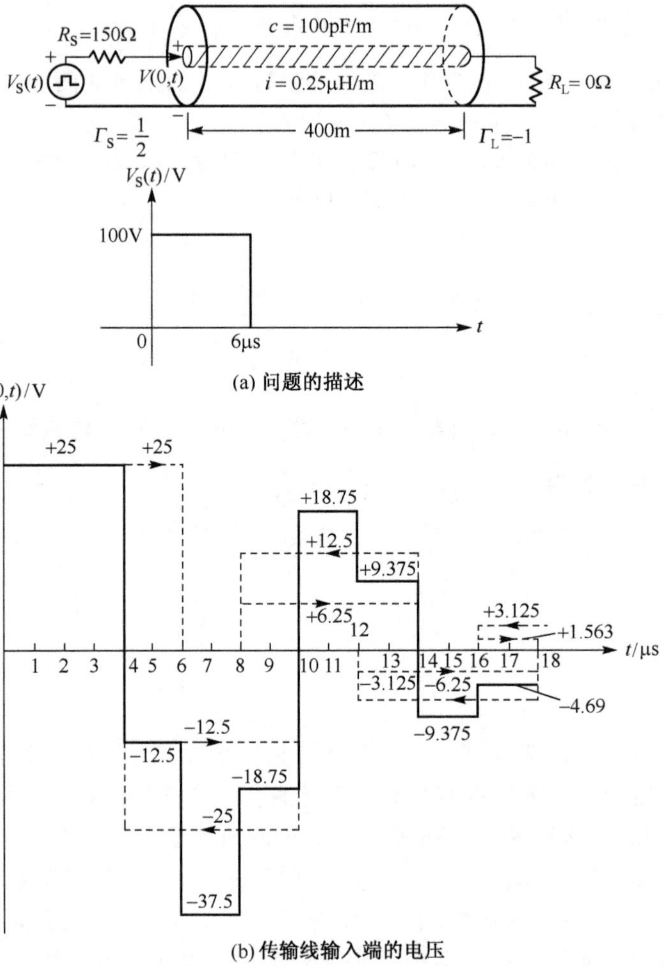

(a) 问题的描述

(b) 传输线输入端的电压

图 5-20　脉冲宽度大于延迟时间的终端电压

5.6.2　信号完整性

信号完整性在电子设计方面有两方面的含义——信号的时序和质量,即信号是否在正确的时间到达目的地及信号到达目的地时其状态是否依然良好。信号完整性分析的目标是保证可靠的高速数据传输。在一个数字系统中,信号以逻辑电平1或0的形式从一个组件传输到另一个组件。它们分别对应一定的参考电压电平。在接收输入端电压高于参考值 V_{ih} 时,认

为是逻辑高;而电压低于参考值 V_{il} 认为逻辑低。图 5-21(a)给出了在逻辑电平理想电压波形,而图 5-21(b),给出系统的实际电压波形。如果图中的信号波形由于过振铃而处于逻辑灰色区域时,逻辑状态不能可靠地检测出来。

由 5.5 节可知,不匹配的传输线之所以会导致波形的畸变是由于在不匹配负载处的反射造成的。如果传输线的横截面尺寸改变了,传输线的特性阻抗就会发生改变,会在传输线的不连续处产生反射。这些带状线往往通过过孔从一层转到另一层。过孔即 PCB 上从一层到另一层之间的连接孔,用于连接相应层上的带状线。显然,通过过孔从一层传输到另一层的信号将会遇到不连续面,因此特性阻抗会发生改变。这一节研究为了达到信号完整性目标,应如何分析和抑制不匹配的影响。

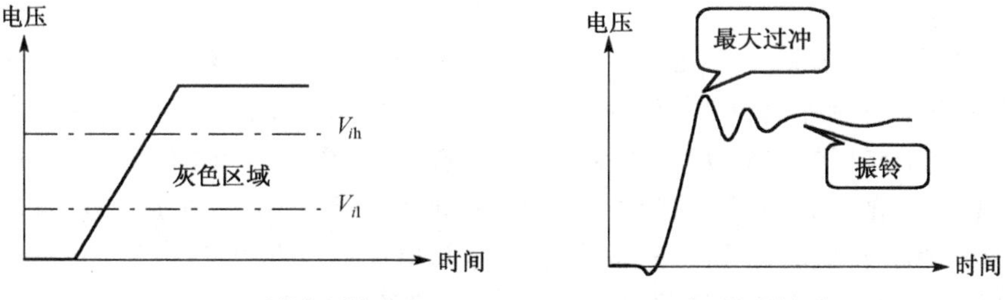

(a)理想电压波形　(b)实际电压波形

图 5-21　电压波形

作为一说明连接线之间相互影响的实例,考虑一 CMOS 反向器,其通过微带线上的一对带状线与另一个 CMOS 反向器相连,如图 5-22(a)所示。微带线由宽为 100mil、位于厚为 62mil 的 $FR-4(\varepsilon_r=4.7)$基板上的带状线组成,如图 5-22(b)所示。利用微带线的公式,计算出每单位长度的电感和电容为 $l=0.335\mu H/m$ 及 $c=117.5pF/m$。其有效相对介电常数为 $\varepsilon_r'=3.54$。计算出其特性。

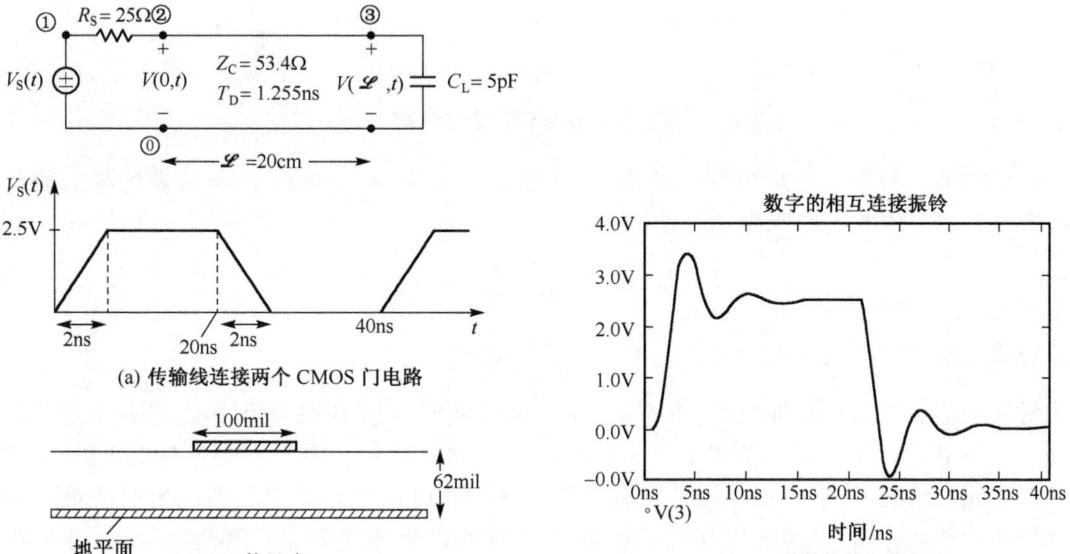

(a) 传输线连接两个 CMOS 门电路

(b) PCB 的尺寸

(c) 传输线输出端电压

图 5-22　一典型的信号完整性问题

阻抗为 $Z_C = \sqrt{l/c} = 53.4\Omega$ 。传播速度为 $v = v_0/\sqrt{\varepsilon_r} = 1.59\times10^8\,\text{m/s}$ 。传输线的总长度为 20cm,单向时延为 $T_D = \mathcal{L}/v = 1.25\text{ns}$。源(门电路 1 的输出)由 2.5V,25MHz 的脉冲串表示,该脉冲串具有 2ns 的上升/下降时间和 50%的占空比。源阻抗为 25Ω,代表 CMOS 反向器典型的输出阻抗。负载由一个 5pF 的电容表示,模拟了 CMOS 的输入。可以利用电路仿真程序 SPICE 模拟这一系统从而求出传输线的输入电压 $V(0,t)$,和输出电压 $V(l,t)$ 。

传输线输出端(第二个门电路的输入端)的电压曲线如图 5-22(c)所示,图中显示了由传输线的不匹配而产生的振铃现象。该振铃现象可能导致电平进入逻辑“0”与逻辑“1”之间的“灰色区域”,从而引起逻辑错误。

5.6.3 信号完整性的匹配方案

传输线的源和负载如果不匹配会导致接收到的电压波形与所发送的波形之间产生很大差异。因此,不匹配会影响信号的完整性。解决这一问题最常用的匹配方案为串联匹配,如图 5-23 所示。对于典型的 CMOS 门电路,它们的源(输出)阻抗都比 PCB 传输线的特性阻抗小。因此,在传输线的输入端(驱动门的输出端)再加上一个电阻 R,如 $R_S + R = Z_0$ 这样,便在源端实现了传输线的匹配。开始发送的电压波形其电平等于源电压电平的一半,$V_0/2$ 。典型地,负载的输入阻抗可近似为开路状态,因此,负载的反射系数为 $\Gamma_L = +1$ 。在这种情况下,入射波在负载上发生全反射,得负载端的总电压为 $V_0/2 + V_0/2 = V_0$ 。因此,负载电压上升至 V_0 ,而源端由于匹配,反射回源端的电压波不会再次产生反射,实现了信号完整性的目标。串联匹配的另一个优点在于,对于开路负载,没有电流流过传输线和电阻 R,因此电阻不消耗功率。

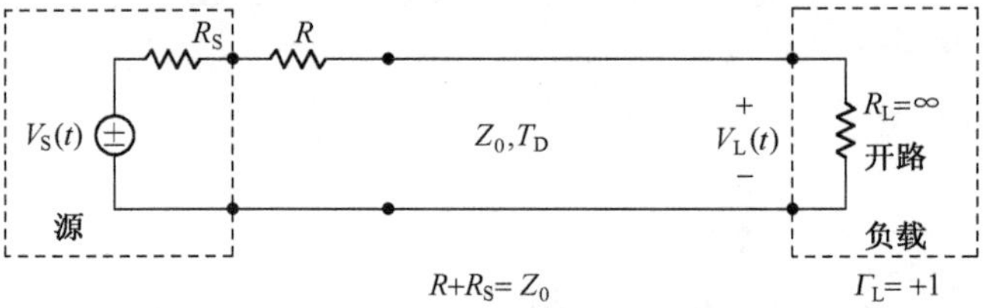

图 5-23 传输线的串联匹配

匹配的第二种方案是并联匹配,如图 5-24 所示。其中,将一电阻 R 与负载并联。通过对 R 的选择来实现传输线的匹配:

$$R//R_L = \frac{RR_L}{R+R_L} = Z_C$$

传输线输入端的入射电压波为 $$V_i = \frac{Z_0}{R_S + Z_0}V_0$$

该入射波到达负载时被全部吸收,没有反射波。对于并联匹配存在两个弊端。第一,负载电压总是小于源电压 V_0 。例如,假设 $R_S = 25\Omega$, $Z_C = 50\Omega$ 和 $V_0 = 5\text{V}$ 。则负载电压为 3.33V。在并联匹配的情况下,反射波不会使负载电压上升到源电压电平。并联匹配情况的第二个弊端就是即使负载开路,当源处于高电平状态时,传输线也将传送电流。因此,匹配电阻 R 将消耗功率。

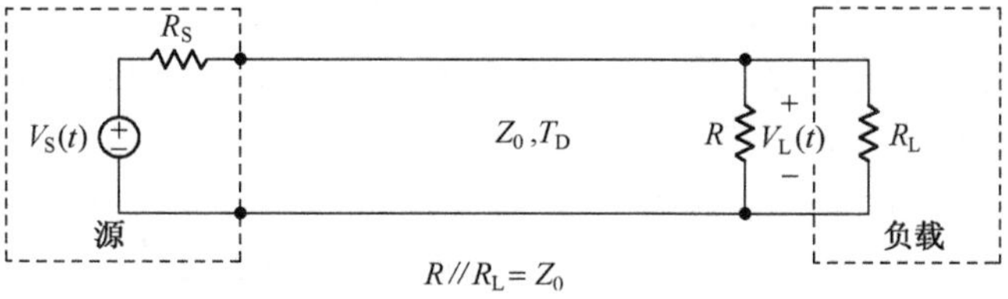

图 5-24 传输线的并联匹配

5.6.4 传输线不需要考虑匹配的条件

为了在传输线的输出端得到想要的电平和波形，并不总是要求传输线匹配。那么什么时候不要求传输线匹配呢？一种典型的情况就是传输线非常“短”。由于梯形脉冲的频谱分量主要集中在一定带宽内，

$$\mathrm{BW} = \frac{1}{\tau_r} \tag{5-67}$$

式中，τ_r 为脉冲的上升时间。可以忽略传输线的分布参数影响的判断准则是传输线在最高频率上是电小尺寸的：

$$\zeta < \frac{1}{10}\frac{v}{f_{max}} \tag{5-68}$$

式中，v 是传输线上信号的传播速度。将 $f_{max} = 1/\tau_r$ 代入式(5-67)，得

$$T_D = \frac{\zeta}{v} < \frac{1}{10}\tau_r \tag{5-69a}$$

或

$$\tau_r > 10T_D \tag{5-69b}$$

因此，如果脉冲上升时间大于 10 倍的传输线单向时延，那么传输线的任何失配都不会使输出波形产生严重的降级。

习 题

1. 有一无损耗的同轴电缆长为 10m，内外导体间的电容为 600pF。若电缆的一端短路，另一端接有一脉冲信号发生器，则发现一个脉冲信号来回一次需 0.1μs，问该电缆的特性阻抗 Z 是多少？

2. 一无损耗的传输线，特性阻抗为 75Ω，终端接有负载 $Z_L=R_L+jX_L$。①要使沿线驻波比为 3，求 R_L 和 X_L 关系；②若 $R_L=150\Omega$，求 X_L；③在②的情况下，求离负载最近的电压最小点距负载的距离。

3. 一无损耗的传输线的特性阻抗 $Z=75\Omega$，终端接负载阻抗 $Z_L=(100-j50\Omega)$，求：①传输线的反射系数 Γ；②传输线的电压电流表示式；③距负载第一个电压波节点和电压波腹点的距离 Z_{min1} 和 Z_{max1}。

4. 平行双线转输线的线间距 $D=8$cm，导线的直径的 $d=1$cm，周围是空气，试计算：①分布电感和分布电容；② $f=600$MHz 时的相位常数和特性阻抗(设 $R_1=0, G_1=0$)

5. 同轴线的外导体半径 $b=23$mm，内导体半径 $a=10$mm，填充介质分别为空气和 $\varepsilon_r=2.25$ 的无损耗介质，试计算其特性阻抗。

6. 在构造均匀传输线时，用聚乙烯($\varepsilon_r=2.25$)作为电介质较为理想。假设忽略损耗。

(1)对于 300Ω 的双线传输线，若导线的半径为 0.6mm，则线间距应选取多少？

(2)对于 75Ω 的同轴线，若内导体的半径为 0.6mm，则外导体的内半径应选取多少？

7. 有一特性阻抗 $Z_0=500\Omega$ 的无耗传输线当终端短路时，测得始端的阻抗为 250Ω 的感抗，求该传输线的最小长度，如果该线的终端为开路，长度为多少？

8. 设同轴线内导体半径是 b，外导体内半径是 a，推导出同轴线单位长度的分布电容公式和分布电感公式。

9. 考虑一根无耗传输线，①当负载阻抗 $Z_L=(40-j30)\Omega$ 时，要使线上电压驻波比最小，则线上的特性阻抗应为多少？②求出最小的电压驻波比及响应的电压反射系数。

10. 特性阻抗 70Ω 的无耗传输线，终端负载为 Z_L。求下列情况下负载电阻的阻值。①沿线各处电压的幅值相等；②电压驻波比 VSWR=4，而且在负载端出现电压最大值；③驻波比 VSWR=4，电压最大值出现在离负载端 $\lambda/4$ 的位置。

第6章　电磁兼容概述

1864年，英国科学家麦克斯韦在综合法拉第电磁感应定律、安培环路定律、高斯定律，并引入位移电流这个概念的基础上，总结出麦克斯韦方程并预言了电磁波的存在。麦克斯韦的电磁场理论为认识和研究各种电磁现象奠定了理论基础。1888年，德国物理学家赫兹通过火花隙放电实验证实了麦克斯韦电磁场理论。基于赫兹的这个实验，马可尼于1896年用自己发明的工作装置首次实现了无线信息的传输，并在1901年实现了跨大西洋的无线电发射。有关电磁干扰及其抑制的问题可能在那个时候就被提出来了。

大约1920年，关于无线电干扰的技术文章在各种技术杂志上陆续出现。1934年，国际无线电干扰特别委员会(International Special Committee on Radio Interference，CISPR)在巴黎成立，标志着无线电干扰这一领域的诞生。那时的无线电接收机数量较少且相距较远，通过分配发射频率、改变发射机或接收机的位置等手段，通常就可以很容易地解决干扰问题。第二次世界大战期间，电子设备尤其是无线电收发设备、导航设备和雷达得到广泛使用，无线电收发设备之间干扰的例子开始增多，但干扰问题主要集中在军事领域。二战以后，随着科学技术的不断进步，电子、电气设备在人类日常生活中得到广泛应用，电磁环境日益恶化：一方面，不断增加的各种无线通信业务，使得有限的电磁频谱变得越来越拥挤；另一方面，电子、电气设备数量及应用领域的增加，也使得空间人为电磁能量增加。在这种复杂的电磁环境中，如何减少相互间的电磁干扰，使各种设备正常运转，同时保证人们的生理健康，是一个亟待解决的问题。正是在这种背景下产生了电磁兼容性的概念，形成了一门新的综合性学科——电磁兼容。

与其他重要的新兴学科一样，电磁兼容的定义也有多种，且多少有些差别。国家标准GB/T 4365－2003《电工术语 电磁兼容》将电磁兼容定义为：设备或系统在其电磁环境中能正常工作且不对该环境中任何事物构成不能承受的电磁骚扰的能力。国家军用标准GJB 72－85《电磁干扰和电磁兼容性名词性术语》将其定义为：设备(分系统、系统)在共同的电磁环境中能一起执行各自功能的共存状态。即"该设备不会由于受到处于同一电磁环境中其他设备的电磁发射导致或遭受不允许的降级；它也不会使同一电磁环境中其他设备(分系统、系统)因受其电磁发射而导致或遭受不允许的降级"。由此可见，电磁兼容学科主要研究的是如何使在同一电磁环境下工作的各种电气电子系统、分系统、设备和元器件都能正常工作，互不干扰，达到兼容状态。在某种程度上也可以说是研究干扰和抗干扰问题。

电磁兼容学科包含的内容十分广泛，涉及的理论基础包括数学、电磁场理论、天线与电波传播、电路理论、信号分析、通信理论、材料科学、生物医学等。它的实用性很强，几乎所有的现代工业包括电力、通信、交通、航天、军工、计算机、医疗等都必须解决电磁兼容问题。可以说没有人类最近几十年在电磁兼容领域所进行的努力，我们很难享受到高科技给人们带来的各种便利。与此同时，随着在诸多系统中电力(强电)及电子(弱电)设备的广泛结合，电力电子设备的日趋复杂，电磁兼容问题也越来越复杂，许多电磁干扰问题仍在困扰着、制约着人们的生产和生活。因此，电磁兼容研究不仅有着广阔的前景，而且意义重大。

6.1 引　　言

6.1.1 电磁干扰的危害

造成电磁干扰的形式有许多种，如静电放电、直击雷、感应雷、射频辐射等。电磁干扰会破坏或降低电子设备的工作性能。例如，人体所带静电电压为千伏级，而 CMOS 电路的耐压值约为 100～150V。因此人体的静电放电极易损坏 CMOS 电路。汽车的火花塞放电时会产生高频振荡，连接火花塞的导线起着天线的作用，将振荡以电波形式向空间发射。有资料表明，汽车上的电磁干扰频率范围在 0.15～1000MHz，因此行驶中的汽车会对附近的收音机和用天线接收信号的电视机的接收有明显的影响。

在有些情况下，电磁干扰可能造成灾难性后果。20 世纪 50 年代中期，美国进行的民兵 I 型战略导弹发射试验过程中，有两枚导弹在飞行过程中发生了并非由于飞行姿态失常而引起的自毁爆炸。经专家调查分析，这两枚导弹在结构上存在导电的不连续性：导弹的前部与后部绝缘。导弹在飞行过程中，与周围空气摩擦而产生静电，在相互绝缘的两部分之间产生了静电放电。静电放电产生的电磁干扰，导致导弹的控制与制导系统失灵，启动了导弹的自毁装置。1967 年 7 月 29 日，美国 Forrestal 航空母舰上的一架舰载机发生了所带导弹自动发射的事故，导弹击中另一架飞机，引起油箱爆炸，并造成 134 名军人死亡。调查结果显示，很可能是航空母舰上的大功率搜索雷达发出的射频电磁波在屏蔽连接器接触片两端感应的射频电压导致了这场灾难。

处于电磁场周围的非生物和生物都会受到它的影响。近 20 年，电磁场对人体的作用也一直是电磁兼容的一个研究热点。电磁辐射是否会对人体健康造成损害，受到电磁场频率、场强、作用时间及人的个体差异等诸多因素的影响，不能一概而论。由于涉及电磁场和生物这两个差别很大的学科，目前的研究主要集中在电磁辐射的热效应，非热效应的研究还处于起步阶段，而且许多研究都没有定论。例如，尽管近 20 年来众多的学者、研究机构都在研究手机辐射对人体的影响，但是至今还不能确定手机辐射的电磁波是否会对人体尤其是大脑造成危害。虽然不能确定微弱的电磁辐射是否会影响人体健康，而强的电磁辐射则会对人体产生较为显著的影响，至少会产生明显的热效应。任何事物都有两面性，电磁辐射也不例外。强辐射的热效应一方面可能会对人体正常组织造成损害，因此要尽量避免暴露在强的电磁场下。另一方面，也可以利用电磁辐射的热效应来去除人体的病变组织。例如，医疗上广泛使用的微波治疗仪就是基于这一原理来达到治疗的目的。因此，应该在科学分析及实践结果的基础上来客观地评价电磁辐射可能对人体造成的影响，没有必要对电磁辐射谈虎色变，但也不能掉以轻心。

6.1.2 电磁兼容认证

随着科学技术的发展，电子电气设备的不断增多，电子电气设备及系统之间的电磁干扰现象也趋于频繁。这直接影响到电子电气设备的正常运转甚至人类的生命财产安全。世界主要的发达国家均采用颁布标准、法规或法律的形式，对电子产品电磁兼容性提出强制性要求，并将其作为市场准入条件。例如，德国的 VDE 认证、日本 VCCI 认证、美国的 FCC 认证以及欧盟的 CE 认证等。电磁兼容认证不仅是净化电磁环境、减少电磁干扰的必要手段，而且成为国际上电磁兼容领域的发展趋势和一种技术壁垒。

1. 电磁兼容认证的技术要求

如果某个产品要求进行电磁兼容认证，则该产品应该按照认证所要求的相关测试标准进行测试。只有当各项测试结果满足对应标准的限值要求，产品才能通过认证。测试内容一般涉及电磁骚扰和抗扰度两个方面的内容。

其中，电磁骚扰测试一般包括辐射骚扰和传导骚扰。辐射骚扰是指通过空间传播的电磁骚扰。电视广播接收机、信息技术设备、工科医疗设备等产品产生的电磁骚扰在频率大于30MHz时主要以辐射的方式传播。传导骚扰是指通过传输线（一般指设备的电源线和信号线）传导的电磁骚扰。频率小于30MHz的电磁骚扰主要通过传导的方式传播。针对不同产品，相应的标准对上述骚扰有明确的限值要求，即要求被测产品的各项发射值应低于对应标准规定的限值。例如，国家标准GB9254－1998《信息技术设备的无线电干扰限值及测量方法》（等同采用CISPR22：1997）规定了信息技术设备（ITE）的辐射发射限值与传导发射限值。其中，关于A级ITE（一般指在非生活环境中使用的设备）电源端子的传导发射限值如表6-1所示，A级ITE的辐射发射限值如表6-2所示。

表6-1 A级ITE电源端子传导骚扰限值

频率范围 /MHz	限值 /dBμV	
	准峰值	平均值
0.15～0.50	79	66
0.50～30	73	60

表6-2 A级ITE在10m测量距离处的辐射骚扰限值

频率范围 /MHz	准峰值限值 /(dBμV/m)
30～230	40
230～1000	47

抗扰度是指设备、装置或系统面临电磁干扰不降低运行性能的能力。抗扰度测试过程中对产品施加模拟其预期电磁环境中的各种形式的骚扰，要求产品的工作性能不能由于这些骚扰的存在而降级。许多国家的电磁兼容认证通常包含了对产品的抗扰度要求，一般涉及静电放电、辐射电磁场、射频场感应的传导骚扰、电快速瞬变脉冲群、浪涌、工频（50Hz、60Hz）磁场、脉冲磁场、阻尼振荡磁场、电压跌落、交变电流的短时中断、交流端口的谐波等抗扰度测试项目。在我国，关于抗扰度测试标准为GB/T17626.XX系列（本质为IEC颁布的61000系列标准）。

2. 各国电磁兼容认证简介

1）美国FCC认证

在美国，联邦通信委员会（Federal Communications Commission，FCC）负责制定无线通信和有线通信的规章制度。美国联邦通信法规第47条款（CFR47）规定，凡进入美国的电子类产品都需要进行电磁兼容认证（一些有关条款特别规定的产品除外）。其中，比较常见的认证方式有三种：Certification、Declaration of Conformity (DoC)、Verification。这三种产品的认证方式和程序有较大的差异，不同的产品可选择的认证方式在FCC中有相关的规定。其认证的严格程度递减。其中，Certification主要用于一般无线电产品申请，必须由FCC人员审查实验报告，经核准后发给认可证书。DoC主要针对于IT产品和周边辅助设备。不需FCC人员审查测试报告，厂商可使用自我认证的方式。但是自我认证测试报告必须由经NVLAP认可实验室发出。Verification主要针对音视频产品，由FCC一般认可的实验室出具检测报告即可。

上述认证所依据的标准为 FCC Part 15 和 FCC Part 18。FCC Part 15 规定了有意的、无意的或者瞬时的并且在使用中无需个人许可证的发射设备的发射限值。FCC Part 18 对于在一定频率上工作的工业、科学以及医学设备(ISM)所发射的电磁能量做出了规定，以避免上述设备对已获授权的无线通讯服务产生有害的干扰。由于 FCC 关注的是有线和无线通信的服务能力，所以只关注各类设备的传导和辐射发射水平，对于产品对其他干扰源的传导和辐射发射抗扰度并没有要求。

2)欧盟 CE 认证

欧盟是欧洲的区域性经济联盟。为了协调各成员国对工业产品的不同安全规范，欧盟规定以 CE(Conformite Europeenne)标记作为确认产品是否达到协调后的基本安全要求(Essential Safety Requirement，ESR)。如果产品符合有关指令的要求，那么生产商或进口商就可以在产品上粘贴“CE”标志，在欧盟的 25 个成员国内合法销售。目前，欧盟需贴 CE 标记的产品已超过 20 项，各有其相应的指令及有关规定。欧盟关于电磁兼容的最新指令为 2004/108/EC(最初的电磁兼容的指令为欧盟的前身欧共体于 1989 年颁布的 89/336/EEC)。图 6-1 为 CE 标记的图形。该标记允许放大或缩小，但其高度不得小于 5mm。

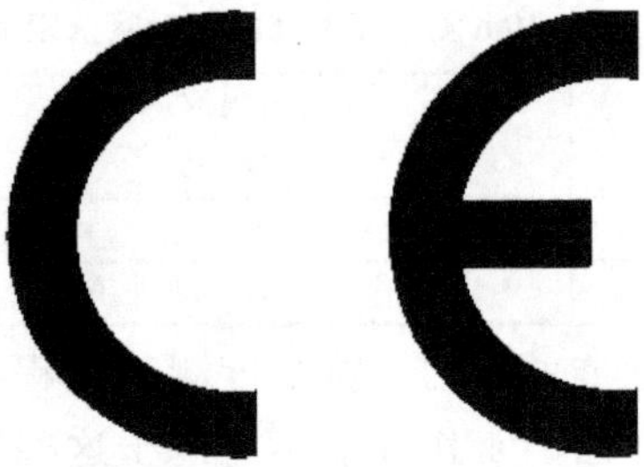

图 6-1　欧盟的 CE 标记

对于要求进行电磁兼容测试的各类产品，CE 认证都规定了相应的测试标准。例如，对于音视频产品，认证所采用的标准为 EN55013《声音和电视广播接收机及有关设备干扰特性允许值和测量方法》和 EN55020《声音和电视广播接收机及有关设备传导抗扰度限值及测量方法》。对于信息技术设备，CE 认证所用标准为 EN55022《信息技术设备的无线电干扰限值及测量方法》和 EN55024《信息技术设备的抗扰度限值及测量方法》。

与美国的 FCC 认证相比，欧洲 CE 认证最重要的一方面是它强制要求产品进行相关的抗扰度测试。欧盟的电磁兼容指令大大推进了全球的电磁兼容标准的强制执行和电磁兼容认证工作，使其向更加规范化和法制化方向发展。

3)中国强制认证

中国强制认证(China Compulsory Certification，CCC)，通常简称为 3C 认证，是中国政府为保护广大消费者的人身健康和安全，保护环境、保护国家安全，依照法律法规实施的一种产品评价制度，它要求产品必须符合国家标准和相关技术规范。自 2002 年 5 月 1 日起，中国强制认证全面展开，凡列入实施强制性产品认证目录的产品必须取得 CCC 认证后方可进入中国市场。目前的“CCC”认证标志分为四类，分别为：CCC＋S(安全认证标志)、CCC＋EMC(电磁兼容类认证标志)、CCC＋S&E(安全与电磁兼容认证标志)和 CCC＋F(消防认证标志)。图 6-2(a)为电磁兼容认证标志，图 6-2(b)为安全与电磁兼容认证标志。

目前，我国实行电磁兼容认证执行的标准主要有针对音视频产品的 GB13837《声音和电视广播接收机及有关设备干扰特性允许值和测量方法》和 GB17625.1《低压电气及电子设备发出的谐波电流限值(设备每相输入 ≤16A)》，以及针对信息技术设备的 GB9254《信息技术设备的无线电干扰极限值及测量方法》等。

在世界各国加紧实施电磁兼容认证的国际贸易环境下，我国实行电磁兼容认证，一方面，有助于提高国内产品的质量，促进国内企业的技术进步，使企业更好地适应国际发展趋势，在国际竞争中处于有利地位。另一方面，可以防止不符合电磁兼容标准的产品进入中国市场，有利于改善国内电磁环境，减少由于电磁干扰引发的各种事故和由此造成的经济损失。

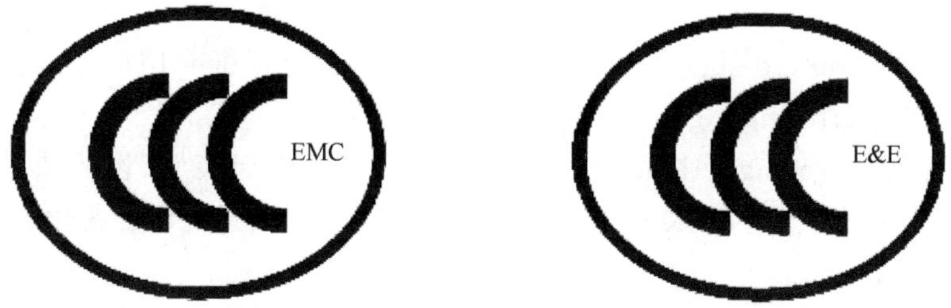

(a)电磁兼容认证标志　　(b)安全与电磁兼容认证标志

图 6-2　强制性产品认证标志

6.2　基本概念

6.2.1　电磁干扰三要素

前面所述的电磁干扰的例子、大量的理论及实验研究表明形成电磁干扰必须同时具备以下三个要素：

(1)源，即产生电磁能量的元件、设备、系统或自然现象。

(2)耦合途径，即电磁能量从源传输(耦合)到敏感设备所经过的媒介。电磁骚扰的传输途径有两条，通过空间辐射和通过导线传导，即辐射发射和传导发射。

(3)敏感设备，即由于接收了外界的电磁骚扰能量，而产生性能降级或不正常动作的设备。

只有同时具备了上述三个因素才可能发生电磁干扰，所以把这三个因素称为电磁干扰三要素。需要强调的是电磁能量的无意发射及接收并不一定就是有害的；只有当设备接收电磁骚扰能量后产生非期望动作才构成干扰。根据电磁干扰三要素，可以采用以下三种方式来防止干扰：

(1)抑制源的发射。

(2)尽可能使耦合路径无效。

(3)使接收器对发射不敏感。

一个系统如果满足以下三个准则，就认为与其环境电磁兼容：

(1)不对其他系统产生干扰。

(2)对其他系统的发射不敏感。

(3)不对自身产生干扰。

6.2.2　常用的名词术语

术语的核心是反映由定义界定的概念。理解并掌握某一学科所涉及的名词术语，对于了解学科内容及研究方向、学术交流、新理论的建立、科技成果的推广、文献的存储和检索都十分重要。为了深入介绍与电磁兼容相关的理论知识，有必要先介绍一些重要的或易于出现理解错误的术语及其定义。下列各术语的定义主要引自国家标准 GB/T 4365—2003《电工术语 电磁兼容》。

(1)电磁环境(electromagnetic environment):存在于给定场所的所有电磁现象的总和。

(2)电磁噪声 (electromagnetic noise):一种明显不传送信息的时变电磁现象,它可能与有用信号叠加或组合。

(3)无用信号(unwanted signal, undesired signal):可能损害有用信号接收的信号。

(4)干扰信号(interfering signal):损害有用信号接收的信号。

(5)电磁骚扰(electromagnetic disturbance):任何可能引起装置、设备或系统性能降低或者对有生命或无生命物质产生不良影响的电磁现象。注:电磁骚扰可能是电磁噪声、无用信号或传播媒介自身的变化。

(6)电磁干扰(electromagnetic interference,EMI):电磁骚扰引起的设备、传输通道或系统性能的下降。

(7)电磁兼容性(electromagnetic compatibility,EMC):设备或系统在其电磁环境中能正常工作且不对该环境中任何事物构成不能承受的电磁骚扰的能力。

(8)(电磁)发射((electromagnetic)emission):从源向外发出电磁能的现象。

(9)(电磁)辐射 ((electromagnetic) radiation):能量以电磁波形式由源发射到空间的现象。能量以电磁波形式在空间传播。注:“电磁辐射”一词的含义有时也可引申,将电磁感应现象也包括在内。

(10)(性能)降低(degradation(of performance)):装置、设备或系统的工作性能与正常性能的非期望偏离。

(11)(对骚扰的)抗扰度(immunity(to a disturbance)):装置、设备或系统面临电磁骚扰不降低运行性能的能力。

(12)(电磁)敏感度((electromagnetic)susceptibility):在有电磁骚扰的情况下,装置、设备或系统不能避免性能降低的能力。注:敏感度高,抗扰度低。

(13)骚扰限值(limit of disturbance):对应于规定测量方法的最大许可电磁骚扰电平。

(14)干扰限值(limit of interference):电磁骚扰使装置、设备或系统最大允许的性能降低。

(15)瞬态(的)(transient(adjective and none)):在两相邻稳定状态之间变化的物理量或物理现象,其变化时间小于所关注的时间尺度。

(16)(时变量的)电平(level(of a time varying quantity)):用规定方式在规定时间间隔内侧得的和/或计算求得的量值,如场强和功率等。

(17)(电磁)兼容电平 ((electromagnetic) compatibility level):为了在设定发射限值和抗扰度限值时能相互协调,而规定作为参考电平的电磁骚扰电平。

(18)(骚扰源的)发射电平(emission level(of a disturbance source)):由某装置、设备或系统发射所产生的电磁骚扰电平。

(19)(骚扰源的)发射限值(emission limit(from a disturbance source)):规定的电磁骚扰源的最大发射电平。

(20)发射裕量(emission margin):电磁兼容电平与发射限值之比。

(21)抗扰度电平(immunity level):将某给定电磁骚扰施加于某一装置、设备或系统而其仍能正常工作并保持所需性能等级时的最大骚扰电平。

(22)抗扰度限值(immunity limit):规定的最小抗扰度电平。

(23)抗扰度裕量(immunity margin):抗扰度限值与电磁兼容电平之比。

(24)(电磁)兼容裕量((electromagnetic)compatibility margin):抗扰度限值与发射限值之比。注:兼容裕量是发射裕量与抗扰度裕量的积。

(25)传导骚扰(conducted disturbance):通过一个或多个导体传递能量的电磁骚扰。

(26)辐射骚扰(radiated disturbance):以电磁波的形式通过空间传播能量的电磁骚扰。

6.3　电磁兼容的常用单位

对于电磁骚扰中的传导骚扰,人们通常感兴趣的物理量是传导骚扰的电压 U 或电流 I。测量骚扰电压采用的单位有 V、mV 和 μV,骚扰电流采用的单位有 A、mA 和 μA。对于辐射骚扰,通常关注的物理量是辐射的电场强度 E、磁场强度 H 或功率 P。测量电场强度采用的单位有 μV/m、mV/m 和 μV/m,磁场强度采用的单位有 A/m、mA/m 和 μA/m,功率采用的单位有 W 和 mW。实际测量过程中,这些量的取值范围相当大,如在 10m 的测试距离,一台计算机的辐射场强通常小于 10μV/m,而电视发射塔的场强则可能高于 100V/m。这意味着被测量物理量的动态范围达到了 7 个数量级(10^7)。主要为了表达和计算方便这个原因,在电磁兼容领域,通常将这些量的线性值通过对数运算转化成 dB 的形式来表达,其转换的关系为

$$U(\mathrm{dBV}) = 20\lg \frac{U(\mathrm{V})}{1(\mathrm{V})} \tag{6-1}$$

$$I(\mathrm{dBA}) = 20\lg \frac{I(A)}{1(A)} \tag{6-2}$$

$$E(\mathrm{dBV/m}) = 20\lg \frac{E(\mathrm{V/m})}{1(\mathrm{V/m})} \tag{6-3}$$

$$H(\mathrm{dBA/m}) = 20\lg \frac{H(\mathrm{A/m})}{1(\mathrm{A/m})} \tag{6-4}$$

$$P(\mathrm{dBW}) = 10\lg \frac{P(\mathrm{W})}{1(\mathrm{W})} \tag{6-5}$$

等式右边分子为物理量的线性值,分母为基准值,等式左边为换算得到的分贝值,表示测量线性物理量高于基准值的 dB 数。因此在计算过程中,等式右边分子分母的单位应保持一致,并且等式左边的单位与其保持对应。例如,电磁兼容领域辐射场强的常用单位为 dBμV/m,换算过程中式(6-3)右边分子分母的单位都应为 μV/m;功率的常用单位为 dBm(即 dBmW),则换算过程中式(6-5)右边分子分母的单位为 mW。例如,1V/m 场强的分贝值为 0dBV/m,或是 60dBmV/m,或是 120dB μV/m;1W 功率的分贝值为 0dBW,或 30dBmW。

6.4　电磁骚扰源

电磁骚扰的分类方法很多,可以从骚扰的来源划分,也可以从发生机理划分,还有从传输方式、频率范围、时域特性等方面划分。从来源的角度,电磁骚扰源有自然骚扰源和人为骚扰源。

6.4.1　自然骚扰源

由自然界的电磁现象产生的电磁噪声,比较典型的有:静电放电(ESD)、大气噪声(如雷电)、太阳噪声(太阳黑子活动时产生的磁暴)。这里主要介绍雷电和静电放电这两种常见的自然电磁骚扰。

1. 雷电

在大气电场、温差起电效应和破碎起电效应的同时作用下，正负电荷分别在云的不同部位积聚，一般云的上部带有正电荷，下部带有负电荷。当电荷积聚到一定程度，雷云本身上下部分之间、两个距离较近的雷云之间或与地面较近的雷云与地之间，就会产生强烈的放电。放电电流很强，通常可达 200～300kA，所以发出耀眼的强光，形成闪电。同时，放电所产生的能量将放电通道上的空气瞬间加热，其温度可达 6000～20000℃。闪道上的高温使空气急剧膨胀，从而产生冲击波，形成雷声。

雷电的危害分为直击雷危害和感应雷危害。当雷云很低时，就在距离其最近的地面突出物上感应出异性电荷，继而造成与地面突出物之间的放电，如图 6-3(a)所示。下雨时，被雨淋的物体都变成良导体，此时地面上突出的物体，如电视塔、楼房、树木、架空电力线、甚至雨伞、人体本身等都可能是直击雷的目标。通常采取在高的建筑物顶部安装避雷针的方法来预防雷击。避雷针通过导线接地，其接地电阻应该尽可能小，从而使放电电流通过避雷针时其接地部分的地电位不会被显著抬高，保证设备和人员的安全。例如，国际关于计算机房场地的标准规定防雷接地电阻不大于 1Ω。

最常见的电子设备危害不是直击雷引起的，而是由于雷击发生时在电源和通信线路中感应的浪涌引起的：雷电放电时，瞬态的强电流在周围产生辐射电磁场，继而使周围的金属导体(如电源线、信号线等)感应出很高的脉冲电压，即通常我们说的浪涌。感应雷产生浪涌的原理如图 6-3(b)所示。浪涌并不只源于感应雷，电力系统中的短路、电网中并入大负载、强烈的电磁脉冲干扰等情况都会引起浪涌的产生。另外，需要注意的是，当建筑物上使用避雷针时，由于避雷针的存在，落雷的机会反而会增加，建筑物内部设备遭感应雷危害的机会也相应地增加。因此，在避雷针附近的电子设备应该尤其注意浪涌的危害。常用的浪涌抑制器件有气体放电管(gas discharge tube，GDT)、金属氧化物压敏电阻(metal oxide varistor，MOV)、瞬态电压抑制器(transient voltage suppressor，TVS)等。有关浪涌抑制器件的特性及参数可以参阅相关资料。这里不做详细介绍。

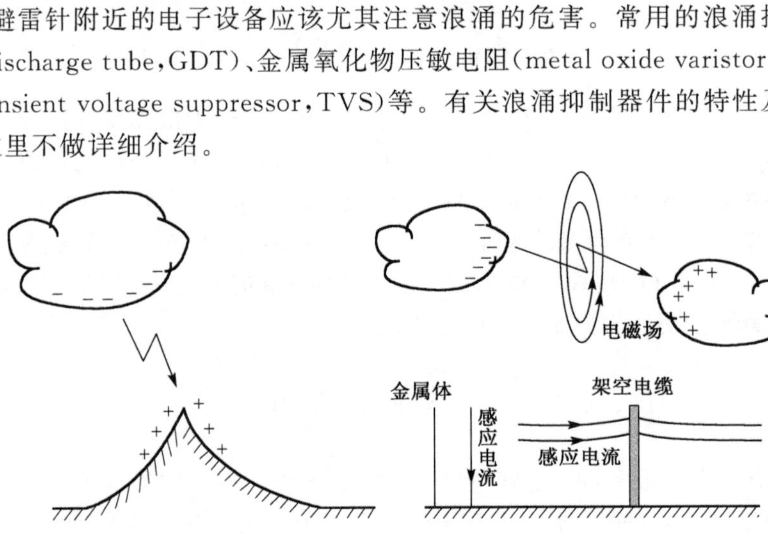

(a)直击雷　　(b)感应雷

图 6-3　雷电危害的形成

2. 静电

静电产生的原因是两种不同物质的物体相互摩擦时，由于它们对电子的吸引力不同，使得电子在物体间发生转移，其中的一个物体失去一定数量的电子而带正电荷，而另一物体得到这些电子而带负电荷。如果摩擦后分离的带电物体与周围绝缘，则电荷无法泄漏，停留在物体表面形成静电。常见材料的摩擦起电序列为：人体、玻璃、云母、聚酰胺、毛皮、丝绸、铝、纸、棉花、钢铁、木头、硬橡胶、聚酯薄膜、聚乙烯、聚氯乙烯、聚四氟乙烯(PVC)。在该序列中的任何两种物质相互摩擦时，序列前面的物体带正电，序列后面的物体带负电，而且两种物体在序列中相隔越远、摩擦起电越容易。但并不是说摩擦起电越容易，材料表面积累的静电荷就越多。摩擦起电的电荷积累还受到材料的导电性、分离速度、周围空气的湿度等其他条件的限制。例如，湿润的空气是正负电荷中和的良好途径。在湿度为 10%～20%的干燥空气中，在地毯上行走的人体所带静电的电压可达 35kV 左右，但在湿度为 65%～90%的空气中，人体所带静电电压仅为 1.5kV 左右。通常人体所带静电电压为 8～20kV。

静电产生的危害主要是通过静电的放电引起的。通过分析实际中各种可能产生静电放电的静电源，人们已经建立起相应的静电放电模型，主要有人体模型(human body model, HBM)、机器模型(machine model, MM)和带电器件模型(charged device model, CDM)。由于人体的静电放电是引起电子设备故障和引发火工品意外爆炸的最主要因素，因此国内外的防静电研究以防人体静电为主，人体模型也是静电模型中建立最早和最主要的一种。大部分研究人员认为一组串联的电容器和电阻是较为合理的人体放电的电气模型。目前广泛采用的人体模型是美国海军 1980 年提出的一个电容值为 100pF，电阻值为 1.5kΩ 的“标准人体模型”，如图 6-4 所示。以此模型为例，如果人体所带静电电压 $U=$ 10kV，则静电所含能量为

$$W=\frac{1}{2}CU^2=5 \quad (\text{mJ})$$

可见，尽管静电电压高达 10kV，但能量只有 5mJ，不会对人体产生伤害。放电电流的峰值为

$$I_{\text{p}}\approx\frac{U}{R}\approx 6.7 \quad (\text{A})$$

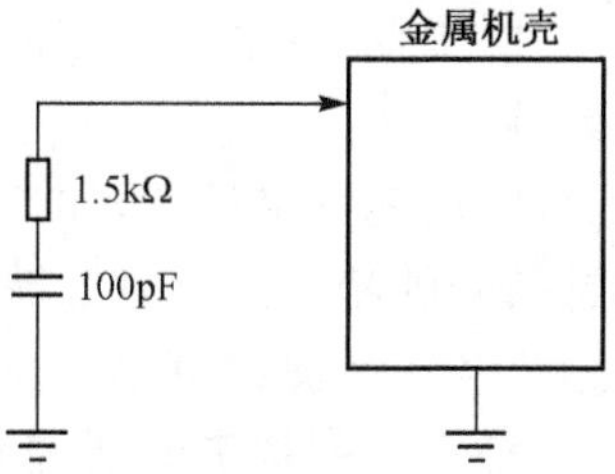

图 6-4　人体静电放电模型

放电时间可近似为

$$t_{\text{d}}\approx RC=150 \quad (\text{ns})$$

人体与被放电体之间的放电方式有两种：接触放电和空气放电。接触放电指的是人体(通常是人手)与设备接触时，静电放电电流直接侵入设备。空气放电是在人体与被放电体之间有一定距离时，空气被电离而产生电弧放电。

静电放电对电子电路的干扰有两种方式。一种是传导方式，即静电电流通过导体(如设备的 I/O 端子、同轴插座的芯线、印刷电路板上的引线、芯片管脚等)流入设备内部，对设备内的电路造成干扰甚至损害电路上的芯片。另一种是辐射干扰。由于放电过程中电流在很短的时间内发生很大变化，所以伴随着静电放电会产生很强的辐射电磁场，从而在附近的导体上感应出骚扰电动势或骚扰电流。

抑制静电放电干扰的方法大致有以下几种：

(1)减少摩擦起电。一般通过采用合适的材料来实现减少静电产生的目的。例如，机房的工作台和地板应铺设防静电材料，操作人员不穿化纤等易产生静电的衣服等。

(2)接地。设备及人体的接地是泄放静电的最重要的措施。接地可以将带电物体上产生的静电通过接地装置导入大地,从而消除静电荷的积累,抑制静电火花的产生。

(3)绝缘。采用绝缘能力大于 2KV 的绝缘材料,防止人手和敏感设备之间产生放电。例如,在设备表面涂绝缘漆或使用绝缘机壳。

(4)屏蔽。由于放电产生的辐射电磁场也可能通过空间传播来干扰设备,所以有时也需要用屏蔽的方法来抑制放电产生的辐射干扰。例如,使用屏蔽机箱、屏蔽电缆、或对设备内部的敏感电路增加屏蔽壳。

(5)增加空气湿度。在条件允许时,采用提高设备内部和设备周围空气相对湿度的办法,增加空气的导电性能,消除静电的积聚。

6.4.2　人为骚扰源

由电气、电子设备和其他人工装置产生的电磁骚扰,按照传输途径,这些骚扰分为辐射骚扰和传导骚扰。

1. 辐射骚扰源

辐射骚扰指以电磁波形式通过空间传播的骚扰。日常生活中常见的容易产生辐射骚扰的设备、系统有:

(1)无线电发射设备,如广播、电视、雷达、移动通信系统等。

(2)工业、科学及医疗使用的高频设备,如高频加热器、甚高频或超高频理疗装置、高频手术刀等。

(3)高速数字设备,如计算机及其相关设备。这些设备通常包含有一个或多个时钟电路,时钟信号的特征波形是方波,而方波含有大量谐波。因此,高速数字设备发出的骚扰主要为时钟信号及其谐波,其覆盖的频谱范围通常为几兆赫兹至几吉赫兹以上。

(4)含有整流子电动机的设备,如电钻、电动搅拌器、电动刮胡刀等。整流子电机转动时,电刷与整流片之间产生火花放电,从而产生辐射电磁噪声,其频谱范围可达几百吉赫兹。广义地讲,任何可以产生火花放电的设备或装置都可以产生辐射电磁噪声。例如,电气化铁道受电弓在高压接触网下滑动过程中遇到硬点而离线时将产生强烈的火花放电,其产生的辐射电磁噪声可能会干扰到机车上的信号设备。

上述这些设备或系统为了完成其特定的功能发出不同频率不同强度的电磁波。如果这些电磁波对其他设备产生了干扰,则这些电磁波对被干扰设备(即敏感设备)而言是无用的。

2. 传导骚扰源

传导骚扰指骚扰以电压或电流的形式通过导体传播。骚扰电压或电流一般通过设备的电源线、信号线或地线回路侵入敏感设备。通常情况下,传导干扰的频率最高为几十兆赫兹。这是因为当频率升高至几十兆赫兹以上时,由于导体损耗及布线电感和分布电容的作用,传导电流的损耗大大增加,此时骚扰主要以空间辐射的形式传播。日常生活中常见的容易产生传导骚扰的设备、系统有:

(1)有触点电器,如电冰箱、电磁开关、继电器等。当触点断开时(或闭合),由于电流的突然变化而产生瞬变脉冲噪声,并通过电源线向供电网传导,从而可能对供电网上的其他设备造成干扰。

(2)由电力电子器件构成的变流装置，如可控整流器(交流一直流变换)、逆变器(直流一交流变换)、斩波器(直流一直流变换)、交流调压器(交流一交流变换)、变频器(交流一交流变换)等。这些装置是十分强烈的电磁噪声源，工作时会产生并向电网传递大量的高次谐波和高频噪声，同时还会造成供电网电压的瞬时跌落(跌落的幅度有时甚至超过 20%)。

上述各种传导噪声产生的机理比较复杂，这里不做详细讨论。有兴趣的读者可以参阅《机电一体化系统的电磁兼容技术》(沙斐，1999)。

习　题

1. 什么是电磁兼容？电磁骚扰、电磁噪声、电磁干扰这三个概念有什么区别？

2. 电磁兼容三要素是什么？根据电磁干扰三要素，可以采用什么方式来防止干扰？

3. 换算功率 1W 等于多少 dBmW，电压 1V 等于多少 dBμV，电场强度 1V/m 等于多少 dBV/m、dBmV/m 以及 dBμV/m？

4. 国家标准 GB9254—2008《信息技术设备的无线电干扰限值及测量方法》规定了 A 级信息技术设备(ITE)在测试距离 10m 处的辐射发射限值，如表 6-2 所示。但 10 米法的半电波暗室或开阔测试场地很少，一般辐射发射在 3m 法的半电波暗室进行。现有一 ITE 设备在 3m 法的半电波暗室中，其 30～230MHz 范围内辐射发射的最大准峰值为 48dBμV/m，230～1000MHz 内的最大准峰值为 58 dBμV/m。试计算该设备是否超过了标准所规定的辐射发射限值。

5. 若一天线的天线因子为 K(dB/m)，天线口面处平行于天线极化的电场强度为 E(dBμV/m)。连接天线与接收机的同轴电缆的特性阻抗为 50Ω，损耗为 L(dB)。接收机负载为 50Ω。试证明电场强度 E 与接收机 50Ω 负载两端电压 V 的关系为

$$E(\mathrm{dB\mu V/m})=V(\mathrm{dB\mu V})+K(\mathrm{dB/m})+L(\mathrm{dB})$$

6. 一般测试场强的过程中，接收机的读数通常为接收机 50Ω 负载所消耗的功率 P，单位通常为 dBmW。试证明电场强度 E 与接收机 50Ω 负载所消耗功率 P 的关系为

$$E(\mathrm{dB\mu V/m})=P(\mathrm{dBmW})+K(\mathrm{dB/m})+L(\mathrm{dB})+107$$

7. 设人体电容 $C=250$pF，电阻 $R=300\Omega$，人体所带静电电压 $U=35$kV。有一印刷电路板，板上地线分布电感 $L=50$nH，地线对地电容 $C=3$pF，离地线 5mm 处有一个 2cm×2cm 的信号环路。设该人手接触地线时产生静电放电。①画出放电回路的等效电路图。②根据等效电路计算放电回路的放电电流一时间曲线。③计算放电电流在信号环路中由于磁场所产生的感应电压。

8. 人体静电放电模型可以等效为一个 300pF 电容串联一个 500Ω 的电阻。如果人体所带静电电压为 6kV，则静电所含能量为多少？静电放电电流的峰值是多少？

第 7 章 电磁骚扰的传输途径

骚扰源对敏感设备产生电磁干扰，总是通过一定的传输途径将电磁能量作用到敏感设备。在频率比较低的情况下，电磁骚扰可以通过导线传输，即通过设备的信号线、电源线等直接侵入敏感设备，这种方式被称为传导骚扰。如果骚扰的频率较高，骚扰能量主要以辐射的方式向空间传播，从而影响远处的敏感设备，这种方式被称为辐射骚扰。当骚扰源与敏感设备距离很近时，电磁骚扰也可以通过近场耦合（感应）的方式将骚扰能量耦合到与骚扰源邻近的敏感设备上，这种方式被称为近场耦合骚扰。本章将对骚扰不同的传输途径进行阐述。

7.1 共模骚扰和差模骚扰

任何通过导线传导的骚扰都可以分为两种方式：差模（differential mode）方式和共模（common mode）方式。为了理解与传导骚扰相关的问题，首先需要了解差模骚扰和共模骚扰的概念。

设备的电缆无论是电源线还是通信线，一般由两根导线组成，这两根导线分别作为往返线路输送电力或信号。除这两根导线之外通常还有第三根导体："地线"。以导线 1 和导线 2 构成的简单两线电缆为例，设导线 1 和导线 2 的等效阻抗分别为 Z_1 和 Z_2，其终端所接负载的等效阻抗为 Z，差模电压定义为两个载流导体之间的电位差。相应地，差模骚扰电压则定义为两个载流导体之间的不希望有的电位差。如图 7-1 所示，导线 1、2 间的差模电压为 V_{dm}。在差模电压的作用下，两根导线之间形成大小相等，方向相反的差模电流，即 $I_{dm1} = -I_{dm2}$。

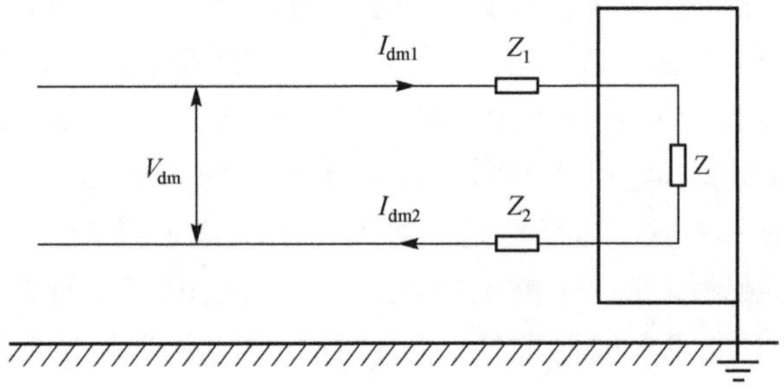

图 7-1 差模电压与差模电流

共模骚扰电压定义为任一载流导体与参考地之间不希望有的电位差。由于共模骚扰主要是通过感应引起的，设备电缆中各导线的间距通常可以忽略，因此每一导体与地之间的共模骚扰电压大小相等，方向相同。共模电压在两根导线上所产生的共模电流都通过电缆和地之间的分布电容流向大地，共模电流实质上是位移电流。

多数情况下，$Z_1 = Z_2$，则每条导线对地的阻抗都是一样的，即电路的阻抗是平衡的。此时共模电流大小相等，方向相同，即 $I_{cm1} = I_{cm2}$。由于在负载两端没有电位差，所以没有电流流过负载，与导线相连的设备不会受到干扰。某些情况下，$Z_1 \neq Z_2$，此时由于两条导线对地的阻抗不同，所以 $I_{cm1} \neq I_{cm2}$ 。同时，负载两端产生压降和差模电流，从而可能对设备正常工作产生干扰。可见，对于平衡电路，共模骚扰电压不会对设备造成干扰；而对于不平衡电路，共模骚扰电压会在负载两端产生差模电流，可能对设备造成干扰。图 7-2 所示为共模电压与共模电流。

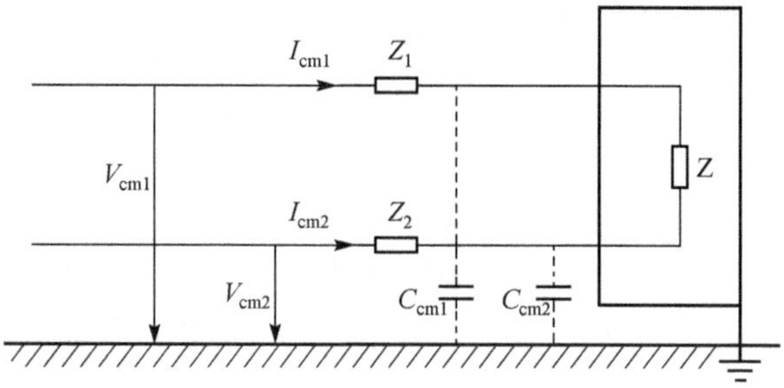

图 7-2　共模电压与共模电流

利用电流钳可以测量导线上电流的大小。电流钳由两个绕有多匝线圈的半圆磁环组成，如图 7-3 所示。当电流钳卡到被测导线上后，被测导线的电流所产生的磁场在电流钳的线圈上产生感应电压。如果电流钳与频谱仪相连，就可以测得不同频率下电流的幅度。把电流钳分别卡在每条导线上，可测得相应的电流 I_1 和 I_2 。把电流钳卡在导线对上，则可测得导线对的总的电流 $I_1 + I_2$ 。对于导线对上的差模电流，由于大小相等，方向相反，在电流钳的磁环上感应的电压大小相等，方向相反，互相抵消。此时测得导线对上的电流为两条导线上的共模电流和，即

$$I_1 + I_2 = I_{cm1} + I_{cm2}$$

对于导线 1，共模电流与差模电流方向相同，所以，

$$I_1 = I_{cm1} + I_{dm}$$

对于导线 2，共模电流与差模电流方向相反，所以，

$$I_2 = I_{cm2} - I_{dm}$$

对于平衡电路，每条导线上的共模电流相等，则有

$$I_{cm} = \frac{I_1 + I_2}{2} \tag{7-1}$$

$$I_{dm} = \frac{I_1 - I_2}{2} \tag{7-2}$$

图 7-4 所示为用电流钳区别共模电流和差模电流。

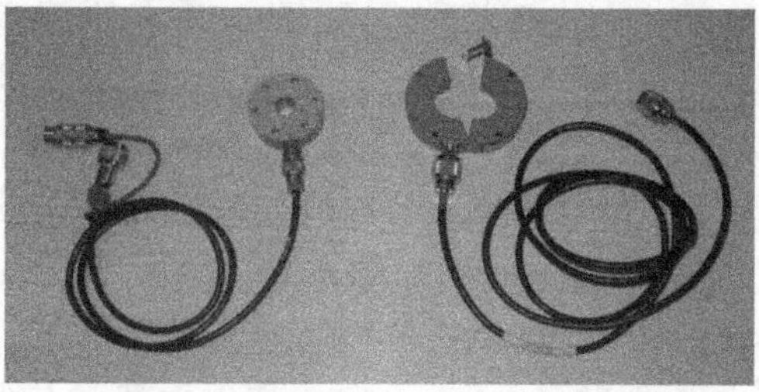

图 7-3　电流钳(左:闭合状态;右:打开状态)

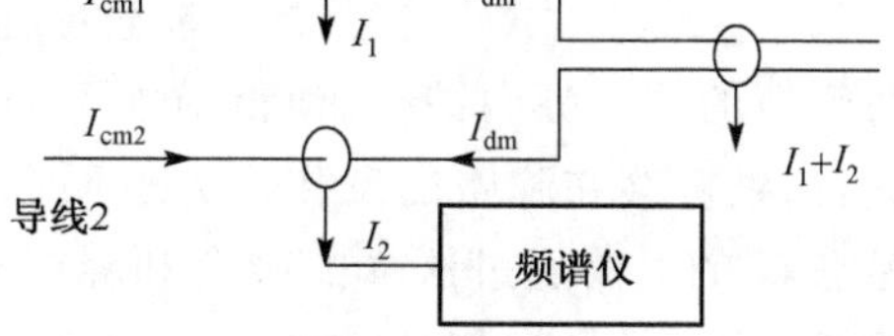

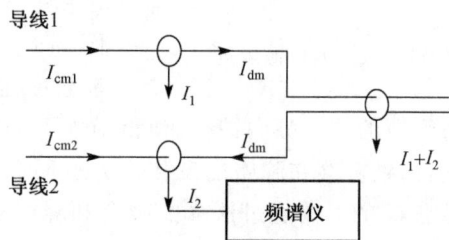

图 7-4　用电流钳区别共模电流和差模电流

虽然导线对上的差模骚扰电流可能会对与之相连的设备造成干扰，但实际使用时由于导线对通常是紧靠在一起，因此差模骚扰电流通过导线对时，在周围产生的场很小甚至会相互抵消，从而不会对周围的设备造成干扰。导线对上共模骚扰电流在电路平衡的情况下不会对与之相连的设备造成干扰，但可以在周围产生比差模骚扰电流大得多的场强，从而通过近场耦合或辐射的方式将骚扰能量传递至敏感设备。

7.2 公共阻抗耦合

电源线在一定的条件下会产生明显的阻抗。通常使用的电源也不是理想电压源，具有一定的内阻抗。当多个设备或元件使用同一电源供电时，电源的内阻抗及它们所共用的电源线的阻抗就成为这些设备或元件的公共阻抗。类似地，如果多个设备或元件使用同一条地线接地，则地线的阻抗也会成为这些设备或元件的公共阻抗。

如果一个设备或元件通过公共阻抗的电流发生变化时，公共阻抗的电压降也随之变化。该阻抗上的电压变化可能会对与之相连的其他设备或元件造成干扰，这种干扰就被称为共阻抗干扰。共阻抗干扰是以传导的方式通过公共阻抗耦合到敏感设备的，因此共阻抗干扰属于传导干扰。下面具体介绍两种常见的共阻抗干扰：共电源阻抗干扰和共地线阻抗干扰。

7.2.1 共电源阻抗干扰

图 7-5 所示的电路Ⅰ和电路Ⅱ共用一个电源，电源的输出电压为 U，工作电流为 I_S，Z 为电路的共电源阻抗，包括电源内阻、供电电缆的电阻以及供电电缆的感抗。设 $Z=R+j\omega L$，R 为电源内阻和供电电缆的电阻，ω 为电流的角频率，L 为供电电缆的等效电感。R 一般很小，通常可以忽略，所以 $Z\approx j\omega L$。对于直流或频率为 50Hz 的工作电流 I_S，L 的感抗 ωL 也很小，$Z\approx 0$，I_S 在 Z 上产生压降几乎为 0，所以一般情况下电路两端的电压 $U_{AB}\approx U$。假设电路 I 在工作时在供电电缆上产生骚扰电流 i，i 的 ω 通常很高，因此 L 的感抗很大，i 会在 L 上产生明显的骚扰电压 $j\omega iL$，此时电路两端的实际电压 U_{AB} 为

$$U_{AB} = U - j\omega iL \tag{7-3}$$

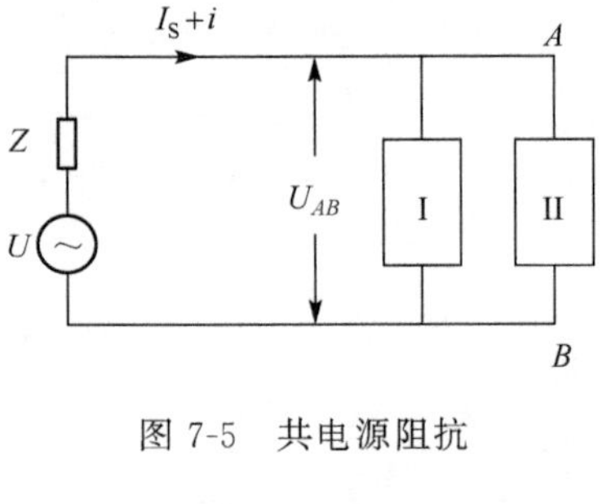

图 7-5　共电源阻抗

骚扰电压 $j\omega iL$ 通过共电源阻抗 Z 耦合至电路Ⅰ和电路Ⅱ，当骚扰电压超过电路Ⅰ或电路Ⅱ的抗扰度电平时，就会对其造成干扰。例如，继电器是工业及家用电器中广泛使用的电子开关器件，在电路中起着自动调节、安全保护、转换电路等作用。最常见的继电器为电磁式继电器，一般由铁心、线圈、衔铁、触点簧片等组成的。其工作原理如图 7-6 所示。当在线圈两端加上一定的电压，线圈中就会流过一定的电流并产生磁场，衔铁在磁力吸引的作用下克服返回弹簧的拉力吸向铁心，使得衔铁上的触点 P 与触点 Q 吸合。当线圈断电后，磁力也随之消失，衔铁就会在弹簧的反作用力返回原来的位置，使得触点 P 与触点 Q 断开。经过触点 P 和触点 Q 的电路通过这样的吸合和释放实现电路的导通和切断。可见，电磁式继电器实际上是通过线圈两端控制电压的“有”、“无”来实现被控制电路的“通”、“断”。当继电器与其他设备或元件使用同一电源时，根据式(7-3)，继电器线圈两端的实际电压 U_{AB} 可能在共电源阻抗

干扰电压的作用下与控制电压 U“相反”，从而使继电器产生误动作。继电器的动作电压一般都较低(常见的有 6V、9V、12V、24V、48V、110V 等)，因此很容易受到电磁干扰。继电器一般被认为是一种不可靠的电子元件，在整机可靠性设计中与电位器、可调电感器及可变电容器一同列为建议不用或少用的元件。

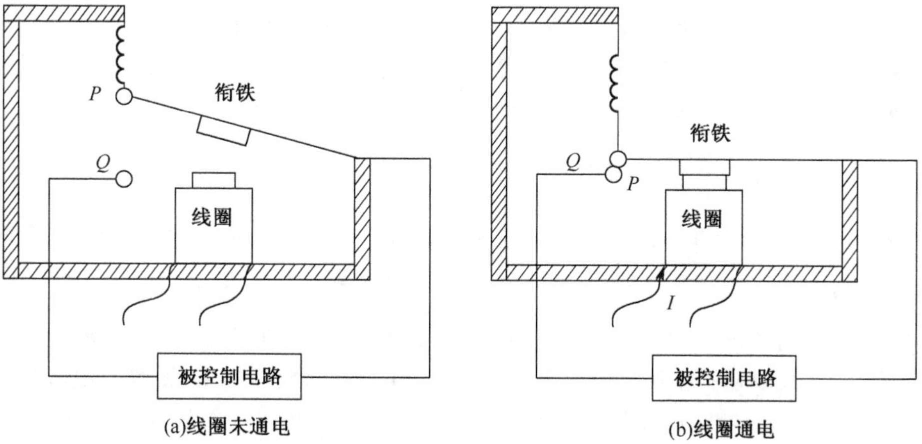

图 7-6　继电器工作原理

电源线上的高频噪声是产生共电源阻抗干扰的根本原因。通常采用在设备和器件的供电处加滤波器的方法来抑制电源线上的高频噪声，或是通过在电源线与地之间加去耦电容的方法来给高频噪声提供一个泄放通道，从而实现消除干扰的目的。

7.2.2　共地线阻抗干扰

接地实际上分为设备安全接地和信号接地两个概念。设备安全接地指采用低阻抗的导体将用电设备的金属外壳与大地相接，使设备与大地之间有一条低阻抗的通路。安全接地的目的是在雷击、设备电源线绝缘失效产生漏电等情况下保证操作人员不会因设备外壳带电而发生触电危险。信号接地是指电路的各部分都连接到一个共同的等电位点或等电位面，以便有一个共同的参考电位，使各部分电路均能执行其正常功能。实际电路中信号地线常常兼作信号电流的回流线。通常所说的共地线阻抗干扰主要针对信号地线。

如同前面的分析，信号地线也有一定的电阻和分布电感，高频时信号地线的阻抗(主要为感抗)不能被忽略。图 7-7 中电路Ⅰ和电路Ⅱ公用地线的阻抗为 Z，U_1 和 U_2 为电路Ⅰ和电路Ⅱ的信号电压，通过电路Ⅰ和电路Ⅱ的信号电流分别为 i_1 和 i_2。如果 i_1 或(和)i_2 的频率较高，则 i_1 或(和)i_2 会在 Z 上产生明显的电压 U_Z，即电路Ⅰ和电路Ⅱ本应该为“0”的地电位被抬升至 U_Z，这样的电位变化可能会影响电路Ⅰ或电路Ⅱ的正常工作。

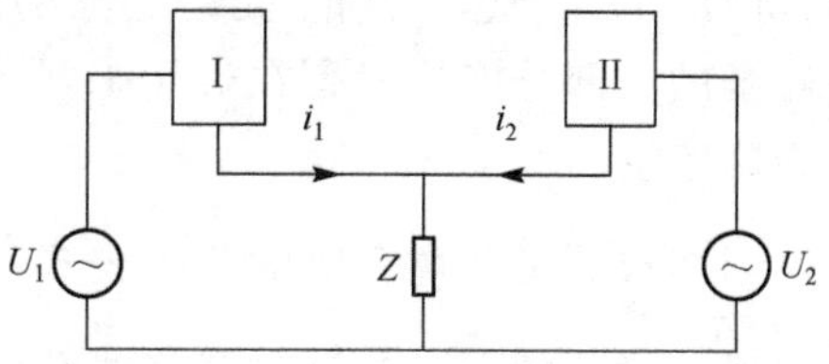

图 7-7　共地线阻抗干扰

高频回流在地线阻抗上产生的压降是产生共地阻抗干扰的根本原因。减少共地阻抗干扰的根本途径是尽可能地减小地线的阻抗，尤其是感抗。一般采用缩短地线长度，用矩形截面导体代替圆导体做地线带等手段来减少高频下地线的阻抗。

7.3　近场耦合

7.3.1　近场和远场

骚扰可以通过导线传导(如前面所讲的通过导线对的差模骚扰电流和流经公共阻抗的高频噪声),也可以以场的形式向四周空间传播。根据场的性质的不同,可以将场源周围的场划分为近场和远场两个部分。对于电偶极子而言,远场与近场的边界为

$$r=\frac{\lambda}{2\pi} \tag{7-4}$$

式中,r 为观测点与场源之间的距离,λ 为电磁场的波长。$r<\frac{\lambda}{2\pi}$ 的区域为场源的近场,$r>\frac{\lambda}{2\pi}$ 的区域为场源的远场。

近场的性质与场源的性质密切相关。对于高电压小电流的源,其近场区域内的电场远大于磁场,因此这种源又被称为电场源。第 4 章所介绍的电偶极子就是典型的电场源。根据第 4 章给出的球坐标下电偶极子的电场和磁场的公式,可以看出在电偶极子的近场中,电场中正比于 $\frac{1}{r^3}$ 的项占主导地位,磁场中正比于 $\frac{1}{r^2}$ 的项占主导地位。此时,波阻抗 $Z=\frac{E_\theta}{H_\phi}\approx Z_0\frac{\lambda}{2\pi r}$($Z_0$ 为自由空间的波阻抗),Z 随着 r 的增加而减少。同时,由于 $r<\frac{\lambda}{2\pi}$,所以 $Z>Z_0$,因此电场源的近场又被称为高阻抗场。对于低电压大电流的源,其近场区域内的磁场远大于电场,因此这种源又被称为磁场源。第 4 章所介绍的磁偶极子是典型的磁场源。根据第 4 章给出的球坐标下磁偶极子的电场和磁场的公式,可以看出在磁偶极子的近场中,磁场正比于 $\frac{1}{r^3}$ 的项占主导地位,电场中正比于 $\frac{1}{r^2}$ 的项占主导地位。此时,波阻抗 $Z=\frac{E_\phi}{H_\theta}\approx Z_0\frac{2\pi r}{\lambda}$,$Z$ 随着 r 的增加而增加。同时,由于 $r<\frac{\lambda}{2\pi}$,所以 $Z<Z_0$,因此磁场源的近场又被称为低阻抗场。

在电场源的近场,除与电磁场传播方向 r 相垂直的 E_θ 和 H_ϕ 分量外,还存在着与 r 同方向的 E_r 分量。在磁场源的近场,除与电磁场传播方向 r 相垂直的 H_θ 和 E_ϕ 分量外,还存在着与 r 同方向的 H_r 分量。因此,无论是电场源的近场还是磁场源的近场,其电磁场均为非平面波。电磁场的大部分能量只是在近场来回振荡,只有少部分能量由近场传递至远场。电磁场在近场为感应场。

同样根据第 3 章介绍的相关公式,在远场($r>\frac{\lambda}{2\pi}$)的情况下,无论是电场源还是磁场源,其辐射电磁波的电场矢量与磁场矢量相互垂直,且同时垂直于电磁波的传播方向。此外,电场强度与磁场强度均正比与 $\frac{1}{r}$,电磁波的波阻抗 Z_0 为恒值 377Ω。因此,电磁场在远场为平面波,电磁场的能量通过辐射向四周传递。电磁场在远场为辐射场。电场源、磁磁源波阻抗与距离的关系如图 7-8 所示。

需要强调的是,当从场源的近场移动至远场的过程中,场特性的变化是一个渐变过程,划分近场和远场的边界条件也不是绝对的。例如,工程上通常将 $r>3\lambda$ 或者 $r>10\lambda$ 的区域作为

远场。此外，将 $r=\frac{\lambda}{2\pi}$ 作为远场和近场的边界，只适用于电偶极子、磁偶极子这类理想的电小物体。在天线测量领域，一般将天线的场区划分为感应近场、辐射近场和辐射远场。其中，辐射近场的区域为

$$0.62\sqrt{\frac{D^3}{\lambda}}\leqslant r\leqslant\frac{2D^2}{\lambda} \tag{7-5}$$

$r\leqslant 0.62\sqrt{\frac{D^3}{\lambda}}$ 的区域为感应近场，$r\geqslant\frac{2D^2}{\lambda}$ 的区域为辐射远场。D 为场源(天线)的最大几何尺寸。

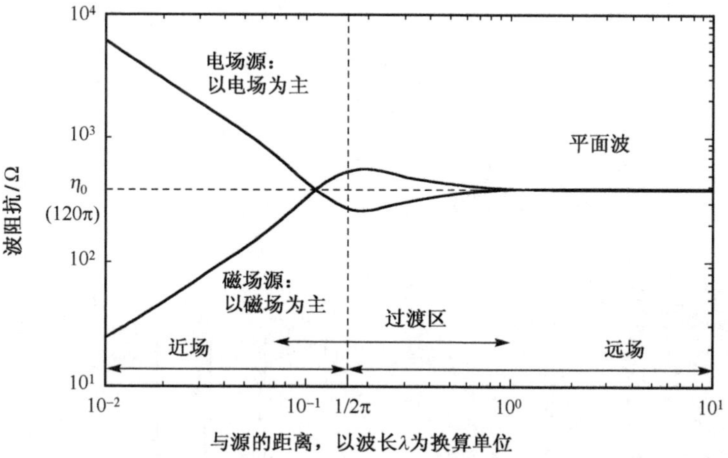

图 7-8　波阻抗与距离的关系

7.3.2　容性耦合

一般同一设备内各电路或元件之间的距离满足近场条件，它们之间的干扰常用近场耦合的方式处理。近场耦合又称为感应耦合，按其耦合方式的不同分为容性耦合和感性耦合。电路的元件之间、导线之间、导线和元件之间都存在分布电容，如果骚扰源的频率较高，则骚扰就可能通过分布电容耦合至敏感元件或电路，这样的耦合就称为容性耦合。电容耦合的条件是源回路导线中的电压高、电流小，导线间的耦合主要通过电场进行。图 7-9(a)为平行布线电容耦合的示意图。C_{12}为平行线间的分布电容，C_{1G}为导线 1 和地之间的分布电容，C_{2G}为导线 2 和地之间的分布电容。导线 1 上的信号电流或噪声电流可以通过分布电容 C_{12}将部分信号能量或噪声能量注入导线 2，进而可能对其所连接的电路造成干扰。电容耦合的等效电路图如图 7-9(b)所示。

由电容耦合在接收电路导线上产生的电压 U_2与源电路导线上的电压 U_1关系为

$$U_2=\frac{Z_2}{Z_2+X_{C12}}U_1 \tag{7-6}$$

式中，X_{C12}为电容 C_{12}的容抗：

$$X_{C12}=\frac{1}{\mathrm{j}\omega C_{12}}$$

Z_2为 C_{2G}、R_{s2}、R_{L2}三者并联的阻抗：

$$Z_2 = \frac{X_{C2G} R_2}{X_{C2G} + R_2}$$

式中

$$X_{C2G} = \frac{1}{\mathrm{j}\tilde{\omega} C_{2G}}$$

$$R_2 = \frac{R_{S2} R_{L2}}{R_{S2} + R_{L2}}$$

频率较低时，$|X_{C2G}| \gg R_2$，则 $Z_2 \approx R_2$，同时 $|X_{C12}| \gg R_2$，因此式(7-6)可简化为

$$U_2 = \mathrm{j}\tilde{\omega} C_{12} R_2 U_1 \tag{7-7}$$

频率较高时，$|X_{C2G}| \ll R_2$，则 $Z_2 \approx X_{C2G}$，式(7-6)可写成

$$U_2 = \frac{C_{12}}{C_{12} + C_{2G}} U_1 \tag{7-8}$$

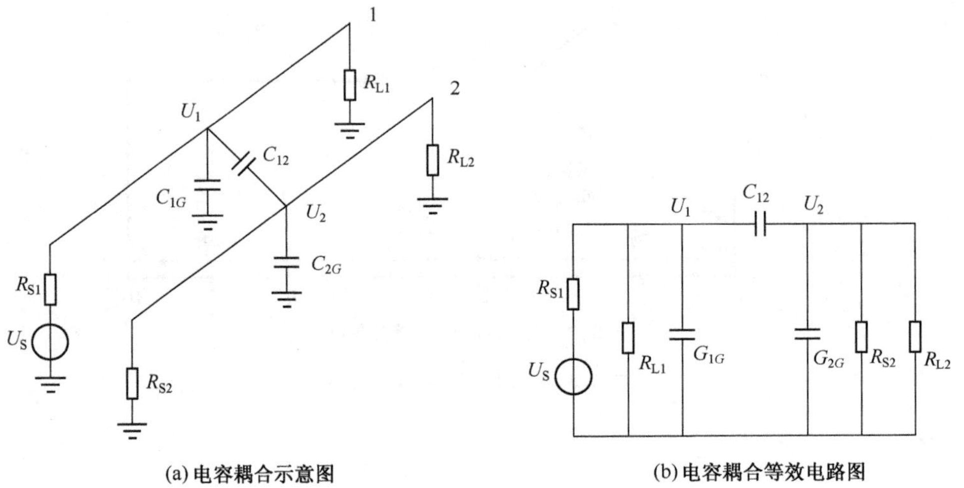

图 7-9　平行线间的电容耦合

由式(7-7)和式(7-8)可知，电场耦合量 $\left|\frac{U_2}{U_1}\right|$ 随频率升高而增加，当频率 $\tilde{\omega} > \frac{1}{R_2(C_m + C_2)}$ 时，其耦合量基本保持不变。

7.3.3　感性耦合

通过交变电流的导体在其周围会产生交变磁场，进而在周围的闭合电路产生感应电势。如果骚扰源的磁场通过互感的方式将骚扰耦合至敏感元件或电路，这样的耦合就称为感性耦合。感性耦合的条件是源回路导线中的电流大、电压低，导线间的耦合主要通过磁场进行。图 7-10(a)为两个电路之间互感耦合的示意图，图 7-10(b)为等效电路图。电路Ⅰ的等效电感为 L_1，电路Ⅱ的等效电感为 L_2，两电路间的互感为 M。当电路Ⅰ中通过高频信号电流或噪声电流时，其产生的高频磁场通过互感 M 耦合至电路Ⅱ，进而可能对电路Ⅱ的正常工作造成影响。注意，只有形成环路的导线才存在电感，没有环路也就无所谓电感。例如，图 7-10 中电路Ⅰ的等效电感 L_1 实际为电路中导线与大地所形成环路的电感。

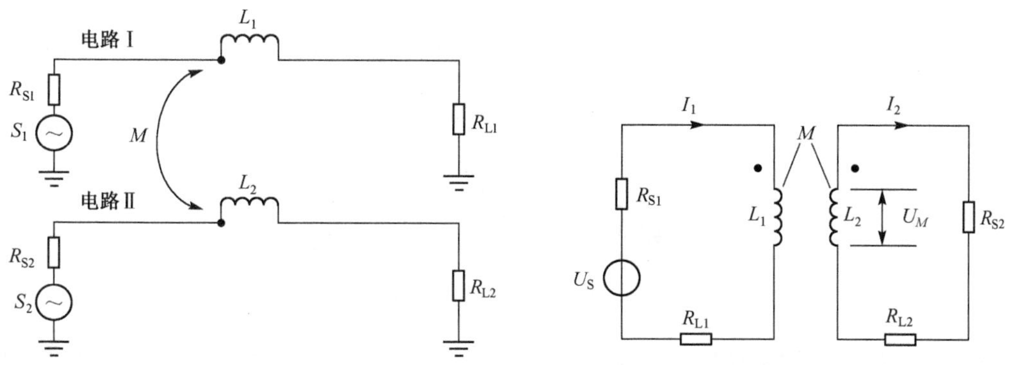

(a) 电感耦合示意图　(b) 电感耦合等效电路图

图 7-10　临近电路间的电感耦合

源电路在接收电路中产生的电动势为

$$U_M = \mathrm{j}\tilde{\omega} M I_1 \tag{7-9}$$

I_1 为源电路中的电流。电动势 U_M 在接收电路中产生的电流为

$$I_2 = \frac{\mathrm{j}\tilde{\omega} M I_1}{R_{\mathrm{S2}} + R_{\mathrm{L2}} + \mathrm{j}\tilde{\omega} L_2} \tag{7-10}$$

频率较低时，$R_{\mathrm{S2}} + R_{\mathrm{L2}} \gg \tilde{\omega} L_2$，因此式(7-10)可简化为

$$I_2 = \frac{\mathrm{j}\tilde{\omega} M I_1}{R_{\mathrm{S2}} + R_{\mathrm{L2}}} \tag{7-11}$$

频率较高时，$R_{\mathrm{S2}} + R_{\mathrm{L2}} \ll \tilde{\omega} L_2$，式(7-10)可简化为

$$I_2 = \frac{M}{L_2} I_1 \tag{7-12}$$

由式(7-11)和式(7-12)可知，磁场耦合量 $\left|\frac{I_2}{I_1}\right|$ 随频率升高而增加，当频率 $\tilde{\omega} > \frac{R_{\mathrm{L2}} + R_{\mathrm{S2}}}{L_2}$ 时，其耦合量基本保持不变。

7.4　辐射耦合(远场辐射)

场源的近场以电场或磁场为主，骚扰源的电场通过容性耦合或其磁场通过感性耦合将骚扰能量传递至处于骚扰源近场的敏感设备。而场源的远场为平面波，骚扰源的能量以辐射的方式向四周传播至远场的敏感设备。

在目前规范管理的环境下，电磁兼容对电子产品，尤其是数字电子产品的上市销售有着非常重要的影响。通常能否通过标准要求的 EMC 发射测试，而非产品的功能和性能是影响产品上市时间的主要问题。利用廉价、有效的手段来控制数字电路系统的发射与数字逻辑电路本身的设计一样，都非常复杂。从产品的开发初期阶段开始，就应将发射控制当做一个设计问题来对待。

数字电子系统产生的辐射发射既可能是差模辐射也可能是共模辐射。差模辐射是由电路中传送电流的导线所形成的环路产生的。如果这些环路是电小结构，则相当于可产生磁场辐射的小型环天线，如图 7-11 所示。尽管电流环路是电路正常工作所必需的，但为了限制辐射发射，必须在设计过程中对环路的尺寸与面积进行控制。

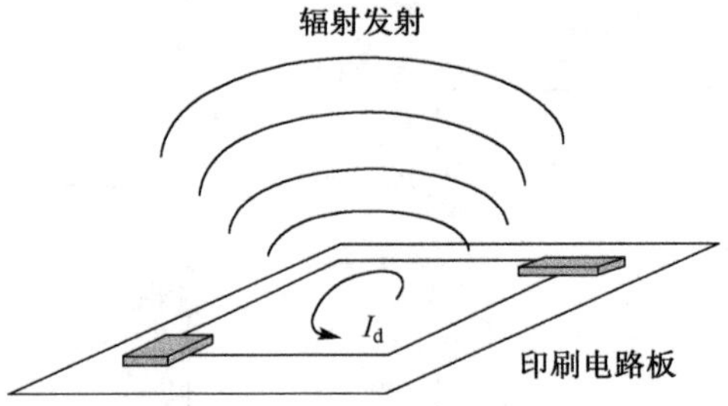

图 7-11　PCB 上的差模辐射，I_d为电路中的差模电流

另外，共模辐射是因电路中不需要的电压降产生的，这种电压降使系统的某些部件与“真正”的地之间形成一个共模电位差。通常，共模辐射是数字逻辑电路地系统的电压降导致的结果。如果有外部电缆连接到系统，电缆就会受该共模电势的驱动而成为辐射电场的天线，如图 7-12 所示。由于这些不需要的电压降并不是最初的设计目的，所以共模辐射比差模辐射更加难以进行控制，因此在设计过程中必须采取一定的措施来解决共模发射问题。

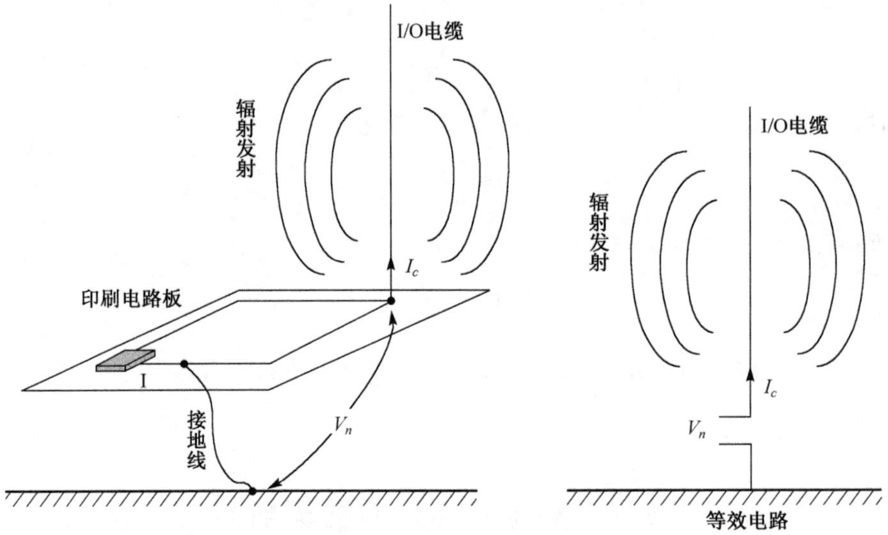

图 7-12　系统电缆的共模辐射，I_c为电缆上的共模电流

本节讲述辐射原理和辐射发射所依赖参数的总体情况。深入理解影响辐射发射的参数，有助于我们找到解决辐射问题的方法，达到减小辐射发射的目的。

7.4.1　辐射场的计算

1. 差模辐射及抑制

对于流有差模电流的导线对，如果线路长度 $l \leqslant \dfrac{\lambda}{4}$，则可以将该导线对构成的环路看做磁偶极子(小环)。其在自由空间远场的辐射场强为

$$E_{\phi} = \frac{131.6 \times 10^{-16} I_{\mathrm{d}} f^2 A \sin\theta}{r} \tag{7-13}$$

式中，A 为导线对构成的环路面积，I_d 为差模电流的幅度。由式(7-13)可以看出通过减少环

路面积的方法可以减少差模电流的辐射。由于 $l \leqslant \frac{\lambda}{4}$，环路上电流的相位近似相等。对于更大的环路，电流就不再同相，所以就可能从总体发射中减去其中一部分电流，而不是增加。式(7-13)可以用于预计最大电场强度。对于小的环路，它的计算结果是精确的；而对于较大的环路，其结果只能是近似的。在自由空间中，小型环状天线的最大发射点在环的侧面。辐射为零的位置在环平面的法线方向上。

式(7-13)适用于自由空间的小型环状天线，并且在天线周围邻近没有任何反射物体。但是，大多数电子产品的辐射测量都在地平面上的开阔场地上进行，而不是在所谓自由空间进行的。许多的地面反射可能使辐射发射的测量结果变大，最大可达 6dB。考虑到这个因素的影响，计算时式(7-13)必须乘以修正系数 2。图 7-13 所示为平行导线对$\left(l \leqslant \frac{\lambda}{4}\right)$上差模电流的辐射。

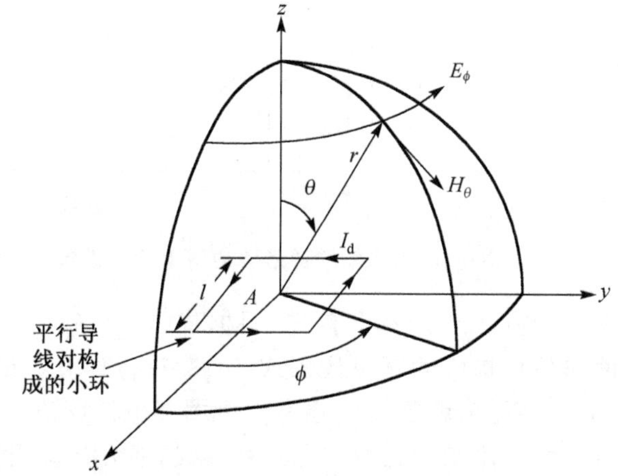

图 7-13 平行导线对$\left(l \leqslant \frac{\lambda}{4}\right)$上差模电流的辐射

式(7-13)表明辐射发射大小与电流 I、信号频率 f 的平方以及环路面积 A 成正比。所以可以用以下方法来控制辐射发射：①减小电缆上的电流大小；②减小电流信号的频率或电流的谐波分量；③减小环路面积。

由于信号电流通常不是单一频率的正弦波，而是方波或梯形波。理论上，方波是由无穷多不同频率、不同幅度的正弦波(即由频率为方波频率的基波及频率为方波频率整数倍的谐波)叠加而成。如果电流波形不是正弦波，必须首先将该电流进行傅里叶展开，确定不同频率下谐波分量的大小，再代入式(7-13)计算不同频率下的辐射大小。

2. 傅里叶级数

因为数字电路采用方波信号，所以在应用式(7-13)计算辐射发射之前必须首先已知电流的傅里叶级数。对于对称的方波(因为信号的上升沿与下降沿都有一定大小，并非等于零，所以实际上为梯形波)，第 n 次谐波电流大小可以用以下公式来表示

$$I_n = 2Id\,\frac{\sin(n\pi d)}{n\pi d}\,\frac{\sin(n\pi t_r/T)}{n\pi t_r/T} \tag{7-14}$$

式中，I 是波信号的峰值，d 是信号的占空比，t_r 是信号的上升沿时间，T 是信号周期，n 是谐波次数(即第 n 次谐波)。式(7-14)有一个假设条件：信号波形的上升沿时间等于下降沿时间。如果两者不相当，那么应使用较小的一个所计算出的结果作为最差结果。当信号的占空比等于 50%时(即 $d=0.5$)，一次谐波(即基波)的幅度大小为 $I^1=0.64I$，而且只有奇次谐波存在。图 7-14 是一个对称信号波的谐波包络曲线。图中的谐波以 20dB/10 倍频程的速率减小，一直到频率 $1/\pi t_r$，超过这个频率之后，谐波减小的速率为 40dB/10 倍频程。从图 7-14 中还可以看出，随着上升沿时间的增大，更高次谐波分量中所包含的能量在减小。

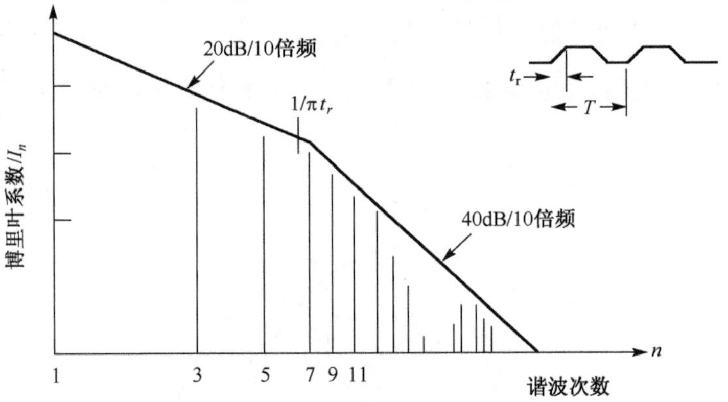

图 7-14　占空比为 50%的梯形波的傅里叶频谱包络

差模辐射可以采用下面的方法来计算。首先，根据式(7-14)确定每次谐波中所包含的电流大小；其次，将该电流值和各自响应的频率代入式(7-13)进行计算。最后，依次重复，直到完成对每个谐波频率的计算，最终结果就是差模辐射发射的理论计算值。

如果环路是被恒定不变的电流驱动，式(7-13)中频率的平方项说明随着频率的增大，辐射发射的增大速度为 40dB/10 倍频程。将式(7-13)与式(7-14)合并，可以知道当频率小于 $1/\pi t_r$ 时，辐射发射以 20dB/10 倍频程的速率增大；超过这个频率之后，辐射发射保持不变(与前边的结果相同)。

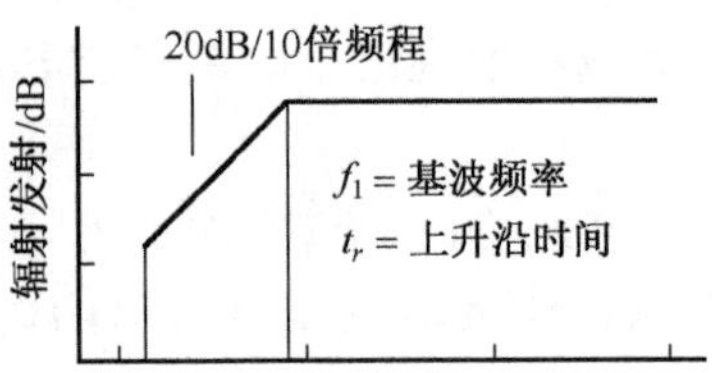

图 7-15　差模辐射发射频谱包络

图 7-15 是差模辐射发射包络对频率的一个示意图，可以看出上升沿时间对辐射发射的影响非常重要。信号的上升沿时间决定了频谱的拐点，过了拐点之后，辐射发射不再随着频率的增大而增大。所以为了减小辐射发射，最重要的是尽量减小信号频率与增大信号的上升沿时间。

例如，在 3m 距离处测量上升沿时间等于 4ns 的一个时钟信号所产生的辐射发射。时钟信号在一个面积等于 $10cm^2$ 的环路上传输，该环路由 TTL 门电路驱动，电流大小假设等于 35mA。如果进行一系列类似的计算，每一次计算都使用不同的频率和上升沿时间，并挑选出最大发射点，就可以得到图 7-16 中的结果。这个结果可以用来快速估计不同频率与不同上升沿时间组合情况下所期望的最大发射。

从图 7-16 可以看到，假如频率增大 1 倍，那么辐射发射将增大 6dB；如果时钟的上升沿时间变为原来的 1/2，辐射发射也增大 6dB。因此，如果频率增大 1 倍且上升沿时间减小一半，那么辐射发射将增大 12dB。

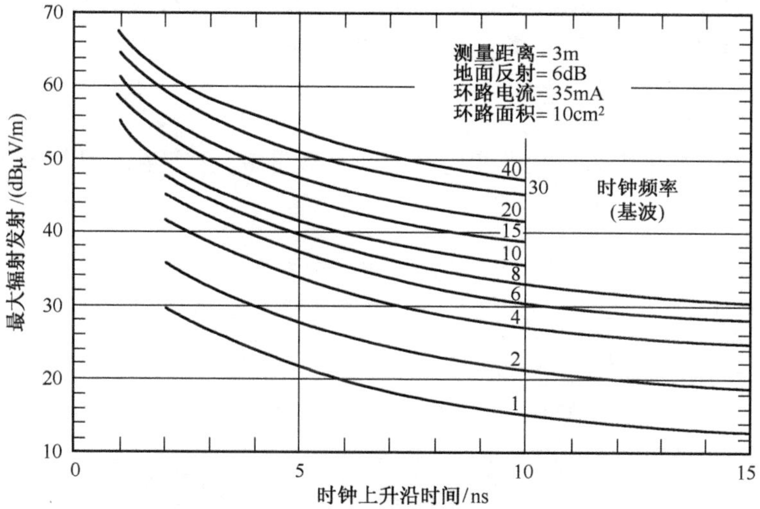

图 7-16　时钟频率与上升沿时间对最大辐射发射的影响

3. 共模辐射

在产品的设计和布局阶段很容易控制差模辐射。相比之下，共模辐射却很难控制。通常恰恰是共模辐射决定着产品的整体发射性能。一般来说，共模辐射来自于系统中的电缆。从图 7-12 可以看出，辐射发射的频率由共模电势(通常是地电压)决定。

对于流有共模电流的导线，如果长度 $l \leqslant \frac{\lambda}{4}$，则该导线可以被看做短电偶极子，天线上的电流在各处近似等幅同相。其在自由空间远场的辐射场强为

$$E_\theta = \frac{2\pi \times 10^{-7} I_c l f \sin\theta}{r} \tag{7-15}$$

式中，l 为导线长度，I_c 为共模电流的幅度。I_c 可以利用卡在导线上的电流钳测得。由式(7-15)可以看出，通过缩短导线长度的方法可以减少共模电流的辐射场强，或采用系统单点接地或浮地的方式来切断共模电流流向大地的途径，从而达到降低或消除共模电流的目的。图 7-17 所示为短导线$\left(l \leqslant \frac{\lambda}{4}\right)$上共模电流的辐射。有关接地的内容会在 9.2 节详细讨论。

式(7-15)中的频率项代表 20dB/10 倍程的频率增大速率。如果电缆被大小恒定的方波电流驱动，那么综合式(7-15)与式(7-14)表示的傅里叶系数的结果，就可以得到天线的共模发射频谱。从零频率到 $1/\pi t_r$ 频率，频谱包络很平坦，近似为一条直线；超过 $1/\pi t_r$ 频率点之后，频谱以 20dB/10 倍频程速率减小。

图 7-18 给出了共模发射的频谱包络图。随着频率的增大，共模辐射会逐渐减弱，所以共模发射在频率小于 $1/\pi t_r$ 时才是问题。例如，上升沿时间在 4～10ns 范围内，共模发射问题一般在 30～80MHz 之间。

使式(7-13)与式(7-15)相等，解出差模电流与共模电流的比值，就可计算出产生大小相等的辐射场所需要的差模电流对共模电流之比：

$$\frac{I_{\mathrm{d}}}{I_{\mathrm{c}}}=\frac{48\times10^{6}l}{fA}$$

式中，I_{d}和 I_{c}分别是产生同等大小辐射场所需要的差模电流与共模电流。假若电缆长度 l 等于 1m，环路面积 A 等于 $10\mathrm{cm}^2$，频率 f 等于 50MHz，则

$$\frac{I_{\mathrm{d}}}{I_{\mathrm{c}}}=1000$$

这个结果表明差模电流只有比共模电流大 3 个数量级，它产生的辐射场才能等于共模电流产生的辐射场。

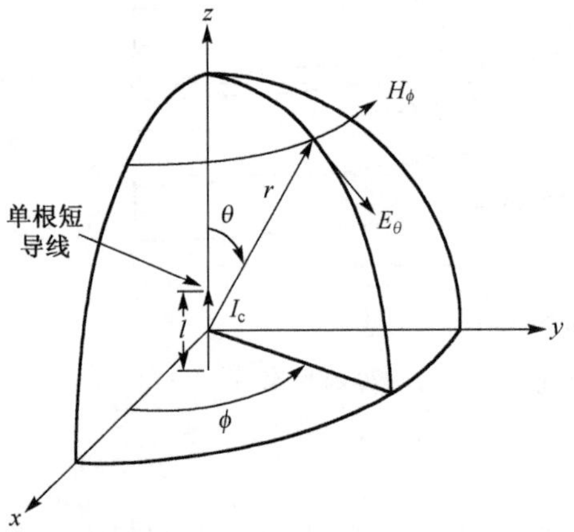

图 7-17　短导线$\left(l\leqslant\frac{\lambda}{4}\right)$上共模电流的辐射

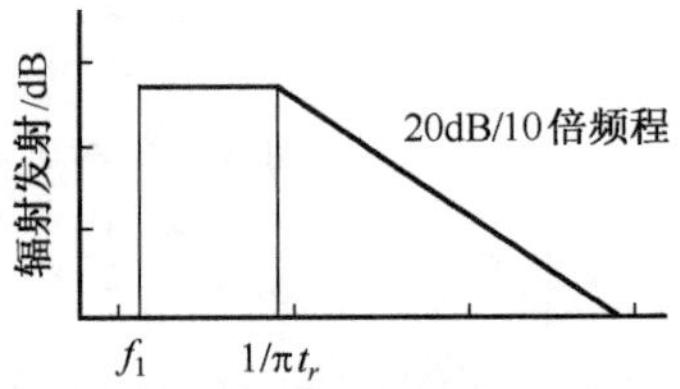

图 7-18　共模辐射发射频谱包络图

与控制差模辐射的方法类似，通常采用限制信号的上升沿时间与频率的方法达到减小共模发射的目的。电缆的长度取决于互连器件之间距离，设计者一般很难控制。除此之外。如果电缆的长度达到 1/4 波长以上，就会因为电缆上存在不同相的电流，发射不再随着电缆长度的增加而增大。因此为减小共模发射，设计者唯一可以控制的参数就是共模电流。采取下面的措施就能够达到控制共模电流大小的目的：①使驱动天线的源电压最小，通常是指地电压；②提供足够大的共模阻抗与电缆串联，即使用所谓的共模扼流圈；③将共模电流分到地；④电缆实施屏蔽。

如果骚扰源不是一维结构的电缆，而是具有三维立体结构，且其几何尺寸远小于其辐射电磁波的波长，则可以将该骚扰源近似看成点源。点源的辐射特性为各向同性，其辐射场强的公式如下：

$$E=\frac{\sqrt{30P}}{r}\tag{7-16}$$

式中，P 为点源的辐射功率，r 为观测点到点源的距离。

对于电大尺寸的骚扰源，如果知道骚扰源的辐射功率 P 以及它的最大方向性系数 D，则骚扰源在距离其 r 处的最大辐射场强为

$$E=\frac{\sqrt{30PD}}{r}\tag{7-17}$$

事实上，一般很难知道骚扰源的辐射功率是多少。对于电大的骚扰源，也很难确切地给出其最大方向性系数。因此，通常采用测量而不是计算的方法来确定骚扰源的辐射场强。有关

辐射场强的测试将会在第 8 章予以详细讨论。需要注意的是，式(7-13)、式(7-15)、式(7-16)、式(7-17)只适用于自由空间，即计算的场强只是直射波的场强。一般辐射源周围都存在反射的情况，如果只考虑地面反射的影响，则最大辐射场强应为上述公式计算结果的两倍。

7.4.2 电磁感应

根据法拉第电磁感应定律，通过闭合环路的交变磁场会在其上产生感应电压，即

$$U = -\frac{\mathrm{d}}{\mathrm{d}t}\int_A B \cdot \mathrm{d}A \tag{7-18}$$

式中，B 为磁感应强度(也被称为磁通密度)，$B = \mu H$；A 为环路面积。如果通过 A 上各点的 B 都相等，并且 B 随时间变化的角频率为 $\tilde{\omega}$，则式(7-18)可写为

$$U = -\tilde{\omega} BA \cos\theta \tag{7-19}$$

式中，θ 为磁感应强度矢量与闭合环路法线方向的夹角，如图 7-19 所示。无论是远场还是近场上式都适用。对于远场，如果给出的是骚扰源的电场强度，可以利用公式 $Z_0 = \frac{E}{H}$ 得到磁场强度，进而可以利用式(7-19)计算环路上的感应电压。

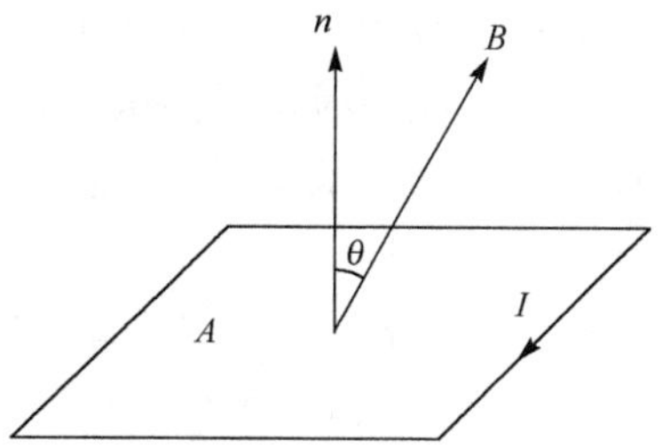

图 7-19　电磁感应

习　　题

1. 两条平行导线 1 和 2 分别构成骚扰源电路和敏感电路，如图 7-20 所示。骚扰电压源的电压为 U_1，C_{12} 为平行线间的分布电容，C_{1G} 为导线 1 和地之间的分布电容，C_{2G} 为导线 2 和地之间的分布电容。画出等效电路图，并推导 U_1 和 U_2 间的关系。

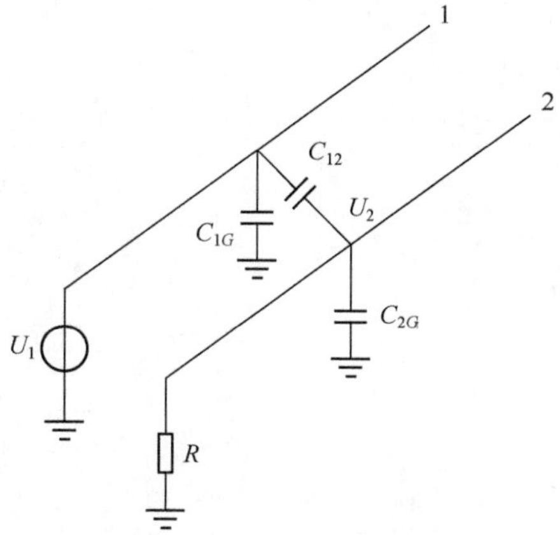

图 7-20　电容耦合示意图

2. 如果图 7-20 中两导线间的分布电容为 50pF，导线对地分布电容为 150pF，导线 1 端接 1MHz、10V 的交流信号源。如果导线 2 端接的负载 R 分别为：①无限大阻抗；②1000Ω 阻抗；③50Ω 阻抗。试求三种情况下导线 2 的感应电压为多少？

3. 如果图 7-10 中 L_1 和 L_2 的互感 M 为 1μH，L_2 的自感为 10μH，R_{S2}、R_{L2} 均为 50Ω。通过 L_1 的电流为 10mA，如果电流的频率分别为①100MHz、②1MHz、③10kHz，试求三种情况下 L_2 的感应电流为多少？

4. 用电流钳和频谱仪测得一段长为 1m 的电缆上频率为 30MHz 的共模电流为 60dBμA。则在自由空间距离该电缆 3m 处的辐射场强的最大值是多少 dBμV/m？如果考虑地面的反射，则最大辐射场强是多大？

5. 印刷电路板上有一对长度 $l=10$cm 的平行导线，导线间的间距 $d=2$cm。如果该导线对上有频率为 100MHz，幅度为 20mA 的骚扰电流，试计算在自由空间离该印刷板 3m 处的最大骚扰场强。

6. 利用坡印廷矢量及波阻抗的概念，推导式(7-6)。

7. 一般在辐射发射测试中，要求测试天线处于被测设备(EUT)的远场。如果 EUT 的最大尺寸为 0.5m，测试距离为 3m，则测试频率在 30MHz 时测试天线是否在 EUT 的远场？1000MHz 时呢？

8. 一台主机通过其输入输出(I/O)线与另一台外设连接，主机和外设的印刷电路板零伏地接各自机壳，机壳接地。I/O 线长 10m，高 1m，如图 7-21 所示。1km 外有一电台，频率为 3MHz，在 I/O 线处产生的电场强度为 2V/m，求在 I/O 线和地组成的地环路中产生的最大共模电压？

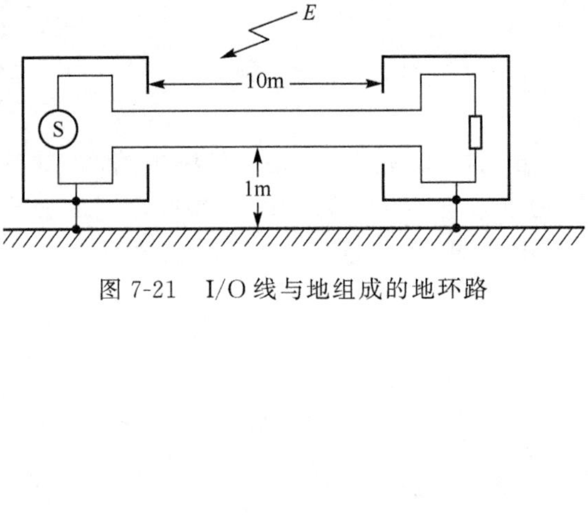

图 7-21　I/O 线与地组成的地环路

第 8 章　电磁兼容测试

8.1 概　　述

电磁兼容测试结果，反映了被测设备相关的电磁兼容性，为设备的电磁兼容设计、整改以及验证起到至关重要的指导作用。电磁兼容测试按其测试内容可分为电磁骚扰发射(electromagnetic interference，EMI)测试和设备的抗扰度(electromagnetic sasceptibility，EMS)测试。EMI 测试是测量设备向外界发射的骚扰，包括辐射发射(radiated emission，RE)和传导发射(conducted emission，CE)两个部分。EMS 测试则是测量对设备施加各种骚扰时，受试设备对这些骚扰的敏感度或抗干扰能力，所施加骚扰的主要类型有静电放电、射频场感应的传导骚扰、电快速脉冲群、浪涌、工频磁场、脉冲磁场、谐波等。

电磁兼容测试结果取决于测试场地及测试仪器的各项指标、测试步骤，甚至测试人员的素质。因此，电磁兼容测试标准通常都会对测试场地、测试仪器的指标以及测试步骤进行具体的规定，以保证测试结果的准确性和可重复性。作为测试人员，不仅需要掌握电磁场、微波、天线、电波传播、电路等学科的基础理论，而且要了解测试仪器以及被测设备的工作原理，理解标准规定的方法，这样才能在测试过程中发现问题，并采用正确的方法解决问题，从而保证正确的测试结果。

8.2 测 试 场 地

电磁兼容测试的各个测试项目都要求有特定的测试场地。其中，辐射发射测试对场地的要求最为严格。用于辐射发射的测试场地主要有开阔场、电波暗室、屏蔽室、混响室、吉赫兹模电波小室(Gigahertz Transverse Electromagnetic Cell，GTEM Cell)等。本节将对这些测试场地的构造特征、工作原理、设计方法和电气性能等方面进行阐述。

8.2.1 开阔场

1. 开阔场的构造

对于 30～1000MHz 高频辐射电磁场的测试，由国际无线电干扰特别委员会(Comite International Special Perturbations Radioelectriques，CISPR)所编制的测试标准 CISPR16－1993 以及与之对应的我国国家标准 GB9254－1998，都是以空间直射波和地面反射波在接收点上相互叠加的理论为基础的。开阔场(open area test site，OATS)是首选的进行辐射发射测试的场地。CISPR 规定了开阔场的构造特征：它是一个平坦、空旷、地面导电率均匀良好、周围无任何反射物的椭圆形测试场地，其长轴是两焦点距离的 2 倍，短轴是焦距的 $\sqrt{3}$ 倍，EUT(或发射天线)与接收天线分别置于两焦点上，如图 8-1 所示。目前，有关辐射发射测试标准规定的测试均在 3m 法、10m 法和 30m 法情况下进行，即 EUT 前端表面与天线顶端之间的距离要达到 3m、10m 和 30m。图 8-2 是英国国家物理实验室(National Physical Laboratory,NPL)位于 Teddington 的开阔场(60m×30m)。

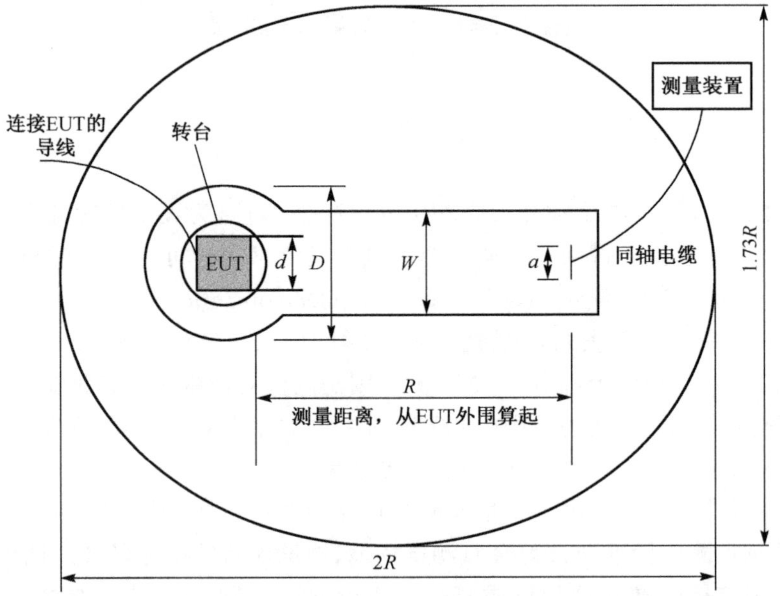

图 8-1　开阔场地结构图(d 为 EUT 最大尺寸,a 为天线最大尺寸。$D=d+2m$,$W=a+2m$)

图 8-2　英国国家物理实验室的开阔场

为了避免周围环境中的电磁干扰给 EMI 测试带来影响,开阔场的电磁环境噪声应越小越好,至少应比标准规定的 EUT 的骚扰限值低 6dB。由于城市中存在各种广播通信等无线电业务和严重的工业电磁噪声,开阔场通常选择在远离城市的地方建造。受交通运输、生活管理等因素的影响,在偏远地区建造并使用开阔场的成本较高。因此,许多开阔场选择在市区楼顶平台建造。例如,中国计量科学研究院在其院内实验室的楼顶建有 40m×12.5m 的开阔场。CISPR 推荐使用导电材料或金属板建造开阔场的地面。由于钢板比铝板、铜板耐腐蚀、价格低,通常都采用花纹钢板建造。

2. 开阔场测试

辐射发射测试是测量 EUT 辐射场强的最大值。所以测试过程中,EUT 放在可 360°旋转的转台上(转台的高度通常为 0.8m),以便寻找 EUT 的最大辐射方向。此外,由于到达接收天线的波有直射波 $\boldsymbol{E}_d$ 和经过地面反射的反射波 $\boldsymbol{E}_r$,天线接收到的总场强为两者的矢量和。反射波与直射波的初始相位相同,但经过的路径不同,所以在接收天线处 $\boldsymbol{E}_d$ 和 $\boldsymbol{E}_r$ 有一定的相位差 $\Delta\phi$,$\Delta\phi$ 与天线的高度有关。当 $\Delta\phi$ 为 2π 的整数倍时,$\boldsymbol{E}_d$ 和 $\boldsymbol{E}_r$ 同相,两者的矢量和最大。当 $\Delta\phi$ 为 π 的奇数倍时,$\boldsymbol{E}_d$ 和 $\boldsymbol{E}_r$ 反相,两者的矢量和最小。所以测试过程中,除了要求 EUT 进行 360°旋转,还要求接收天线在一定高度范围内扫描,以便发现最大场强。辐射发射测试布置见图 8-3。CISPR16 规定对于 3m 法和 10m 法测试，天线高度的扫描范围为 1～4m；对于 30m 法测试，天线的高度扫描范围为 2～6m。

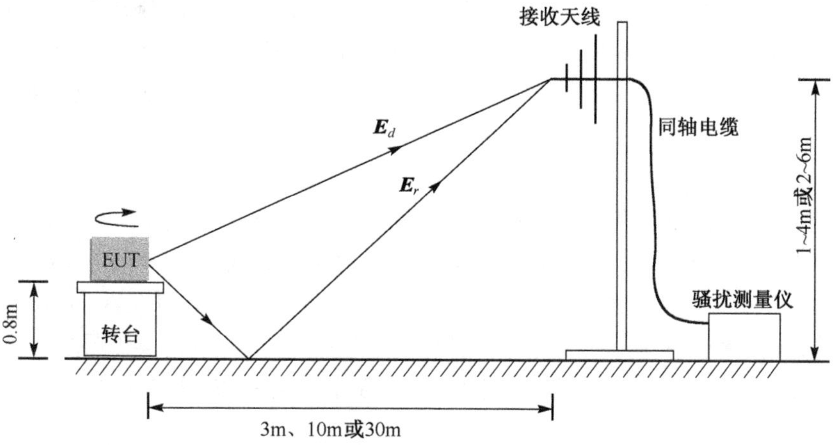

图 8-3　辐射发射测试布置

3. 开阔场测试的局限性

虽然开阔场结构简单，并且是 CISPR 规定的辐射发射的首选测试场地，但使用开阔场进行测试也面临着如下限制：

(1)开阔场周围的电磁噪声应该至少比标准规定的辐射发射限值低 6dB。然而，目前城市的电磁环境日益恶化，一般很难找到符合这一要求的测试场地。如果在偏远的农村或山区建立测试场地，则又面临运输、后勤保障等困难。

(2)如果在开阔场进行辐射抗扰度测试，则需要建立人为的电磁场，因而测试过程中可能会干扰周围其他设备的正常工作。

(3)开阔场测试还会受到气候条件的制约。

8.2.2　屏蔽室

1. 屏蔽室的结构

屏蔽室是六面为金属材料的壳体，它主要利用金属材料对电磁波的反射和吸收作用，使室内和室外的电磁环境相互隔离开来。因此，屏蔽室一方面可是阻止外部的骚扰进入屏蔽室，以免对室内设备的正常工作造成干扰，另一方面可以防止室内设备的电磁泄漏，使之不影响周围人员的身体健康或设备的正常工作。

理论上，一个完全封闭的金属腔体的屏蔽效能可以达到几百分贝以上(有关屏蔽效能的定义见第 11 章)。实际使用当中，屏蔽室需要有用于人员设备进出的屏蔽室门、用于通风的通风窗、进入室内的电力线及设备控制线等。这些都有可能降低屏蔽室的屏蔽效能。一般情况下屏蔽室对于近场磁场的屏蔽效能应在 70dB 以上，对于近场电场及平面波的屏蔽效能在 100dB 以上。测量屏蔽室屏蔽效能的国家标准为 GB12190－2006《电磁屏蔽室屏蔽效能的测量方法》。为了达到一定的屏蔽效能，需要对屏蔽室门、通风窗及进入屏蔽室的电缆等采取相应的屏蔽措施。

1)屏蔽室门

屏蔽室门是电磁泄漏的主要途径,其性能直接关系到屏蔽室的屏蔽效能。目前,很多屏蔽室门采用刀形弹性接触结构:门框四周装有磷青铜或铍青铜制成的梳形簧片,如图 8-4 所示。门的四周装有钢制门刀,闭合时,门刀插入梳形簧片中,保证了良好的电接触。为了进一步减少缝隙泄露,可在门的簧片底部加装导电衬垫,使刀刃与导电衬垫接触,以弥补刀面与簧片的密封不足。

2)通风窗

波导是用于传播电磁波的管状金属。波导允许高于其截止频率的电磁波通过,而对于低于截止频率的电磁波则会有明显的衰减作用。这与高通滤波器的频率特性相似。根据这一特性,屏蔽室的通风窗一般采用截止波导式结构:若干个截止波导排列在一起,形成很大的开口面积,而每个波导的截止频率远高于屏蔽室要屏蔽的电磁波频率,这样波导在满足通风要求的同时还起到了电磁屏蔽的作用。最常用的通风窗是波导截面为六角形的金属蜂窝板,如图 8-5 所示。

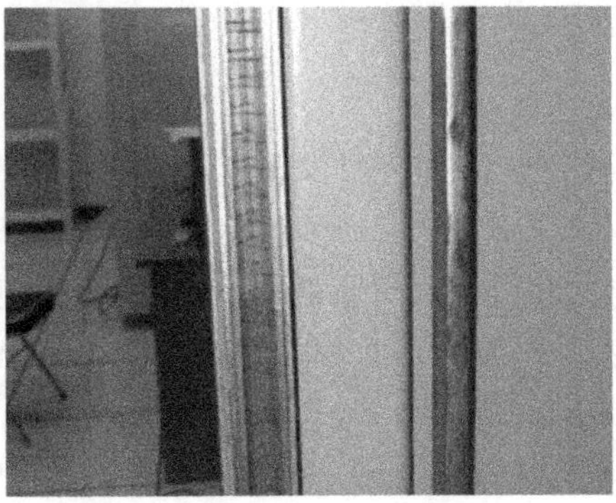

图 8-4 屏蔽室门框用梳形簧片

图 8-5 蜂窝状波导通风窗(制造商:泰派斯特电子技术有限公司)

对于直径为 D (cm)的圆形截面波导,其截止频率 f_{cutoff} (GHz)为

$$f_{\text{cutoff}} = 17.53/D \tag{8-1}$$

下标"cutoff"意为截止对于对角线长度为 D 的矩形截面波导,其截止频率 f_{cutoff} (GHz)为

$$f_{\text{cutoff}} = 15/D \tag{8-2}$$

要保证波导对电磁波有较大的衰减,应使波导的截止频率为要屏蔽的电磁波频率的 5 倍以上。当满足这个条件时,长度为 L 的圆形截面波导对电磁波的衰减 α (dB)为

$$\alpha = 32L/D \tag{8-3}$$

长度为 L 的矩形截面波导对电磁波的衰减 α (dB)为

$$\alpha = 27L/D \tag{8-4}$$

在将截止波导应用到屏蔽体时,应注意以下几个问题。首先,屏蔽体要屏蔽的电磁波的频率应远低于波导的截止频率。波导对于高于其截止频率的电磁波基本没有衰减作用。应用式(8-3)或式(8-4)计算波导对电磁波的衰减时应满足其截止频率为所屏蔽频率 5 倍以上这个条件。其次,不能有金属材料(如电缆)穿过截止波导管。当有金属材料穿过截止波导时,金属材料会将屏蔽室外部的电磁能量耦合至屏蔽室内部或将屏蔽室内部的电磁能量耦

合至屏蔽室外部，从而破坏了截止波导管的屏蔽作用。另外，截止波导与屏蔽室壁的连接处的缝隙也是潜在的电磁泄漏源。通常采用将波导管四周与屏蔽体连续焊接的方法来避免连接处出现电磁泄漏。

3)滤波器

屏蔽室内各种用电设备的供电电缆，部分设备与室外设备之间的通信、控制电缆均需穿过屏蔽室。这些电缆在传输工频电流或有用信号的同时，还可以携带高频骚扰信号。如果对这些电缆不做处理，则会影响屏蔽室对电磁场的隔离作用。因此，所有进出屏蔽室的电缆都要通过滤波器，以便滤除线路中的高频信号。一般滤波器都安装在电缆穿越屏蔽室的入口处。

4)室内照明

由于荧光灯工作时会产生频带很宽的电磁干扰，所以屏蔽室内的照明一般都采用白炽灯。

2. 屏蔽室的缺点

屏蔽室有时会被用做辐射发射测试。EUT 发出的电磁波在屏蔽室的金属壁会产生多次的反射，到达接收天线的场强是直射波和所有反射波的矢量和。由于电磁波的相位由传输路径决定，因此天线或 EUT 的位置稍有变化，测试结果就有很大不同。

此外，屏蔽室相当于一个封闭的金属空腔，存在着固有的谐振频率，其表达式为

$$f_{abc}=150\sqrt{\left(\frac{a}{w}\right)^2+\left(\frac{b}{l}\right)^2+\left(\frac{c}{h}\right)^2}\quad (\mathrm{MHz}) \tag{8-5}$$

式中，w、l、h 分别为屏蔽室的宽、长、高，单位为 m。a、b、c 取正整数(三者至多只能有一个为 0)，表示横电波沿着宽、长、高的驻波的个数。取不同的 a、b、c 就可以求得屏蔽室不同的固有谐振频率。如果 EUT 的辐射频率恰好为屏蔽室的谐振频率，在谐振的情况下，屏蔽室内场强随空间的变化更为显著，由测试位置引起的测试误差高达 20～30dB。

8.2.3　电波暗室

1. 电波暗室的构造

屏蔽室用做辐射发射测试时会带来很大的测试误差，而开阔场在进行辐射发射测试时又容易受到外界电磁环境及气候的影响。因此，电波暗室是目前使用最为普遍的辐射发射测试场地。电波暗室实质上是内壁挂有吸波材料的屏蔽室。相对于开阔场，电波暗室不受气候条件和背景噪声的影响。同时，电波暗室的墙壁上安装有吸波材料，可以大大降低墙壁对电磁波的反射作用，从而保证测试结果的准确性。如果屏蔽室内壁六个面都贴有吸波材料，则室内的电磁波不会发生反射，可以模拟电磁波在自由空间中的传播情况，这样的电波暗室称为全电波暗室。全电波暗室主要用于微波及天线测量领域。如果只是在屏蔽室的四壁和天花板上贴吸波材料，则室内的电磁波仅会被地面反射，可以模拟电磁波在开阔场中的传播，这样电波暗室称为半电波暗室，如图 8-6 所示。半电波暗室主要用于电磁兼容测试领域。

早期的吸波材料主要为泡沫尖劈型介质材料，其尖端的波阻抗等于空气波阻抗，然后逐渐减小，至末端时波阻抗则接近金属壁的波阻抗。这样电磁波在从空气经吸波材料入射至金属壁的过程中，由于不同传输媒质间的阻抗匹配而不会发生反射。通常在尖劈内部渗有碳粉，这样就可以把进入尖劈内部的电磁波能量转化为热能。通常要求尖劈的长度大于最低频率波长

的 1/4。例如，对 30MHz 的信号，波长为 10m，则尖劈的长度至少要 2.5m。可见，在保持电波暗室有效空间不变的前提下，测试频率越低，则电波暗室屏蔽外壳的尺寸越大。

为了缩短尖劈的长度，提高暗室的空间利用率，现在的吸波材料多采用铁氧体瓦和尖劈的复合体。铁氧体材料对低频电磁波具有良好的吸收性能，对于高频电磁波则依靠尖劈来吸收。在同样吸收性能下，这种组合式的吸波材料的长度比单纯尖劈短得多。随着铁氧体技术的发展，目前不少 30～1000MHz 的电波暗室的吸波材料甚至只需铁氧体就可以满足测试要求。但在 1000MHz 以上，仍需要组合式吸波材料或尖劈。

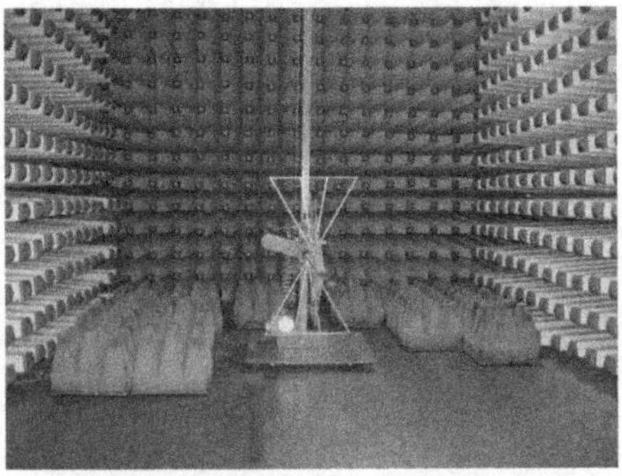

图 8-6　3m 法半电波暗室（北京交通大学电磁兼容实验室）

半电波暗室是 CISPR16、ANSI C63.4 等标准所允许的开阔场替代场地。目前广泛使用的有 3m 法和 10m 法暗室。需要注意的是，当半电波暗室的测试结果与开阔场的测试结果有较大偏差时，标准规定以开阔场的测试结果为准。

2. 电波暗室的性能要求

半电波暗室主要用做电磁兼容测试及试验的场地，其性能指标主要包括屏蔽效能、归一化场地衰减和场均匀性等。

(1)屏蔽效能。它主要用来表示电波暗室对外界信号屏蔽的能力，对于屏蔽效能较好的电波暗室来说，外界的干扰信号不会进入暗室内影响测试结果。一般对电波暗室的屏蔽性能没有具体的指标。但是用于辐射发射测试的半电波暗室，其屏蔽效能应该满足 CISPR16 中关于测试场地环境电平的要求，即测试场地的环境电平应至少比标准规定的限值低 6dB。校验电波暗室屏蔽性能应在加贴吸波材料前进行。

(2)归一化场地衰减(normalized site attenuation，NSA)。半电波暗室是用来代替开阔场进行辐射发射测试的，因此半电波暗室的场地衰减特性应当和开阔场相当。CISPR16 要求半电波暗室的归一化场地衰减与理论值(开阔场)的误差应在±4dB 以内。归一化场地衰减的测量值 A_N 定义为

$$A_N = V_T - V_R - AF_T - AF_R - \Delta A_F \tag{8-6}$$

式中，V_T 为发射天线输入电压，单位为 dBμV；V_R 为接收天线输出电压，单位为 dBμV；AF_T 为发射天线系数，单位为 dB/m；AF_R 为接收天线系数，单位为 dB/m；ΔA_F 为互阻抗修正系数，单位为 dB。A_N 只反映了测试场地的性质，与天线和测量仪器没有关系。

归一化场地衰减是开阔场、半电波暗室最重要的性能指标之一。一般采用宽带天线进行场地衰减测量。根据场地的大小，测量距离为 3m、10m 或 30m。测试时发射天线分别置于下述 4 个位置：

①转台正中心。

②面向接收天线，转台中心前 0.75m 处(该点在转台中心与接收天线之间的连线上，即测量轴上)。

③面向接收天线，转台中心后 0.75m 处。

④转台中心左、右 0.75m 处(测量轴为左、右侧两点连线的垂直平分线)。

对于发射天线的不同位置，接收天线在测量轴上移动，以保持发射天线与接收天线在测量

轴上投影间的距离 R 保持不变。接收天线同时在 1～4m 的高度上扫描，以获得最大的输出电压，即 V_R。

测量要求在水平和垂直两个极化方向进行。进行垂直极化测量时，发射天线的中心距地面 1m。如果 EUT 的高度较高，如大于 1.5m 但不超过 2m，或者发射天线高度为 1m 时，发射天线的顶端不超过 EUT 顶部高度的 90％时，还应将发射天线的高度放在 1.5m 进行测量。进行水平极化测量时，发射天线放置在离地面 1m 和 2m 两个高度上进行。两种极化方向下，天线的位置如图 8-7(a)和图 8-7(b)。

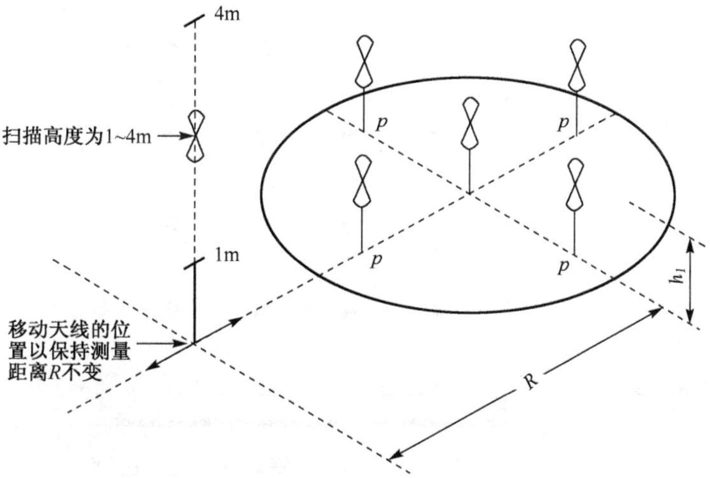

P为EUT旋转360° 所得到的边界
h_1为1m和1.5m
R为发射天线和接收天线的中心垂直投影之间的距离

(a)垂直极化

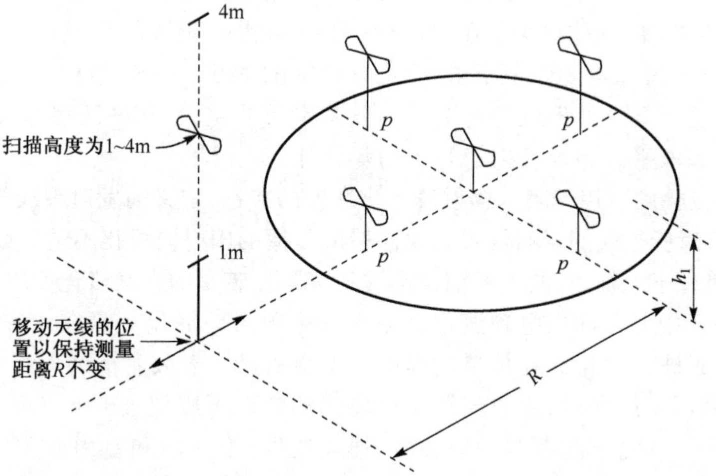

P为EUT旋转360° 所得到的边界
h_1为1m和2m
R为发射天线和接收天线的中心垂直投影之间的距离

(b)水平极化

图 8-7　替换场地 NSA 测量时典型的天线位置

(3)场均匀性。半电波暗室的地面在铺设吸波材料后，可以进行辐射抗扰度测试。为了使测试结果具有有效性和可比性，EUT 及其周围的辐射场强应该充分均匀。GB/T17626.3—1998《电磁兼容试验和测量技术 射频电磁场辐射抗扰度试验》中规定了场均匀性的校准方法：在高于地面 0.8m 处的 1.5m×1.5m 的垂直平面内设 16 个点，如图 8-8 所示，在每个点上用传感器测试场强，要求在该区域内 75%的场强幅值偏差应在 0～6dB 之间，即 16 个测试点中至少 12 个测点的场强互相之间的差值小于 6dB。

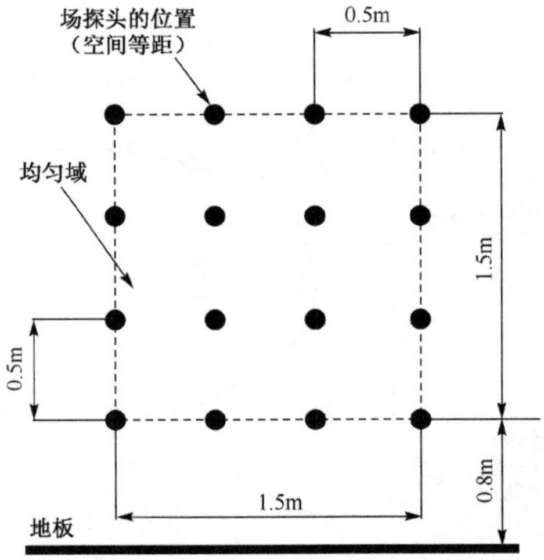

图 8-8　场均匀性测试校正点布置

电磁波在全电波暗室内的传播情况同自由空间类似。全电波暗室主要用于天线测量、仿真试验等领域。全电波暗室的性能指标主要有静区、反射率电平、交叉极化度、多路径损耗等。

(4)静区。室内受反射干扰最弱的区域。一般为圆柱体。例如，3m 法测试距离的静区一般是一个直径 2m 的柱体区域。在静区内，直接到达的能量与从室内任一表面反射回来的能量之比一般要求超过 40dB。静区的尺寸与暗室的形状、大小、结构、工作频率、所用吸波材料的电性能、静区所要求的形状等有关。一般暗室尺寸越大，其静区将越大。

(5)反射率电平。等效反射场与入射场之比。

(6)交叉极化度。用于表示辐射波极化纯度的指标，定义为发射天线与接收天线的极化面分别正交与平行时所接收的辐射场强之比。造成传播的辐射波极化不纯的原因主要有暗室几何尺寸不能严格对称于纵轴，吸波材料铺设不够平直等。暗室的交叉极化度一般要求低于−25dB。

(7)多路径损耗。如果电磁波垂直极化分量和水平极化分量在暗室内传播过程中的损耗不一致，则电磁波的极化面在传播过程中会发生旋转。若发射天线与接收天线极化面平行，并绕自身轴线做同步旋转时，接收天线输出场强的波动不应超过±0.25dB。

电波暗室同样需要配备各种滤波器、通风波导、出入门和室内照明，对这些装置的要求同屏蔽室的要求类似。

8.2.4　吉赫兹横电波室

虽然电波暗室可用做开阔场的替代场地，但其造价昂贵，限制了其使用的普及。近年来发展起来的吉赫兹横电波小室(GTEM Cell)，由于其价格便宜、工作频率范围宽(直流到数吉赫兹以上)等优点，成为许多企业和科研机构广泛使用的新型电磁兼容测试场地。

GTEM小室外形类似一倒放的金字塔，其顶端连接一同轴接头，同轴接头的中心导体在小室内部扩展为一直达底部的扇形金属板，称为芯板。芯板的终端采用分布式电阻匹配网络，形成无反射终端。小室内的底部还贴有吸波材料，用来对高频电磁波做进一步吸收。GTEM小室本质上是一段扩大的、终端接匹配负载的同轴传输线，其芯板和外壳可分别看做同轴线的内外导体。图8-9为GTEM小室示意图根据传输线理论，电磁场在同轴线内传播时，其主模是TEM(横电磁)波，因此小室芯板和底板之间传播的波为球面波，由于小室的张角很小，该球面波近似为平面波。GTEM小室主要用做电磁辐射敏感度试验。由于GTEM小室采用渐变结构，其上限工作频率可达几个吉赫兹。图8-10为一典型GTEM小室的外观。

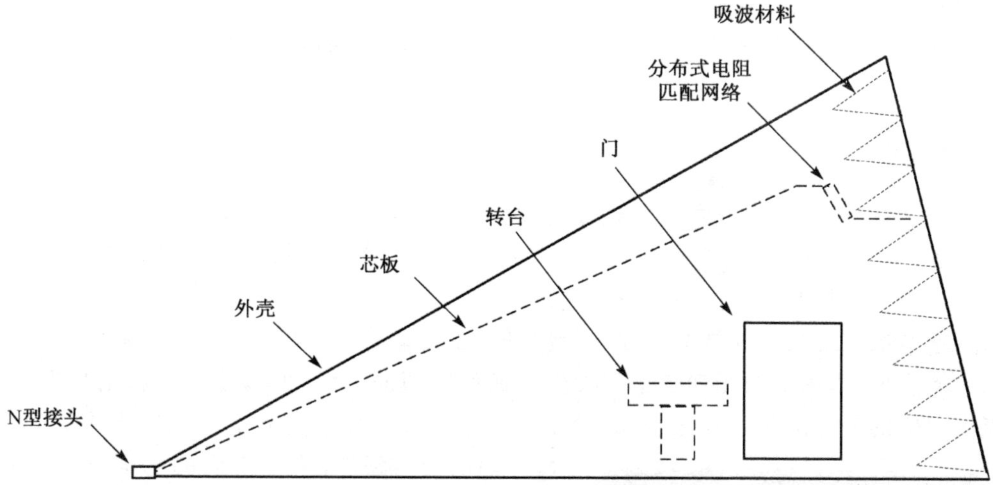

图8-9　GTEM小室侧面视图(虚线部分为小室内部设施)

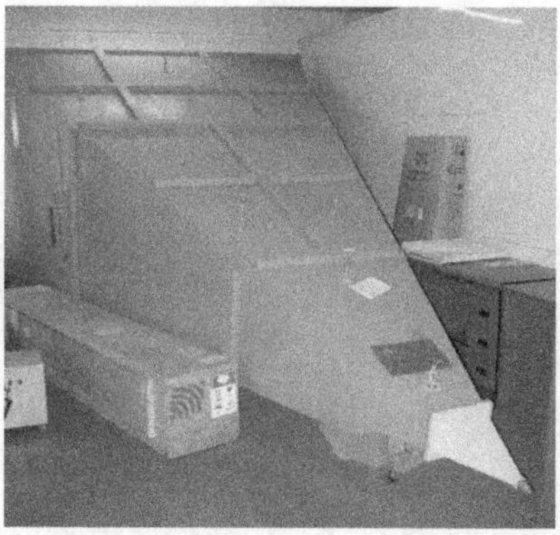

图8-10　GTEM小室外观(北京交通大学电磁兼容实验室)

GTEM小室中的电场强度由下式决定：

$$E = U/h \tag{8-7}$$

式中，U为同轴接头输入信号电压，h为测试点处芯板至底板的垂直距离。在50Ω匹配系统中，场强U和输入功率P间的关系为

$$E = \sqrt{50P}/h \tag{8-8}$$

由式(8-7)可见，在输入功率不变的情况下，测试点距离同轴输入端越近(此时芯板至底板

的垂直距离 h 越小),则获得的场强就越大。在输入功率较小或要求测试场强较大的情况下,可以通过缩短 EUT 与同轴输入端间的距离来获得所需要的场强。为了尽量减小 EUT 对小室内场结构的影响,通常要求 EUT 的高度不能超过 $h/3$。

GTEM 小室也可用做辐射发射测试。测试时小室的芯板和底板代替暗室测试中的接收天线,接收 EUT 的辐射骚扰。小室的同轴接头则作为骚扰信号的输出端。暗室测试时,通过改变接收天线的极化方向来确定 EUT 的最大辐射,而 GTEM 小室芯板和底板的位置在测试过程中不能改变,因此通过改变 EUT 的摆放位置来改变其辐射电场的极化方向,从而确定 EUT 的最大辐射。一般要求 EUT 在测试过程中沿三个正交的取向(x、y、z 轴)摆放。GTEM 小室内通常带有一特殊的旋转系统来满足这一要求。需要注意的是,GTEM 小室的测试结果并不能直接等同于开阔场或半电波暗室的测试结果,还需要通过一定的数学模型进行必要的修正。

8.2.5　混响室

在现实生活中,许多区域内的电磁波会被周围的物体反射,如机舱、汽车、金属结构的建筑物等。前面所介绍的几种测试场地并不能模拟电磁波在这些区域内的传播情况。为此,另一种测试场地——混响室也逐渐被广泛采用。

混响室本质上是一内部带有金属叶片搅拌器的屏蔽室,见图 8-11。在混响室内部电磁波被金属壁多次反射,内部的场强随空间发生快速而剧烈的变化,尤其是在谐振的情况下,不同测试点场强值的差可达几十 dB。测试过程中,搅拌器的金属叶片通过连续旋转来改变混响室内的边界条件,混响室内的场强分布也随之改变。金属叶片旋转一周的过程中,室内不同位置所连续测得的场强的平均值应该大致相同,即室内各点的场强在统计上是均匀的(statistically uniform)。混响室内测得的场强的统计平均值与天线的位置、极化方向及 EUT 的位置无关,这样在测试过程中不需要改变天线的极化和高度。因此,相对于暗室和开阔场测试,混响室可以实现辐射场强的快速测量。不过,混响室只能测得辐射场强的平均值,并不能用来测量最大辐射场强。如何将混响室的测试结果与开阔场或半电波暗室的测试结果关联起来是目前测试场地的研究方向之一。此外,一个可以有效工作的混响室,其内部的电磁场结构必需足够复杂(即其内部电磁场的共振模必需足够多),这样才能保证测试结果的统计均匀性。为了达到这一要求,一般要求混响室的最低工作频率(lowest usable frequency,LUF)为其最低共振频率的 3 倍。混响室的最低共振频率由式(8-5)确定。表 8-1 为不同大小混响室所对应的最低工作频率和 LUF。一个房间大小的混响室的最低工作频率为 100MHz 左右。可见,混响室并不适合低频测量,这是制约混响室用途的最主要的因素。

图 8-11　位于德国 Braunschweig 工业大学的大型混响室(11.0m×7.6m×7.2m)

除辐射发射外,混响室也被广泛用于辐射抗扰度测试、屏蔽效能测试等。有关混响室原理、用途、测试方法的详细介绍可参考国际电工委员会相关的标准 IEC61000-4-3。

表 8-1　不同尺寸混响室的最低工作频率和 LUF

长/m	宽/m	高/m(宽＞高)	最低共振频率 f_{110} / MHz	LUF(3× f_{110})/ MHz
0.8	0.7	0.6	284.7	854.1
1.2	1.1	1.0	185.0	555
1.6	1.4	1.2	142.4	427.2
2.0	1.8	1.6	112.1	336.3
4.0	3.6	3.2	56	168

8.3　测 试 项 目

电磁兼容测试按其测试内容可分为 EMS 测试和 EMI 发射测试。通过 EMS 测试和 EMI 测试,可以定量地了解被测设备对外界电磁骚扰的抵抗能力以及自身向外界产生的电磁骚扰。EMI 测试包括辐射发射测试和传导发射测试。EMS 测试项目主要包括静电抗扰度、射频场感应的传导抗扰度、电快速瞬变脉冲群抗扰度、浪涌抗扰度、射频场辐射抗扰度、谐波抗扰度、工频磁场抗扰度、脉冲磁场抗扰度、电压变化抗扰度等。为了使测试结果具有可比性和可重复性,上述这些测试项目都有具体的国际标准及国家标准。例如,我国的抗扰度测试标准为 GB/T17626 系列(等同采用 IEC61000-4 系列),针对信息技术设备发射限值及测试方法的标准为 GB9254(等同采用 CISPR22)。

在传导或辐射发射测试过程中,如果所测结果超过了标准规定的限值,则判定 EUT 的传导或辐射发射超标。在抗扰度测试过程中,试验结果按 EUT 的功能丧失或性能降级进行分类。这些分类与制造商、试验申请者规定的,或者制造商与用户之间商定的性能等级有关。推荐的分类如下:

(1)在制造厂或客户规定的技术规范限值内性能正常。

(2)功能暂时丧失或性能降低,但在骚扰停止后 EUT 能自行恢复,无需操作者干预。

(3)功能暂时丧失或性能降低,需操作者干预才能恢复正常。

(4)因硬件或软件损坏、数据丢失而造成不能恢复的功能丧失或性能降低。

注意:制造商提出的技术规范中可以规定对 EUT 的影响哪些可以忽略,哪些可以接受。

设备总是通过特定的端口与外界电磁环境发生联系,这些端口为设备的电源端口、信号线及控制线端口、地线端口和外壳(机箱)端口。根据实际情况,标准中都规定了测试所针对的端口。例如,静电抗扰度测试只是针对设备的机箱端口,浪涌抗扰度测试通常针对设备的电源端口及信号端口。

8.3.1　辐射发射测试

骚扰发射按其传播途径,主要有沿电源线、信号线传播的传导骚扰以及向空间发射的辐射骚扰。通常用骚扰电压来度量传导骚扰。辐射骚扰可以通过电场分量(通常被直接称为场强)、磁场分量或功率来表征。我国的 GB4343、GB4824、GB9254、GB17743(分别对应家用电动电热器具、工科医射频设备、信息技术设备和照明设备)等产品族标准,都提出要做电磁骚扰的发射测量,同时规定了相应的测试项目、测试方法及骚扰限值。就辐射发射而言,对于家用电动电热器具，GB4343 要求测量 30～300MHz 频率范围内的连续骚扰功率；对于信息技术设备，GB9254 要求测量 30～1000MHz 频率范围内的辐射骚扰场强；对于照明电器，GB17743 则要求进行在 9kHz～30MHz 频率范围内进行辐射骚扰的磁场分量测量。

用测量场强的方法来衡量 EUT 的辐射发射水平是一种基本的测量方法，许多产品(如信息技术设备、工科医射频设备、电信终端设备等)的辐射发射都是用这种方法进行测量的。国标 GB/T6113.1(等同采用 CISPR16－1)规定辐射骚扰的场强测试要在开阔场或半电波暗室进行。有关辐射场强的测试方法已经在 8.2 节测试场地中做了简单介绍。对于骚扰功率、骚扰磁场的测量方法，可以参阅上面提到的有关标准，这里不做讨论。下面主要介绍用于辐射发射测试的测量接收机及测试天线。

1. 测量接收机

1)测量接收机原理及指标

测量接收机是专门用于测量电磁骚扰(包括辐射骚扰和传导骚扰)的测量接收装置，图 8-12 为一典型测量接收机的外观。现实中各种电子电气设备产生的电磁骚扰通常为微弱的连续波信号或者幅值很强的脉冲信号。因此，用于测量电磁骚扰的测量接收机就要求具备灵敏度高、自身噪声小、检波器动态范围大、前级电路过载能力强等特点。

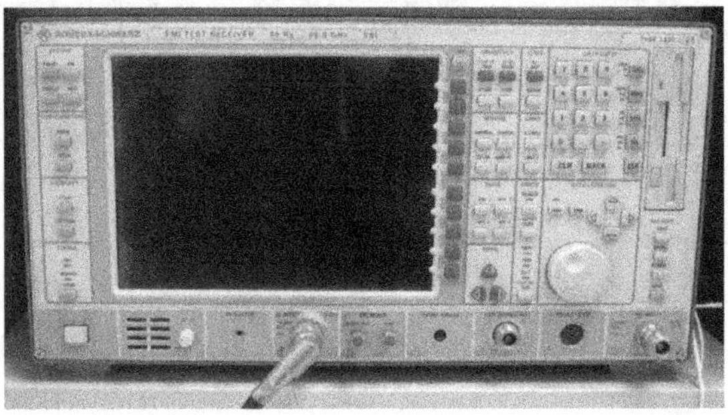

图 8-12　EMI 测量接收机(制造商：德国 R/S 公司，型号：ESI 26)

测量接收机本质是带有预选功能的超外差式选频电压表。任何波形的骚扰都可以由若干个不同频率、不同幅值的正弦波组成。测量接收机用于测量所选择频率下骚扰的电压幅值。测量时先将接收机进行调谐，对准某个频率 f_i，该频率上的骚扰信号经过高频衰减器和高频放大器后进入混频器，与本地振荡器的频率 f_1 混频，产生很多混频信号。经中频滤波器后仅得到中频信号 $f_0=f_1-f_i$。中频信号经中频衰减器、中频放大器后，由包络检波器进行包络检波，滤去中频得到低频包络信号 $A(t)$。$A(t)$再根据要求进行相应的加权检波，得到所需$A(t)$的峰值(peak)、有效值(rms)、平均值(ave)或准峰值(qp)。检波后的信号经低频放大后推动电表指示。由于很多骚扰是脉冲性的，所以测量接收机应该可以测量脉冲信号。设输入信号是幅度为 A，宽度为 τ、周期为 T 的脉冲信号图 8-13(a)。由图 8-13(b)可见，经中频滤波器滤波后的信号为载波频率为 f_0 的调幅信号，其包络幅度为 $2A\tau GB$。其中，G 为中频放大器和以前各级电路的增益，B 为中频带宽；包络主瓣宽度为 $2/B$，两个主瓣之间的间隔为 T。图 8-13(c)波形是包络检波器滤掉中频后的包络。由于包络的宽度和幅度都与中频带宽有关，因此测量仪的中频带宽一定要有统一的规定，否则对于同一个脉冲信号，由于中频带宽不同，测量结果可能不同。对于同一包络进行不同形式的加权检波，可以得到不同的值，一般包络的峰值>准峰值>有效值>平均值。(d)是准峰值加权波形，(e)是电表读数。

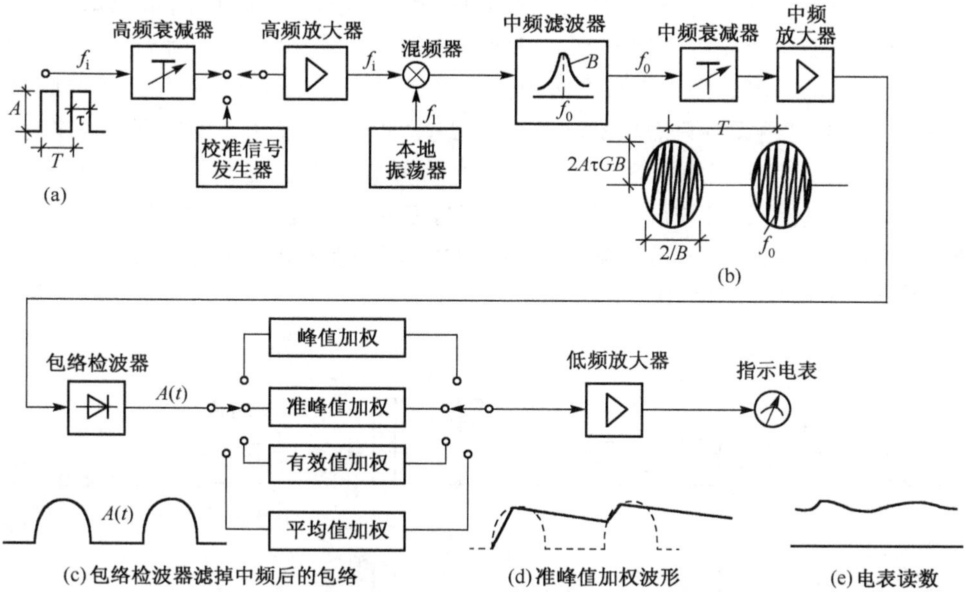

图 8-13　测量接收机电路方框图

加权检波的形式是由检波电路的充放电时间常数决定的，所以对检波器的充放电时间常数也要有统一的规定。由于电表也要有一定的惯性（即电表机械时间常数），电表读数要受其影响，因此标准规定电表要处于临界阻尼状态，并且具有确定的机械时间常数。由于测量仪以测量脉冲信号为主，脉冲信号的幅度往往很大，所以测量仪还应该有较大的过载能力，以免由于过载而测不到脉冲的顶部。综上所述，测量接收机必须有统一的中频带宽、检波器充放电时间常数、电表机械时间常数和过载系数，以保证测量同一脉冲信号得到一致的结果。表 8-2 为 GB/T6113.1 规定的测量接收机的指标。其中，A 频段 9～150kHz，B 频段 0.15～30MHz，C 频段 30～300MHz，D 频段 300～1000MHz。在表 8-2 中，过载系数是指电路的稳态响应离开理想线性不超过 1dB 时最高电平与指示器满刻度偏转指示所对应的电平之比。

表 8-2　测量接收机四大类指标

指标名称	频段		
	A	B	C、D
中频滤波器 6dB 处的带宽	200Hz	9kHz	120kHz
准峰值检波器充电时间常数	45ms	1ms	1ms
准峰值检波器放电时间常数	500ms	160ms	550ms
仪表机械时间常数	160ms	160ms	100ms
检波器前电路过载系数	24dB	30dB	43.5dB
检波器后电路（检波器与指示器之间）过载系数	6dB	12dB	6dB

2）三种检波方式的特点

平均值检波器的充、放电时间常数相同，特别适用于连续波测量。在对广播、电视信号或者工科医高频设备辐射场强测量时，测量对象为正弦波电磁场，因此检波方式应为平均值或有效值检波。

相对于平均值检波器，峰值检波器的充电时间常数很小，但放电时间常数却很大。因此，即使很窄的脉冲也能快速充电到稳定值。当脉冲信号消失时，由于放电时间常数大，检波器的输出电压可在很长的一段时间内保持在峰值上。峰值检波首先被用在军用设备的骚扰发射测试中，这是由于许多军用设备只需单次脉冲的激励就可能造成爆炸或数字设备的误动作。

准峰值检波器的充、放电时间常数介于平均值和峰值之间。在测量周期内准峰值检波器的输出既与脉冲幅度有关，又与脉冲重复频率有关，因此其输出的值可以用来评估干扰对听觉造成的影响。对于相同的信号，峰值测量结果≥准峰值测量结果≥平均值测量结果。

图 8-14 是三种检波方式的比较。

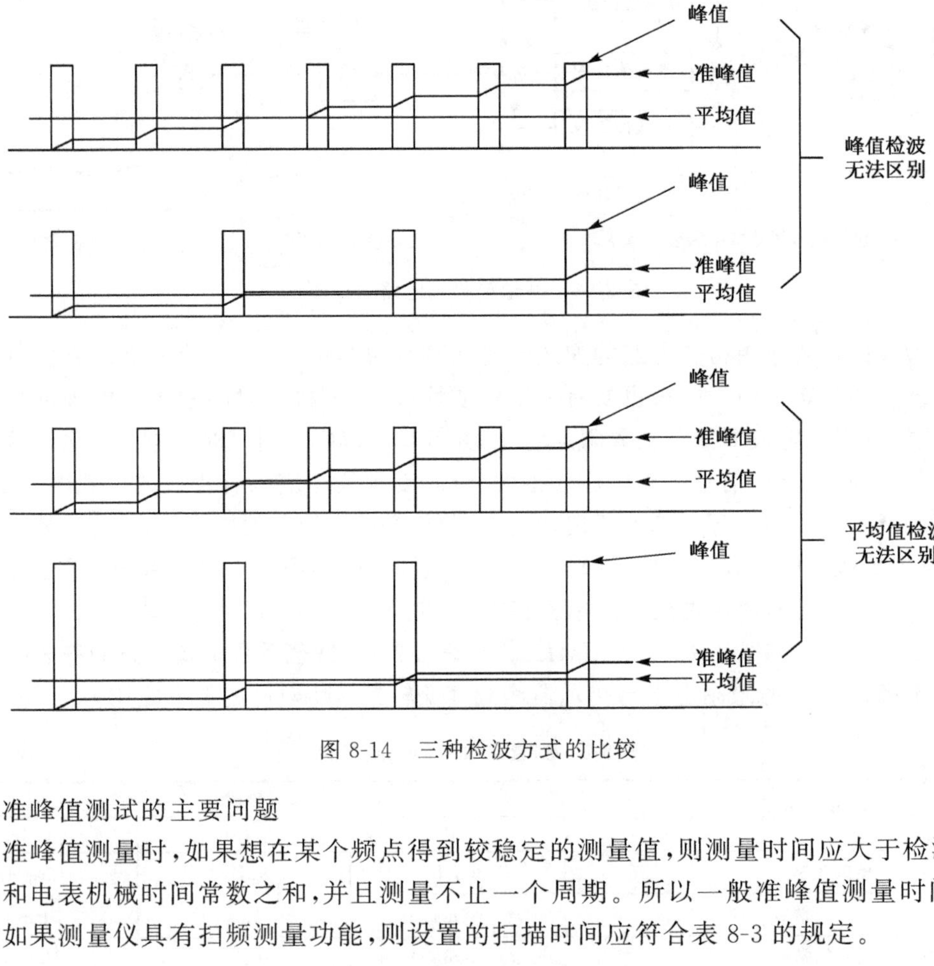

图 8-14　三种检波方式的比较

3)准峰值测试的主要问题

在准峰值测量时，如果想在某个频点得到较稳定的测量值，则测量时间应大于检波器充放电时间和电表机械时间常数之和，并且测量不止一个周期。所以一般准峰值测量时间要求比较长。如果测量仪具有扫频测量功能，则设置的扫描时间应符合表 8-3 的规定。

表 8-3　测量接收机的最小扫频时间

频段	峰值检波/(ms/kHz)	准峰值检波/(s/kHz)
A(9～150kHz)	100	20
B(0.15～30MHz)	100	200
C、D(30～1000MHz)	1	20

有些标准要求测量发射的准峰值，同时给出规定的准峰值限值。只有在整个测试频段内，EUT 辐射的准峰值低于标准规定的限值，才可判 EUT 发射合格。然而准峰值测量占用的时间较长，测试的效率较低。因此在实际测量中，往往先用峰值进行全频段扫描。由于峰值检波在三种检波中的测量值最高，如果峰值测量结果低于标准规定的准峰值限值，则以后的试验不用再进行，便能判断试验已经通过。如果测试过程中，有部分频点超过限值，则只对这些频点进行准峰值测量，这样可以大大节约测量时间。

2. 测试天线

从物理学上讲，天线是一个或多个导体的组合。通过施加交变电压和相关联交变电流，天线可以产生辐射的电磁场；或者可以将它放置在电磁场中，由于场的感应而在天线内部产生交变电流并在其终端产生交变电压。用于辐射场强测试的接收天线，其作用在于将其周围的场强 E(dBμV/m)转换成其输出端口的电压 U_0(dBμV)，两者的关系为

$$E(\mathrm{dB\mu V/m}) = U_0(\mathrm{dB\mu V}) + K(\mathrm{dB/m}) \tag{8-9}$$

式中，K 为天线系数，用于表征天线将电场强度转化成端口输出电压的能力。每部天线都有自己天线系数，该系数与频率有关，天线系数曲线一般由天线制造商给出。图 8-15 为一典型对数周期天线的天线系数。

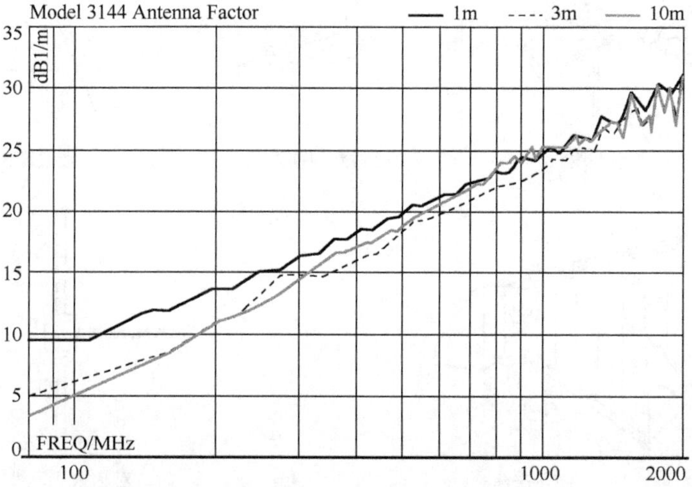

图 8-15　对数周期天线的天线系数(制造商：美国 ETS 公司，型号：3114)

测量辐射场强时，接收机通常通过同轴电缆与天线相连，接收机的读数是其输入端口的电压。一般同轴电缆都有一定的损耗，如果同轴电缆的损耗为 L(dB)，则接收机输入端口的电压 $U(\mathrm{dB\mu V}) = U_0(\mathrm{dB\mu V}) - L(\mathrm{dB})$，代入式(8-8)得到骚扰场强 E(dBμV/m) 与测量仪输入端口的电压 U(dBμV) 的关系为

$$E(\mathrm{dB\mu V/m}) = U(\mathrm{dB\mu V}) + K(\mathrm{dB/m}) + L(\mathrm{dB}) \tag{8-10}$$

一般骚扰测量仪常以功率(单位 dBm)而非电压来表示其输入电平。干扰测量系统的阻抗都是标准规定的，一般为 50Ω。根据 $P = U^2/R$，可得测量仪端口输入功率与端口电压的关系为

$$P(\mathrm{dBm}) = U(\mathrm{dB\mu V}) - 107\mathrm{dB} \tag{8-11}$$

式(8-9)、式(8-10)是两个常用的公式

例 8-1 一偶极子天线通过一同轴电缆与一接收机相连。假设同轴电缆的损耗为 0，并且偶极子天线与接收机的阻抗匹配。已知天线因子 $K=15\text{dB/m}$，入射波电场强度 E 与天线的夹角为 30°，若接收机显示的电压读数为 70dBμV，则 E 的大小为？

解 根据天线因子的定义，与天线臂相平行的电场分量的大小为

$$E(\text{dB}\mu\text{V/m}) = U(\text{dB}\mu\text{V}) + K(\text{dB/m}) = 70 + 15 = 85(\text{dB}\mu\text{V/m})$$

所以，E 的线性值为 $10^{\frac{85}{20}}$ (μV/m)。

入射波电场强度大小为

$$E_{\text{in}} = \frac{E}{\cos 30^\circ} = \frac{2\sqrt{3}}{3}10^{\frac{85}{20}} \approx 20533(\mu\text{V/m}) \approx 0.02(\text{V/m})$$

电磁骚扰测量中常用的天线为宽带天线，便于自动化扫频测量。一般辐射骚扰测试中常用的天线为双锥天线（30～300MHz）和对数周期天线（200～1000MHz），最近又推出把二种天线合二为一的对数双锥天线（30～1000MHz）。在测量 1GHz 以上频率时常用喇叭天线，喇叭天线具有很强的方向性。有时 EMI 测量也用对称振子天线，其长度应该等于被测频率的半波长，由于改变测量频率时需同时改变振子长度，所以这种天线不适合进行自动化扫频测量。以上这些天线的形状如图 8-16 所示。

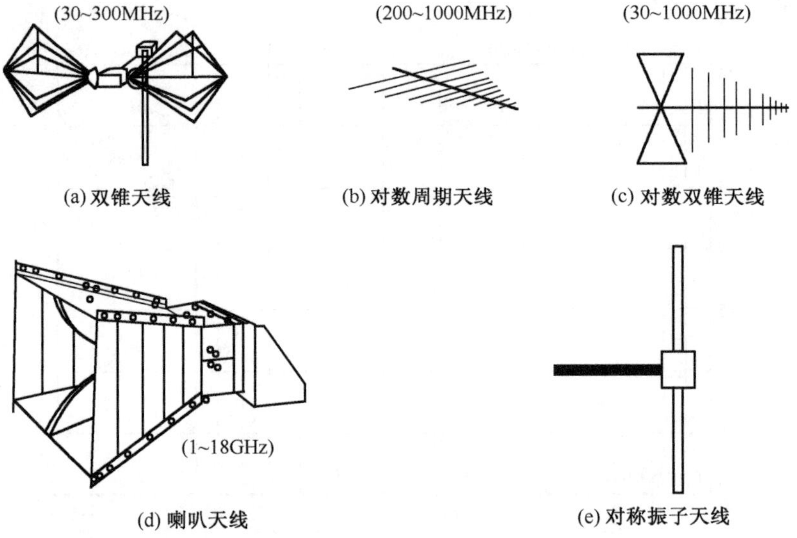

图 8-16 EMI 测试的常用天线

由于骚扰场强的水平极化分量和垂直极化分量是不同的，所以测量时应把天线水平放置测水平极化，垂直放置测垂直极化。整个测试系统是同轴传输系统，应该保持阻抗匹配，即天线的阻抗、同轴电缆的特性阻抗和测量接收机的输入阻抗都应相等，一般为 50Ω。阻抗不匹配将引起反射，从而影响读数的准确性。

8.3.2 传导发射测试

传导发射测试是测量 EUT 通过电源线或信号线向外发射的骚扰。根据骚扰的性质，传导骚扰测试可分为连续骚扰电压测量、骚扰功率测量、断续骚扰喀呖声测量、谐波电流测量和电压波动和闪烁测量。这里主要介绍常见的连续骚扰电压测量。

连续骚扰电压测量主要测量 EUT 沿着电源线向电网发射的骚扰电压，测量频率为 0.15～30MHz。测量一般在屏蔽室内进行。测量时需要在电网和 EUT 之间插入一个人工电源网络(AMN)。使用 AMN 的作用有两个：一是在整个传导发射测量频率范围内(0.15～30MHz)，为 EUT 电源线提供一个稳定的阻抗(50Ω)。因为不同插座所连电网的阻抗通常是不同的，由于阻抗不同，同一 EUT 在不同电网上产生的骚扰电压也不同。为了保证测试结果的一致性，需要在不同的测试场地都能给产品电源线提供一个稳定的阻抗，通常要求是 50Ω。二是隔离电网和 EUT，使测得的骚扰电压仅是 EUT 发射的，而不会包括电网的骚扰。电网上通常也存在着各种噪声，且不同测试场地电网上存在的噪声大小也不同。如果不施加隔离措施，电网上的噪声会流向产品的电源线，并与产品产生的骚扰叠加在一起，从而造成错误的测试结果。

AMN 实际上是个双向低通滤波器，其原理图如图 8-17 所示。50μH 电感可以阻止电网中的高频骚扰(≥150kHz)进入骚扰测量仪。此外，与地线相接的 1.0μF 电容也可以旁路掉电网中的高频骚扰。EUT 发射的高频骚扰由于 50μH 电感的阻挡不能进入电网，只能通过 0.1μF 电容进入骚扰测量仪。测量仪的输入阻抗为 50Ω，50Ω 与 1000Ω 电阻并联，所以 EUT 骚扰的阻抗约为 50Ω。而对于 50Hz 的工频电源，50μH 电感的阻抗很小，仍然可以通过 AMN 向 EUT 供电。注意：测量过程中，AMN 外壳应良好接地，否则会影响电网和 EUT 间的隔离。

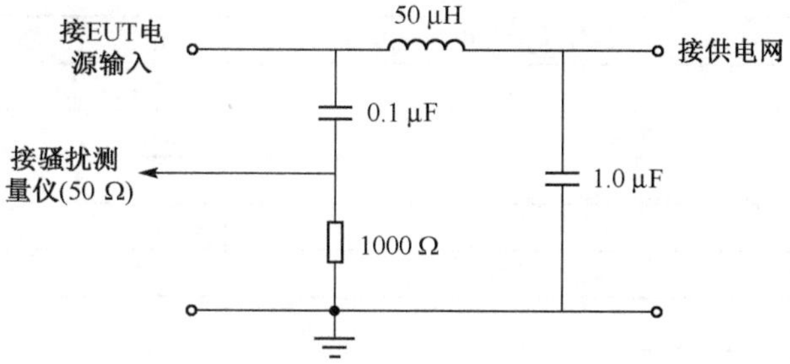

图 8-17　AMN 原理图

8.3.3　静电抗扰度测试

静电抗扰度测试用来模拟人体对设备静电放电时，受试设备对静电的抗扰能力。通常采用的静电发生装置为静电枪，如图 8-18 所示。静电放电的方式主要有两种：接触放电和空气放电。图 8-18 中静电枪本身带有用于接触放电的电极(尖头)，静电枪下面为用于空气放电的电极(钝头)。接触放电测试过程中静电枪的电极直接与 EUT 保持接触，然后用放电开关控制放电。接触放电的放电位置应是人体通常情况下可能接触的位置，如开关、机壳、按钮、键盘等。但是对仅在维修时才能接近的部位(除专用产品规范中另有规定)不允许静电放电。空气放电测试中静电枪的放电开关已处于开启状态，然后将静电枪的电极逐渐靠近 EUT，当静电枪放电电极与 EUT 间

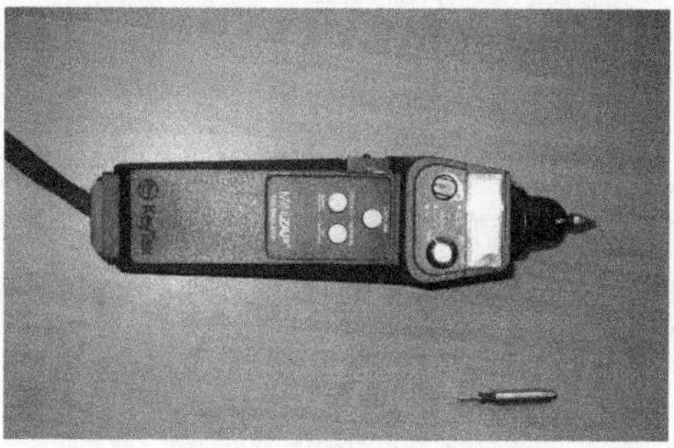

图 8-18　静电枪(制造商：美国 Keytek 公司)

空气间隙的击穿电压低于静电枪的放电电压时，就会产生火花放电。空气放电一般施加在EUT的孔、缝和绝缘面处。图8-19为静电放电发生器输出电流的典型波形。

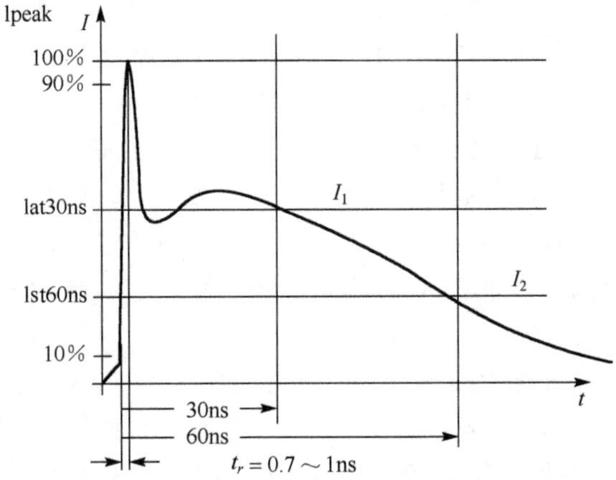

图8-19　静电放电发生器输出电流的典型波形

GB/T17626.2(等同采用IEC61000-4-2)中规定的静电放电等级如表8-4所示。

表8-4　静电放电试验等级

试验等级	接触放电试验电压/kV	空气放电试验电压/kV
1	2	2
2	4	4
3	6	8
4	8	15
X	特定	特定

8.3.4　射频辐射场抗扰度测试

许多电子设备工作时会产生电磁场。在频率较高(≥80MHz)的情况下，电磁场主要以辐射的方式通过空间传播，从而可能对周围其他电子设备造成干扰。日常生活中常见的电磁辐射源有手持无线电收发机、无线电广播发射机、电视台发射机和各种工业电磁源等。

射频辐射场抗扰度试验用来评估EUT对来自空间的辐射电磁场的抗扰度，典型的测量布置如图8-20所示。注意：图中为了简明而省略了墙上和顶棚的吸波材料。信号发生器输出一定功率的调幅信号给发射天线。GB/T17626.3(等同采用IEC61000-4-3)规定辐射抗扰度的信号频率(即载波频率)范围为80～1000MHz。为了模拟实际情况，信号需被频率为1kHz的正弦波调制，调制深度为80%。调幅信号经天线发射后在EUT处产生一个规定场强的电磁场。辐射抗扰度的测试端口为机壳或机箱。标准规定的电场场强(未调制时)一般为1V/m，3V/m或10V/m。产生的电磁场需要满足场均匀性的要求，即在一个高于地面0.8m处的1.5m×1.5m的垂直平面内，均匀分布的16个测试点中，至少有12个测试点的场强值相互之差在0～6dB之间。

一般辐射抗扰度在全电波暗室内进行。原因之一是实验中产生的电磁场很强，在非屏蔽空间做实验，电磁场辐射会对一定范围内的其他通信设备、电子设备以及人员产生影响。原因之二是在非屏蔽空间或单纯的屏蔽室内做实验时，由于反射的影响使场均匀性很难满足标准的要求。GTEM 小室也可用于抗扰度和辐射发射实验。对于抗扰度实验,GTEM 具有明显的优势,使用较小的输入功率(相对于电波暗室)就可以生成与电波暗室相同的电磁场,但 EUT 必须在几个正交方向上进行实验。

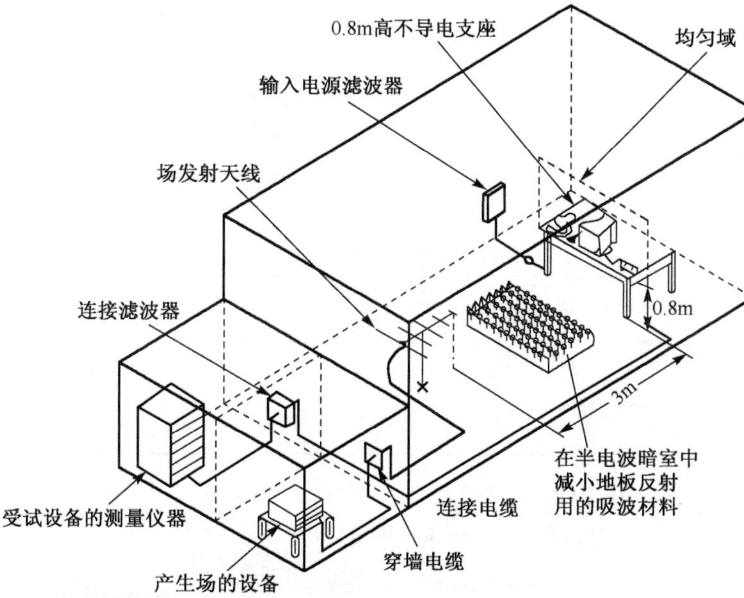

图 8-20 典型的试验布置(引自 GB/T17626.3—2006)

8.3.5 射频场感应的传导骚扰抗扰度测试

由于在低频(≤80MHz)以下进行辐射抗扰度测试的难度和成本高,而空间这一频段的射频电磁场通常会在设备的连接电缆(电源线、信号线、控制线)上感应出共模骚扰电压或电流,并以传导的方式通过电缆作用到设备的敏感部分。因此,需要对这样的传导骚扰进行抗扰度实验。GB/T17626.6(等同采用 IEC61000-4-6)规定了电子设备对 0.15～80MHz,0.15～230MHz 传导共模电流的抗扰度测试方法。同射频辐射抗扰度一样,实验中的射频信号是调幅信号,其调幅度是 80%,调制频率为 1kHz。射频信号的频率范围是 0.15～80MHz 或 0.15～230MHz。标准规定的实验电平(未调制时的载波电平)一般为 1V,3V 或 10V。一般通过耦合/去耦合网络(CDN)将共模骚扰电压耦合至 EUT 的电源线上,CDN 同时可以避免骚扰电压对与 EUT 相连的辅助设备(AE)造成干扰。典型的电源 CDN 示意图如图 8-21 所示。

对于信号电缆做传导骚扰抗扰度测试时,一般采用电磁钳来将骚扰能量耦合至电缆上。电磁钳是一种宽带的夹钳式注入设备,其作用是对连接受试设备的电缆建立感性和容性耦合。图 8-22 为一典型电磁注入钳的照片。为了提高测试效率,测试过程中允许用电磁钳同时对多根电缆注入骚扰能量。

8.3.6 电快速脉冲群抗扰度测试

电路中的机械开关对电感性负载进行切换过程中,会产生快速瞬变脉冲群(EFT),进而可能对同一电路中的其他电子或电气设备产生干扰。这种干扰的特点是单个脉冲上升时间、持续时间短,因而能量较小,一般不会造成设备故障,但经常会使设备发生误动作。脉冲的重复频率较高(一般为几千赫兹),若干个脉冲组成脉冲群。一般机械开关动作一次产生一个脉冲群,现实中,许多机械开关(如继电器)在较短的时间内会反复动作,因此会产生多个脉冲群。目前的研究认为脉冲群之所以会造成设备的误动作,是因为脉冲群对线路中半导体器件结电容的充电,当结电容上的能量积累到一定程度,便会引起线路(设备)的误动作。

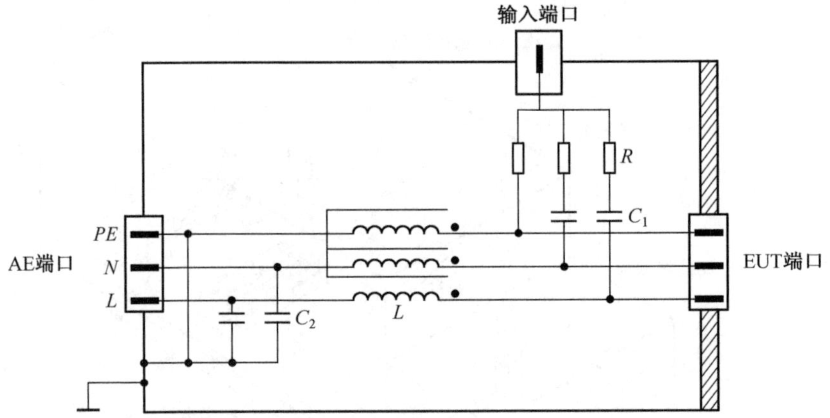

图 8-21 用于电源线的耦合/去耦网络(在 150kHz 时,$L \geqslant 280\mu H$,C_1(典型值)=22nF,C_2(典型值)=47nF,R=100Ω)

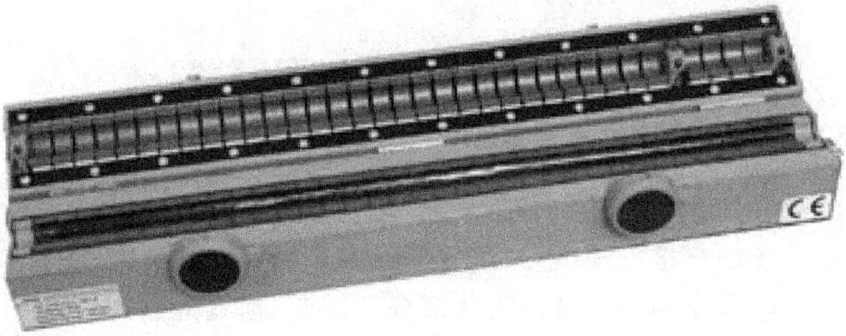

图 8-22 用于信号电缆的电磁注入钳(制造商:美国 FCC 公司,型号:F2031)

电快速瞬变脉冲群抗扰度试验的国家标准为 GB/T17626.4(等同采用 IEC61000-4-4)。标准规定的脉冲发生器输出波形的指标为:

(1)发生器开路输出电压:0.25~4kV。

(2)发生器动态输出阻抗:50Ω±20%。

(3)脉冲上升时间(10%~90%):5nS±30%(发生器输出端接 50Ω 匹配负载时测)。

(4)脉冲持续时间(前沿 50%至后沿 50%):50nS±30%(发生器输出端接 50Ω 匹配负载时测)。

(5)脉冲重复频率:发生器开路输出电压 0~2kV 时为 5kHz(0~2kV),4kV 时为 2.5kHz。

(6)脉冲群持续时间:15ms。

(7)脉冲群重复周期:300ms。

(8)输出脉冲的极性:正/负。

(9)标准规定的 EFT 波形如图 8-23 所示。

EFT 以共模方式进入电源线或信号线端口,对设备造成干扰。因此抗扰度测试过程中

EUT 的测试端口为电源线和信号(控制)线。通常采用耦合/去耦网络将 EFT 骚扰耦合至电源端口,电源线的耦合/去耦网络如图 8-24 所示。测试时,从试验发生器来的 EFT 信号通过耦合/去耦网络中耦合电容加到 EUT 相应的电源线上($L1$、$L2$、$L3$、N 及 PE),同时在耦合/去耦网络中交流电源的入口处利用 LC 网络对 EFT 信号去耦,避免 EFT 信号进入公网对其他设备造成干扰。

对信号线的耦合可以使用容性耦合夹,如图 8-25 所示。容性耦合夹实质上是连接到发生器的两块金属板,它可将测试线夹在其中,通过分布电容将信号加到测试线上。

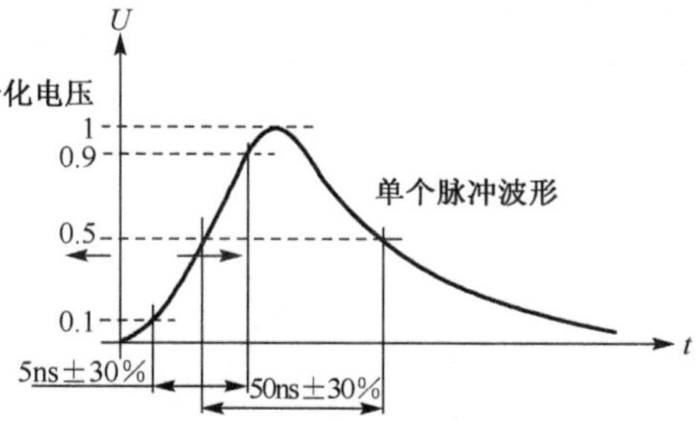

(a)接50Ω负载下单个脉冲波形

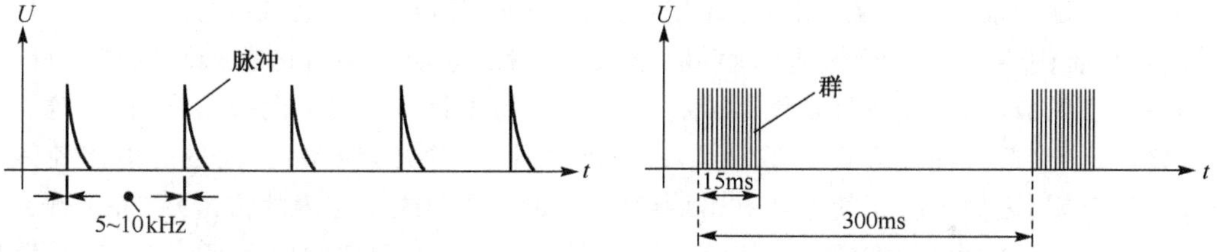

(b)单脉冲重复周期　　(c)脉冲群周期

图 8-23　GB/T17626.4 规定的脉冲群发生器的输出波形

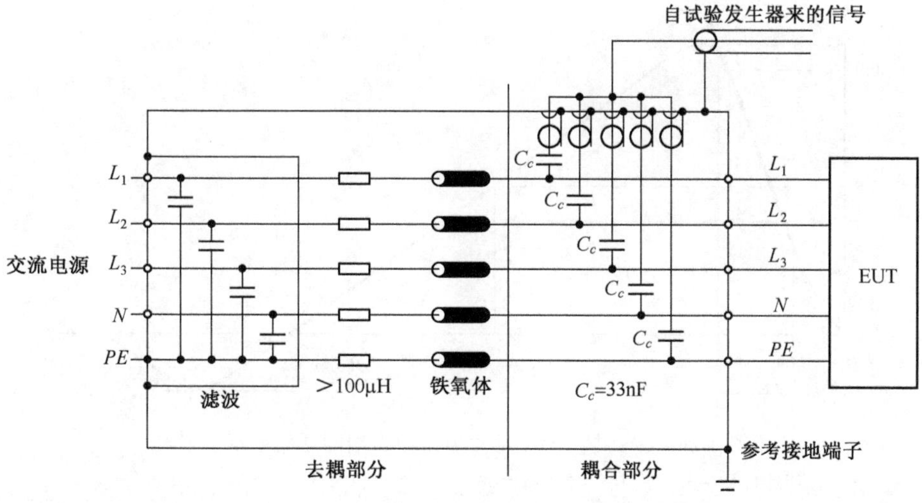

图 8-24　电源线耦合/去耦网络

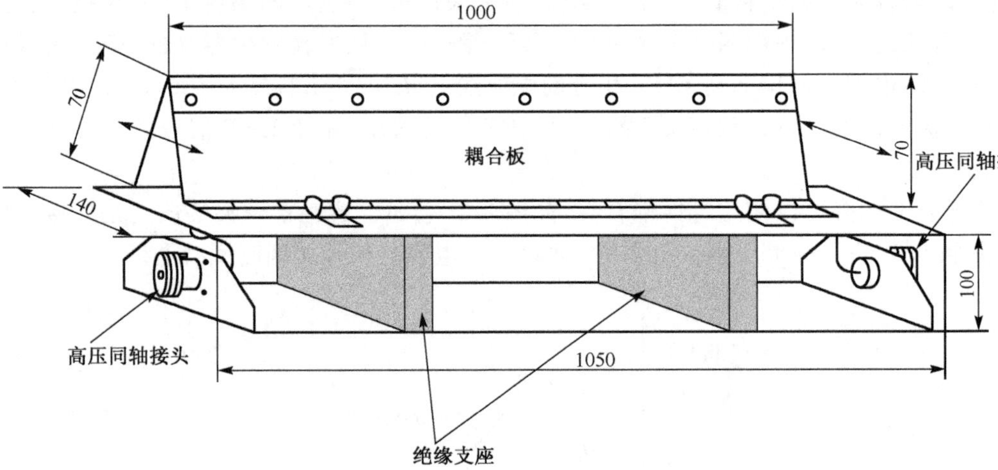

图 8-25 容性耦合夹结构

8.3.7 浪涌抗扰度测试

电源系统的开关操作以及附近的雷电冲击会在电源线或信号(控制)线上产生浪涌现象。由开关动作引起浪涌的方式主要有:①主电源系统切换(如电源器组切换)时的干扰;②同一电网,在靠近设备附近的一些较小开关跳动时形成的干扰;③切换伴有谐振线路的可控硅设备;④各种系统性的故障,如设备接地网络或接地系统间的短路和飞弧。间接雷击(设备通常不会遭受直接雷击)引起浪涌的方式主要为:①雷电击中外部(户外)线路,有大量的电流流入外部线路或接地电阻,因而产生干扰电压;②间接雷击(如云层间或云层内的雷击)在外部线路或内部线路上感应电压或电流;③雷电击中线路附近物体,在其周围建立电磁场,使外部线路感应出电压;④雷电击中附近地面,地电流通过公共的接地系统时引起干扰。

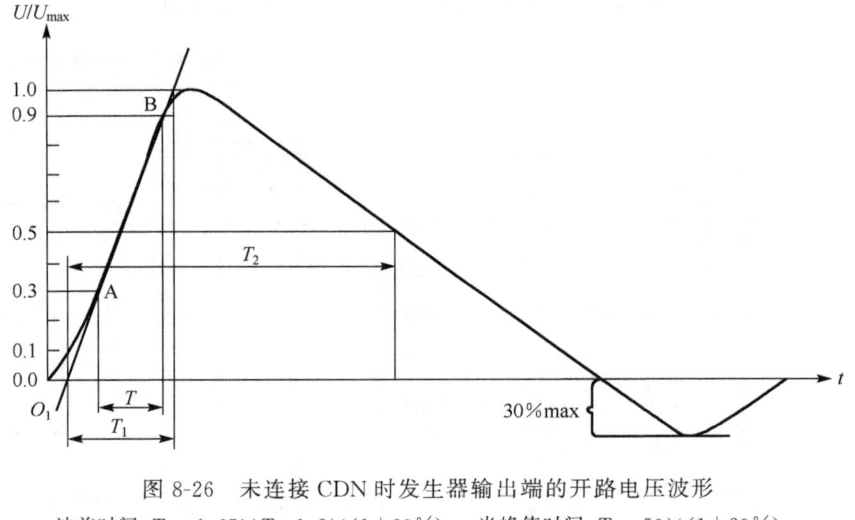

图 8-26 未连接 CDN 时发生器输出端的开路电压波形

波前时间:$T_1=1.67\times T=1.2\times(1\pm30\%)\mu s$,半峰值时间:$T_2=50\times(1\pm20\%)\mu s$

浪涌抗扰度试验的国家标准为 GB/T17626.5(等同采用 IEC61000-4-5)。浪涌抗扰度试验端口为电源线以及信号(控制)电缆。浪涌抗扰度试验用于评定设备的各种电缆在遭受浪涌干扰时设备的抗干扰能力。根据受试端口类型的不同，标准规定了两种类型的组合波发生器：一种是用于对称通信线端口测试的组合波发生器；另一种是用于电源线和短距离信号互连线端口测试的组合波发生器。所谓组合波发生器是指发生器能够在输出端短路情况下产生符合标准规定的短路电流波形，同时能够在输出端开路情况下产生符合标准规定的开路电压波形。就常见的电源线或短距离信号线端口浪涌测试而言，标准要求组合波发生器应产生 1.2/50μs 的开路电压波形，如图 8-26 所示，或 8/20μs 的短路电流波形，如图 8-27 所示。

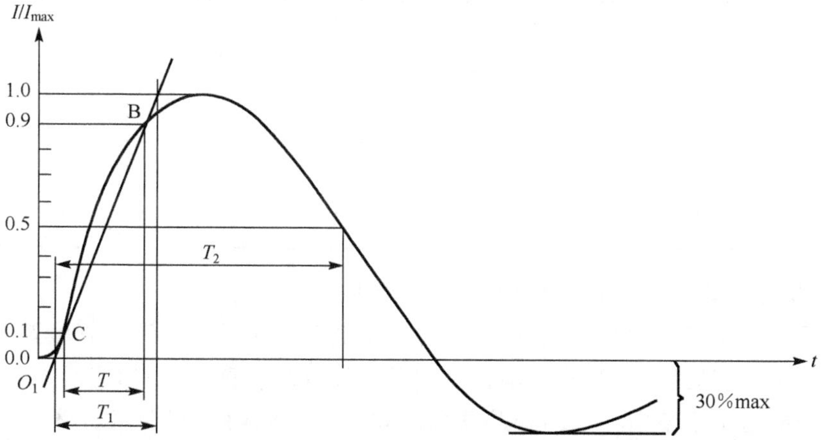

图 8-27　未连接 CDN 时发生器输出端的短路电流波形

波前时间：$T_1 = 1.25 \times T = 8 \times (1 \pm 20\%)\mu s$，半峰值时间：$T_2 = 20 \times (1 \pm 20\%)\mu s$

同 EFT 抗扰度测试类似，浪涌抗扰度测试也需要通过不同的耦合/去耦器来将浪涌施加到电源线和信号线上。施加的方式可以是共模形式（线—地间）或差模形式（线—线间）。一般开路试验电压有 0.5kV、1kV、2kV 和 4kV，对应的短路电流分别为 0.25kA、0.5kA、1kA 和 2kA。

8.3.8　电压暂降、短时中断和电压变化抗扰度测试

在电网、电力设施发生故障或负荷突然出现大的变化时，会产生电压暂降或短时中断的现象。当连接到电网的负荷连续变化时则会引起电压的变化。这些现象会对电气和电子设备造成影响。GB17626.11（等同采用 IEC61000-4-11）规定了与低压供电网连接的电气和电子设备对电压暂降、短时中断和电压变化的抗扰度试验方法和优选的试验等级范围。其中，电压变化试验仅是供选择的试验项目。对处于不同类别电磁环境的设备，标准规定电压暂降和短时中断试验优先采用的等级和持续时间如表 8-5 所示。

表 8-5　电压暂降和短时中断试验优先采用的试验等级和持续时间

类别	电压暂降的试验等级和持续时间/(50Hz/60Hz)				
1 类	根据设备要求依次进行				
2 类	0% 持续时间 0.5 周期	0% 持续时间 1 周期	70% 持续时间 25/30 周期		
3 类	0% 持续时间 0.5 周期	0% 持续时间 1 周期	40% 持续时间 10/12 周期	70% 持续时间 25/30 周期	80% 持续时间 250/300 周期
X 类	特定	特定	特定	特定	特定

表 8-4 中试验“70%，持续时间 25/30 周期”指进行该项测试时，发生器输出起始电压为正常电压，然后电压突然下降 30%（一般选择在相位为 0 或 π 时进行），即实际输出电压为正常电压的 70%。持续 25 周期（供电频率为 50Hz 时）或 30 周期（供电频率为 60Hz 时）后又恢复至正常电压。表 8-4 中其他测试内容与此类似。

标准规定的短时中断试验优先采用的试验等级和持续时间如表 8-6 所示。

表 8-6 短时中断试验优先采用的试验等级和持续时间

类别	短时中断的试验等级和持续时间/(50Hz/60Hz)
1 类	根据设备要求依次进行
2 类	0% 持续时间 250/300 周期
3 类	0% 持续时间 250/300 周期
X 类	×

表 8-6 中电磁环境的分类由 GB/T18039.4 给出，其中，

第 1 类：适用于受保护的供电电源，其兼容水平低于公用供电系统。它涉及对电源骚扰很敏感的设备（如实验室的仪器、某些自动控制和保护设备及计算机等）的使用。

第 2 类：一般适用于商用环境的公共耦合点和工业环境内部耦合点。该类的兼容水平与公用供电系统的相同。

第 3 类：仅适用于工业环境中的耦合点。该类环境中某些骚扰现象的兼容水平要高于第 2 类。当连接下列设备时应认为是这类环境：大部分负荷经换流器供电、有焊接设备、频繁启动的大型电动机、变化迅速的负荷。

8.3.9 工频磁场抗扰度测试

通有电流的导体会在其周围产生磁场。磁场可能会影响设备的可靠运行，尤其是带有霍尔元件或 CRT 显示器的设备。通常在公用或工业低压配电网络、中高压变电所以及发电厂周围存在工频（50Hz）磁场。因此，需要对处于上述环境中的设备进行抗扰度测试。工频磁场抗扰度试验的国家标准为 GB/T17626.8（等同采用 IEC61000-4-8）。据 GB/T17626.8 在附录 D 中给出的资料表明，在离开 25 类共 100 种不同家用电器产品 0.3～1.5m 处测得的最大磁场强度为 21A/m，大部分在 0.1A/m 以下；在 400kV 高压线下测得磁场为 10～16A/m；在高压变电所（220kV）内设备间测得的磁场为 0.7A/m；在电厂中，距离载流为 2.2kA 中压母线 0.3m 处测得的磁场为 14～85A/m。这些测试结果都是正常运行条件下电流产生的稳定磁场。故障条件下的大电流，能产生幅值较高、但持续时间较短的磁场，直到保护装置动作切断电流为止（熔断器动作时间一般为几毫秒，继电器保护动作时间一般为几秒）。基于上述这些情况，标准规定的工频磁场抗扰度试验等级如表 8-7 所示。

工频磁场抗扰度试验端口为机壳。试验过程中由电流发生器给感应线圈提供电流，感应线圈形成较均匀的磁场，把该磁场加于 EUT 上。用于台式设备的感应线圈为边长 1m 的正方形。试验区在线圈的中部。试验时应在 EUT 的 X、Y、Z 的三个方向上施加磁场，如图 8-28 所示。

除工频磁场试验外，在 GB/T17626 系列标准中还有脉冲磁场抗扰度试验和衰减振荡波磁场抗扰度试验，分别模拟雷击和高、中压变电站母线切换时伴生的磁场干扰。这三种磁场试

验所使用的电流发生器各不相同，但它们所用的感应线圈都是一样的，如图 8-29 所示。由于大多数产品的抗扰度指标并不包括脉冲磁场抗扰度和衰减振荡波磁场抗扰度，对这两个试验本书就不一一叙述了。有兴趣的读者可以参阅 GB/T17626.9 和 GB/T17626.10。

表 8-7　工频磁场抗扰度试验等级

试验等级	稳定磁场/(A/m)	1～3s 短时磁场/(A/m)
1	1	—
2	3	—
3	10	—
4	30	300
5	100	1000
X	特定	特定

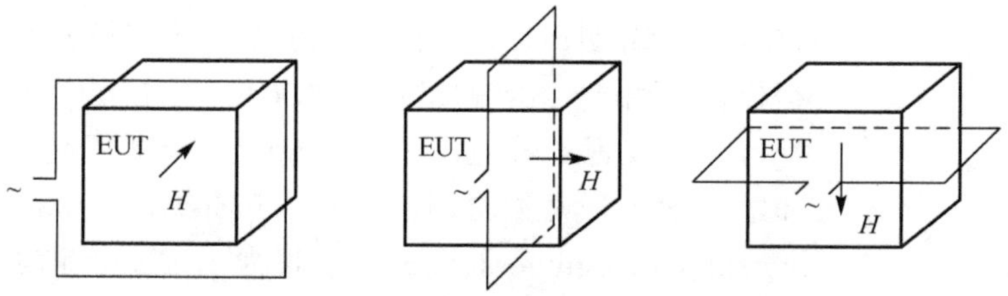

图 8-28　台式设备工频磁场抗扰度试验

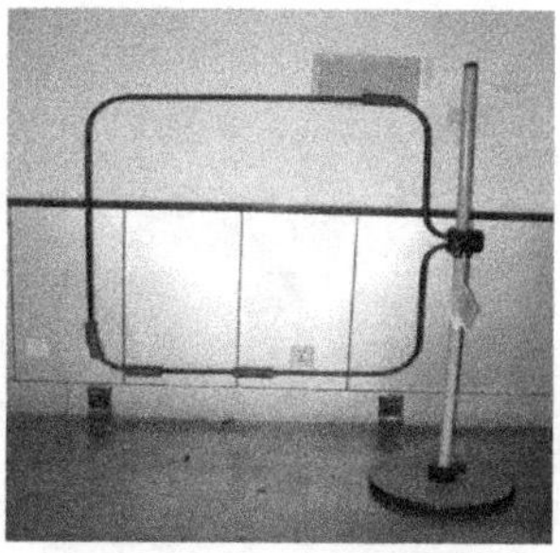

图 8-29　感应线圈

8.4　自动测试系统

自动测试系统通常由个人计算机(PC)、测试仪器、仪器总线以及自动测试软件组成。自动测试系统的软件由设备商提供，或者用户根据自己的测试需要自行开发。计算机通过仪器总线实现对测试仪器的控制和数据传输。由于充分地利用了计算机丰富的软硬件资源，自动测试系统大大突破了传统测试系统在测试效率、数据处理、显示、传送、存储、打印等方面的限制。目前，随着计算机硬件技术、软件技术以及总线技术的不断发展，基于 PC 机的自动测试系统正向着高速、智能化、多功能化和通用化发展，并且得到了越来越广泛的应用。

8.4.1　总线

计算机可以通过自身的外部总线实现与其他设备间的通信。目前，计算机常见的外部总线有 RS-232、RS-485/422、USB、GPIB 等。其中，RS-232 是美国电子工业协会(Electronic Industry Association，EIA)制定的一种串行物理接口标准。RS-232 标准规定的数据传输速率很低，最高为 19200bps，且只能支持点对点通信。此外，由于 RS-232 采取不平衡传输方式，即单端通讯，存在共地噪声和不能抑制共模干扰等问题，因此其传输距离受到限制，一般只能用于 20m 以内的通信。受上述限制，目前自动测试系统极少使用 RS-232 总线。

针对 RS-232 串口的局限性，EIA 又提出了 RS-485/422 接口标准。RS-485/422 采用平衡发送和差分接收方式实现通信：发送端将串行口的 TTL 电平信号转换成差分信号 A、B 两路输出，经过线缆传输之后在接收端将差分信号还原成 TTL 电平信号。由于传输线通常使用双绞线，又是差分传输，所以有极强的抗共模干扰的能力，故传输信号在千米之外都可以恢复。RS-485/422 最大的通信距离为 1219m，最大传输速率为 10Mbit/s。传输速率与传输距离成反比，在 100kbit/s 的传输速率下，才可以达到最大的通信距离。RS-485 总线网络拓扑一般采用终端匹配的总线型结构，即采用一条总线将各个节点串接起来，不支持环形或星形网络。

通用串行总线 USB(Universal Serial Bus)是由 Intel、Compaq、Digital、IBM、Microsoft、NEC、Northern Telecom 等七家世界著名的计算机和通信公司共同推出的一种新型接口标准。快速是 USB 技术的突出特点之一，USB 的最高传输率可达 12Mbit/s。此外，USB 还可以为外设提供 5V 的电源(最大电流 500mA)，这意味着低功耗的、基于 USB 接口的外部设备不需要单独外加电源。但是不同 USB 接口间不能实现同步，因此 USB 总线只适合简单的低端测试系统，而不便于组建复杂的测试系统。

图 8-30 带 USB 接口的 GPIB 卡(制造商：美国 National Instruments Corporation)

目前，自动测试系统使用最为广泛的总线为通用接口总线(general purpose interface bus，GPIB)。1965 年，惠普公司(Hewlett Packard，HP)设计了惠普接口总线 HP-IB，用于连接惠普的计算机和可编程仪器。由于其传输速率高(通常可达 1Mbit/s)，这种接口总线得到普遍认可，并于 1975 年被国际电气和电子学工程师协会(Institute of Electrical and Electronics Engineers，IEEE)接收为 IEEE 标准 488-1975，HP-IB 的名称也被改为 GPIB。目前，关于 GPIB 通信的最新标准为 IEEE 488.1-2003。实现 GPIB 控制，需要被控仪器支持 GPIB，其次计算机需要安装 GPIB 卡(也被称为 IEEE 488 卡)，并通过 GPIB 线将两者连接起来。GPIB 总线是并行总线，仪器设备直接并联于总线上而不需中介单元。计算机通过 GPIB 总线上最多可控制 14 台设备，信号的传输距离为 20m。通过 GPIB 电缆的连接，可以方便地实现星型组合、线型组合或者二者的组合。相对于前面所讲的三种串行总线，GPIB 在保证较高传输速率的同时，还可以控制多个设备，因而可以支持复杂的测试系统。

8.4.2 测试软件

自动测试系统软件通常由用户或设备商根据测试需要在特定的编程语言环境下开发。目前，常用的编程环境主要分为两大类。一种是可视编程语言，如 Microsoft 公司的 Visual C++、Visual BASIC 以及 Borland 公司的 Delphi 等。另一种是图形编程语言(又称为 G 语言，"G"表示 graphical)，如美国国家仪器 (National Instruments，NI)公司的 LabVIEW(Laboratory Virtual Instrument Engineering Workbench)、LabWindows/CVI，HP 公司的 VEE，Data Translation 公司的 DT-VEE 等。图形化编程语言将科学家、工程技术人员经常使用的各种功能以图标的形式提供，用线条将所需要的各种图标(功能)按一定顺序连接起来，即可完成程序的编写。因此，G 语言是一个面向最终用户的编程工具，它用简单、直观、易学的图形编程方式替代了复杂、烦琐、费时的程序代码，从而可以使科研和工程人员摆脱对专业编程人员的依赖，并且大大提高了工作效率。

目前，LabVIEW 是工业界、学术界和研究实验室所广泛使用的图形化编程语言。与传统的编程语言相比，LabVIEW 图形编程方式可以节省大约 80％的程序开发时间，但其运行速度却几乎不受影响。LabVIEW 可被视为一个标准的数据采集和仪器控制软件：在 LabVIEW 中集成了大量的生成图形界面的模板，丰富实用的数值分析，数字处理功能以及多种硬件设备驱动功能（包括 RS-232、RS-485、GPIB、PXI、数据采集卡、网络等）。另外，鉴于 LabVIEW 的广泛应用前景，大多数仪器厂商都为 LabVIEW 提供了免费的源码级仪器驱动程序。这些都为用户利用 LabVIEW 开发仪器控制系统提供了方便。利用 LabVIEW 还可以方便地建立自己的虚拟仪器，其图形化的界面使得编程及使用过程都生动有趣。

习　　题

1. 可用于辐射发射测试的测试场地有哪些，其中标准的测试场地有哪些？各测试场地测试结果的区别是什么？

2. 相对于开阔场，半电波暗室在辐射测试中的优点有哪些？缺点是什么？

3. 叙述如何在半电波暗室或开阔场测试 EUT 的最大辐射场强？

4. 一喇叭天线通过一同轴电缆与一接收机相连，用于测试空间场强的大小。若在频率 1800MHz 接收机显示的功率读数为 0dB/m，已知在该频点同轴电缆的损耗为 2dB，喇叭天线的天线因子 $K=25\text{dB/m}$，并且天线与接收机的阻抗匹配。如果入射波电场强度 E 的方向与天线的极化方向成 45°角，则 E 的大小为？

5. 依据图 8-14，试定性说明为什么准峰值检波能够反映骚扰对听觉的影响，而峰值检波、平均值检波却不可以。

6. 通过计算在 150kHz 及 30MHz 两种情况下图 8-17 中 AMN 的电感元件及电容元件的阻抗，解释为什么在整个传导发射测量频率范围内（150kHz～30MHz），AMN 能够起到给 EUT 电源线提供 50Ω 稳定阻抗，同时隔离 EUT 和电网这两个作用。

7. 试定量分析，图 8-21 中的 CDN 为什么在 EUT 端口对频率在 150kHz 以上的骚扰信号起到耦合作用，而在 AE 端口（即电源输入端）对骚扰信号起到隔离作用？

8. 为什么在低频（如 80MHz）以下进行辐射抗扰度测试的难度和成本高？

9. 为什么要在电波暗室内而不是开阔场进行辐射抗扰度测试？

10. 在抗扰度测试项目中，浪涌、电快速脉冲群、静电放电、射频辐射场、射频感应场主要是模拟现实生活中什么样的骚扰？

第 9 章　接地和搭接

在电磁兼容技术中，接地是一项最基本也非常重要的技术。设计合理的接地，能够最大限度地避免系统（或电路）遭受电磁骚扰的危害。另外，接地与其他几种重要的电磁兼容技术，如屏蔽、滤波、隔离以及平衡传输等技术都密切相关。本章将讲述接地技术的基本概念、接地搭接等。

9.1　接地基本概念

9.1.1　"地"、"接地"和"接地平面"

在电气工程和电学领域中，我们会频繁地遇到"地"（ground，earth）和"接地"（grounding，earthing）的概念。所以，首先需要澄清几个关于"地"和"接地"的几个名词。

在不同的标准文献中，对"地"和"接地"给出了类似的定义。例如，在 GB/T 17949.1-2000 中，对"（接）地"的名词性定义为："一种有意或非有意的导电连接，由于这种连接，可使电路或电气设备接到大地或接到代替大地的某种较大的导电体（注：使用地的目的是①使连接到地的导体具有等于或近似于大地（或代替大地的导电体）的电位；②引导地电流流入和流出大地或代替大地的导电体）。"对"接地"的动词性定义为："将有关系统、电路或设备与地连接。"又如，在 ANSI C63.14-1998 中，对"（接）地"的定义为："①导电性的土壤，具有等电位，且任意点的电位可以看成零电位。②导电体，如土壤或钢船的外壳，作为电路的返回通道或作为零电位参考点。③电路中相对于地具有零电位的位置或部分。④电路与地或其他起地的作用的导电体的有意的或偶然的连接。" 在 IEEE 100 中则定义为："①到大地或水体的直接连接，或连接到充当类似大地接地体的功能的结构体上（例如，飞机、飞船、车辆等不与大地有导电连接的外壳上）。②到大地或充当大地的公共导体的连接。③一种有意或非有意的导电连接，使电路或电气设备接到大地或接到代替大地的某种较大的导电体。④高频参考电位。"

综上可知，传统意义上的"接地"含义是为电路（或系统）提供一个"零阻抗"的等电位点或等电位面。接地可以接实际的大地（导电性的土壤），也可以不接到实际的大地而是接到一个充当大地的公共导体上。例如，飞机上的电子电气设备接飞机壳体就是接地。

另一个重要的概念是"接地平面"。在 GB/T4365-2003 中这样定义了"接地（参考）平面"："一块导电平面，其电位用做公共参考电位。"理想的接地平面是一个零电位、零阻抗的物理体。它可以作为有关电路中所有电平的参考点，并且任何骚扰通过它都不会产生电压降。

而实际上，零阻抗理想的接地（平面）是不存在的，即便是电阻率接近于零的超导体，其表面两点之间渡越时间的延迟也会使其呈现某种电抗效应。"接地"的传统概念往往是仅从直流性能或低频性能的观点出发来考虑；而论及"接地"在 EMC 中的应用，则由于所有的导体都有一定的阻抗，因此流经该"地（平面）"的任何电流在该阻抗上的压降都将导致在其表面不同的点之间存在电位差。

从实用的角度出发，接地平面应采用低阻抗的材料（如铜）制成，并且具有足够的长度、宽度和厚度，以保证在所有频率上都呈现出一个可以忽略的阻抗。

在电气和电路原理图中，我们会发现接地符号可能以几种不同的形式出现，如图 9-1 所示。在一张只有单一接地设置的电路图中，可能采用任意一种符号来表示“地”即可。而在较为复杂的采用分设接地的图中（如安全接地与工作接地分离设计的系统组成图），则需采用不同的符号将执行不同功能的“地”加以区分。

图 9-1　常用接地符号

从接地的作用或接地的功能来划分，接地可分为保护性接地与功能性接地，按照这种原则，简单的接地分类列表如表 9-1 所示。

表 9-1　按接地的作用分类

分类原则	子分类	次子分类
按接地作用	保护性接地	防电击接地
		防雷接地
		防静电接地
		防电蚀接地
	功能性接地	工作接地
		逻辑接地
		屏蔽接地
		信号接地

9.1.2　保护性接地

为了保护人身和设备的安全，免遭雷击、漏电、静电等危害而采取的接地措施被称做保护性接地。这类地线被称做“保护地”（PE）或者“安全地”，它们应与真正大地相连接（如果可能实施的话）。由于通常情况下保护性接地是和电气设备的机壳相连接的，所以也常被称为“机壳地”。按照具体的功能划分，保护性接地还可以分为防漏电电击、防雷、防静电、防电蚀等子类。需要说明的是，一般并不需要为实现上述的各个保护性作用而设置多个安全地，实际上一条保护性接地线就可以起到上述中的多个作用。例如，除了防止电击外，还为静电放电（ESD）的电荷和 ESD 电流提供了远离受害电子设备的泄放通路。

举一个身边的例子，家庭的民用单相交流供电系统：市电是由外部电网系统提供的，提供给用户时应当配置三条线：相线（或称火线，通常用“L”表示）、零线（或称中线，通常用“0”或“N”表示）、保护地线（通常用“PE”表示）。在相线与零线之间存在着 220V，50Hz 的工频电压，为用户负载提供电源。保护地线的电位是由连接到打入建筑物地下土壤的接地体提供的，并且在入口配电盘处与零线相连接。正常工作时，电流从相线流经负载，然后由中线返回，保护地线中无电流流过，并且此时零线上的电位也应当与地电位相等。如果由于某种原因，如绝缘击穿或出现故障等，使相线与机壳连通，则保护地线将流过很大的故障电流，使相线上的保险丝熔断或漏电保护器动作，从而切断电源，这样就可以提供电击和火灾事故的防护。如果不接保护地线，故障时机壳电位很高，这时人手触及机壳，故障电流就会流过人体入地，从而产生触电的危险。

通常，配电板上为用户提供的单相电源插座有两种形式：三孔插座和两孔插座，其对应的用电产品则分别称为三线供电产品和两线供电产品。三线供电产品的电源线包含三条导线。其中，绝缘层为黄绿色间隔的导线即保护地线，如图 9-2(a)所示。黄绿线直接与产品的金属外壳相连，这样就能提供与电源插座内部一样的电击事故的防护。而两线供电产品仅使用了相线和零线，如图 9-2(b)所示。为防止电击事故而将产品外壳与假设中的零线相连是不可行的，因为用户可能将插头不正确地插入插座而导致外壳实际被连接到了相线。因此，对于两线供电产品安全的做法是，相线和零线首先要经过产品的变压器，变压器次级的一根输出线与产品的机壳相连，变压器的引入实际上消除了相对于次级侧的地线用哪一根线作为"火线"的差别。这样在产品外壳上发生的任何故障，都会产生一个大电流，使该电路的断路器跳开。

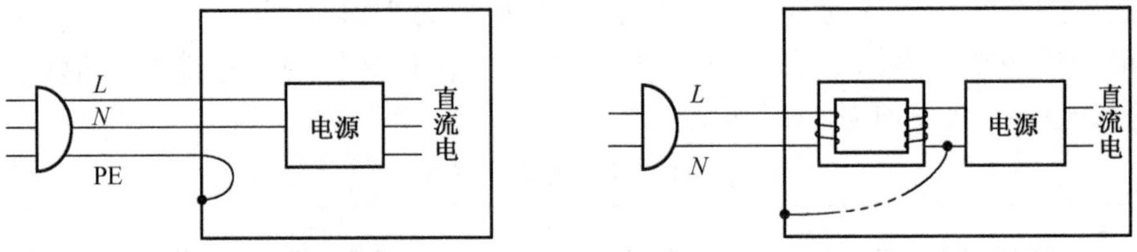

图 9-2　交流供电产品的保护性接地

保护地线可以接至自然接地体或专门埋设的人工接地体。自然接地体包括建筑物的金属框架、地基中的钢筋，埋设地下的金属管道等；人工接地体，通常是把金属棒打入地下作为电极，对接地要求较高的场合还需将多个接地体接起来组成接地网。

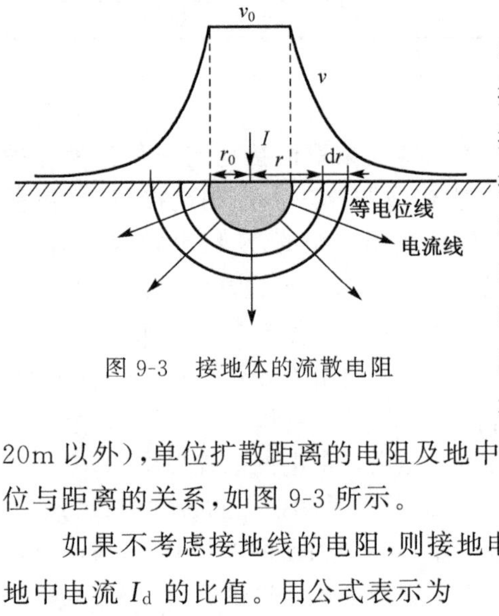

图 9-3　接地体的流散电阻

保护接地装置最重要的指标就是接地电阻。接地电阻是指电流由接地装置流入大地再经大地流向另一接地体或向远处扩散所遇到的电阻。它包括接地线和接地体本身的电阻、接地体与土壤之间的接触电阻、两接地体之间大地的电阻或接地体到无限大远处的大地电阻。当电流经过接地体进入大地并向周围扩散时，由于大地具有一定的电阻率，大地各处就具有不同的电位。电流经接地体注入大地后，它以电流场的形式向四处扩散，离接地点越远，半球形的散流面积越大，地中的电流密度就越小，因此可认为在较远处(15～20m 以外)，单位扩散距离的电阻及地中电流密度已接近零，该处电位已为零电位。接地体电位与距离的关系，如图 9-3 所示。

如果不考虑接地线的电阻，则接地电阻 R_0 定义为接地体的电位 U_0 与通过接地体流入大地中电流 I_d 的比值。用公式表示为

$$R_0 = \frac{U_0}{I_\mathrm{d}}$$

当接地电流为定值时，接地电阻越小，则电位 U_0 越低，反之则越高。接地电阻主要取决于接地装置的结构、尺寸、埋入地下的深度及当地的土壤电阻率。因金属接地体的电阻率远小于土壤电阻率，故接地体本身的电阻在接地电阻中可以忽略不计。接地电阻的数值等于电流从接地体向周围大地散流时，土壤所呈现的电阻值。

通常所说的接地电阻指工频接地电阻，即 R_0 表征的是工频电流通过接地体向大地散流时土壤所呈现的电阻值。而当雷电流这一类冲击电流通过接地体向大地散流时，不再用工频接

地电阻而是用冲击接地电阻 R_d 来量度冲击接地的作用。同样,冲击接地电阻 R_d 的定义为接地体对地冲击电压的幅值与冲击电流幅值之比。

从物理过程来看,防雷接地与工频接地有两点区别,一是雷电流的幅值大,二是雷电流的频谱覆盖宽,特征频率高。

雷电流的幅值大,会使土壤中电流密度增大,因而提高土壤中的电场强度,在接地体表面附近尤为显著。地电场强度超过土壤击穿场强时会发生局部火花放电,使土壤电导增大。试验表明,当土壤电阻率为 500Ω·m,预放电时间为 35μs 时,土壤的击穿场强为 6～12kV/cm。因此,同一接地装置在幅值很高的雷电冲击电流作用下,其接地电阻要小于工频电流下的数值。这一过程称为火花效应。

雷电流的特征频率很高,会使接地体本身呈现很明显的电感作用,阻碍电流向接地体的远端流通。对于长度较大的接地体,这种影响更显著。结果使接地体得不到充分利用,接地电阻值大于工频接地电阻。这一现象称为电感影响。

由于上述原因,同一接地装置具有不同的冲击接地电阻值和工频接地电阻值,两者之间的比称为冲击系数 a:

$$a = \frac{R_0}{R_d}$$

式中,R_0 为工频接地电阻;R_d 为冲击接地电阻,是指接地体上的冲击电压幅值与冲击电流幅值之比,实际上应是接地阻抗,但习惯上仍称为冲击接地电阻。冲击系数 a 与接地体的几何尺寸、雷电流的幅值和波形、土壤电阻率等因素有关,多数靠试验确定。

由此可以得到,冲击接地电阻 R_d 与工频接地电阻 R_0 的关系是

$$R_d = aR_0$$

如果不考虑接地体的电感影响,则 a 的大小只与大地电阻率有关,当大地电阻率约为 100Ω·m 时,$a \approx 1$;当大地电阻率约为 500Ω·m 时,$a \approx 0.667$;当大地电阻率约为 1kΩ·m 时,$a \approx 0.5$;当大地电阻率大于 1kΩ·m 时,$a \approx 0.333$。

一般情况下,由于火花效应大于电感影响,故 $a < 1$;但对于电感影响明显的情况,则可能 $a \geqslant 1$。冲击接地电阻(阻抗)值一般要求小于 10 Ω。

影响接地电阻的因素很多:接地桩的大小(长度、粗细)、形状、数量、埋设深度、周围地理环境(如平地、沟渠、坡地是不同的)、土壤湿度、质地等。对不同用途的接地装置的接地电阻有着明确的要求,如表 9-2 所示。

为了保证设备的良好接地,利用仪表对地电阻进行测量是必不可少的。接地电阻要用专门测量仪表才能测量。以下简要介绍使用电位降法测量工频接地电阻的步骤:测量中使用的仪表被称做手摇式地阻仪,它主要由手摇发电机 GR、倍率旋钮 S、测量度盘 C 和表头 G 组成,如图 9-4 所示。测量优先采用直线布极方法,按照 20m 间距的要求将两个测量电极(P 和 C)打入土壤中,并将它们和被测的接地体 E 都连接到地阻仪的相应端子。测量时先将表头 G 的指针调整至零位,调整旋钮 S 选择适当的倍率,慢摇发电机 GR,同时转动测量度盘 C,使指针至零。此时测量度盘 C 示数乘以倍率调整旋钮倍数之积即为接地电阻值。

对于地网,应当选择多个测试点,并改变测试极棒的布放方向进行测量,然后取平均值作为该地网的接地电阻值。当被测接地装置的面积较大而土壤电阻率不均匀时,为了得到较可信的测试结果,应将测试电极与被测接地装置的距离相应地增大。

表 9-2　部分接地体的接地电阻允许值

类　别	允许值/Ω	备　注
大容量变压器或发电机工作接地	$R\leqslant 4$	容量>100kVA，低压
小容量变压器或发电机工作接地	$R\leqslant 10$	容量≤1000kVA，低压
大接地短路电流系统接地	$R\leqslant 2000/I_d$	接地短路电流 $I_d>4000$A 时，$R\leqslant 0.5\Omega$
小接地短路电流系统接地	$R\leqslant 120/I_d$ 且 $R\leqslant 10$	$I_d<5000$A，高低压共用接地装置
电气设备保护接地	$R\leqslant 4$	对引入线装有25A以下熔断器的设备，可取 $R\leqslant 10\Omega$
零线重复接地	$R\leqslant 10$	容量≤100kVA，重复接地大于3处时可取 $R\leqslant 30\Omega$
低压线路杆塔接地	$R\leqslant 30$	
有避雷线电力线路杆塔接地	$R\leqslant 10$	土壤电阻率 $\rho\leqslant 100\Omega$m
	$R\leqslant 15$	$\rho=100\sim 500\Omega$m
	$R\leqslant 20$	$\rho=500\sim 1000\Omega$m
	$R\leqslant 25$	$\rho=1000\sim 2000\Omega$m
	$R\leqslant 30$	$\rho>2000\Omega$m
防直击雷接地	$R\leqslant 10$	第一类工业、第二类工业和第三类民用建筑物和构筑物
	$R\leqslant 20\sim 30$	第三类工业建筑物和构筑物
	$R\leqslant 10\sim 30$	第二类民用建筑物和构筑物
防雷电感应接地	$R\leqslant 5\sim 10$	
防雷电侵入波接地	$R\leqslant 5\sim 30$	阀型避雷器的 $R\leqslant 5\sim 100\ \Omega$

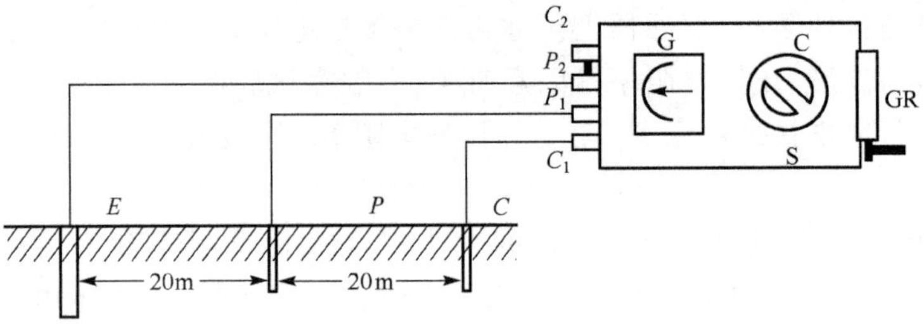

图 9-4　直线布极法测量接地电阻

9.1.3　功能性接地

功能性接地具体可分为工作接地、信号接地、屏蔽接地等。例如，低压供电线中的零线（中性线）的功能就是典型的工作地，而当我们把市电当做信号（例如，工频电钟就是以50Hz的工频电作为计时信号源）来看待时，这条起回流功能的零线就符合信号地的定义，即它被作为电路中各信号的公共参考点，即电气及电子设备、装置及系统工作时信号的参考点。又如，对设备进行屏蔽时在很多情况下只有与接地措施相结合，才能起到应有的效果。这类地线称工作地线，在电子设备中一定要注意工作地线的正确接法，否则非但起不到作用反而可能产生干扰，如公共地线阻抗干扰、地环路干扰、共模电流辐射（将在9.2节中详细描述）等。所以，习惯上我们并不将这几个名词加以严格区分，而统称之为工作地或信号地。

典型的如信号地，它为信号电流提供返回信号源的通道。在论及EMC时，我们应把信号地认为是信号电流的返回路径，而不是电路图中的一个等电位点或等电位面，因为实际上这样理想的等电位点和面是不存在的。虽然设计电路时希望信号通过所设计的路径返回信号源，但是实际中并不一定能保证这样。信号的某些频谱分量会通过设计路径返回信号源，而其他的频谱分量则可能通过其他路径返回信号源。接地平面上的屏蔽电缆就是一个很好的例子。

低于屏蔽接地电路截止频率的频谱分量将沿接地面返回，而高于截止频率的那些频谱分量将沿屏蔽层返回而不是沿接地平面返回(图 9-5)。

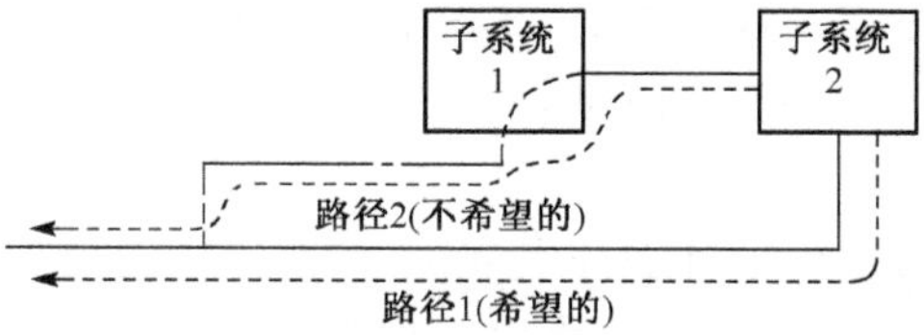

(a) 原理的举例说明

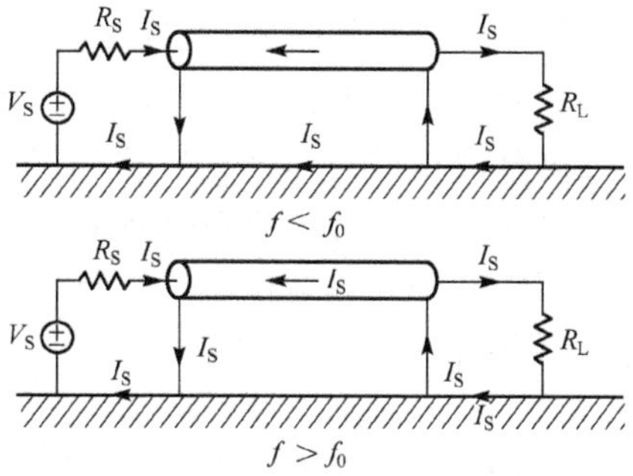

(b) 一个实际的例子——接地平面上的屏蔽电缆

图 9-5　预期以外的信号回流路径

因此，我们必须记住，电子电路本身是不会“阅读”电路图的。即在讨论涉及电路的 EMC 特性时，信号电流往往并不沿着原理图中所设想的路径返回信号源。设计人员常常会犯的一个错误就是：在进行电路设计时常常只将注意力集中在信号传输至负载的路径的设计而很少去考虑或根本不考虑信号返回源的路径；而考虑电流返回信号源流过的路径(信号地)同等重要。所以，为了有效地进行 EMC 设计，就必须认真或慎重地设计信号的返回路径！

因此，在考虑信号地时，一定不能忽略以下两个事实：①整个路径具有一个环面积；②信号返回导线，像“信号输出”导线一样，具有非零阻抗，因此使沿着它们表面的电压不同。

现实中，由差模电流导致的辐射发射以致使产品不能通过测试或者对其他电子设备产生干扰的最重要因素之一就是电流环路面积。大的环路面积使通过这个环的信号电流产生的辐射发射增加，因此必须要避免大的环路。并且，整个环路面积由“信号输出”路径和回路组成，所以“信号输出”路径和回路我们都要重视。当然，也应该使每条路径的长度最短以控制这些导体上的共模电流的辐射发射。在许多情况下，如果设计者没有在“信号输出”路径附近提供信号回路(信号“地”)，那么就会使信号电流除了沿着具有大面积的环路返回之外没有其他选择，结果导致大的环路面积。如果在“信号输出”路径附近提供一条备选路径，那么这个环路面积就会显著减小，辐射发射也会显著降低。

将信号地看做电流返回信号源的路径的第二个结果是：这些导电路径对于流经它们的高频电流呈现出一定的阻抗，因此导体不再是等位面。这就造成了子系统之间通过共阻抗耦合方式进行的干扰耦合。我们将发现这些回路和“信号输出”路径的阻抗都与环路阻抗有关，在高频时主要表现出感性，环路电感与路径中各个导体的电感(局部电感)有关。因此，无论是通过缩短导线之间的距离还是减小“信号输出”和返回路径的长度来降低环路电感，都会降低每条路径的电感和电阻。

9.1.4　接地中的 EMC 问题

1. 地环路干扰

电子设备(或系统)中的地线分布到设备(系统)内部的各级电路单元，难免会与其他线路构成环路；当存在两条以上接地线时，地线本身也可能构成环路。当这种环路存在时，在特定条件下就会产生地环路干扰。举一个典型的例子，如图 9-6 所示，设备Ⅰ和设备Ⅱ位于避雷针同侧不同距离的位置，而且分别通过自身的保护性接地接至大地，且两个设备间存在接地连接(可能是信号电缆的屏蔽层)。当雷电流通过防雷接地极(O 点)注入大地后，地电流向周围扩散，从而引起周围地电位大大升高，这将造成设备Ⅰ的地电位(A 点)的升高量大于设备Ⅱ(B 点)的电位升高量，使得 AB 两点间存在一定的电位差。由于电流总是选择较低阻抗的路径流动，所以会在两个设备间的连接线上产生可观的电流。如果将 A、B 两点间的电位差看做一个骚扰源，则骚扰电流就是在连接线与大地之间的这个环路内流动，所以将产生这种形式的干扰称做地环路干扰。

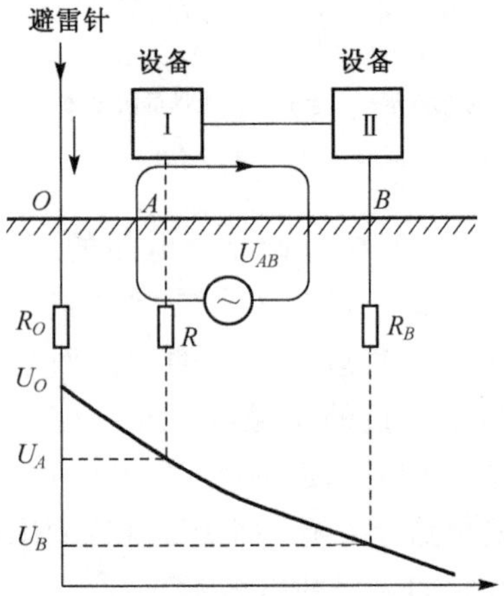

图 9-6　雷击引起的地环路干扰

由此可见，产生地环路干扰的第一种原因是互连设备的地电位不同引起地线上存在着一定的骚扰电压。一般是由于敏感设备接近其他地电流较大的大功率设备或与之共用一段地线，在土壤或地线中存在较强的电流，而土壤和地线又有较大阻抗产生的。

产生地环路干扰的第二种原因是当存在地环路的互联设备处在较强的交变磁场中，且该磁场与环路存在交链时，则在环路中产生的感应电势有可能叠加到传输信号上形成干扰。电磁场在"设备Ⅰ—互联电缆—设备Ⅱ—地"形成的环路中感应出环路电流，同样导致电磁干扰。

解决地环路干扰的方法：解决地环路干扰的基本思路是有两个。一个是减小地线的阻抗，从而减小干扰电压。另一个是增加地环路的阻抗，从而减小地环路电流。当阻抗无限大时，实际是将地环路切断，即消除了地环路。例如，将一端的设备浮地或将线路板与机箱断开等是直接的方法。但出于静电防护或安全的考虑，这种直接的方法在实践中往往是不允许的。更实用的方法是下面介绍的隔离变压器、光耦合、共模扼流圈、平衡电路等方法。

1)隔离变压器

在电路 1 和 2 之间插入隔离变压器，如图 9-7(a)所示。两者之间的信号传输通过磁场耦合进行，而避免了电气直接连接。这时，地线上的干扰电压出现在变压器的初次级之间，而不是在电路 2 的输入端。但是变压器初级绕组和次级绕组间的分布电容会导致共模电流从初级流到次级去，并进一步流向负载。为此在变压器初、次级间加一匝铜箔绕制屏蔽层，并将其在负载端接地，见图 9-7(b)、(c)。需要注意这一匝铜箔在交接处必须垫上绝缘层，否则就会将变压器短路，那样差模电流(有用信号)也被隔离了。该铜箔起到了初级与次级间的电场屏蔽作用，即减小了两者间的分布电容。铜箔应在负载端接地的理由是屏蔽体如接在 A 端的地上则共模噪声仍可以通过 C_2 耦合到负载上去，所以必须在 B 端接地。经过良好屏蔽的隔离变压器能够工作到 1MHz。隔离变压器的缺点是不能传输直流信号，体积大，成本高。

2)共模扼流圈

在电路 1 与电路 2 之间插入共模扼流圈，如图 9-8 所示。共模扼流圈实质上是一种平衡变压器，它可以传输差模信号：直流和频率很低的差模信号都可以通过，但对于高频共模噪声则呈现很大阻抗。所以，共模扼流圈可以用来抑制地环路干扰。此外，用铁氧体磁环(吸收式滤波器)套在两根导线上也可以同样起到共模扼流圈的作用。

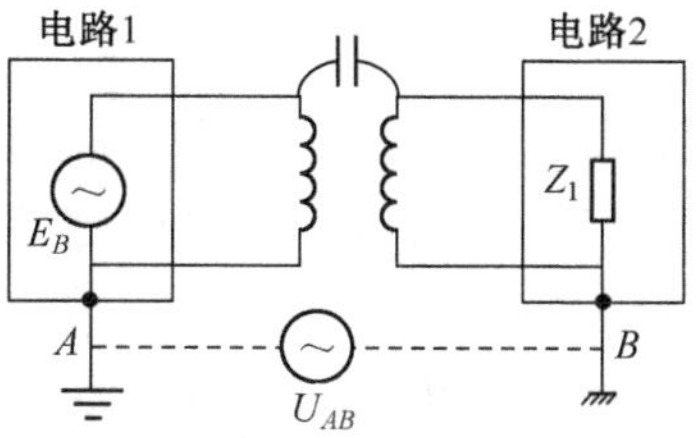

(a)电路间的隔离度变压器(不带屏蔽层)

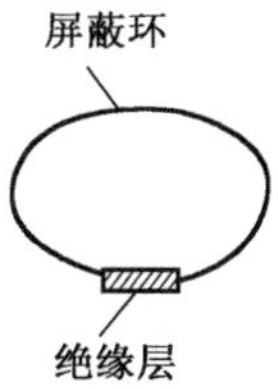

(b)铜箔线制的屏蔽层

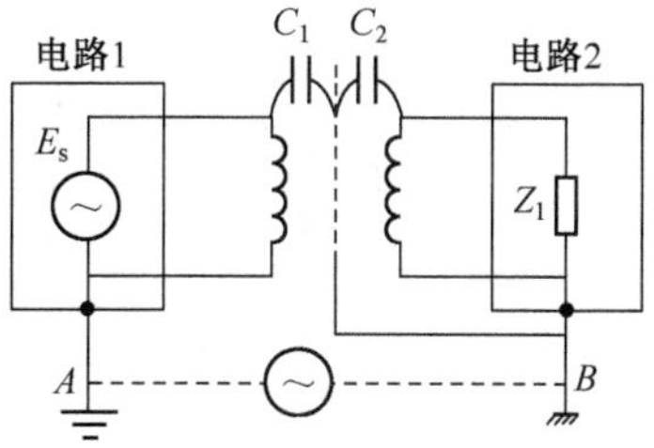

(c)带屏蔽层的隔离变压器的使用方法

图 9-7　隔离变压器切断地环路

3)光电耦合器

在电路 1 与电路 2 之间插入光电耦合器,如图 9-9 所示。光电耦合器把电信号变成光信号,再把光信号还原成电信号的器件。光电耦合器只能传输差模信号,不能传输共模信号,所以完全切断了两个电路之间的地环路。光电耦合器可以传输直流和低频信号,响应速度快,输入输出端的分布参数小,而且体积小,重量轻,便于安装,目前已广泛应用在数字电路中,频率高达 10MHz。数字电路只有二种状态:有信号和无信号即有光和无光,所以使用很方便。光电耦合器在模拟电路中使用时则应注意解决信号电流和光通量转换时的非线性问题。例如,采用光反馈技术可大大提高转换精度,从而使光电耦合器在模拟电路中的运用得到进一步的推广。

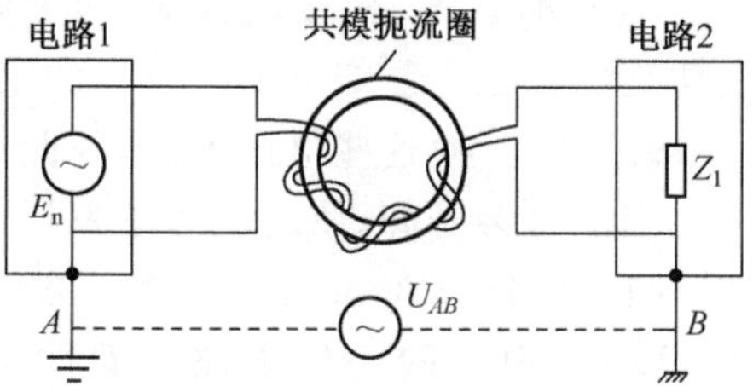

图 9-8　共模扼流圈抑制地环路干扰

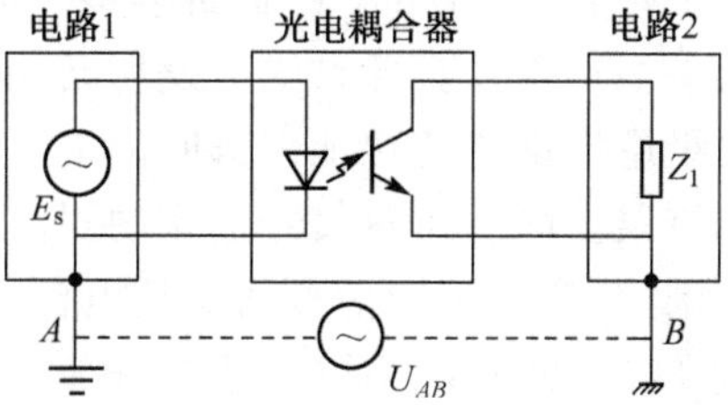

图 9-9　光电耦合器切断地环路

2. 共地线(回流线)阻抗干扰

在实际电路中,工作地线常常兼作电源和信号的回流线。工作地线总是具有一定的电阻和分布电感,一般电阻很小可以忽略,但高频时电感的感抗不能忽略。所以当回流流过工作地线时就会在地线的阻抗上产生电压降,因此地线上各点的电位不同,任意二点间存在着一定的电位差,这就可能产生共阻抗干扰。

如图 9-10 所示的例子中,两个子系统连接到地上(接地线或接地面),这两个子系统既可能是数字的也可能是模拟的或者是两者的组合。假设子系统 2 的地回路与子系统 1 的地相连,如图 9-10 所示,而且两个子系统随后分享共同的回路。子系统 2 的回路电流 I_2 与子系统 1 的回路电流相结合,并且两者都流经公共地阻抗 Z_{G1},造成回路两端的压降为 $Z_{G1}(I_1+I_2)$。我们观察到只有子系统 2 中才有的信号波动包含在 I_2 中的,因此也包含于压降 $Z_{G1}I_2$ 之中。所以,子系统 1 的接地点以正比于子系统 2 中的信号的变化速率而变化。因此,子系统 2 中的信号将通过地的非零阻抗和两系统信号的公共地回路耦合到子系统 1 中。类似地,子系统 2 的接地点的电压为 $Z_{G1}I_1+(Z_{G1}+Z_{G2})I_2$,因此,子系统 2 中具有通过阻抗 Z_{G1} 加于其上的子系统 1 中的信号。

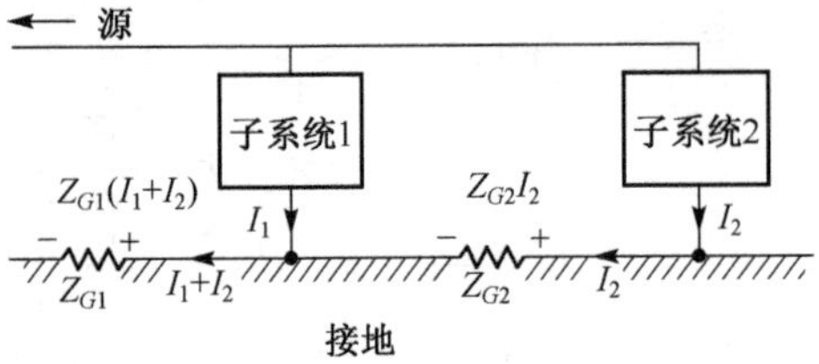

图 9-10　共地线(回流线)阻抗干扰

3. 数字系统中的接地波动

在讨论信号地(回流线)的电特性时,最不能忽视的两个要素是:①高频信号通过信号地返回它们的源端;②信号地路径具有一定的阻抗,尤其是高频时导线的分布电感产生相当可观的感抗。这两点结合在一起表明:信号地上的任意两点间不会有相同的电压,即它们之间存在着一定的电位差。这个电位差可能从毫伏级到微伏级,看上去似乎不会产生什么影响,然而对于辐射发射测试,这些“小电压”足以产生导致产品不能通过规定限值的辐射发射。与这些“接地”点相连的板外的电缆的作用就像是产生辐射发射的天线。典型的例子如连接计算机和打印机的打印电缆,这个电缆具有完整的编织屏蔽层,且两端“接地”。然而,在实际的数字系统根本找不到一个“安静的接地点”来与屏蔽层相连。当导线载有信号,电流随时间而变化,会在导线的电感两端产生电压降,激励与这个“地”相连的任何电缆屏蔽层,使这根电缆类似于一根发射天线。

又如逻辑电路中的导线或 PCB 上的带状轨线,在高频情况下,它们的阻抗主要表现为分布电感所产生的感抗。尽管存在趋肤效应,轨线的分布电感在这些频率上仍约为6～12nH/cm。由于流经这些轨线的逻辑信号电流状态在发生变化,导致轨线上任意两点之间的电压降为 $L(\mathrm{d}i/\mathrm{d}t)$ V,因此轨线上各点的电压“上下波动”。术语“接地波动”即来源于该观察结果。这不仅会导致辐射发射问题,而且会产生功能性问题。譬如电路要正常的工作,则要求两级逻辑电路的接地管脚间的电压近似相等,而“接地波动”使这些电压不同,因此可能导致逻辑错误。随着逻辑信号速率的提高,“接地波动”的幅度也会升高,使之成为越来越突出的问题。例如,假设逻辑信号的驱动电流为 10mA,上升时间为 1ns,在 5cm 的轨线上的电压降将达到 300～600mV,相当于门电路噪声容限的数量级。现在的逻辑电路上升时间接近500ps,因此“接地波动”电压增加到 0.6～1.2V,这显然是一个严重的问题。

9.2　接地方式

由 9.1 节的内容可知,无论对于保护性接地还是功能性接地,所要构造的“地”实质上就是提供一个等电位点或等电位面,并且要求这个等电位点(或面)具有尽可能小的阻抗(理想情况是零阻抗)。而实际上零阻抗的等位面是不存在的,这就要求我们根据电路(或系统)的实际拓扑结构以及电路的各种电特性参数(电流、频率等)来选择恰当的接地方式,以避免或降低由于接地引起的电磁兼容性问题。

9.2.1　单点接地

对于低频电路,常常采用单点接地方式,从连接关系的拓扑来看,可以分为串联式单点接地和并联式单点接地。

1. 串联式单点接地

典型的串联式单点接地如图 9-11 所示,也常被称为“级联法接地”,即使用一公共接地线接到电位基准点,需要接地的部分就近接到该公共接地线上。

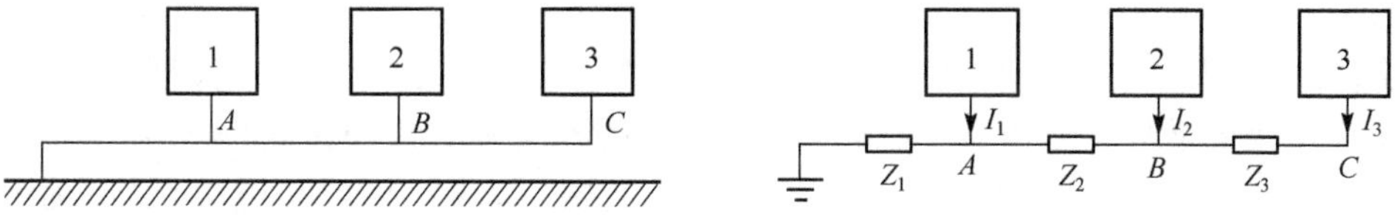

(a)示意图　(b)等效电路图

图 9-11　串联式单点接地及其等效电路

串联式单点接地方式实施起来比较简单，但因各单元共用一条接地线，而在考虑 EMC 时接地线的交流阻抗是不能忽略的，故可能会引起公共地阻抗干扰。电路 1、2、3 的接地点由工作地线串联起来，然后接地。设电路 1、2、3 的地电流分别为 I_1、I_2、I_3，这些电流有可能是电路中电源的回流，如果电路的滤波去耦不充分，回流中将混有未滤除的高频成分。设各段地线的阻抗分别为 Z_1、Z_2、Z_3，其主要成分是地线分布电感的感抗，可以计算出各电路接地点 A、B、C 处的电位，分别为

$$U_A = (I_1 + I_2 + I_3) \cdot Z_1$$
$$U_B = U_A + (I_2 + I_3) \cdot Z_2$$
$$U_C = U_B + I_3 \cdot Z_3$$

由此可见 $U_A < U_B < U_C$，地线不再是等电位线，因此很容易产生共阻抗干扰。

2. 并联式单点接地

为解决串联式单点接地带来的共地线阻抗干扰，可以采用并联式单点接地。如果将图 9-11 电路的接地布置改成如图 9-12 所示的形式，电路 1、2、3 各自独立地在同一点接地，则各接地点的点位分别为

$$U_A = I_1 \cdot Z_1$$
$$U_B = I_2 \cdot Z_2$$
$$U_C = I_3 \cdot Z_3$$

由此可知，各电路的地电位只与本电路的地电流及地线阻抗有关，不受其他电路的影响。这是并联式单点接地方式最突出的优点。它特别适合于各单元地线较短，而且工作频率比较低的场合。这种接地方式的缺点也是显而易见的：由于各设备、电路单元各自分别接地，势必增加了许多根地线，使地线长度加长，地线阻抗增加。这样，不仅造成布线繁杂、笨重，而且地线与地线之间、地线与电路各部分之间的感性耦合和容性耦合都会随频率的增高而增强。特别在高频情况下，当地线长度达到 $\lambda/4$ 的奇数倍时，地线阻抗可以变得很高（近似于开路），地线会转化成天线，而向外辐射干扰。所以，在采用这种接地方式时，每根地线的长度都不允许超过 $\lambda/20$。

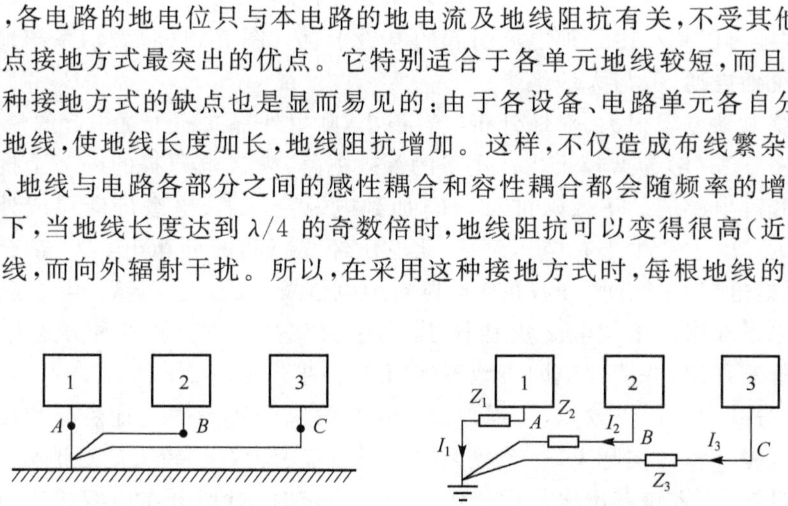

(a)示意图　(b)等效电路图

图 9-12　并联式单点接地及其等效电路

单点接地形式的缺点在于地线太长，当频率升高时一方面增加地线阻抗，容易产生共地线阻抗干扰；另一方面频率的升高使地线之间、地线和其他导线之间由于容性耦合、感性耦合产生的相互串扰大大增加。所以，单点接地方式只适用子低频电路，地线的长度不应该超过地线中高频电流波长的 1/20。较长的地线应尽且减小其阻抗，特别是减小电感，如增加地线的宽度，采用矩形截面导体代替圆导体作为地线带等。

9.2.2　多点接地

多点接地是指在电子设备(或系统)中设置接地平面，各个接地点都以最短距离直接接到该接地平面上，如图 9-13 所示。这里所说的接地平面可以是设备的底板、印刷电路板的地线层，也可以是贯通整个系统的接地母线。在比较大的系统中，还可以是设备的结构框架。譬如在印刷电路板上常用大块的金属面而不是用轨线作接地平面，在设备中则常用机壳作为接地母线。

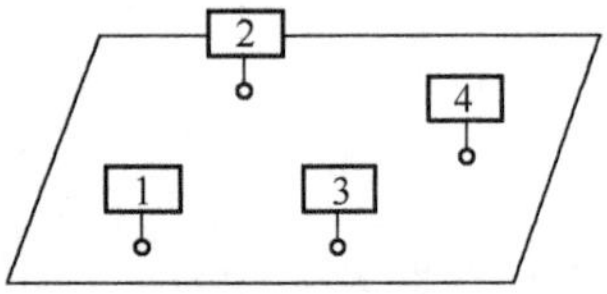

图 9-13　多点接地方式

采用多点接地方式的出发点是为了改善地线的高频特性。接地平面具有较大的面积和良好的导电性，面积大，因而本身阻抗很小，不易产生共阻抗干扰。采用多点接地，能使接地线上可能出现的高频驻波现象显著减小。多点接地的另一个优点是电路结构比单点接地简单。但是采用多点接地以后，设备内部形成了许多地线环路，它们对设备内较低的频率会产生不良影响。

根据以上分析，低频电路($f<10$MHz)一般采用单点接地方式，高频电路($f>10$MHz)一般采用多点接地方式。在印刷电路板上，作为地的金属面积一般都比较大，特别是多层印刷电路板专门有一层或多层用做地线层，这种情况下无论是高频电路还是低频电路都可以多点就近接地，问题的关键是在布线时最好把各种不同类型的地线区分开，即进行地平面分割。

9.2.3　浮地

就电子设备而言，还有一种特殊的接地处理方式，称作“浮地”，即指地线系统在电气上与大地相绝缘，这样可以减小由于地电流引起的电磁干扰。图 9-14(a)表示系统地悬浮的情况，各个电路的系统地连通，但与大地绝缘。

若浮地系统对地电阻很大、对地分布电容很小，则由外部共模干扰引起的流过电路的干扰电流就很小。图 9-14(b)为共模干扰作用下的等效电路，来自电源等的外部干扰电压 V_N 通过代表电磁感应和静电感应的等效阻抗 M_1、C_1 加到电源变压器、电缆屏蔽层或外壳上，在受干扰部分的阻抗 R_3、L_3 上产生干扰电压 V_0。此电压经线路间的分布电容 C_d 耦合到电路，经对地电阻 R_E 和对地电容 C_E 流回大地，并使电路对地电位发生波动。若 R_E 很大、C_E 很小(即良好浮地)，则流过电子线路的干扰电流就很小，其影响可以忽略。此外，这种方式对直接进入的传导干扰同样有抑制作用，并能避免因接地不当而产生的干扰。

但是，浮地方式存在以下缺点：①浮地的有效性取决于实际的对地悬浮程度，浮地方式不能适应复杂的电磁环境。实际上，一个较大的电子系统因为存在较大的对地分布电容，因而很难保证真正的悬浮；当系统基准电位因受干扰而不稳定时，对地分布电容出现位移电流，使设备不能正常工作。②当发生雷击或静电感应时，在电路与金属箱体之间会产生很高的电位差，可能使绝缘较差的部位击穿，甚至引起电弧放电。低频、小型电子设备容易做到真正的绝缘，所以随着绝缘材料和绝缘技术的发展而较多地采用浮地方式；而大型及高频电子设备则不宜采用浮地方式。

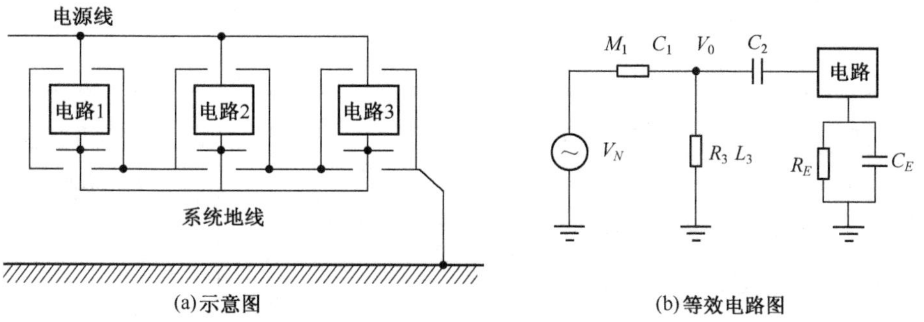

图 9-14 浮地系统及其干扰模式

9.2.4 混合接地

在大型复杂电子设备（系统）中，如采用单一的接地方式往往使得接地的复杂程度高（如形成很长迂回的或数量繁多的接地连接线）或者达不到对接地系统性能的要求，此时可采用混合接地的方式在接地的复杂度与性能之间取得折中。

在这类设备（系统）中往往包含有多种电子电路（如信号处理电路、控制电路等）和各种电机、电器等电气单元，此时的接地方案应当分层次地进行设计。对于各设备单元内部的接地，应当根据其电路的元部件特性及工作频率选择接地方式（例如，低频电路可选择串联或并联单点接地，高频电路单元则应选择多点接地）；而系统级的地线则应分组敷设，一般分为信号地线（信号地线还可以进一步细分为模拟与数字地线、高电平与低电平地线），噪声地线（用在高功率电路如晶闸管、继电器、电动机等容易产生较高噪声的电路）和金属件地线（指设备机壳、机架和底板等，交流电源中的保护地线也应与金属件地线相连）等。

这种分组敷设地线的方法常被称为“三套接地法”或“四套接地法”。这是解决地线干扰问题行之有效的方法。其具体做法是：首先，把容易产生相互干扰的电路单元各自分组。例如，把模拟电路和数字电路、小功率和大功率电路、低噪声电路和高噪声电路等区分开来。其次，在每个组内采用单点串联方式把小组内各电路的接地点串联起来，选择在电平最低的电路处作为小组接地点。最后，分组后再把各小组的接地点按单点并联的方式分别连接到一个独立的总接地点，如图 9-15 所示。

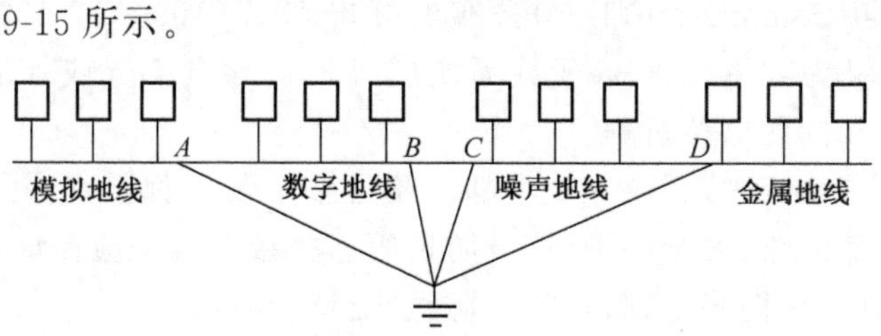

图 9-15 单点串并联混合接地方式

在实施混合接地方案时，有时还采用电感或电容元件来取代某些接地引线，以利用这类元件特殊的频率特性让不同频率的电流按照不同的回流路径流动。例如，两个接地点存在一定的直流电位差时，可将其中的一个接地点经过串联一个电容实现交流接地；或者要求两个接地点保持直流(或低频)等电位而不希望高频信号流经此地线时,可以考虑在接地引线中串入电感元件来实现。

以上讨论了各种接地方式的特点,现简单总结比较,如表 9-3 所示。

表 9-3 接地方式比较

接地方式	优点	缺点	适用场合
串联式单点接地	结构简单,成本最低,不构成地环路	易产生共阻抗干扰	构成简单的低频系统,对 EMC 性能要求不高的场合
并联式单点接地	可以避免共地线阻抗干扰问题	接线数量多,多条接地线间存在电容及电感耦合,易产生串扰	低频设备
多点接地	可实现最小阻抗接地线,抑制共阻抗干扰和地线上的驻波,改善高频性能	会形成复杂的内部地线环路,影响低频性能	高频设备
浮地	合理的设计能有效抑制共模干扰	会引起静电累积,安全性差;存在地电位波动	低频、小型电子设备
混合接地	在复杂度和性能之间取得折中	如果设计不当,会产生共阻抗干扰、地环路干扰和线间串扰	构成复杂的大型系统

规范化的接地方案应当按照下述的步骤进行设计:

(1) 分析设备内各类电气部件的干扰特性;

(2) 搞清楚设备内包含的各电路单元的工作电平、信号种类(模拟信号、脉冲信号)和抗干扰能力;

(3) 按电气部件和电路特性分类划组;

(4) 划出总体布置框图;

(5) 排出地线系统图。

9.3 搭　　接

9.3.1 搭接的定义

前面我们论及的接地及导线的连接是一物理概念,而搭接则是实现这个物理概念的具体手段。搭接是指使两个金属物体之间实现低阻抗电流通路的过程。国际电工委员会(International Electrotechnical Commission,IEC)公布的标准 IEC 61000-5-2-1997 对“搭接”(英文为 bonding)这一名词定义为:“将设备、装置或系统的外暴可导电部分或外部可导电部分连接在一起以确保它们具有相同的电位过程。”

在任何实际的电子系统中,无论一个小部件还是整个装置都需在金属体之间进行大量连接,以便提供电源、信号回路、安全保护、雷电防护等。搭接的实现应保证这些连接点具有高的机械强度、低的阻抗以及长期稳定、防腐蚀或防止机械松动等。

搭接的目的是:

(1)建立信号电流的均匀和稳定的通路,避免金属连接点之间产生电位差,这个电位差会导致电磁干扰。

(2)保证电源、信号的良好连接回路。

(3)减小装置之间的电位差,避免电磁干扰。

(4)控制装置表面流动的射频电流。

(5)建立安全保护、雷电保护、静电放电保护的可靠回路。

搭接发生在在下列的所有场合:①设备外壳的各构件之间;②不同机箱之间的连接;③滤波器与机箱之间的连接;④电缆屏蔽层与机箱之间;⑤设备与地之间;⑥导线屏蔽体与地之间;⑦静电屏蔽层与地之间;⑧屏蔽层上不同部位之间的连接;⑨功能性回路(信号回路、电流回路)与地回路之间;⑩接地平面与连接大地的地网之间等。

有效搭接的主要要求是建立低的电阻值,而且在整个使用期间能稳定地保持。但对具体接点,电阻值的限值要根据流过这个路径的实际的或预计的电流而定。例如,当搭接仅仅为了防止静电电荷的建立,可以允许很高的电阻值,即 50kΩ 或更高的阻值。对于雷电放电电流及大漏电电流的通路,搭接电阻必须非常小,以便使热效应降至最低程度。对于信号回路,为使噪声降至最低水平,一般要求通路的电阻小于 50mΩ。

至于搭接的具体精确要求则要根据两个因素:一是构成干扰威胁的电压幅值;二是通过连接点的电流值。

1mΩ 的搭接电阻可以认为是可获得高质量的连接。只要表面清洁,在两个结合表面具有足够的压力,1mΩ 的电阻值是可以达到的。为保护更大的电流通过,要求电阻值更低,但一般的搭接办法很准达到,如连接器(电缆插头)外壳、两段管子的连接等。对于搭接电阻,也没有必要苛求比这更小的电阻值,因为连接导体本身的固有电阻值也要比此大得多。

对搭接装置的要求还有需要保持长期的稳定性,因此要保证清除不洁净物并避免由于腐蚀而引起的性能退化。

即便很低的直流搭接电阻也并不意味着就能够提供可靠的高频搭接性能。导体的固有电感、杂散电容和与此相联系的驻波效应、共振等将决定搭接的阻抗。所以在高频情况下,这些因素必须和直流电阻同时加以考虑。

9.3.2　搭接方法与工艺

搭接的实现方法基本上可归纳为两大类:直接搭接和间接搭接。所谓直接搭接,就是将欲连接的两个金属导体直接接触;而间接搭接则是利用各种搭接物使欲连接的两个金属导体进行电气接触。直接搭接的性能优于间接搭接,但是在某些情况下,如要求设备可移动或者能抗机械冲击,则应采用间接搭接(如采用搭接条)。

1. 直接搭接

直接搭接必须靠导电性能很好的裸金属直接接触来实现,严格的直接搭接结构可以具有一个十分低的直流电阻和取决于搭接件形状的尽可能低的射频阻抗。一般尽量采用直接搭接的方式,但这这种方式只能用于两搭接件可以连接在一起并且没有相对移动的情况。

实现直接搭接的方法很多,但基本可归纳为三类:一是利用加热搭接方法——焊接;二是利用压配搭接方法——各种压配部件;三是利用导电黏结胶黏结方法。现分述如下。

1)焊接方法

焊接是一种永久性的搭接方式,从导电性而言也是最理想的搭接方式。焊接的电性能、机械性能、对各种导体的应用性、对环境的适应性都比较理想,因此在不需要移动,而要求稳定牢固结合的地方尽量采用焊接方法。焊接方法从工艺特点可分为高温焊接和低温焊接，具体内容如表 9-4 所示。

表 9-4　焊接方法的搭接

焊接类型	工　艺	焊接原理	特　点
高温焊接	电焊（二氧化碳保护焊、埋弧焊、氩弧焊等）	利用电弧或火焰加热焊接件使其达到熔融温度，将相同或相近材质的焊料填充其间形成金属焊接桥	搭接电阻几乎为零，机械强度大，接近甚至超过搭接件本身之强度，寿命长
	气焊（乙炔焊、氢氧焊等）		
	铝热焊	利用铝热反应产生的高温将氧化铜焊料还原为铜，并将焊接件局部熔融，实现焊接	能与不同金属材料实现焊接，适合野外现场作业。但使用石墨模具成本较高
低温焊接	钎焊	将银焊料置于焊接件之间并将焊接件加温至焊料熔点以上，但低于焊接件熔点，使充填焊料均匀地散布于加热的焊接件之间，使焊料金属与焊接面紧密接合	搭接电阻低，适用于难熔焊接件的焊接；由于焊料与焊接件材料的差异需要注意焊点的腐蚀作用
	锡焊	加热焊料（金属锡或合金，如锡铅合金、锡锑合金）使之熔融并流动填充至焊接面的缝隙中，使焊料金属与焊接面紧密接合	实施较容易，对于相容金属的搭接电阻也很低，缺点是不能通过大电流（如防雷保护网络），不能工作于高温环境；机械强度较差

2）压力搭接法

对于半永久性搭接可采用压力搭接法。对于两个接触金属搭接件，其搭接电阻有几个因素所决定：金属表面薄膜及沾污情况、接触面积、接触压力以及接触硬度。

所有的金属搭接面都存在表面薄膜，如氧化膜、硫化膜或氯化膜等。这些绝缘的薄膜和金属表面的油污灰尘都会影响搭接质量，因此在搭接前必须将搭接件的进行表面处理。搭接金属的接触面积要根据实际需要和可能来设计，增加接触面积能够降低搭接电阻。施加一定的接触压力能够有效地增加实际接触面积，特别是对于软金属效果更显著。

常用的压力搭接工艺有螺栓螺钉连接、铆接和铰接。

最简单的压力搭接法是利用螺栓、螺钉连接，采用这种方法便于拆卸。使用螺栓、螺丝的目的在于对搭接件的接合面增加必要的压力，以保证有令人满意的搭接。这些紧固件的数量要足够以保证整个接合面有足够的压力。压力主要集中于螺栓的头部，因此采用在螺栓头部安放大和硬的垫片，可增加有效接触面积。但值得注意的是，当采用自攻螺钉连接时，都不能提供良好的高频低阻抗连接：旋进螺钉的过程会使面接触变成了线接触，由于高频趋肤效应，射频电流会沿着螺旋线边沿流动，因而使连接路径呈现很大的电感。

铆接也是一种半永久性加压接合方法。铆接虽不如螺栓灵活，但使用铆枪便于实现大量的铆合作业。由于两搭接件铆接的电流通路要经过铆钉，所以铆钉和搭接件之间的紧密接合要比搭接件之间的紧密结合更为重要，铆钉的尺寸和孔的尺寸要配合好，以使铆接口能紧密配合。对于薄的搭接件，铆接后有时会发生拱翘现象使搭接件之间的接触变差，在接缝处可用金属网状衬垫或导电胶进一步予以密封。铆接的温度环境适应性稍差，但其电气及机械性能均和螺栓、焊接的差不多。

使用螺钉或铆钉等实现搭接能够保证连接处的可靠连接，但其他部分可能存在缝隙或由于氧化造成不导电。

铰接也是一种常用的方法，其接触电阻也很低，工艺方便，但其抗拉强度和温度环境适应性较差。

3）导电黏结胶黏结方法

导电黏结胶是一种掺银粉的环氧树脂，有很好的导电性能，可以涂在搭接件之间以建立低的搭接电阻。这种方法的优点是可以直接黏结，而不需要像焊接那样的高温条件，这对于要求防火，防爆的场合特别适宜。这种方法的主要缺点是机械性能差，不抗拉，经不起振动；导电性能也不够理想，对温度环境的适应能力也较差。但这种方法作为一种辅助的接合方法也是很有用的。例如，和螺栓方法结合使用，可以提供像金属一样的“桥”，提高黏结处的电性能，还有抗腐蚀的保护作用，同时也具有很强的机械强度。

2. 间接搭接

间接搭接是指在搭接件之间采用中介导体来实现连接，通过这个中介导体连接两个分离的部分。采用中介导体显然要在连接系统中带来额外的电阻、电感和分布电容，影响整个连接系统的电阻抗，特别是高频特性，因此从搭接质量角度一般不希望这样做。但在实际情况中有时需要连接的设备和设备之间，设备和接地装置之间离得比较远，而且需要移动，因此不得不采用间接搭接的方法。常用的中间搭接元件还有搭接片、跨接片以及铰链等。这些元件还可作为电流旁路用。例如，在配电盒的盖子或设备的盖子上的铰链可以减小暴露在强辐射场中或有大电流流过时所产生的高频噪声。

9.3.3　搭接材料与表面处理

在选择搭接材料时，必须考虑搭接导线或搭接带的材料对接触阻抗的影响。

当搭接导体较短时，扁导体如金属带（长/宽<4）的阻抗比相同截面积的圆金属线的小；但是当搭接导体较长时，两者的区别并不大。而且当搭接导体较长时，一味地增加导体的截面积（前提是截面积足够大以后）以期降低阻抗的做法也起不到明显的效果，因为此时电感是构成搭接阻抗的主要因素。一般取电感的经验值为：$1\mu\Omega/\mathrm{m}$，且与导体的截面形状、尺寸关系不大。

在实际应用中，常常遇到两种不同金属材料的搭接。不同的金属在长时间接触时，会出现腐蚀与合金化，影响搭接的接触电阻及质量稳定性。因此，对搭接材料应加以选择，目的是尽可能减小接触电阻并避免腐蚀。

不同材料对接触电阻的影响主要是由材料的硬度所决定的。对于较软的金属，加压后接触面大，因此接触电阻低。当一个软金属和硬金属搭接加压后，软金属将被挤压充填至硬金属的空隙处，这样就增加了真正的接触面，因而降低了接触电阻。表 9-5 给出了几种常用搭接金属材料在一定压力下的接触电阻值，可以看出：黄铜-黄铜最软，接触电阻最低；钢-钢最硬，接触电阻最大；而黄铜和钢搭接之接触电阻则介于这二者之间。

搭接面的电化学腐蚀现象是影响搭接电性质稳定性的一个主要因素。两种不同的金属在电解液中会形成原电池，电动势较高的金属成为阳极，电动势较低的金属成为阴极，金属离子从阳极向阴极移动，从而造成阳极的腐蚀。两种金属的电动势相差越多，这种腐蚀越严重。金属的电动势如表 9-6 所示。电动势越高的金属，越容易发生腐蚀。

根据电化学腐蚀的特性，可以采取一些方法减小电化学腐蚀：

（1）同种材料进行搭接时，尽量使用电动势较低的不易发生腐蚀的金属作为搭接材料；

表 9-5　金属搭接材料间的接触电阻

搭接金属材料	接触电阻/μΩ	测试条件
黄铜-黄铜	6	样品的搭接面积为 6.45cm²，加压力矩11.29N·m
铝-铝	25	
黄铜-铝	50	
黄铜-钢	150	
铝-铜	300	
钢-钢	1500	

表 9-6　电化学序列表

金属	电动势/V	金属	电动势/V	金属	电动势/V
镁	+2.37	铬	+0.74	铅	+0.13
镁合金		铁或钢	+0.44	黄铜	
铍	+1.85	生铁		铜	−0.34
铝	+1.66	镉	+0.40	青铜	
锌	+0.76	镍	+0.25	铜镍合金	
锡	+0.14	铅锡焊料		镍合金	
不锈钢		银焊料		银	−0.80
石墨		铂	−1.20	金	−1.50

(2)不同材料进行搭接时，尽量使用电动势接近的金属互相搭接，并应使腐蚀局限在容易更换的部分，如接地线、垫片、螺母等。因此，容易更换的部件应使用电位较高的金属(作为阳极)。电磁密封衬垫的表面或填充物有各种不同的金属，就是为了与不同金属的屏蔽机箱表面在电化学上相容。

(3)保证搭接点干燥，可对其进行密封保护，使其不接触潮气(电解液)。能起电解液作用的液体有：盐水、盐雾、雨水(它能带来许多杂质，并使表面上各种杂质润湿)、汽油及喷气燃料等。

在处理不同金属材料的搭接时，还可以采用牺牲阳极法对搭接体进行保护。例如，将铝壳搭接在不锈钢架上，为了防止这种组合对铝的腐蚀可在两种金属之间放一个镀锡或镀镉的垫圈，这样主要受腐蚀的是垫圈而不是铝壳。

因此，对于不同搭接基体金属，应采用的垫圈、螺钉和螺母有不同的要求。当基体金属为镁时，可用铝合金连接片或镀锌螺钉、螺母；当基体金属为铝、锌、镉或铁、铅、锡、锡铅焊料时可不用垫圈；当基体金属为镍、铬、不锈钢时，所有铝跨接片都要用镀锡垫圈，而镀锡的铜跨接接片可不用垫圈，螺钉、螺母最好用不锈钢；当基体金属为铜、银、金等时，则只能用铜跨接片，且不用垫圈。

另一种腐蚀过程是电解腐蚀，这种腐蚀过程即使对于同一种金属，当电流通过金属触点时，如存在电解液，也将发生电解腐蚀，因此要保持触点干燥。

无论直接搭接还是间接搭接，对搭接表面的处理都是十分必要的，这将直接影响搭接的质量。对搭接面的表面处理是为了保证真正良好的电接触。为此，在搭接前要仔细清除搭接面上的油污、油漆、残屑、灰尘以及绝缘氧化薄膜，有时还应覆盖一层导电层(如镀银或镀金)。在搭接之后为了避免腐蚀有时也需覆一层保护层。

9.3.4　搭接有效性

搭接的质量关系到电气连接的性能，不良的搭接会导致电磁干扰或安全性问题。从安全性的角度举例而言，如果电源线的搭接不良(如插头与插座之间接触不良)，则当负载电流通过不良连接所增加的电阻产生的热可能会破坏电线的绝缘，以致产生漏电甚至起火。又如，防雷保护网络的不良搭接特别危险，雷闪放电电流会在不良搭接点上产生数 kV 的浪涌电压，因而产生电弧导致着火或爆炸，引起对设备的干扰，同时搭接点上的额外电压也增加了放电通路附近的物体发生闪络击穿的可能性。

从考虑电磁兼容性的角度而言，搭接也至关重要。以下举几个例子来说明：

(1)高阻抗搭接造成信号幅度下降或引入电磁噪声：噪声水平提高往往会造成系统的性能变坏，而究其原因经常是由于在电路回路及信号参考网络中的不良连接点引起的：参考网络中元件间的不良连接会增加电流通路的阻抗，电流流经这些阻抗会使信号参考电压不在同电位上，这样就会在系统中产生不希望有的干扰信号。信号线上连接点的松动和高阻抗特别令人讨厌。因为这会导致信号幅度的下降或噪声水平的增加，或两者兼有之。

(2)对屏蔽效能的影响：屏蔽体的屏蔽效能很大程度取决于其电连贯性，而屏蔽体的构成部件之间的搭接正是影响电连贯性的薄弱环节。例如，金属机箱的各构成部件之间、电缆连接器外壳和设备外壳之间，电缆屏蔽层与连接器外壳之间，如果存在不良的搭接，则相当于在屏蔽体上存在着孔缝甚至将屏蔽体割断，从而导致屏蔽效能的恶化。

(3)对于一些旨在减小干扰的部件也必须良好搭接才能保证其最佳性能。例如，滤波器要发挥预期的效能，必须具有很低的接地阻抗。对于图 9-16 所示的 π 型滤波电路，按照设计意图，骚扰应通过两个电容旁路到地；当滤波器与地搭接不良时，滤波器壳体与机箱之间的搭接阻抗较电容之容抗大，则干扰电流不再通过预期路径流向机箱，而是通过两个电容和滤波器外壳流向负载端，因而降低了滤波器的工作性能。此例表明，由于搭接阻抗过大，实际效果是将滤波器电感旁路掉了，电感的衰减作用消失了。因此，滤波器必须与机箱实现良好的搭接，特别是射频搭接，才能达到其预期的性能。

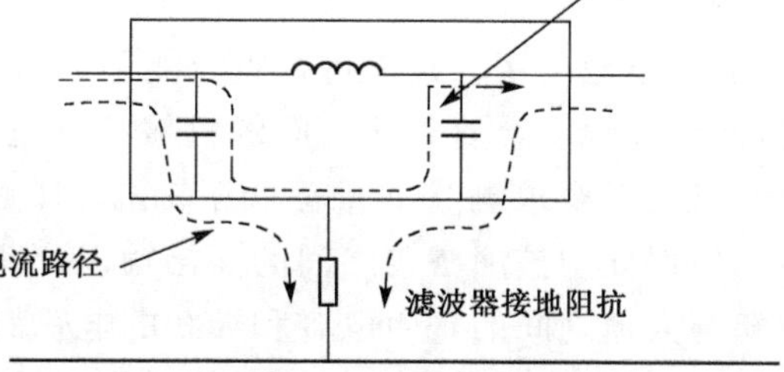

图 9-16　不良搭接对滤波器性能的影响

在直流情况中，搭接的有效性取决于搭接电阻。随着频率的升高，搭接的有效性不但取决于电阻，还取决于搭接电感和搭接面之间的电容。搭接的有效性一般用搭接的有效度衡量。所谓搭接有效度是指使用搭接带和不使用搭接带时设备上感应电压之差(以 dB 表示)。有效度值有正、有负，正值表示搭接体起抑制干扰作用，而负值则表示增强干扰作用。

对搭接有效性的影响主要是搭接系统的阻抗。图 9-17 表示单独一个搭接带的高频等效电路：R 为搭接带的交流电阻，L 为电感，C 为跨接器和两个搭接件之间的电容。当频率高于 100 kHz 时，感抗远比电阻大(除非搭接带特别短)，因此 R 可以略去不计。这样，搭接带的阻抗为

$$Z = \frac{\omega L}{1 - \omega^2 LC}$$

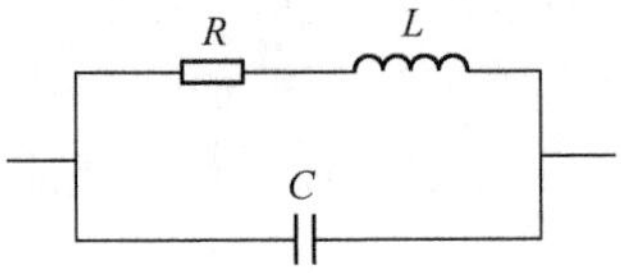

图 9-17　单独搭接带的等效电路

而当频率为 $f_c = \dfrac{1}{2\pi\sqrt{LC}}$ 时，达到该等效电路的谐振点。在谐振点附近，阻抗可高达数百 Ω，显然此时搭接带已失去作用，甚至会增大感应的电磁骚扰。一般应使搭接装置工作在远低于谐振点频率的条件下。

上述未考虑设备机箱或其他搭接物体之效应。如果搭接带连接于机箱与大地之间，则其示意图及等效电路如图 9-18 所示：L_s、R_s、C_s 仍为搭接带之电感、电阻及分布电容，而 L_c 为机箱(或框架)之电感，C_c 为机箱与参考地或机箱与机箱之间的电容。一般情况下 $L_s \gg L_c$，$C_s \ll C_c$，则谐振频率为

$$f_c = \frac{1}{2\pi\sqrt{L_s C_c}}$$

对于一些结构，谐振频率可低达 10～15MHz，谐振时不仅搭接装置失去了接地的作用，而且像天线一样，反而将搭接带原要降低的骚扰增大发射出去。

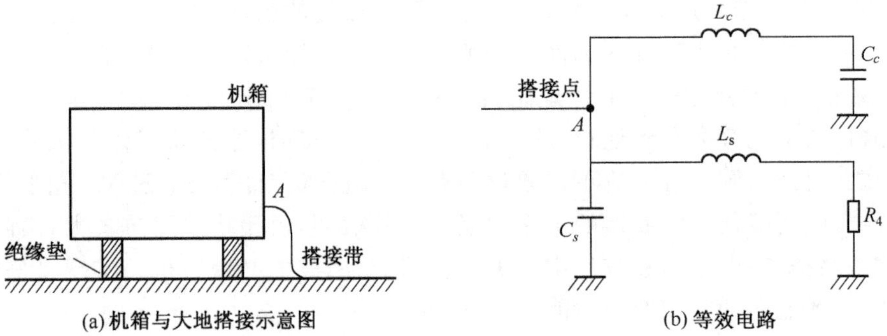

图 9-18　间接搭接系统

对搭接的有效度不能简单地仅用欧姆表进行直流测量，而是要对直流和高频均进行测量。对于搭接直流电阻的测量可以说明金属表面之间的机械接合是否良好，但反映不出高频时之搭接性能。测量可以用电桥，但要求测量的量程低于 1mΩ，且测量连接线应采用具有大夹持力的弹簧夹子的编织线，以保证与被测搭接之间的面接触，其电阻亦要求小于 1mΩ。

在频率较高时，机箱与大地之间的寄生电容和导线的电感都不能忽略，因此实际的搭接阻抗是电感和电容并联网络。在某个频率上会发生并联谐振，这时的阻抗为无限大。对搭接高频性能的测量，可以用扫频及并联 T 型网络方法测量插入损耗，以确定搭接阻抗的大小随频率变化的情况。测量原理图 9-19 可以说明。

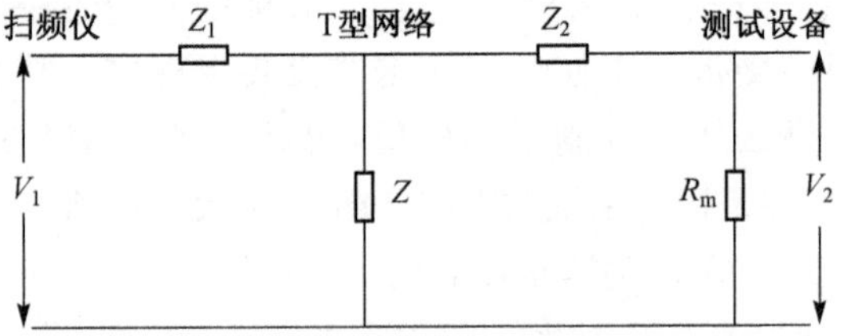

图 9-19　高频搭接阻抗的测量原理

图 9-19 中，Z 为待测的搭接阻抗，扫频仪输出电压 V_1，通过 T 型网络加于测试仪。其中，$Z_1 = R_0 + R_1 + j\omega L_1$、$Z_2 = R_0 + R_2 + j\omega L_2$ 分别为接线之阻抗加上隔离电阻 R_0（$R_0 \gg Z$），R_L 为测试仪之阻抗(50Ω)。考虑到 $Z_1, Z_2 \gg Z$，故有

$$V_2 \approx \frac{Z}{Z_1 + Z} \cdot \frac{R_L}{Z_2 + R_L}$$

再考虑到 $R_0 \gg R_1 + j\omega L_1, R_2 + j\omega L_2$，则 $Z_1 \approx Z_2 \approx R_0$，将 $R_L = 50\Omega$ 带入得到

$$\frac{V_2}{V_1} \approx \frac{Z \cdot 50}{R_0(R_0 + 50)}$$

$$Z = \frac{R_0(R_0 + 50)}{50} \cdot \frac{V_2}{V_1} \quad (\Omega)$$

通过上面对搭接中的各种的讨论，将良好搭接的一般原则在此归纳如下：

(1)良好搭接的关键在于搭接金属表面之间的紧密接触。被搭接的表面接触区应该光滑、清洗干净并去除非导电物质。对非焊接的两搭接体应加以紧固，以保证有足够的接触压力，即使在机械扭曲、冲击和振动时表面仍然接触良好。软金属比硬金属接触更好。

(2)尽量采用同类金属进行搭接，如必须采用两种不同金属时，应考虑腐蚀问题。腐蚀主要发生在阳极金属即电化学序列小的金属，所以设备主体金属应为电化学序列大的金属或在其间插入可更换的垫片。在采用焊料时应考虑焊料作为搭接材料的影响。

(3)在搭接前应使搭接面干燥，搭接后要防潮，必要时加保护层。

(4)采用搭接带时应尽量短以保证低的阻抗，不要使搭接材料在电化学序列中低于被搭接材料。搭接带应直接与结构材料搭接，不要通过邻近物体，不要用自攻丝螺栓，以免接触不良和增加电感。

(5)要保证搭接处能承受预料的电流，一是防止低温焊料熔化，二是防止产生电解腐蚀。

(6)不要靠焊料来增加机械强度。

习　题

1. 在分析和解决电磁兼容问题时，确定实际的回流路径十分重要。但往往所设计的地线并不是实际的工作地电流路径，这是为什么？

2. 抑制地环路干扰的常用措施有哪些？

3. 现实中的地环路电流往往包含从很低的频率(50Hz)到很高的频率(数百兆赫兹)的噪声，如何对这样宽频带的地环路干扰进行抑制？

4. 当诊断两台设备之间存在互相干扰时，如将一端的设备与地线断开，干扰现象消失，往往说明有地环路干扰问题。这是否能够得到这种结论：“当存在地环路干扰时，只要将一端电路与地线之间的连线断开，就可以解决问题”？为什么？

5. 共模干扰电流和差模干扰电流有什么区别？为什么一般都将地线上的噪声当作共模噪声来看待？

6. 有共模电流 I 流过的电缆会向外辐射，电缆长度 1m。在离电缆 3m 处，测得 100MHz 时的场强是 40dBμV/m。求该电缆上 100MHz 的共模电流 I。

7. 针对雷电对电气设备的干扰，分析电磁干扰三要素。

8. 在图 9-20 中，设备 A 和设备 B 分别安装在不同的建筑物内，由架空线连接。架空线高 10m，长 40m，两台设备都分别在本地接地，从而形成一个环路。

(1)如果有一直击雷在设备 A 左方 1km 处发生，其雷电流脉冲波形图 9-20 所示，上升时间为 2μs，下降时间为 1000μs，最大幅度为 50kA，试问在环路中由于磁场所感应的电压是多少？

(2)如果雷电发生在设备 B 的右方 1km 处，感应电压是多少？

(3)如果雷电发生在环路的正前方 1km 处，感应电压是多少？

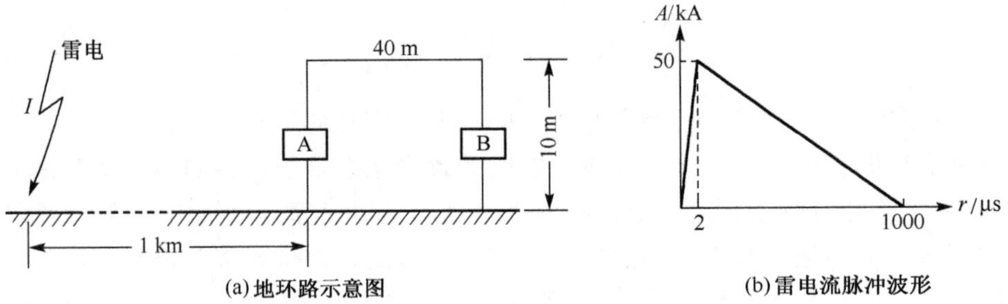

图 9-20　习题 8

9. 试总结并比较各种接地方式的优劣。

10. 对于图 9-21 所示的机电一体化设备，试按照规范化的设计步骤设计其接地方案。

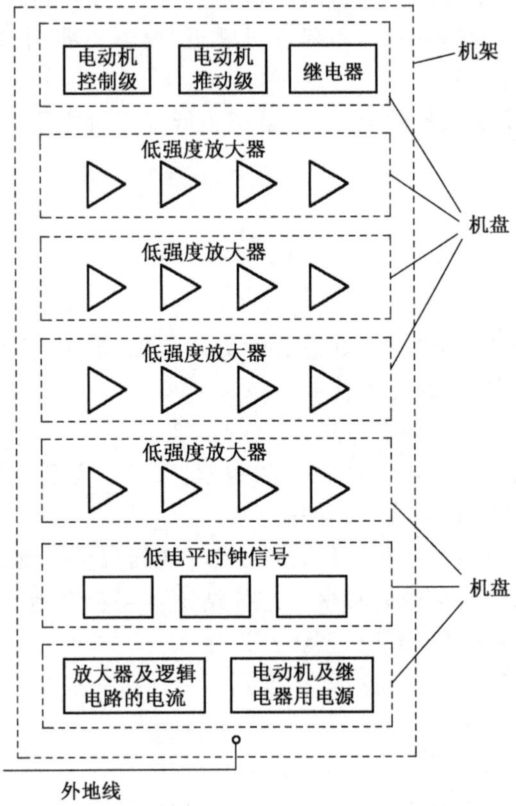

图 9-21　机电一体化设备示意图

11. 在实际工程中，当发现滤波器的插入损耗不足以抑制较强的干扰时，往往会对已有的滤波器进行“增强”。最容易实施也最常用的方法如对图 9-16 中的 π 型滤波电路的电容增加一只并联电容。但结果常常事与愿违，即干扰问题反而更加严重，试从接地阻抗的角度出发来解释这种现象。

12. 当将一台铝壳的单体设备安装到系统的不锈钢机架上时，是否可以直接采用螺栓实现搭接，还是必须采用特殊的工艺？这样做的理由是什么？

13. 对防雷接地体与接地线之间的搭接能否采用低温焊接方法？如果不能，则说明原因。

14. 金的电导率低于银和铜，但为什么将搭接面镀金（如 PCB 上的“金手指”）可以实现更优的搭接性能？

15. 良好搭接的一般原则中有一条：“不要靠焊料增加机械强度”。为什么？

第10章　屏　　蔽

10.1　屏蔽的基本概念

10.1.1　屏蔽与屏蔽体

屏蔽(shielding)是解决电磁兼容问题的最基本方法之一。屏蔽手段是一种空域的电磁干扰控制方法,用来抑制电磁噪声沿着空间的传播,即切断辐射电磁噪声的传输途径。大部分电磁兼容问题可以通过电磁屏蔽来解决。用电磁屏蔽的方法来解决电磁干扰问题的最大好处是不会影响电路的正常工作,因此不需要对电路做任何修改。

屏蔽体是一种局部或完整的包围体,利用它对电磁波产生的衰减作用,来降低外部场(电场、磁场或电磁场)在其内部产生的场或降低其内部场在外部产生的场。其目的有两个方面:一是主动屏蔽,即控制内部辐射区的电磁场,不使其越出某一区域,目的是防止噪声源向外辐射场;二是被动屏蔽,即防止外来的辐射进入被屏蔽区域,目的是防止敏感设备受噪声辐射场的干扰。

从屏蔽体的结构分类,可以分为完整屏蔽体屏蔽(屏蔽室或屏蔽盒等)、非完整屏蔽体屏蔽(带有孔洞、金属网、波导管及蜂窝结构等)以及编织带屏蔽(电缆等)。常见的屏蔽体如仪器设备的金属外壳。屏蔽体可以大如一个安装有整体金属材料的建筑物(如大型测试屏蔽室),小到柔软的电缆金属编织带或元器件金属外壳。

通常采用金属导体作为屏蔽体材料,但屏蔽体材料及结构的选择则需要取决于要屏蔽的电磁场的性质。对不同性质电磁场的屏蔽有其不同的屏蔽机理,在本章,将学习各种性质电磁场(电场、磁场及电磁场)的屏蔽原理,选择相应的屏蔽体材料及结构的原则。

10.1.2　屏蔽效能

电磁噪声沿空间的传播是以"场"的方式进行的,场有近场和远场之分,在考虑同一设备内部各部分之间的相互干扰时大多数都按近场干扰来分析。近场又包含电场和磁场。当噪声源是高电压、小电流时其辐射场主要表现为电场。当噪声源具有低电压和大电流性能时其辐射场主要表现为磁场。如果噪声波长和两者距离满足条件 $d > \lambda/2\pi$ 则噪声源的辐射场为远场。在考虑系统之间的干扰时,常常以电磁场即远场形式来分析。对于电场、磁场、电磁场等不同的辐射场,采用的屏蔽机理不同,对屏蔽作用的评价方法也不尽相同。

一般我们采用 dB 表示的屏蔽效能来描述对屏蔽作用的评价。

对于电场屏蔽作用的评价可以用电场屏蔽效能来表示

$$SE_E(\text{dB}) = 20\lg\ (E_2/E_1)$$

式中,SE_E ——电场屏蔽效能;

E_1 ——加上屏蔽后观测点的电场强度;

E_2 ——未加屏蔽前观测点的电场强度。

对于磁场屏蔽作用的评价可以用磁场屏蔽效能来表示

$$SE_H(dB) = 20\lg (H_2/H_1)$$

式中，SE_H ——磁场屏蔽效能；

H_1 ——加上屏蔽后观测点的磁场强度；

H_2 ——未加屏蔽前观测点的磁场强度。

对于远场而言，由于电磁场是统一的，所以 $SE_E = SE_H = SE$，即电场屏蔽效能和磁场屏蔽效能是一致的统称电磁屏蔽效能。

$$SE(dB) = 20\lg \frac{E_2}{E_1} = 20\lg \frac{H_2}{H_1}$$

屏蔽效能有时也称为屏蔽损耗。屏蔽效能越大，表示屏蔽效果越好。屏蔽效能 SE 与传输系数 T 的关系为

$$SE(dB) = 20\lg \frac{1}{T}$$

10.2 电屏蔽原理

电屏蔽是为了防止两个回路(或两个元件、部件)之间电容性耦合引起的干扰。电屏蔽体由良导体制成，并有良好的接地(一般要求屏蔽体的接地电阻小于 2mΩ)。这样，电屏蔽体既可防止屏蔽体内部干扰源产生的干扰泄漏到外部，也可防止屏蔽体外部的干扰侵入内部。

首先，讨论静电场的主动屏蔽。如果空间存在一个带有静电荷$+q$的孤立导体 A(图 10-1(a))，则其周围有静电场存在，通常以从 A 出发的电力线来图形表示这一静电场，并用电力线的密度来形象地表示某处的静电场强度。如果单纯用一金属球壳 B 把导体 A 包围起来(图 10-1(b))，是否就能屏蔽由 A 产生的静电场呢？答案是不能。因为根据静电感应原理，金属球壳的内壁将感应出等量异种电荷$-q$，球壳外壁则感应出等量同种电荷$+q$，即球壳外壁的电荷总量仍等于球内孤立导体的电荷总量。尽管屏蔽体本身(球壳金属)的内部不出现电力线，但仅此一点与图 10-1(a)不同。显然单纯采用把带电导体用导电材料的外壳包起来实际上根本起不到屏蔽静电场的作用。但如果把金属球外壳接地(图 10-1(c))，则球壳外壁的电荷被引入地中，球壳外壁电位为零，其外部的电力线消失，即带电荷导体 A 所产生的电力线被封闭在导体 B 包围的内部区域，金属球的外部就不再存在静电场了。

可以认为静电场被封闭在金属球壳内，金属球壳对孤立导体起到了电场屏蔽作用。这是个主动屏蔽的例子，静电场屏蔽的条件是金属体和接地。

应该指出，从图 10-1(b)转向图 10-1(c)的过渡状态中，在金属球壳 B 的接地线中将有电流通过。如果导体 A 带的是静电荷，则图 10-1(c)就是表示过渡状态结束达到稳定状态时的屏蔽效果。此外，由于金属球壳 B 和接地线均不是理想导体，在球壳 B 上将存在少量的残留电荷，使得导体 B 的外部实际上也残留着较弱的静电场。

静电场的被动屏蔽可以将上面的例子反过来。如果空间存在一静电场，把一金属球壳放在该静电场中。根据静电感应原理，球壳处于静电平衡状态，导体表面的各处均处于等电位，其内部空间就不会出现电力线，即实现了对外界静电场的屏蔽，如图 10-2 所示。从原理说，被动屏蔽的屏蔽导体可不必接地，但实际应用中的屏蔽导体，它内部空间同外部是不可能完全被

屏蔽体隔绝的，总会有直接或间接的静电耦合，即屏蔽是不完善的。因此，仍应将屏蔽体接地，使其保持地电位以保证有效的屏蔽。

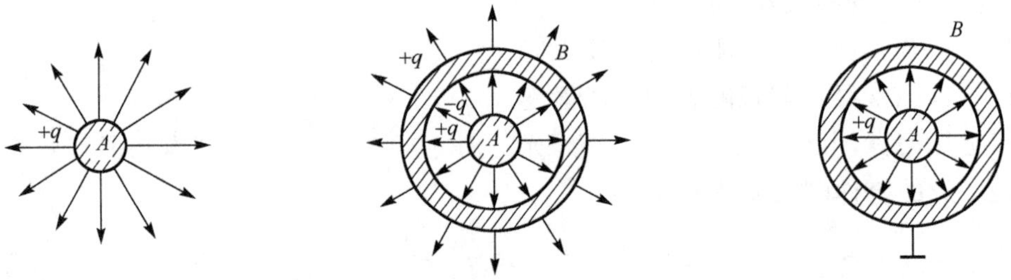

(a)静电荷的电场分布　(b)静电荷外加屏蔽体时电场分布　(c)屏蔽体接地时电场分布

图 10-1　主动屏蔽的电屏蔽原理

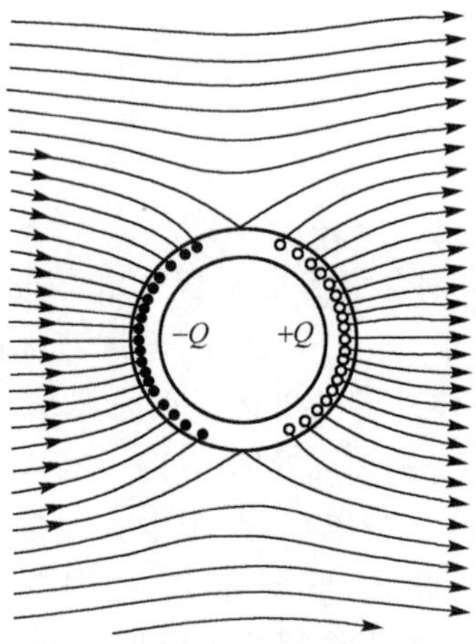

图 10-2　静电场的被动屏蔽

在此可以得到对静电场采取屏蔽手段的两个必要条件：金属屏蔽体和接地。

其次，讨论对于时变电场的电屏蔽原理。在图 10-1 的例子中我们曾指出，在从图 10-1(b)转向图 10-1(c)的过渡状态中，在金属球壳 B 的接地线中将有电流通过。如果导体 A 带的是时变电荷，则接地线中对应电荷的变化势必会在流过时变电流，且由于金属球壳 B 和接地线均不是理想导体，在球壳 B 上将存在少量的残留感应时变电荷，使得导体 B 的外部实际上也残留着较弱的感应时变电磁场。

对电屏蔽的分析，采用电路理论较为方便，干扰源和被干扰对象(接收器)之间的电场耦合可用在第 7 章中学习的容性耦合方法来分析。以下采用一个被动屏蔽的例子来具体说明。

图 10-3(a)表示干扰源和接收器之间未加屏蔽。此时干扰源通过两者间的分布电容耦合在接收器端感应的电压为

$$V_{\mathrm{i}} = \frac{C_{\mathrm{SR}}}{C_{\mathrm{SR}} + C_{\mathrm{R}}} \cdot V_{\mathrm{s}}$$

式中，V_{i} ——接收器端感应电压；

V_{s} ——干扰源电压；

C_{SR} ——耦合电容；

C_{R} ——接收器对地分布电容。

从该式可看出，要使接收器端的感应电压 V_{i} 减小，可把接收器(可能是某敏感元件或导线)尽可能贴近接地平面以增大 C_{R}，也可以尽量拉开干扰源和接收器间的距离以减小 C_{SR} 的值来达到目的。

图 10-3(b)表示在干扰源和接收器之间靠近接收器侧置入未接地的金属板 P。如设 C_1 和 C_2 分别为干扰源和接收器与屏蔽板间的分布电容，C_3 为金属板对地的分布电容，C_{SR} 为加金属板后的剩余耦合电容。因 C_{SR} 很小，可暂不用考虑其影响。不难得出在接收器端的耦合电压为

$$V_{iP} = \frac{C_2}{C_2 + C_R} \cdot V_P$$

而

$$V_P = \frac{C_1}{C_1 + C_3 + \dfrac{C_2 C_R}{C_2 + C_R}} \cdot V_s$$

所以

$$V_{iP} = \frac{C_1 C_2}{\left(C_1 + C_3 + \dfrac{C_2 C_R}{C_2 + C_R}\right) \cdot (C_2 + C_R)} \cdot V_s$$

从上式可看出，如果 $C_1 \gg C_3$ 且 $C_1 \gg \dfrac{C_2 C_R}{C_2 + C_R}$，则

$$V_{iP} \approx \frac{C_2}{C_2 + C_R} \cdot V_s$$

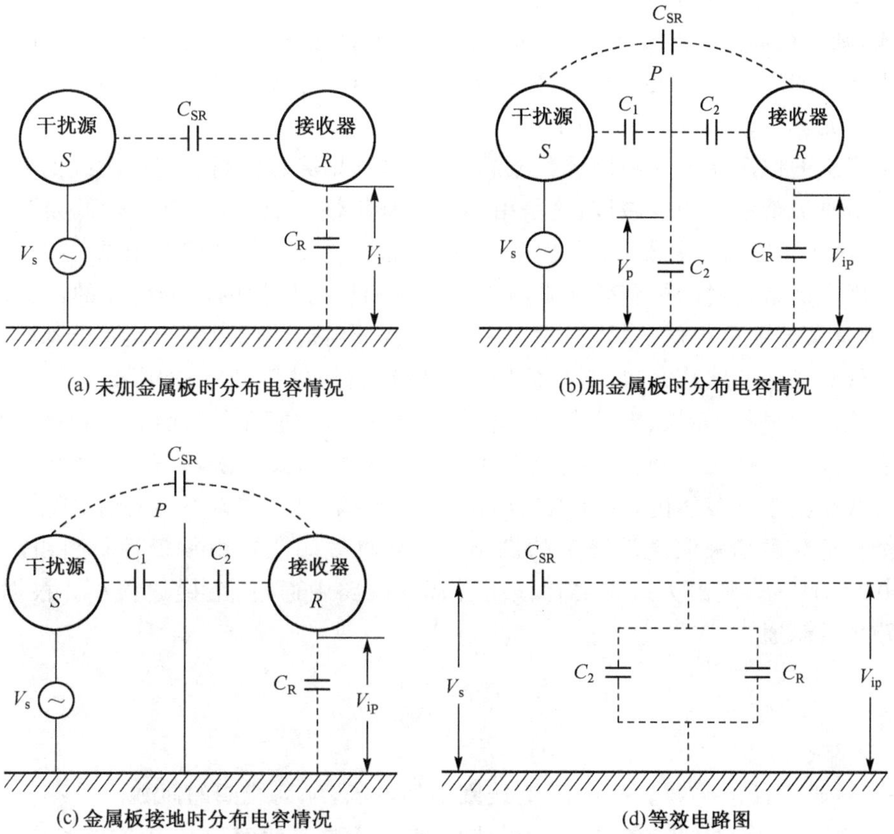

图 10-3　插入金属板对容性耦合的影响

很显然，$C_2 > C_{SR}$，这是因为金属板比干扰源更靠近接收器，且金属板的尺寸比干扰源尺寸大。与前面的式子比较可知 $V_{iP} > V_i$，即加了不接地的金属板后(原意是作为屏蔽体)，非但没有起到屏蔽作用，反而增加了干扰源和接收器间的耦合，使干扰效应加剧。

图 10-3(c)表示将金属板良好接地的情况，此时金属板的电位趋于零，如仍暂不考虑 C_{SR} 的影响，则可知接收器上感应的电压也趋于零，金属板起到良好的屏蔽作用。

上述的讨论中均忽略了 C_{SR}，事实上只有当金属板为无穷大时 C_{SR} 才趋于零。而实际上，用做屏蔽的金属板不可能无限大，干扰源和接收器之间必然存在剩余电容 C_{SR} 。图 10-3(d)表示剩余电容 C_{SR} 存在时图 10-3(c)的等效电路，此时有

$$V_{iP} = \frac{C_{SR}}{C_2 + C_R + C_{SR}} \cdot V_s \approx \frac{C_{SR}}{C_2 + C_R} \cdot V_s$$

还需考虑的一个因素是屏蔽体接地时，总是存在一定接地阻抗的。当在时变场作用下接地线中有地电流流过时，接地阻抗上产生的电压降会使屏蔽体的电位不为零，从而导致屏蔽性能降低。

根据以上分析，无论是静电场还是交变电场，电场屏蔽的必要条件是金属体和接地。对于电场屏蔽只要把任何很薄的金属体接地就能达到良好的效果。

10.3 磁屏蔽原理

磁屏蔽是用来隔离磁场耦合的措施，在任何载流导线或线圈的周围都存在磁场，设一导线内通有电流，则导线周围存在磁场；当线圈中通过电流时在线圈中及其周围也存在磁场。我们常用一系列闭合的磁力线来表示磁场，磁场的方向符合右手螺旋定则。磁屏蔽就是为了防止该磁场对邻近元器件、设备和系统的干扰。

低频磁屏蔽的作用原理和静磁屏蔽相同，主要是利用屏蔽体材料对磁力线的磁集流作用。低频磁场是最难屏蔽的一种电磁波，这是由于其自身特性所决定的：首先，"低频"意味着趋肤深度很深，这决定了吸收损耗很小；其次，"磁场"意味着电场波的波阻抗很低，这决定了反射损耗也很小。由于屏蔽材料的屏蔽效能是由吸收损耗和反射损耗两部分构成的，当这两部分都很小时，总的屏蔽效能也很低。另外，对于磁场，多次反射造成的泄漏也是不能忽略的。所以，为了改善对低频磁场的屏蔽效果，必须使用磁导率较高的材料，以增加吸收损耗。通常，采用高磁导率的铁磁性材料（如铁、镍铁合金和玻莫合金等）将敏感元件（或设备）包围起来，构成磁力线的低磁阻通路。铁磁性物质的磁导率比空气的磁导率大得多，一般约为 $10^3 \sim 10^4$ 倍，从而使得磁力线聚集于屏蔽体内，起到磁隔离作用，使敏感元件（或设备）得到保护。

举一个对低频磁场采取主动屏蔽的例子。如果将线圈绕在由铁磁性材料组成的闭合环中，如图 10-4(b)所示，则磁力线主要在该闭合环的磁路中通过，漏磁通很小。根据磁路定律可知主磁路中的磁通

$$\boldsymbol{\Phi} = \frac{F_m}{R_m}$$

式中，$\boldsymbol{\Phi}$ ——磁通。

F_m——磁通势，$F_m = NI$。其中，I 为线圈中的电流，N 为线圈的匝数。

R_m——磁阻，$R_m = l/\mu S$。其中，l 为磁路长度，S 为磁路截面积，μ 为磁导率。

铁磁材料的磁导率越高、磁路截面积越大，则磁路的磁阻越小，集中在磁路中的磁通就越大，在空气中的漏磁通就大大减少。因此，铁磁材料起到磁场屏蔽作用，其实质是对骚扰源的磁力线进行了集流。

同样，铁磁性材料做成的屏蔽壳也能进行被动屏蔽，如图 10-5 所示。把屏蔽壳体放入外磁场，磁力线将集中在屏蔽体内通过，不至于泄漏到屏蔽壳体包围的内部空间中，从而保证该空间不受外磁场的影响。其实质是对空间的磁力线进行了旁路。

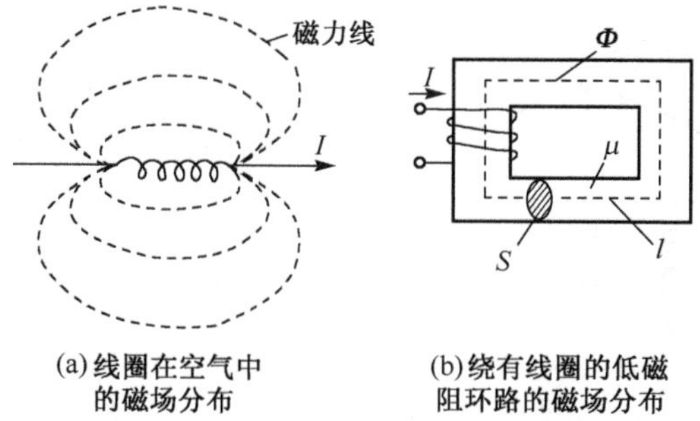

图 10-4 低频磁场的主动屏蔽

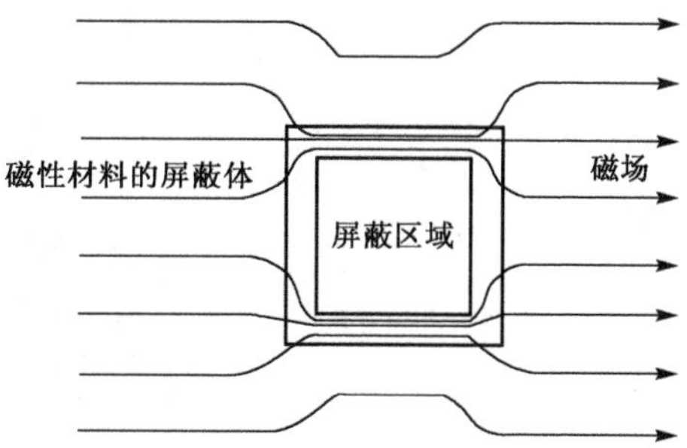

图 10-5 低频磁场的被动屏蔽

低频磁场屏蔽的应用实例如继电器的封装壳、电源变压器的外套盒、滤波器的封装壳等。它们一方面作为结构需要，另一方面也起到磁屏蔽作用。虽然它们内部线圈大多都有铁磁材料做的铁心，但是漏磁通仍需要屏蔽，同时还需要隔离外来磁场的干扰。

但是，用于屏蔽低频磁场的高导磁性材料通常导电性不是很好，这会降低反射损耗；而且，铁磁性材料的磁导率会随频率的升高而下降。磁屏蔽材料手册上给出的磁导率数据大多是直流情况下的，随着频率增加，磁导率下降，一般直流磁导率越高，其随着频率下降越快。几种高导磁性材料的磁导率随频率变化的曲线如图 10-6 所示。在 100kHz 时，μ 金属的磁导率还不如冷轧钢高，高磁导率材料通常应用在 10kHz 以下。超过 100kHz 时，冷轧钢的磁导率也开始下降。

另外，铁磁性材料的磁导率还与外加磁场的强弱有关，静磁导率 $\mu=\Delta B/\Delta H$。如图 10-7 所示，在场强适中的部分，磁导率最高；在场强大或小时，磁导率都较低。强场强时，磁导率降低是由于饱和，这与材料的种类和厚度有关。当场强超过饱和点时，磁导率迅速下降。一般磁导率越高的材料，越容易饱和。大多数手册上给出的磁导率是最大磁导率。还有，高导磁性材料进行机械加工，如焊接、折弯、打孔、剪切、敲打等时，都会降低其磁导率；工件受到机械冲击也会降低磁导率。由此可见，高导磁性材料本身具有的这些特性进一步使得低频磁场的屏蔽变得更加困难。

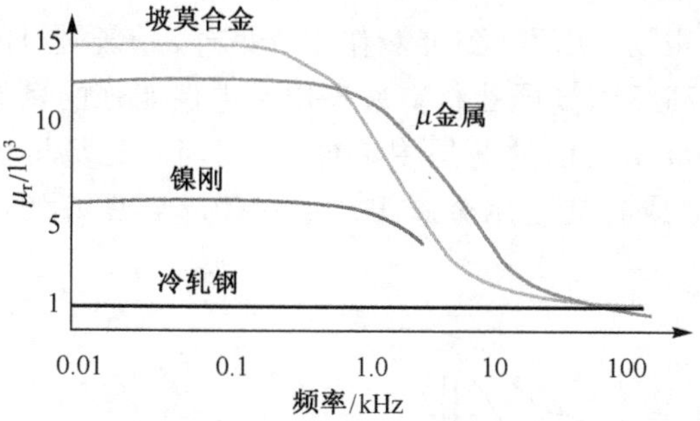

图 10-6 高导磁性材料的磁导率-频率变化曲线

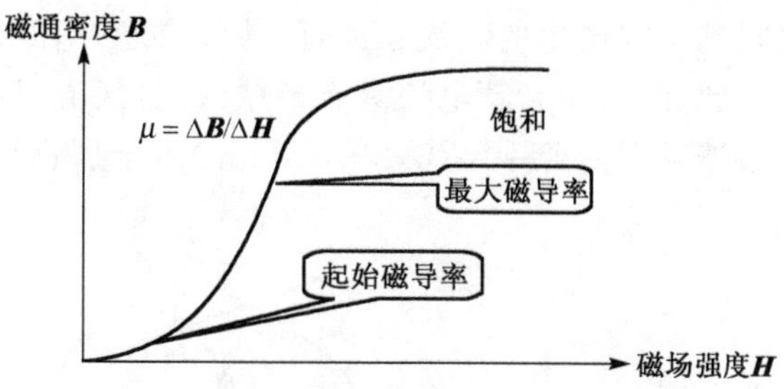

图 10-7 磁导率-场强的变化曲线

为解决高导磁性材料容易饱和这个问题，通常对低频强磁场采取双层屏蔽的方法，如图 10-8 所示。先用不容易发生饱和的磁导率较低的材料将磁场衰减到一定程度，然后用高导磁率材料将磁场衰减到满足要求。

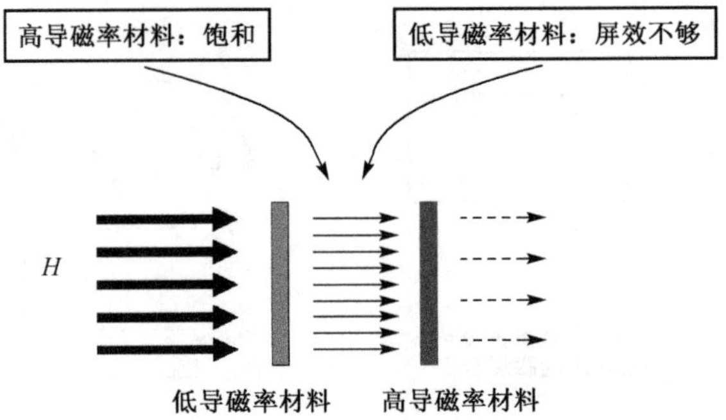

图 10-8　低频强磁场的双层屏蔽

对于高导磁性材料在机械加工后磁导率降低，从而导致屏蔽效能降低的问题，可将加工完成后的磁屏蔽部件进行热处理，以恢复磁性。

由于铁磁性材料的磁导率随频率的升高而下降，使得利用铁磁性材料的高磁导率特性来集流磁力线的方法只适用于100kHz以下的低频磁场的屏蔽。对频率较高的磁场进行屏蔽的主要作用原理是利用屏蔽体上的涡流所产生的反向磁场抵消被屏蔽的磁场，以实现对磁场的屏蔽。在这种情况下所采用的屏蔽材料应为金属良导体，如铜、铝等。当磁场穿过金属板时在金属板上产生感应电动势，由于金属板的电导率很高，所以产生很大的涡流，如图10-9(a)所示。涡流又产生反向磁场，与穿过金属板的原磁场相互抵消，同时又增加了金属板周围的原磁场。总的效果是使磁力线在金属板四周绕行而过，如图10-9(b)所示。

如果做一个金属盒把一线圈包围起来，则线圈电流产生的高频磁场在金属盒内壁产生涡流，从而把原磁场限制在盒内，不至于向外泄漏，起到了主动屏蔽作用。金属盒外的高频磁场同样由于涡流作用只能绕过金属盒，而不能进入盒内，起到了被动屏蔽作用。

金属盒的高频磁场屏蔽效能与高频磁场在盒体上产生的涡流大小有关。线圈和金属盒的关系可以看成变压器，线圈视为变压器初级，金属盒视为一匝短路线圈，作为变压器的次级。在低频时涡流很小，因此涡流产生的反向磁场不足以完全抵消被屏蔽磁场，所以不适用于低频磁场屏蔽。随着频率升高，涡流也增大，到一定频率后涡流不再随着频率而升高，说明在高频情况下盒上的涡流产生的反向磁场已足以抵消原磁场，从而起到屏蔽作用。另外，屏蔽材料的电阻越小则产生的涡流越大，屏蔽效果越好，所以高频磁场屏蔽材料应该用导电性能强的良导体。此外，由于高频电流具有趋肤效应，涡流只在金属表面的薄层中流过，所以高频磁场屏蔽体只需采用薄薄一层(0.2～0.8mm)的金属良导体或者甚至用金属银镀层就能起到良好的屏蔽作用。

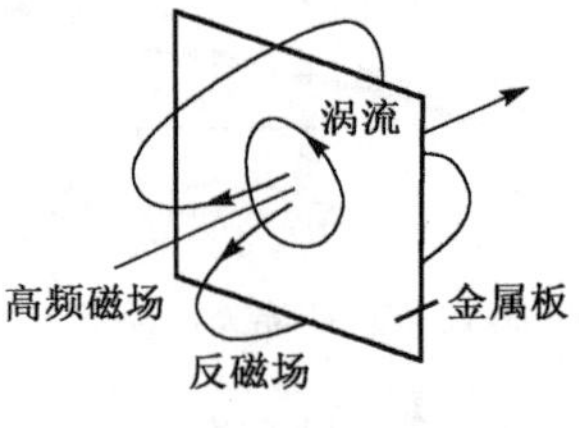

(a) 涡流产生反向磁场

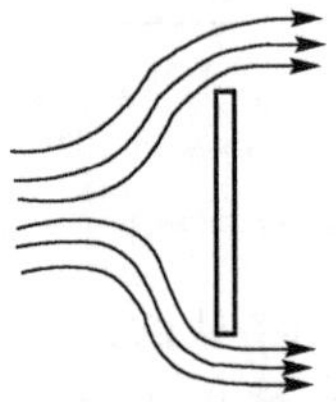

(b) 金属板周围的磁场分布

图 10-9　金属板对较高频磁场的屏蔽原理

在上述的分析中并没有要求金属屏蔽体接地，但是在实际使用中金属屏蔽体都要求接地，因为这样可以同时屏蔽高频磁场也能屏蔽电场。

10.4　电磁屏蔽原理

对电磁波进行屏蔽，必须同时屏蔽电场和磁场。通常采用电阻率小的良导体材料。空间电磁波在入射到金属体表面时会产生反射和吸收，电磁能量大大衰减，从而起到屏蔽作用。在描述这一屏蔽原理时，可以用图 10-10 来说明电磁波通过屏蔽体这一物理过程。图 10-10 中金属屏蔽体的平面垂直于纸面，屏蔽体的厚度为 b，电磁波从左向右传播。R_{am} 为电磁场从空气介质至金属面的反射系数，R_{ma} 为电磁场从金属屏蔽体至空气介质面的反射系数，$k=\alpha+j\beta$ 为金属中的传播常数，其中，α 为衰减常数，β 为相移常数。

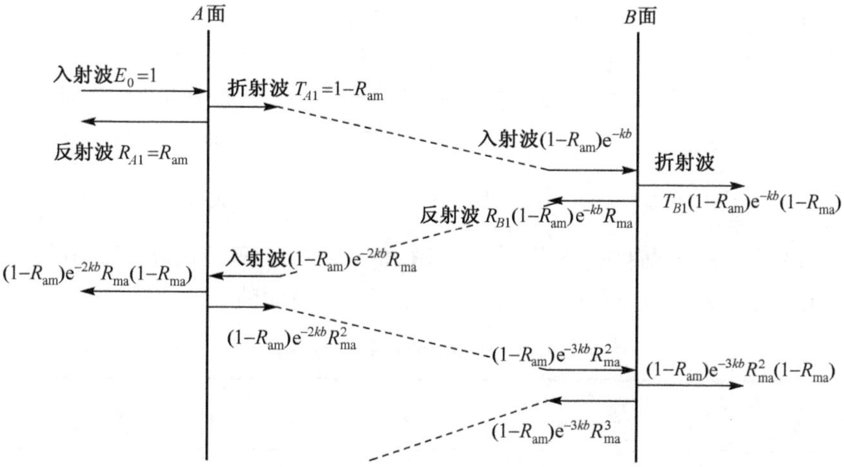

图 10-10　金属板对电磁波的屏蔽

第一，在空气中传播的入射电磁波到达屏蔽体 A 表面时，由于空气和金属交界面的阻抗不连续，在分界面上引起波的反射，一部分电磁能量被反射回空气介质。

第二，未被屏蔽体表面完全反射而透射入屏蔽体的部分电磁能量（折射波），继续在屏蔽体内传播时被屏蔽材料衰减。

第三，在屏蔽体内尚未衰减完的剩余电磁能量，传播到屏蔽体的另一个表面 B 时，又遇到金属和空气阻抗不连续界面而再次产生反射和折射，一部分重新折回屏蔽体内，另一部分穿透界面进入空气介质。反射回金属屏蔽体之反射波到达 A 面时又将产生反射及透射，这种反射在屏蔽体内的两个界面之间可能重复多次，就像电磁波在金属内部来回反射那样发生多次。

穿透出金属屏蔽体 B 面的电磁波为透射波，透射波与入射波之场强比即为传输系数 T，其倒数取对数即为屏蔽体的屏蔽效能。所以，屏蔽体的屏蔽效能有三个部分组成，即吸收损耗 A、反射损耗 R 以及多重反射损耗 B。

$$\mathrm{SE}=A\cdot R\cdot B$$

或

$$\mathrm{SE(dB)}=A(\mathrm{dB})+R(\mathrm{dB})+B(\mathrm{dB})$$

10.4.1　吸收损耗

当电磁波进入金属屏蔽体以后将产生感应电流(涡流),该电流又产生欧姆损耗,并变为热能而耗散,所以电磁波在金属体中以指数方式很快地衰减,传输距离很短。电磁波在金属体中的传输衰减规律可用以下两式表示

$$E_b = E_0 e^{-b/\delta}$$

$$H_b = H_0 e^{-b/\delta}$$

式中,E_0、H_0 ——电磁波入射到金属表面的电场强度和磁场强度;

E_b、H_b ——电磁波在金属内部的电场强度和磁场强度;

b ——电磁波透射入金属体内的深度;

δ ——趋肤深度,$\delta = \sqrt{1/\pi f\mu\sigma}$。

趋肤深度是指当电磁波强度衰减到原强度的 $1/e$ 即 0.37 倍时的距离。趋肤深度反映了金属体对电磁波的吸收能力,趋肤深度小说明金属体吸收能力强。趋肤深度 δ 与频率 f 、材料的磁导率 μ 及电导率 σ 的平方根均成反比,即在同样的电磁场频率条件下,对于 μ 及 σ 越大的材料,趋肤深度 δ 越小;而对于同样的材料,频率越高,趋肤深度越小。金属体的吸收损耗:

$$A(\text{dB}) = 20\lg\frac{E_0}{E_b} = 20\lg\frac{H_0}{H_b} = 20\lg e^{b/\delta} = 1.31b\sqrt{f\mu_r\sigma_r}$$

表 10-1 列出了四种常见材料的相对磁导率和相对电导率。图 10-11 画出了这四种材料在不同厚度(2mm 和 0.5mm)时的吸收损耗随频率变化的曲线。

表 10-1　四种不同材料的 σ_r 和 μ_r

参数＼材料	铜	铁	白铁皮	坡莫合金
σ_r	1	0.17	0.15	0.04
μ_r	1	500	1	10^4

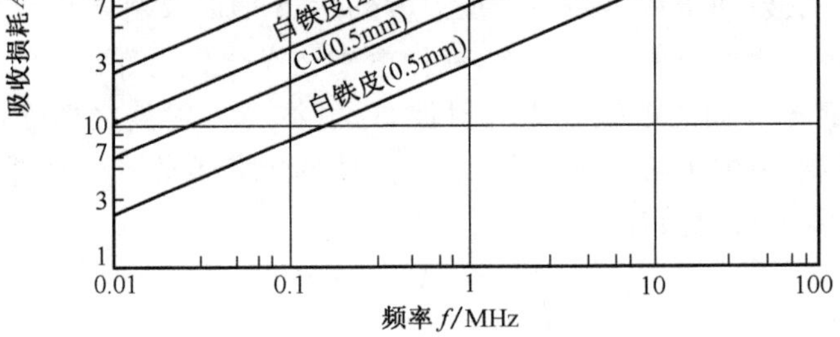

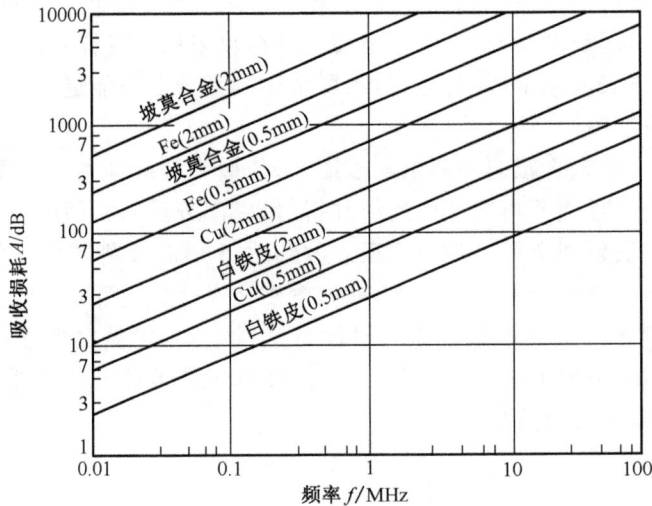

图 10-11　不同材料不同厚度金属体的吸收损耗

由此可知，吸收损耗 A 与 b/δ 成正比关系，即屏蔽体的厚度越大，吸收损耗 A 越大。对于高频情况，一般 $b/\delta > 10$，则 A 可以达到 80dB 以上。当 $f = 1\text{MHz}$ 时，铜的趋肤深度 $\delta = 0.067\text{mm}$，则厚度为 $b = 0.67\text{mm}$ 的屏蔽体之吸收屏蔽损耗 A 可达 87dB。

因此，对于高频，要达到一定频蔽效果所需的屏蔽体厚度很小，一般只要能满足工艺结构和机械性能的厚度都能满足屏蔽的要求。

从吸收损耗的公式可以得出以下结论：

(1)屏蔽材料越厚，吸收损耗越大，厚度每增加一个趋肤深度，吸收损耗增加约 9dB；

(2)屏蔽材料的磁导率越高，吸收损耗越大；

(3)屏蔽材料的电导率越高，吸收损耗越大。

10.4.2　反射损耗

电磁波从空气传播到达金属屏蔽体表面时会产生反射，反射损耗是金属屏蔽体对高频电波的另一个重要屏蔽机理。产生反射的原因是因为电磁波在空气介质和在金属体中的波阻抗不一样，所以当电磁波到达两种介质的分界面时，因阻抗不匹配而发生反射，由此而引起的电磁波能量损耗称反射损耗。

对于图 10-10 中的屏蔽机理模型，如果仅考虑其中的反射损耗而不考虑吸收损耗，则该过程可以与传输线相似的方法来比拟，如图 10-12 所示。设入射到界面上电磁波的电场强度为 E_0，磁场强度为 H_0，空气中的波阻抗为 Z_0，金属体中的波阻抗为 Z_1。电磁波从空气入射到金属体，在其左边界处一部分被反射，反射电场强度为 E_r，反射磁场强度为 H_r。其余电磁波进入金属体内，电场强度和磁场强度分别为 E_1、H_1。由于这里仅讨论反射损耗，不讨论吸收损耗，因此可以认为电磁波在金属体内无损耗地从左界面传输到右界面。在右界面上再次因为波阻抗不匹配而产生反射，反射的电场强度和磁场强度分别为 E'_r、H'_r。剩余部分穿过右边界再次进入空气，电场强度为 E_t，磁场强度为 H_t。穿过金属体时电磁波由于左右两个界面产生反射而引起的反射损耗可由下式表达：

$$R_E(\text{dB}) = 20\lg\frac{E_0}{E_t}$$

$$R_H(\text{dB}) = 20\lg\frac{H_0}{H_t}$$

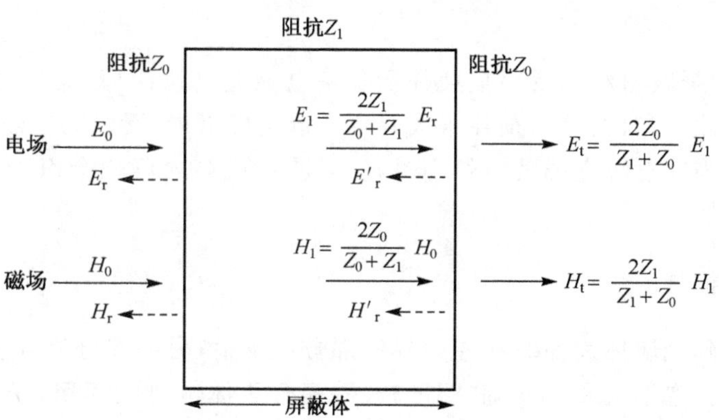

图 10-12　金属体两界面处的反射和传播

运用传输线理论可求得

$$R_{\mathrm{E}}(\mathrm{dB}) = R_{\mathrm{H}}(\mathrm{dB}) = R(\mathrm{dB}) = 20\lg \frac{(Z_1 + Z_0)^2}{4Z_1 Z_0}$$

式中，Z_1 为电磁波在金属中的波阻抗：

$$Z_1 = \sqrt{2\pi f\mu/\sigma} = 3.68 \times 10^{-7} \sqrt{\mu_{\mathrm{r}} f/\sigma_{\mathrm{r}}}$$

电磁波在空气中的波阻抗由场的类型决定。对于远场即电磁波为平面波情况，波阻抗为

$$Z_0 = 120\pi \approx 377 \quad (\Omega)$$

对于近场中的电场，波阻抗为

$$Z_{0\mathrm{E}} = \frac{1.8 \times 10^{10}}{fd} \quad (\Omega)$$

对于近场中的磁场，波阻抗为

$$Z_{0\mathrm{H}} = 8 \times 10^{-6} fd \quad (\Omega)$$

上两式中，d 为干扰源到金属体的距离，单位为 m。

把上述阻抗代入即可得到不同类型场的情况下金属体的反射损耗。

平面波：$R_{\mathrm{P}}(\mathrm{dB})=168+10\lg\left(\dfrac{\sigma_{\mathrm{r}}}{\mu_{\mathrm{r}} f}\right)$。

电场：$R_{\mathrm{E}}(\mathrm{dB})=321.7+10\lg\left(\dfrac{\sigma_{\mathrm{r}}}{\mu_{\mathrm{r}} f^3 d^2}\right)$。

磁场：$R_{\mathrm{H}}(\mathrm{dB})=14.6+10\lg\left(\dfrac{fd^2\sigma_{\mathrm{r}}}{\mu_{\mathrm{r}}}\right)$。

由此可知：

(1)平面波的反射损耗与干扰源至屏蔽体的距离无关。而电场的反射损耗以 $20\lg d$ 的速率下降，磁场的反射损耗以 $20\lg d$ 的速率上升。

(2)随着频率的升高，平面波的反射损耗以 −10dB/10 倍频的速率下降，电场的反射损耗以 −30dB/10 倍频的速率下降，而磁场的反射损耗以 10dB/10 倍频的速率上升。

(3)同一屏蔽材料对不同类型的场反射损耗不一样，在频率不变条件下通常有 $R_{\mathrm{H}} < R_{\mathrm{P}} < R_{\mathrm{E}}$。

(4)不同屏蔽材料的反射损耗无论场型如何只差一个常数，即 $10\lg \dfrac{\sigma_{\mathrm{r}}}{\mu_{\mathrm{r}}}$。铁的反射损耗比铜小得多。

值得注意的是，屏蔽材料的反射损耗并不是将电磁能量消耗掉，而是将其反射到空间，传播到其他地方。因此，有时候反射损耗很大并不一定是好事情，反射的电磁波可能对其他电路造成影响。特别是当辐射源在屏蔽机箱内时，反射波在机箱内可能会由于机箱的谐振得到加强，对电路造成干扰。

10.4.3 多重反射损耗

电磁波在入射到金属体表面时在左边界一部分被反射，另一部分进入金属体，在金属体中被吸收衰减。如果频率不太高，即趋肤深度较深，而金属体本身又很薄，于是电磁波在到达右边界时仍然具有较大的强度。在右边界处电磁波一部分穿出边界进入空气，另一部分被反射返回左边界。在左边界上又重复上述过程，如此不断循环直至电磁波能量消耗殆尽。由于多

重反射的存在，使得金属体的实际屏蔽效能要小于上述的理论计算值，因为根据原式计算的反射损耗只考虑电磁波在金属体内传输一个单程，穿过金属体只有一次，而多重反射的存在说明电磁波在金属体内反复多次传输，穿过金属体也有多次。因此，在计算金属体屏蔽效能时应加上一个修正因子—— $B(\text{dB})$ 。为了与吸收损耗、反射损耗在名称上取得一致，常称这个修正因子为"多重反射损耗"。但需要注意的是，这个修正因子应该是负值，在实际的物理意义上，它是一个"增益"而不是"损耗"。

$$B(\text{dB}) = 20\lg\left(1 - e^{-2b/\delta}\right)$$

式中，b 为金属体厚度。由 B 与 b/δ 的关系可以看出，对于高频，b/δ 很大（或吸收损耗 A）很大，多次反射项 $B\to 0$，可以不必考虑；但对于低频，则 b/δ 很小或 A 很小，此时多次反射项 B 就必须考虑。B 随 b/δ 变化的曲线如图 10-13 所示。

对于多重反射损耗，有以下几条结论：

（1）多次反射损耗为负，表明其减小屏蔽效能。

（2）对于电场波，由于大部分能量在金属与空气的第一个界面反射，进入金属的能量已经很小，造成多次反射泄漏时，电磁波在屏蔽材料内已经传输了三个厚度的距离，其幅度往往已经小可以忽略的程度。

（3）对于磁场波，在第一个界面上，进入屏蔽材料的磁场强度是入射磁场强度的 2 倍，因此多次反射造成的影响是必须考虑的。

（4）当屏蔽材料的厚度较厚时（厚度与趋肤深度相当时），形成多次反射泄漏之前，电磁波在屏蔽材料内传输三个厚度的距离，衰减已经相当大，多次反射泄漏也可以忽略。一般当金属体厚度 $b \geqslant 1.15\delta$ 时，吸收损耗可达 $A \geqslant 10\text{dB}$，即电磁波第一次到达右边界时已经衰减得很小了，所以多重反射可以不予考虑。一般情况下上述条件都符合。例如，铜在 $f=1\text{MHz}$ 时趋肤深度只有 0.067mm。

10.4.4 总屏蔽效能

金属体总的屏蔽效能应该是吸收损耗 A、反射损耗 R 和多重反射损耗 B 之和。完整的屏蔽效能的表示如下：

$$\text{SE}(\text{dB}) = A(\text{dB}) + R(\text{dB}) + B(\text{dB}) = 20\lg\left(e^{b/\delta}\cdot\frac{q}{4}\cdot\left(1 - e^{-2|k|b}\right)\right)$$

式中，$e^{b/\delta}$ 代表吸收损耗项，$q/4$ 代表反射损耗项（$q = Z_0/Z_1$），$(1 - e^{-2|k|b})$ 代表多次反射项。一般情况下多重反射可以忽略，只有当频率极低，即 $b/\delta \ll 1$ 时才需要考虑多次反射项。所以，总屏蔽效能近似为

$$\text{SE}(\text{dB}) \approx A(\text{dB}) + R(\text{dB})$$

可以看出，吸收损耗将随频率增高而增大，反射损耗对于电场将随频率急剧下降，但对于磁场亦随频率增高而增大。

（1）低频：由于趋肤深度很大，吸收损耗很小，屏蔽效能主要决于反射损耗。而反射损耗与电磁波的波阻抗关系很大，因此，低频时不同的电磁波的屏蔽效能相差很大。电场波的屏蔽效能远高于磁场波。

（2）高频：随着频率升高，电场波的反射损耗降低，磁场波的反射损耗增加。另一方面，由于趋肤深度减小，吸收损耗增加，当频率高到一定程度时，吸收损耗已经很大，屏蔽效能主要由

吸收损耗决定。由于屏蔽的吸收损耗与电磁波的种类(波阻抗)无关,在高频时,不同种类的电磁波的屏蔽效能几乎相同。

作为实例,图 10-14 给出了 0.1mm 厚的铜板在距离噪声源 lm 处的屏蔽效能与频率的关系。

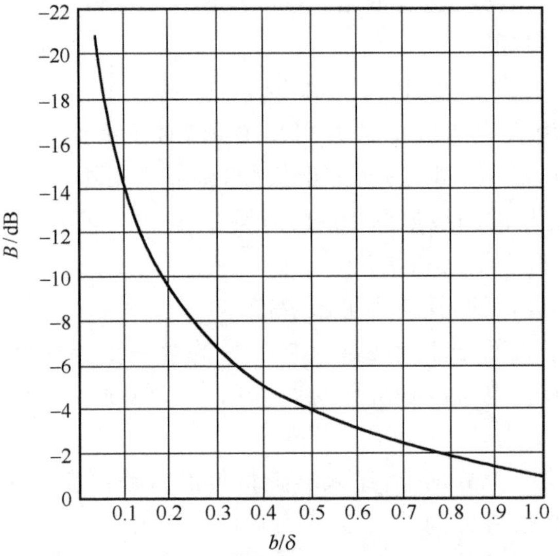

图 10-13　多重反射的修正因子

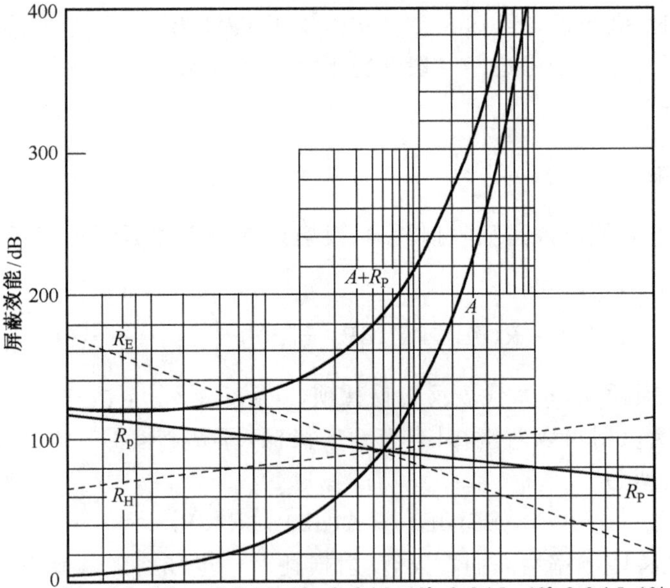

图 10-14　铜板的总屏蔽效能

对于屏蔽效能的讨论,可以得出以下几点重要结论:

(1)上述公式的使用要考虑频率范围。可以根据 $d=\lambda/2\pi$ 的条件来确定近场和远场的临界频率。当高于临界频率时应该使用平面波公式;当低于此临界频率时,如果噪声源是电场则使用电场公式，如果是磁场则使用磁场公式。图 10-14 中 R_P 、R_E 、R_H 三条曲线的交点处的频率即临界频率。吸收曲线 A 对于平面波、电场、磁场都是相同的。

(2)由图 10-14 可知，总的趋势是频率越高，屏蔽效能越好。在高频时屏蔽效能主要是吸收损耗 A 起作用，而低频时主要是反射损耗 R 起作用。铜等良导体对低频电场的反射损耗较大，但是对低频磁场的反射损耗较小。由此可见，高电导率、低磁导率的金属材料只适用高频电磁场和低频电场的屏蔽，而对于低频磁场只能采用高磁导率的铁磁性材料如铁、坡莫合金等来屏蔽。

10.5　屏蔽技术的应用

10.5.1　屏蔽室

出于对电磁环境或对保密等因素的特殊要求，需要建造屏蔽室作为试验场地或特殊工作场所。例如，进行电磁兼容试验的半电波暗室和屏蔽室，进行微波试验或天线测试的微波暗室、召开保密会议的保密室、战场通信指挥中心的屏蔽帐篷或方舱等。这些设施，一能够防止外界的电磁波进入室内影响试验或影响设备的工作；二可以避免室内的电磁信号泄漏造成对外界的电磁污染或造成泄密。

屏蔽室一般采用钢板、铜板或铝板等金属材料焊接或拼接而成。特殊用途的屏蔽室，如战地通信指挥所(屏蔽帐篷)，也可以采用柔性便携材料如金属导电布来搭建。良好的屏蔽性能主要取决于屏蔽体的电连续性。所以一般而言，焊接结构的屏蔽效能会优于拼接结构的屏蔽室。此外，屏蔽室的屏蔽门、通风波导窗和滤波器的性能也是影响屏蔽室屏蔽效能的重要因素。高性能的屏蔽室能够提供高达 110dB 的屏蔽效能。

关于屏蔽室，需要考虑得的另一项重要特性是屏蔽室的谐振。屏蔽室是一个封闭的金属空腔，可以将它看做矩形波导谐振腔，如图 10-15 所示，其谐振频率为

$$f_0=\frac{1}{2\sqrt{\mu_0\varepsilon_0}}\sqrt{\left(\frac{m}{w}\right)^2+\left(\frac{n}{h}\right)^2+\left(\frac{p}{l}\right)^2}\quad(\mathrm{Hz})$$

$$\approx 150\sqrt{\left(\frac{m}{w}\right)^2+\left(\frac{n}{h}\right)^2+\left(\frac{p}{l}\right)^2}\quad(\mathrm{MHz})$$

式中，l、w、h 分别为长、宽、高。$m,n,p=0,1,2,\cdots$。对于 TE 型波振荡，$p\neq 0$。当 m、n、p 取不同的值时(三者中不能有两个以上同时为零)，谐振频率也不同，因此一个屏蔽腔体有很多谐振频率，但对一定的激励波形，其谐振频率是单一的。就 TE 型波振荡而言，最低谐振频率为 TE101($m=1,n=0,p=1$)，场的分布如图 10-15 所示，其谐振频率为

$$f_{\mathrm{TE101}}=\frac{1}{2\sqrt{\mu_0\varepsilon_0}}\sqrt{\left(\frac{m}{w}\right)^2+\left(\frac{p}{l}\right)^2}\quad(\mathrm{Hz})$$

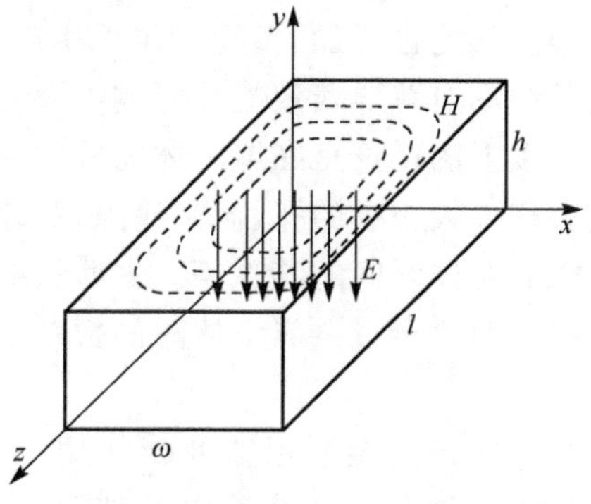

图 10-15　屏蔽腔体形成波导谐振腔

由于屏蔽腔体中的场的激励方向可能是任意的，因此式中的 l、w 应取屏蔽腔体的长、宽、高中较大的尺寸。

例 10-1 某 3m 法半电波暗室的屏蔽壳体的长宽高分别为 9m、6m、6m，求其最低谐振频率。

解 $w=6\text{m}, h=6\text{m}, l=9\text{m}$，最低谐振频率为 f_{TE101}，即

$$f_{\text{TE101}}=\frac{1}{2\sqrt{\mu_0\varepsilon_0}}\sqrt{\left(\frac{m}{w}\right)^2+\left(\frac{p}{l}\right)^2}=1.5\times10^8\times\sqrt{\left(\frac{1}{6}\right)^2+\left(\frac{1}{9}\right)^2}=30.046\quad(\text{MHz})$$

上述屏蔽室除了在 TE101 模谐振外，还可能有 TE102、TE103、TE201，…等谐振模式，其对应的谐振频率分别为 $f_{\text{TE102}}=41.67\text{MHz}$，$f_{\text{TE103}}=55.90\text{MHz}$，$f_{\text{TE201}}=52.70\text{MHz}$，…

屏蔽腔体的谐振问题不仅存在于屏蔽室，对于任何屏蔽体都存在，如后面讲到的屏蔽机箱等。谐振是一种有害现象，当激励场源引起屏蔽腔体的谐振时，尤其是用于抑制强干扰源向外界辐射的主动屏蔽体，会使屏蔽效能大大下降。

10.5.2 屏蔽机箱

机箱的屏蔽材料一般采用铜板、铁板、铝板、镀锌铁板等。这些金属板对电场、高频磁场和电磁场的屏蔽效能都很大，可达 100dB 以上。例如，0.2mm 的铜板在 10Hz～30GHz 频率范围内能提供大于 160dB 的屏蔽效能。对于低频磁场，屏蔽应采用高磁导率的铁磁性材料。由于这些材料厚度大，重量重，价格贵，所以一般不用做机箱，而是直接用在需要进行低频磁屏蔽的元器件上。现代电子设备广泛采用工程塑料做机箱，为了使其具备屏蔽作用，常在塑料中掺入高电导率的金属粉，使之成为导电塑料或者在其表现喷涂一层薄膜导电层。表 10-2 列出了铜薄膜层的屏蔽效能。

表 10-2 镀铜层的屏蔽效能

层厚度/μm	0.015		1.25		21.96	
频率/MHz	1	1000	1	1000	1	1000
吸收损耗/dB	0.014	0.44	0.16	5.2	2.9	92
反射损耗/dB	109	79	109	79	109	79
多重反射/dB	−47	−17	−26	−0.6	−3.5	0
总屏蔽效能/dB	62	62	83	84	108	171

由于导电层非常薄，所以吸收损耗很小，可以忽略，主要由反射损耗起作用。因为导电层的厚度小于趋肤深度，故必须考虑多重反射的影响。由表 10-2 可知当薄膜导电层厚度增加时总屏蔽效能也增加，只是与铜板相比屏蔽效能要差一些。有趣的是对于同一厚度的导电层，不同的频率对总屏蔽效能的影响不大。

以上的讨论是在屏蔽体完整的条件下进行的，实际应用的机箱不可能是全密封的，总有各式各样大大小小的孔、洞和缝隙，如通风孔、进出线孔、面板器件安装孔、机箱各板的连接缝、机箱盖和箱体之间的缝隙等。这些孔缝都可能造成电磁波的严重泄漏。实际上，场通过孔缝时的损耗要比穿过金属本体时的损耗小得多，所以讨论机箱的屏蔽效能时主要应该考虑孔缝的屏蔽效能。

已经知道金属板的屏蔽作用主要是由吸收损耗和反射损耗产生的。反射损耗是因为空气中的波阻抗和金属中的波阻抗不匹配而引起的。金属中的波阻抗与金属板上是否有孔缝无关，所以孔缝的存在并不会影响反射损耗。但是金属体的吸收损耗是由于电磁波在金属体上引起感应涡流，产生欧姆热损耗，同时涡流产生反向磁场抵消了原来的磁场，因此

是否能保证涡流的畅通无阻是保证吸收损耗的重要条件。如果金属体上有缝隙存在，并且与涡流方向垂直，如图10-16(b)所示，则涡流受到阻挡只能绕过缝隙而行。根据电磁场理论，这时缝隙相当于一个二次发射天线，向金属板后发射电磁能量。这意味着电磁波穿过了缝隙，使金属板的屏蔽效能大大下降。缝隙天线可以等效于一个磁偶极子天线，当缝隙长度等于半波长的整数倍时则发射能量最大，所以缝隙长度是决定泄漏程度的重要因素。缝隙的宽度一般影响较小，如图10-16(c)中虽然缝隙变窄了，但长度与图10-16(b)中一样，这时涡流被阻挡的情况并没有多大改善。如果缝隙方向与涡流方向平行，则对涡流影响较小，如图10-16(d)所示。在实际应用中不可能预测涡流的方向，所以唯一的办法是尽量缩短缝隙的长度。对于固定的缝隙长度，频率越高缝隙天线的二次发射越有效，泄漏就越严重。因此一般要求缝隙长度l应为$l<\frac{\lambda}{10}\sim\frac{\lambda}{100}$。例如，在拼接两块金属板时所用的螺丝或铆钉间的距离应符合上式。又如，直径大的通风口应该改成很多小孔的组合，每个小孔的直径都要符合该式。改成小孔后对涡流的阻挡大大减小，各个方向的涡流都能比较顺利地流通，如图10-16(e)所示。

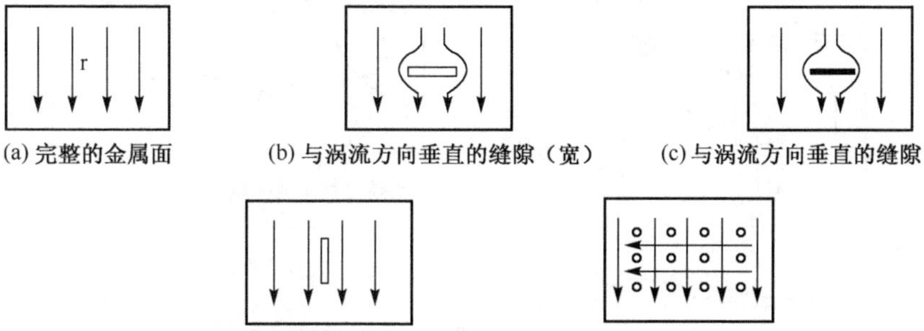

(a) 完整的金属面　(b) 与涡流方向垂直的缝隙（宽）　(c) 与涡流方向垂直的缝隙（窄）

(d) 与涡流方向平行的缝隙　(e) 小孔

图10-16　孔缝对涡流的影响

改善由于孔缝造成屏蔽效能下降的方法有以下几种。

1. 使用导电衬垫

导电衬垫具有良好的导电性和弹性，用于两块金属板的连接处，可以减小缝隙，保持金属板之间的电连续性，从而增加屏蔽效能。导电衬垫有多种形式，通常有软金属、金属编织丝线、导电橡胶、导电泡绵、导电布、梳形弹簧片等。导电衬垫的使用方法可用图10-17说明。图10-17(a)是在金属面板上安装电位器的实例，为了减小面板上安装孔和电位器外壳间的缝隙使用了射频导电衬垫，并用螺母紧固。图10-17(b)是在面板上安装按钮开关或电表，由于按钮是非金属的，电表表头的窗口又较大，电磁波极易穿过，所以在开关或表头后面应该加一个屏蔽盒，屏蔽盒边缘通过导电衬垫紧固在金属面板上。开关或电表的引线则通过安装在屏蔽盒上的穿芯电容引出，穿芯电容可滤除由窗口进入并沿引线传导的电磁干扰。图10-17(c)是把盖板安装在机箱上的实例。盖板与机箱之间需放置导电衬垫，衬垫位置应该在紧固螺钉的内侧如图10-17(d)所示，因为螺孔不严可能引起电磁泄漏。图10-17(e)是梳形弹簧片，它是用弹性金属薄片弯成手指形状制成，所以又称指状衬垫。梳形簧片利用弹力压接在接触面上，达到良好的电接触。这种衬垫常用在经常启闭的屏蔽门和盖上。

导电衬垫的选择除了要考虑合适的形状、导电性和弹性外还需注意衬垫所用的材料，以避免产生电化腐蚀影响屏蔽的长期性和可靠性。使用导电衬垫时还应注意使用前要清除接触表面上的氧化物、腐蚀物、绝缘膜等，以保证接缝处的电连续性。在接缝处也可以填充导电环氧树脂或采用带有导电胶的铜带或镀锡铜带，前者固化后不能拆卸；后者不需要时可以撕掉。一般这些材料工作频率小于1GHz，频率再升高时胶中的导电粒随机位移太大，效果下降。

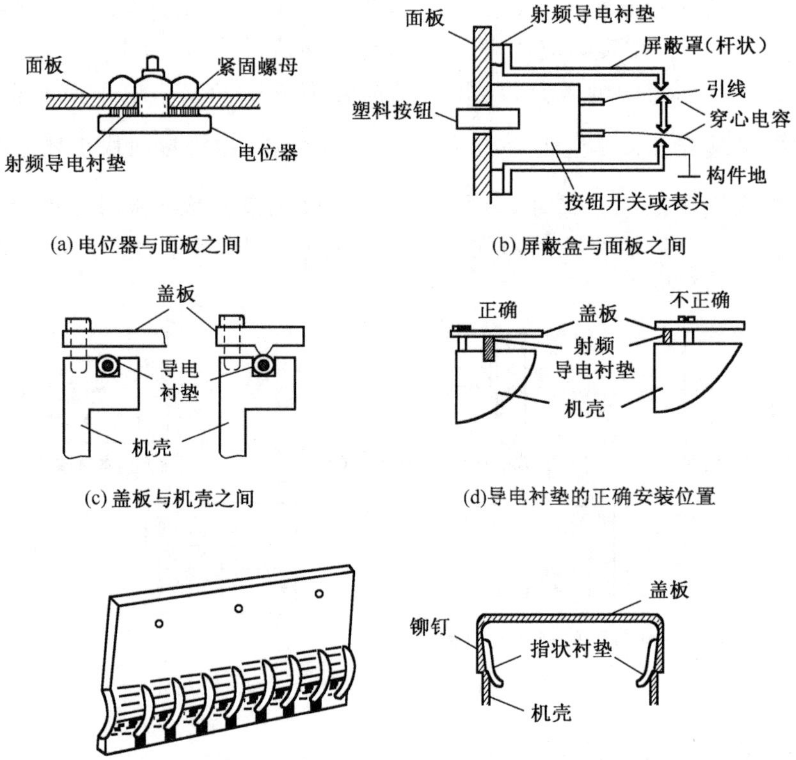

(a) 电位器与面板之间　(b) 屏蔽盒与面板之间

(c) 盖板与机壳之间　(d)导电衬垫的正确安装位置

(e)梳形弹簧片

图 10-17　导电衬垫的使用

2. 使用金属丝网

设备的通风口经常覆盖一层金属丝网，使之既能保持通风又能起到屏蔽作用。金属丝网用于屏蔽要求不太高的场合，100MHz以上时屏蔽效能下降。由于网孔太多，金属丝网的吸收损耗很小，主要靠反射损耗。在几十兆赫兹以下，主要是金属网对磁场的反射损耗，屏蔽效能随频率升高而增加；几十兆赫兹以上，主要是金属网对平面波电磁场的反射损耗，屏蔽效能随频率升高而下降。金属丝网的屏蔽效能主要取决于网孔的大小：对于确定的金属线径，目数越高则网孔越小，屏蔽效能就越高；对于确定的目数，线径越细即网孔越大，则屏蔽效能越低。金属网的屏蔽效能还决定于网丝交点处的焊接质量、金属网与周边金属体连接处的电接触性能。

金属丝网还可用于屏蔽观察窗口。例如，用莫乃尔合金制成的直径很细约0.05mm的金属丝网(8～12孔/cm^2)被做在玻璃夹层中，作为CRT的观察窗，可以防止计算机信息以场的方式泄漏。这种金属丝网在1MHz时屏蔽效能为98dB,100MHz时为82dB,1GHz时还能保持60dB。

3. 使用截止波导

截止波导是一种金属管,对电磁波而言它是一种高通滤波器。波导管具有确定的截止频率,当电磁波的频率低于该截止频率时,电磁波不能穿过波导管,于是波导管起到了屏蔽作用。波导管的形状常做成圆形、矩形和六角形。

圆形截止波导的条件和截止频率为

$$l \geqslant 3D$$

$$f_c = \frac{17.6 \times 10^9}{D}$$

式中,l ——波导长度,单位 cm;

D ——波导内径,单位 cm;

f_c ——截止频率,单位 Hz。

六角形及矩形波导的条件和截止频率为

$$l \geqslant 3W$$

$$f_c = \frac{15 \times 10^9}{W}$$

式中,l ——波导长度,单位 cm;

W ——波导内壁的外接圆直径,单位 cm;

f_c ——截止频率,单位 Hz。

波导管常组合在一起做成波导窗,用做通风窗及观察窗。图10-18为六角形波导组成的蜂窝状通风窗。低于截止频率的电磁波在波导中大大衰减,其屏蔽效能为

$$\mathrm{SE} = 1.823 \times 10^{-9} \times f_c l \sqrt{1-(f/f_c)^2} \quad (\mathrm{dB})$$

与金属丝网相比较,波导窗具有更好的高频屏蔽特性,在10GHz时仍可保持100dB以上的屏蔽效能。

截止波导管还可用于在面板上安装可变电容、可变电位器、波段开关等可调器件。应该注意的是穿过波导管的轴杆必须是非金属的,否则波导管将失效,不起屏蔽作用。

根据电磁场理论,任何具有一定深度的孔缝都具有波导性质,这也可用来改善盖板和机箱间接缝的屏蔽,如图10-19所示,图中 b 为缝隙的深度,只要 b 足够长就可以增加电磁波通过接缝时的衰减。

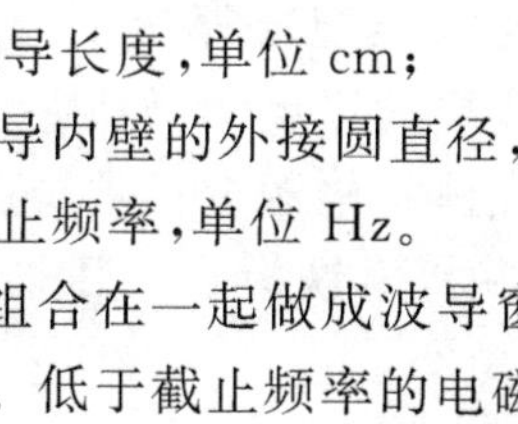

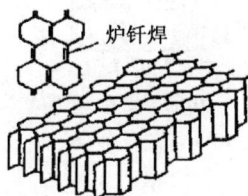

图10-18 蜂窝形波导窗

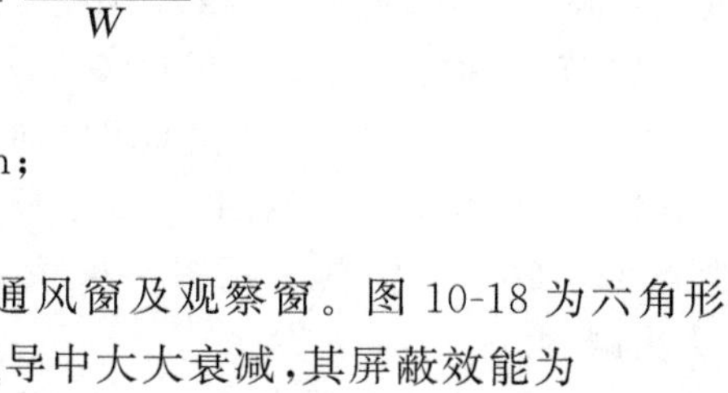

图10-19 缝隙的截止波导效应

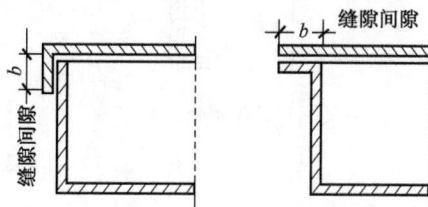

10.5.3 元器件的屏蔽

1. 电感器件的屏蔽

电感器件包括各类线圈、变压器。电感器件产生的磁场可能对周围的电路和器件产生干扰,也可能受到外磁场的干扰,因此必要时应对电感线圈进行屏蔽。过对低频磁场采用铁磁性材料对磁力线集中分流方法进行屏蔽,对高频磁场和电磁场采用良导体通过涡流和反射方式进行屏蔽。

对于低频工作的线圈,一般采用高磁导率材料做成的闭合磁环或磁罐作为磁芯,以免磁力线泄漏。在低频情况下,单层铁磁材料的屏蔽效能可用下式表示

$$\mathrm{SE}_H(\mathrm{dB}) = 20\lg\left(0.22\mu_{\mathrm{r}}\left(1-\left(1-\frac{t}{r}\right)^3\right)\right)$$

式中,SE_H ——磁场屏蔽效能;

μ_{r} ——铁磁材料的相对磁导率;

t ——屏蔽体的厚度;

r ——同屏蔽体相同容积的等效球半径。

由此可知,单层铁磁材料的磁场屏蔽效能最大不超过 $20\lg(0.22\mu_{\mathrm{r}})$ 。铁磁材料的磁导率越大屏蔽效能越高。此外,还可以看出屏蔽层的厚度增加也会加大屏蔽效能。由上式可算出如欲获得最大屏蔽效能的一半即 $20\lg(0.11\mu_{\mathrm{r}})$,则要求屏蔽层厚度 t 为等效球半径的 1/5,这将使屏蔽层又厚又重。所以仅靠采用增加单层屏蔽层的厚度的做法并不经济,最好采用多层屏蔽的方法。例如,实验表明用 1.5mm 厚的铁板壳体将电源变压器屏蔽起来,泄漏磁通也只能减少 40%~50%。但如采用多层屏蔽方法,用带状薄铁板在变压器的侧面绕若干层,漏磁通将大大减少。

在使用铁磁性材料做屏蔽壳体时,如果要在壳体上开缝则一定要注意开缝的方向。图 10-20 是用一屏蔽罩包围一低频线圈的情况,屏蔽罩同时起到主动屏蔽和被动屏蔽的作用。图 10-20(a)是主动屏蔽,在壳体上磁力线是垂直流动的,所以横向的缝隙会阻挡磁力线,使磁阻增加,从而使屏蔽性能变坏。纵向的缝隙不会阻挡磁力线,但应注意开缝不能太宽。图 10-20(b)是被动屏蔽,如外磁场的磁力线如图 10-20(b)所示则同样不能开横向的缝隙。

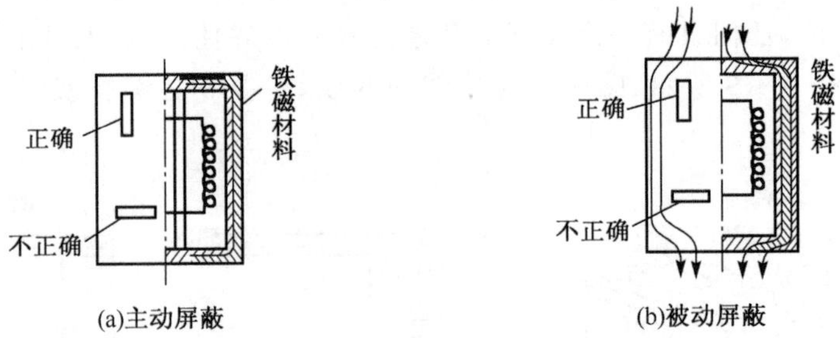

图 10-20 磁屏蔽体上的开缝

对于高频工作的线圈往往用铜、铝等良导体做成屏蔽罩,套在线圈上。由于屏蔽罩和金属底座之间有安装接缝,所以必须注意线圈的安装位置,应使线圈在金属罩上产生的涡流面和接缝面平行,以免阻断涡流,否则就可能导致高频磁场的泄漏。同样的道理,如果需要在屏蔽盒

上开缝,则缝的方向必须顺着涡流方向,并且缝的宽度要尽可能地缩小。如果开缝切断了涡流的通路则将大大影响金属盒的屏蔽效果。

另一个需要注意的问题是金属罩对线圈电特性的影响。根据高频磁场的屏蔽原理,金属罩上感应的涡流将抵消线圈内的一部分磁通,从而减小线圈的电感;同时,涡流会产生热损耗,相当于增加了线圈的电阻 R,所以线圈的品质因数下降;此外,线圈与金属罩之间存在分布电容,相当于增加了线圈本身的电容。所以金属罩要做得适当大一些,不能紧贴线圈。或者在金属罩和线圈间衬一层铁氧体材料,铁氧体材料磁导率高,电阻率也高,因此线圈的电感量增加了,又起到磁场屏蔽作用。这样的结构具有体积小的优点,并可同时屏蔽磁场、电场。

变压器和扼流圈中的磁通主要沿铁心构成闭合环路,铁心通常采用 E 形和 C 形环路。一般变压器和扼流圈都有漏磁通,特别当铁心环路为避免磁饱和而留有气隙时漏磁通更强,所以必须加以克服。

方法之一是在绕组线包外面包一层铜皮作为漏磁通的短路环,如图 10-21(a)所示。由于正常的磁通在短路环中产生的涡流相互抵消,不会影响变压器的正常工作。但漏磁通产生的涡流仍然存在,涡流产生反磁通减弱了漏磁通,其屏蔽效果如图 10-21(b)所示。铜皮越厚屏蔽效能越好,有时采用多层铜皮叠加来增加厚度。如果铁心环路有气隙,短路环应把气隙包围在内。

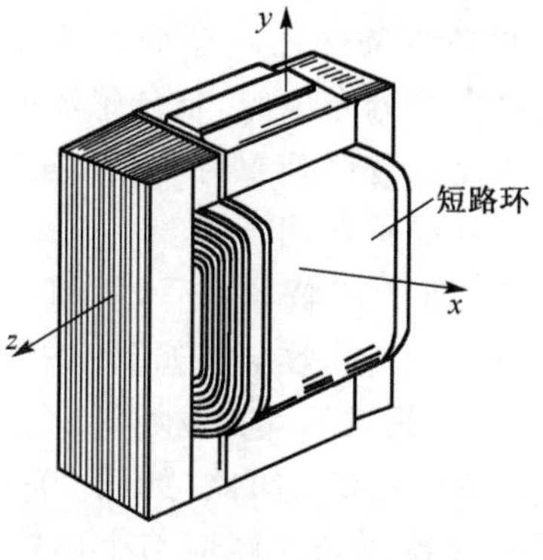

(a)短路环的位置

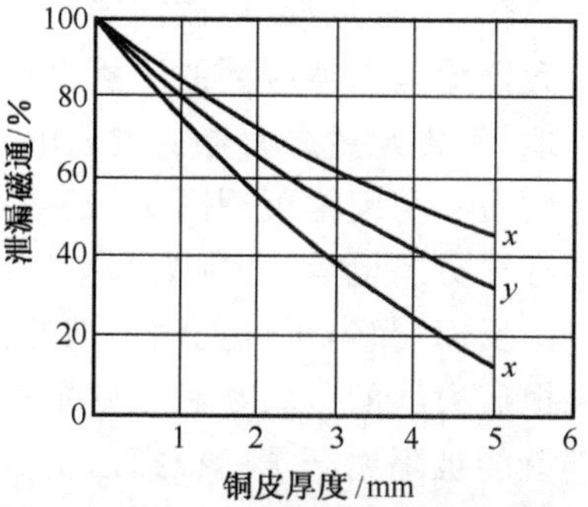

(b)漏磁通——铜皮厚度的变化曲线

图 10-21　漏磁通短路环

方法之二是把变压器或扼流圈完全装在铁制屏蔽盒中,或者在铁心周围包若干层铁皮。该方法在本节前面介绍过,这里不再赘述。采用 C 形铁心及对称线包结构是防漏磁的有效方法之三。图 10-22(a)为其原理图,图 10-22(b)是其结构图。变压器的初次级绕组各自分为对称的两半,分别绕在 C 形铁心的两边,然后以适当方式串联起来。半绕组所产生的磁通在铁心中形成闭合回路,使变压器能正常工作。但两半绕组产生的混磁通则方向相反,从而使总的漏磁通大大减小。对于外加磁场的干扰这种结构也有很好的防护作用。设外磁场穿越两半绕组的磁通相等,但两半绕组中感应出来的感应电势却大小相等方向相反,因此在整个绕组的引出端合成电势为零,从而避免了外磁场的干扰。图 10-22(b)中的变压器还加了铜漏磁短路环,并且装入铁屏蔽盒,综合了以上介绍的三种方法与一体,成为很有效的抗干扰变压器。

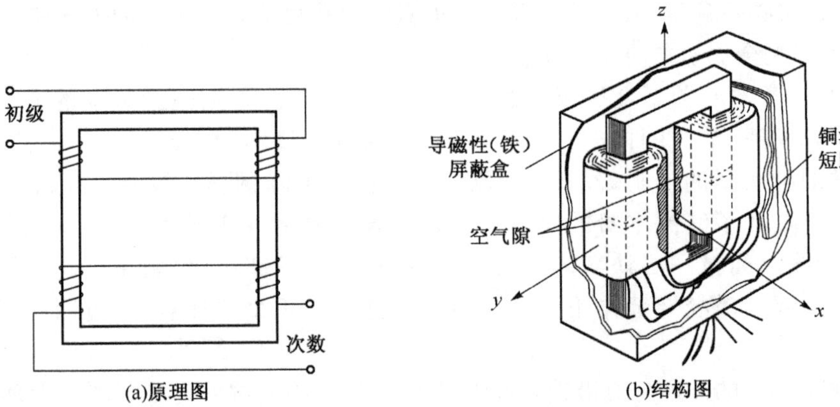

图 10-22　C 型对称绕组变压器

2. 传感器和放大器的屏蔽

传感器是将各种物理量如温度、压力、流量、速度等转变为电参量的器件。一般传感器输出的电压、电流都较小，并且都直接安装在工业现场，在现场进行放大和初步处理以后再远距离传送到控制设备中去。大多数传感器输入阻抗较高，容易引入干扰信号，而工业现场的电磁环境又往往是最恶劣的，所以对传感器和放大器进行屏蔽是很重要的。传感器和放大器一般都安装在同一个金属屏蔽罩内，并且屏蔽罩必须可靠接地。否则不但没有屏蔽作用，还可能导致更严重的干扰。在本章前面曾经说明电场屏蔽的必要条件之一是金属屏蔽罩接地，因为屏蔽罩的面积较大，离放大器又近，对放大器将形成更大的分布电容，且传感器的输入阻抗较高，因此不接地时放大器输入端感应到的干扰电压可能比没有屏蔽罩时更大。屏蔽罩接地后干扰电流经屏蔽罩入地，不再经过放大器的输入电阻，起到屏蔽作用。

屏蔽罩产生的另一个问题可用图 10-23 来说明。加上屏蔽罩以后，罩和放大器的输入端、输出端和公共端存在分布电容，分别为 C_{1S} 、C_{2S} 、C_{3S} ，其等效电路如图 10-23(b)所示。这些电容构成了很好的反馈网络，可以把输出端的信号反馈到输入端去，很可能引起放大器的高频自激振荡。如果把放大器的公共端和金属罩良好连接，则 C_{2S} 短路，如图 10-23(c)所示，这样输出端和输入端就能被隔离开了。根据以上分析放大器的公共端应与金属罩连接，并应良好接地，这样金属罩起到对传感器和放大器的屏蔽作用，并保证放大器的正常工作。

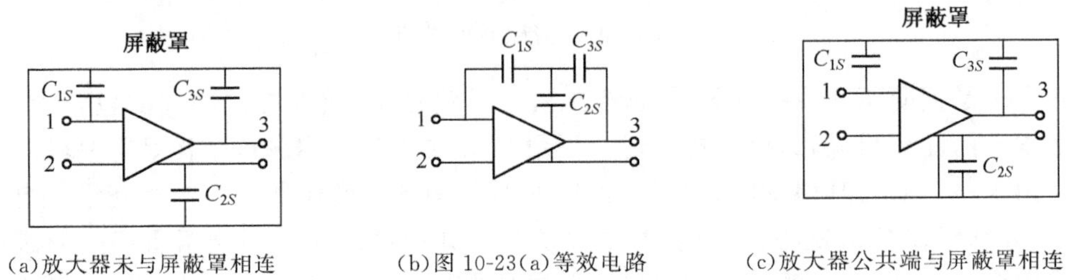

图 10-23　屏蔽罩对放大器的影响

10.5.4　自屏蔽

电流环路将向外辐射场的场强的大小与环面积成正比，环路从外界电磁场中感应的电流的大小也与环面积成正比。所以减小环面积既可以减少环路对周围电磁环境的污染，又可以抑制环路受外界场的干扰，这是环路自屏蔽的一个重要措施。

采用同轴电缆是最常见的做法。同轴电缆的芯线作为信号的传输线，而电缆的外导体作为信号的回流线，则磁力线完全被封闭在电缆中，不会向周围空间散发，起到了磁屏蔽作用；如果再把电缆外导体接地，则进一步起到了电场屏蔽作用。将屏蔽电缆和金属铠装电缆的屏蔽层或铠装层做良好的接地，也能起到同样的作用。

我们还讲过环路之间的电场和磁场耦合与环路的相对位置密切相关。拉大环路间的距离，使环路尽可能不要平行放置，最好是互相垂直，这些也是环路自屏蔽的有效措施。

在印刷电路板上仍可以采用上述的基本原理。例如，拉开不同信号回路的距离、避免不同的信号线平行敷设、将信号线夹在两层回流面之间、敷设护送地线等措施，都可以减小信号线之间的耦合。

采用双绞线是另一种常见的自屏蔽方法。把两根导线绞合在一起，既可以减少自身回路的向外辐射，又可以抵御外来磁场对绞线回路的干扰。当双绞线作为接收侧时，外界磁力线均匀地穿过每个小绞合结，小绞合结的面积相同，所以感应电压也相同。但由于相邻两个绞合结的方向相反，因此总的感应电压相互抵消接近为零。当双绞线作为发射侧时，每个绞合结通过磁场耦合在接收侧回路中产生感应电压。但由于相邻绞合结的方向是相反的，所以所有绞合结在接收侧回路中产生的感应电压也将互相抵消接近为零。由此可见，双绞线既可实现主动磁场屏蔽，又可实现被动磁场屏蔽。

双绞线具有磁屏蔽作用，单位长度绞合数越多效果越好。多芯电缆中如有多对双绞线，则应注意各对双绞线之间的相对位置。各对双绞线最好采用不同的绞距，这样才能防止各线对之间的相互干扰。双绞线本身没有电场屏蔽作用，通常在其外围包一层金属屏蔽层，构成屏蔽双绞线，屏蔽层接地就能产生电屏蔽。

上述双绞线的磁场自屏蔽原理同样可以用来解释印刷电路板上的差分线对。差分线对上传输的信号对于参考地电位而言是平衡的，即一来一去（电流）、一正一负（电压）。要达到自屏蔽的效果，就应当把差分线对的来线和去线尽量贴近，并平行等长敷设。

10.5.5　屏蔽电缆的接地

屏蔽电缆是在绝缘导线外面再包覆一层金属导电材料构成的屏蔽层。屏蔽层通常是金属编织网或者无缝金属箔。屏蔽电缆一般可分为普通屏蔽线、双绞屏蔽线和同轴电缆。

屏蔽电缆的屏蔽层通常是由铜、铝等非磁性金属材料制成，并且厚度很薄，远小于使用频率上的金属材料的趋肤深度，因此屏蔽层所起的屏蔽效果主要不是由于金属体本身对电场、磁场的反射、吸收、分流而产生的，而是由于屏蔽层的接地产生的，接地的形式将直接影响其屏蔽效果。

屏蔽电缆的屏蔽层只有在接地以后才能起到屏蔽作用，对电场和磁场，屏蔽层的接地方式不同，以下分别进行讨论。

1. 电场屏蔽

图 10-24 中有二根平行导线，由于分布电容的存在，会产生电场的耦合干扰。设其中一根线是单芯屏蔽线。先假定屏蔽线接在敏感电路（接收回路）中，骚扰源电路（源电路）的导线对接收回路中单芯屏蔽线的耦合电容应由两部分组成：一部分是源电路导线对接收电路导线屏蔽层的耦合电容 C_{ms}，另一部分是屏蔽层对导线的耦合电容 C_s。接收电路导线的对地电容也

应该由屏蔽层对地电容 C_{S2} 来代替。如先不考虑 C_{12}，由等效电路可知，导线 1 上的电压 U_1 会通过 C_{ms} 耦合到屏蔽层，再通过 C_s 耦合到导线 2 的芯线上。如果把屏蔽层接地，即把 C_{2s} 短路，则 U_1 在通过 C_{ms} 后被屏蔽层短路至地，不能再传输到导线 2 的芯线上，从而起到了电场屏蔽的作用。屏蔽层的接地点通常选在屏蔽电缆的一端，称单端接地。如果屏蔽电缆的芯线伸出屏蔽层太长或者屏蔽层的编织网孔较大，那么应该考虑 C_{12} 的影响，C_{12} 包括导线 1 对导线 2 露出屏蔽层的芯线的电容，也包括导线 1 经所有网孔对导线 2 芯线的电容。由等效电路图可知即使屏蔽层接地，U_1 仍然能通过 C_{12} 耦合到导线 2 的芯线上去，所以接收电路的负载 R_{S2} 和 R_{L2} 上仍有一定的干扰电压。因此，要提高屏蔽电缆的电场屏蔽效果，除了屏蔽层单端接地外，还应尽量减小 C_{12}，即选用屏蔽编织层比较紧密的电缆.芯线不要露出屏蔽层外。

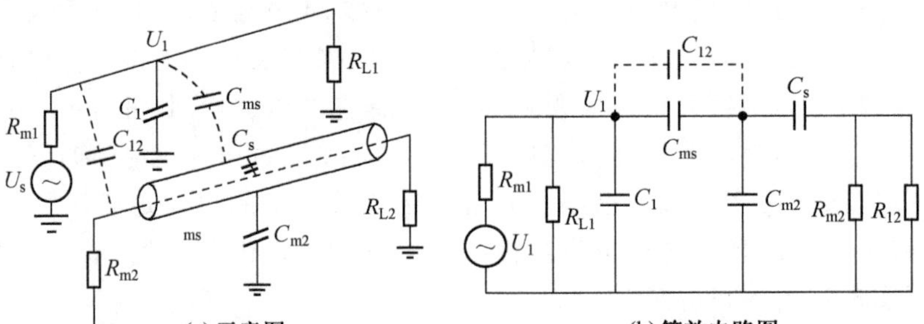

图 10-24　屏蔽电缆的电场屏蔽

如果骚扰源电路用屏蔽电缆，接收电路用一般导线，在屏蔽层单端接地后同样能起到电场屏蔽作用，其原理与上述分析是相同的，所以屏蔽电缆既能对电场起到被动屏蔽作用也能起到主动屏蔽作用，条件是屏蔽层接地。应该指出的是如果屏蔽层不接地则有可能造成比不用屏蔽线时更大的电场耦合，因为屏蔽线的屏蔽层面积比普通导线大，与其他导线的耦合电容大，因此可能产生的耦合量也大。

在上述分析中，我们假设了屏蔽层本身的阻抗为零，接地后屏蔽层处处都是零电位，通过耦合电容 C_{ms} 耦合到屏蔽层上的噪声电流不会产生任何电压降。这种情况只有在频率较低或电缆长度小于波长的 1/20 时才近似成立，这时的接地方式以屏蔽层单端接地为宜。当频率较高或电缆长度大于 1/20 波长时，屏蔽层的阻抗不能忽略，如只在屏蔽层一端接地将迫使噪声电流流过较长距离后才入地，电流在屏蔽层阻抗上的压降使屏蔽层上各点电位不同，从而影响了电场屏蔽效果。为了使屏蔽层尽可能保持等电位，频率较高或电缆较长时应每隔 1/10 波长的距离接一次地。

2. *磁场屏蔽*

在讨论屏蔽电缆的磁场屏蔽之前先研究屏蔽层和芯线间的磁耦合情况。

设屏蔽层是一管状导体，流有均匀的轴向电流 I_s，如图 10-25(a)所示，则磁力线都在管外，管内无磁场，屏蔽层的电感为

$$L_s = \Phi/I_s$$

式中，Φ 为 I_S 产生的全部磁通。由图可知，这些磁通 Φ 同样也包围着屏蔽层内的芯线，根据互感的定义，屏蔽层和芯线间的互感应该为

$$M = \Phi/I_s$$

由以上二式可知 $M = L_s$，即屏蔽层与芯线的互感等于屏蔽层的自感。这是一条很重要的结论，条件是屏蔽层必须是圆柱面，屏蔽层上的轴向电流必须是均匀分布的，但芯线位置不一定要求在管子中心。

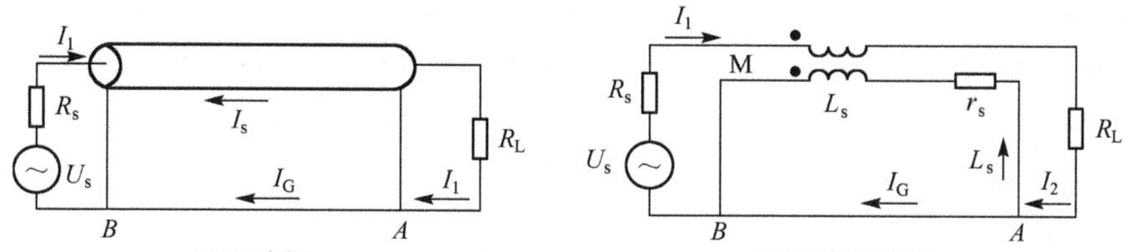

(a)示意图　(b)等效电路图

图 10-25　屏蔽电缆的磁场屏蔽

以下讨论屏蔽电缆的磁场屏蔽，先假设在图 10-25 中 U_s 是骚扰电压源，电流 I_1 流过屏蔽线的芯线，M 是屏蔽层与芯线的互感，L_s 和 r_s 分别为屏蔽层的电感和电阻。如果屏蔽层不接地或只有一端接地，屏蔽层上无电流通过，电流经地面返回，所以屏蔽层不起作用，不会减少骚扰源回路的磁场辐射。如果屏蔽层两端接地，接地点为 A 点和 B 点，芯线中的电流 I_1 在 A 点将分两路流到 B 点，再回到源端，一路经过屏蔽层为 I_s，一路经由地为 I_G。根据等效电路可知 I_1 流过芯线时通过屏蔽层与芯线的互感 M 将在屏蔽层构成的回路中产生感应电动势，大小为 $\mathrm{j}\omega MI_1$，所以屏蔽层中的电流 I_s 应为

$$I_s = \frac{\mathrm{j}\omega MI_1}{\mathrm{j}\omega L_s + r_s} = \frac{\mathrm{j}\omega L_s I_1}{\mathrm{j}\omega L_s + r_s} = \frac{\mathrm{j}\omega I_1}{\mathrm{j}\omega + \omega_0}$$

式中，$\omega_0 = r_s/L_s$ 称为屏蔽层截止频率。由该式可知 $I_s \leqslant I_1$，且当频率升高时 I_s 将越来越大，当 $\omega > 5\omega_0$ 时，$I_s \approx I_1$，由于 $I_1 = I_s + I_G$，所以此时流过地面的电流为 $I_G \approx 0$。可见，当芯线电流的频率较高，大于 5 倍的屏蔽层截止频率时，该电流几乎全部经由屏蔽层流回源端。由于回流是在屏蔽层上均匀分布的，而且把去流包围在中间，所以磁场被封闭在屏蔽层内，屏蔽层外由回流和去流产生的磁场大小相等方向相反，因而互相抵消，抑制了噪声磁场的向外辐射。一般同轴电缆的 5 倍屏蔽层截止频率都小于 10kHz。

屏蔽电缆的磁场屏蔽也可以从另一种角度来解释。已知环路电流总是沿着阻抗最小的途径流动，阻抗包括电感和电阻 $Z = R + \mathrm{j}\omega L$，当频率较低时电阻起主导作用，频率较高时电感的感抗起主导作用，环路的电感大小主要决定环路的面积，环路面积越小，环路电感越小。其结果是当 $f > 10\text{kHz}$ 时回流几乎全部走屏蔽层。因为这条路径环路面积最小，环路电感也最小。环路面积小，向外辐射的噪声磁场也小。

以上分析的是屏蔽电缆对磁场的主动屏蔽作用，同样的屏蔽电缆也能用于被动屏蔽，即把屏蔽电缆用在接收回路中，减小外界磁场对接收回路的干扰。减小接收回路面积即接收回路电流所包围的面积是减少外界磁场干扰的最好方法，屏蔽能影响接收回路的面积，现用图 10-26 来加以说明。图 10-26(a)是没有屏蔽的导线构成的接收回路。这时回路面积最大，受外界磁场影响最大。图 10-26(b)虽然加了屏蔽层，但只是单端接地，屏蔽层上无电流，所以屏蔽层并没有改变回路面积。图 10-26(c)屏蔽层两端接地，根据以上分析可知当频率大于 5 倍的屏蔽层截止频率时回流从屏蔽层流过，这时的回路面积最小，抑制外界磁场的能力最强。如果频率较低，回流大部分流经地面返回则屏蔽层仍不能起到防磁作用。

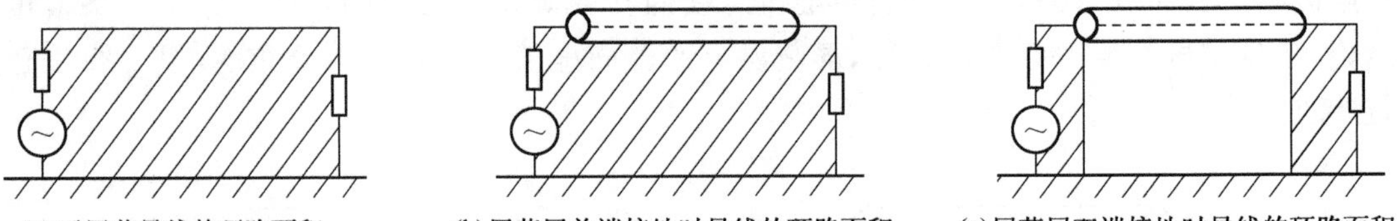

(a)无屏蔽导线的环路面积　(b)屏蔽层单端接地时导线的环路面积　(c)屏蔽层双端接地时导线的环路面积

图 10-26　接地对电缆屏蔽效果的影响

3. 地环路对屏蔽的影响

两设备间的信号传输常使用屏蔽电缆以防止外界电磁场的干扰。如果两设备接地，而电缆屏蔽层的两端也接地，那么构成的地环路是否会影响电缆屏蔽层的屏蔽效果呢？现以图 10-27 为例进行分析。

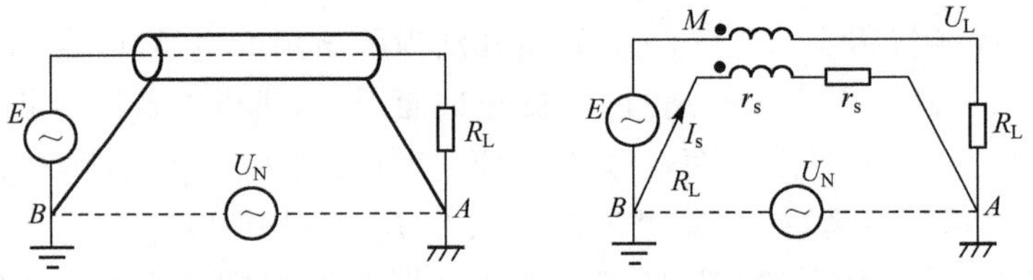

(a)示意图　(b)等效电路图

图 10-27　电缆屏蔽层双端接地的地环路效应

在图 10-27(a)中，信号源 E 的电流通过屏蔽电缆芯线流至 R_L，当信号频率大于屏蔽层的 5 倍截止频率时，信号电流由屏蔽层返回信号源，屏蔽层是信号回路的一部分。这时信号回路面积最小，对外界磁场的干扰有抑制作用。但如果电缆两端屏蔽层接地点 A 和 B 之间存在电位差，则屏蔽层中就有噪声电流 I_s 流过。一方面 I_s 在屏蔽层的感抗和电阻上有压降，另一方面也会通过屏蔽层和芯线的互感 M 在芯线上产生感应电压。根据等效电路可知，加在负载 R_L 上的电压应该是所有这些电压的叠加，可用下式表示

$$U_L = -j\omega MI_s + j\omega L_sI_s + r_sI_s + E$$

由于 $M = L_s$，上式可改写为 $U_L = r_sI_s + E$，即加在负载上的电压除信号源的有用电压外还有噪声电压，噪声电压为噪声电流与屏蔽层电阻的乘积。可见，地环路确实减弱了屏蔽层的屏蔽效果，这主要是由于屏蔽层被当做信号回流线，而由地环路产生的噪声电流也流过屏蔽层，噪声电压被串联在信号回路中。

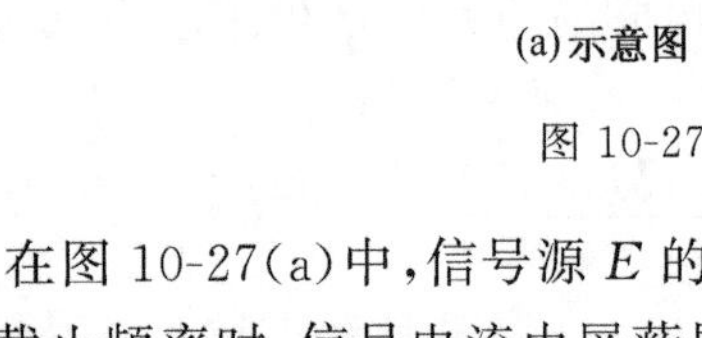

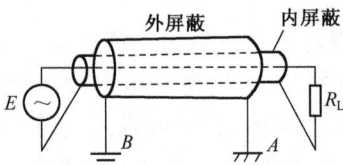

图 10-28　双重屏蔽电缆克服地环路效应

采用图 10-28 中的双重屏蔽电缆或三轴式同轴电缆可较好地解决这个问题。在图 10-28 中，芯线外面有两个互相绝缘的屏蔽层，内屏蔽层用做信号回流线，只有信号电流通过。外屏蔽层两端接地，如有地环路电流则由外屏蔽层流过，不会影响信号回路，两种电流各走各的通道，没有公共阻抗耦合问题。但是双重屏蔽和三轴式同轴电缆价格昂贵，使用也不方便，在信号频率较高时一般仍使用普通的同轴电缆。当 $f>$ 1MHz 时(此时早已满足大于 5 倍屏蔽层截止频率的条件，信号电流不从地面而从屏蔽层返回)，由于高频趋肤效应，信号电流在屏蔽层的内表面流动，而地环路的噪声电流则在屏蔽层的外表面流动，这时的同轴电缆也起到了三轴式同轴电缆的作用，前提是使用频率较高。

屏蔽双绞线也可起到三轴电缆的作用，且价格便宜，使用方便，信号电流在两根内导线上流过，一根是去流，一根是回流，而地环路产生的噪声电流则流过屏蔽层。由屏蔽层通过互感感应到两根内导线上的噪声电压因其大小相等且方向相同，在信号回路上将互相抵消。

习　　题

1. 一台个人计算机连有一条长度为 2m 的打印机电缆，而另一端悬空(未接打印机)。如果将该电缆看做一条单极天线，其与计算机的金属外壳(接地平面)之间存在一个幅度为 1mV，频率为 37.5MHz 的噪声，求 3m 测量距离处的最大辐射发射。

2. 求钢($\sigma_r=0.1$，$\mu_r=1000$)、镍($\sigma_r=0.2$，$\mu_r=600$)、黄铜($\sigma_r=0.26$，$\mu_r=1$)三种材料在在 30MHz、100MHz 和 1GHz 时的趋肤深度和表面电阻。

3. 求 0.5mm 厚的上述三种金属材料在 30MHz、100MHz 和 1GHz 时的反射损耗(假设为远场条件)。

4. 求 0.5mm 厚的上述三种金属材料在 30MHz、100MHz 和 1GHz 时的吸收损耗(假设为远场条件)。

5. 10cm 厚的钢板距离噪声源 1m，求在下述频率时的吸收损耗和反射损耗：10kHz，100kHz，1MHz，10MHz，100MHz。根据计算结果画出损耗—频率关系草图。(提示：反射损耗应区别近场与远场，近场条件下还应同时考虑电场和磁场。)

6. 在图 10-29 中，两导线间的分布电容为 50pF，导线对地分布电容为 150pF，导线 1 端接 1MHz、10V 的交流信号源，如果 R_T 分别为：①无限大阻抗；②1000Ω 阻抗；③50Ω 阻抗。试求三种情况下导线 2 的感应电压为多少？

7. 如在上题中导线 2 外面加装一接地屏蔽层(图 10-30)，导线 2 与屏蔽层之间的电容为 100pF，导线 1 与导线 2 间的分布电容为 2pF，导线 2 与地之间分布电容为 5pF，试求三种情况下导线 2 上捡拾的感应电压。

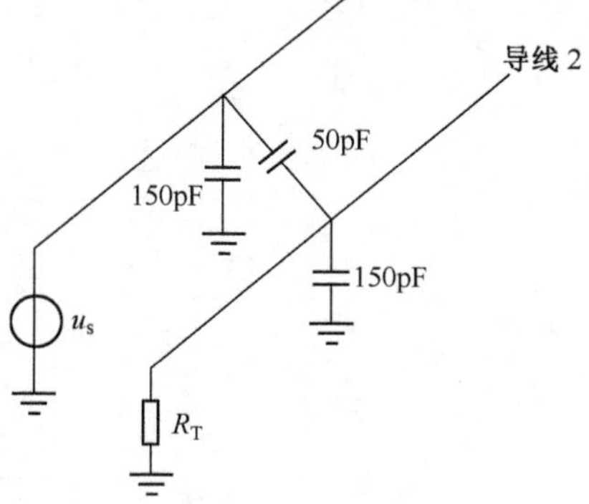

图 10-29　习题 6

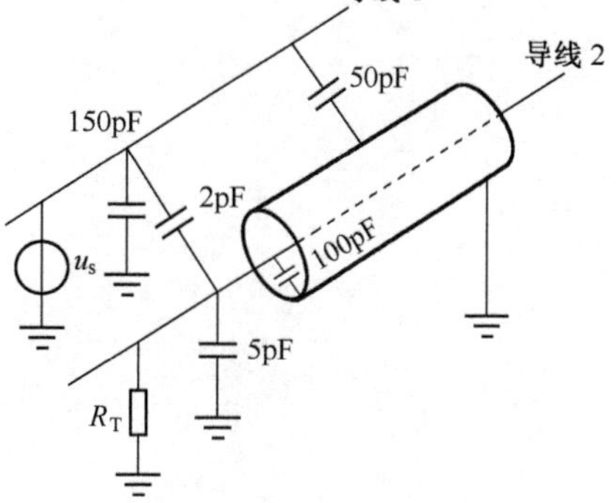

图 10-30　习题 7

8. 在图 10-31 中，屏蔽电缆的屏蔽层电感和电阻分别为 L_s 和 R_s，R_G 为等效地电阻，$\dot{I}_1$ 是流过芯线的电流，$\dot{I}_s$ 是流过电缆屏蔽层的电流。①试画出 $|\dot{I}_s/\dot{I}_1|$ —频率的渐近线；②当高于什么频率时，98%的电流 $\dot{I}_1$ 才流经屏蔽层？

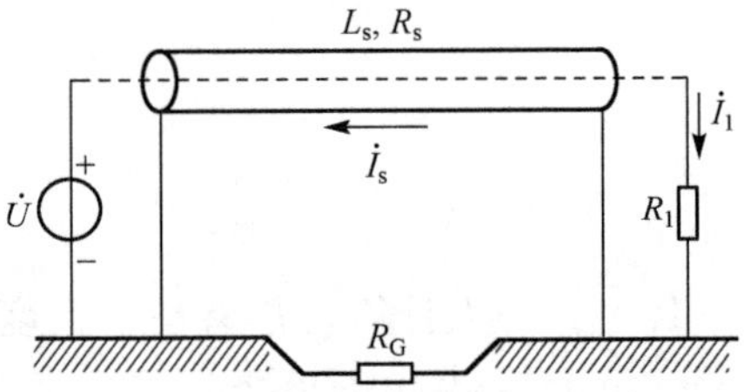

图 10-31　习题 8

9. 观察一台个人计算机并分析：有哪些穿出金属机壳的引线或连接器以及机箱上的孔缝，会导致机箱的屏蔽效能下降或失效？

10. 如果一矩形波导管的口径为 25mm×25mm，试计算能够提供 100dB 屏蔽效能的波导管的长度。该波导的截止频率是多少？

第 11 章　滤　　波

11.1　滤波的基本概念

11.1.1　滤波的含义

滤波(filtering)是抑制传导骚扰的一种重要方法。从字面的含义可以看出,滤波就是对电波进行过滤,即将希望通过的频率的电信号无阻碍的通过,而将不期望的频率成分加以滤除。

由于干扰源发出的电磁干扰的频谱比要接收的信号的频谱宽得多,因此当接收器接收有用信号时也会接收不希望有的干扰信号。滤波能限制接收信号的频带以抑制无用的干扰,而不影响有用信号,即可提高接收器的信噪比。例如,接收器的频带为无限宽,设噪声之频谱(功率谱密度)为 $N(f)$ 时,则进入接收器之噪声功率为

$$N = \int_0^\infty N(f)\mathrm{d}f$$

若有用信号功率为 S ,则此时信噪比为

$$S/N = \frac{S}{\int_0^\infty N(f)\mathrm{d}f}$$

如果采用滤波措施,将接收器之带宽限制在一定的范围之间,如 $f_1 \sim f_2$,则此时进入接收器的噪声功率为

$$N' = \int_{f_1}^{f_2} N(f)\mathrm{d}f$$

显然, $N' < N$,则 $S/N' > S/N$,系统的信噪比得到了改善。

从另一个角度来讲,尽管屏蔽措施能够切断或抑制辐射骚扰,但多数的设备外壳不可能是一个完全封闭的屏蔽体,总要有与其他设备化系统连接的端口,如电源端口或信号线端口。我们知道任何直接穿透屏蔽体的导体都会造成屏蔽体的失效。实际中,很多屏蔽严密的机箱(机柜)就是由于有导体直接穿过屏蔽箱而导致屏蔽失效,解决这个问题的有效方法之一是在机箱的电缆端口处采取滤波措施,以滤除电缆上不必要的频率成分,减小电缆产生的电磁辐射,也防止电缆上感应到的环境噪声传进设备内的电路。

概括地说,滤波的作用是仅允许工作必需的信号频率通过,而对工作不必须的信号频率进行尽可能地衰减,这样就使产生干扰的机会减为最少。

11.1.2　滤波器

滤波器(filter)是实现滤波的具体器件。采用滤波器可以达到分离信号、抑制干扰的目的。电气设备上所有电源线和信号线都存在引入电磁干扰的可能性,因此从电磁兼容的角度考虑,电源线与信号线上必须安装滤波器。

滤波器是由电感、电容、电阻或铁氧体器件构成的频率选择性二端口网络,可以插入传输线中,抑制不需要的频率的传输。能够无衰减地通过滤波器的频率段称为滤波器的通带,通过时受到很大衰减的频率段称为滤波器的阻带。

由于各种频率成分通过滤波器时的衰减不同，所以滤波器的插入损耗是滤波器最重要的特性参数。插入损耗定义为

$$\mathrm{Loss_{ins}}(\mathrm{dB}) = 20\lg (U_1/U_2)$$

式中，U_1 为信号源不接滤波器直接加在负载上的电压；U_2 为信号源通过滤波器后加在负载上的电压。插入损耗曲线随频率而变化，所以也称之为滤波器的频率特性。

根据插入损耗随频率不同的变化特性，滤波器一般可分为低通滤波器(LPF)、高通滤波器(HPF)、带通滤波器(BPF)和带阻滤波器(BSF，也称陷波器)。LPF 和 HPF 是最基本的滤波器形式，其他都是这两种基本形式的组合。EMI 滤波器多为低通滤波器。图 11-1 为几种常见滤波器的插入损耗曲线。

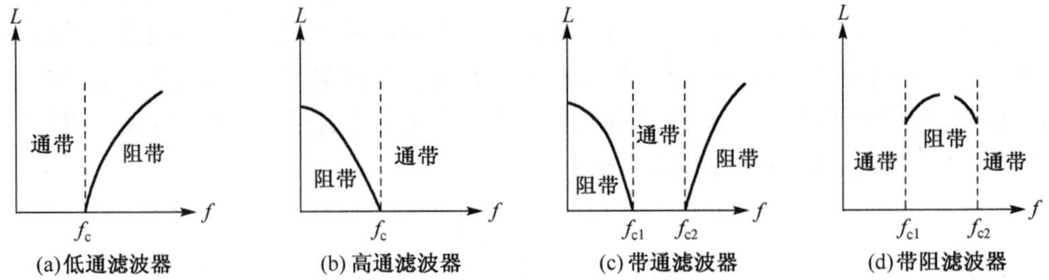

图 11-1　滤波器的插入损耗特性

根据滤波器通带(或阻带)的大小，可以将滤波器分为宽带滤波器、窄带滤波器以及一些特殊用途的滤波器如梳状滤波器。EMI 滤波器多为宽带滤波器。窄带滤波器及梳状滤波器一般用于信号调理。

根据滤波器的材料及制造工艺，可分为 LC 滤波器、RC 滤波器、铁氧体滤波器、声表面波滤波器、腔体滤波器、晶体滤波器等。EMI 滤波器主要是 LC 滤波器和铁氧体滤波器。

根据滤波器的工作机理来区分，有反射式滤波器和吸收式滤波器两种基本类型。反射式滤波器是由电感、电容等器件组成，在滤波器阻带内提供了高的串联阻抗和低的并联阻抗，使它与噪声源的阻抗和负载阻抗严重不匹配，从而把不希望的频率反射回噪声源，所以称之为反射式滤波器。吸收式滤波器则是由有耗器件构成的，它能够在阻带内吸收骚扰的电磁能量并将之转化为热损耗，从而起到滤波作用。常见的吸收式滤波器有铁氧体滤波器。

11.2　基本滤波元件

常采用的滤波元件有电容、电感、频变电阻(铁氧体元件)等。这些元件之所以能够实现滤波的功能，是利用了它们的电参数(如容抗、感抗、电阻)能够随着频率而变化的特性。由于在电磁兼容应用中，使用的各种形式的 EMI 滤波基本上为低通滤波，故以下主要讨论这些元件组成低通滤波电路时的特性。

11.2.1　电容元件

电容器是基本的滤波器件，在低通滤波器中作为旁路器件使用。利用它的阻抗随频率升高而降低的特性，起到对高频干扰旁路的作用。

采用电容进行反射式低通滤波的电路结构如图 11-2 所示，Z_1 为滤波器向负载端视入的阻抗，Z_S 为滤波器向源端视入的阻抗，将这两个阻抗考虑在内，其实质上是构成了一个 RC 低通滤波器。滤波电容本身的阻抗为 $Z_C = 1/j\omega C$，频率越高电容的阻抗越小，即高频时电容器为线路提供了一个并联的低阻抗。如果源电流中同时存在高频成分和低频成分，则高频电流将主要流过电容，而低频电流则流向负载，即电容起了滤除高频成分的作用。电容器的选择应在要滤除的频率范围内满足

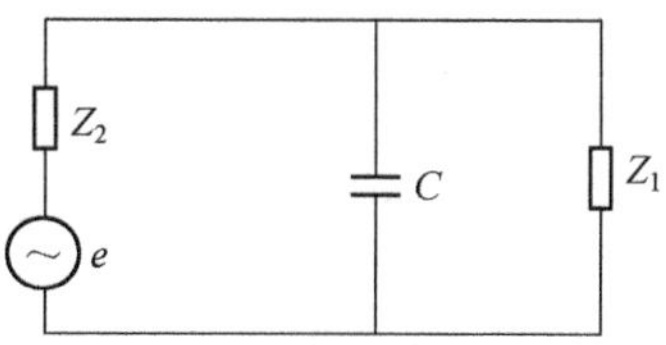

图 11-2　电容元件的低通滤波

$$Z_S, Z_1 > Z_C$$

电容滤波适用于高频时负载阻抗和源阻抗都较大的情况。如设 $Z_S = Z_1 = R$，电容滤波器的插入损耗为

$$\text{Loss}_C(\text{dB}) = 10\lg\left(1 + \left(\frac{\omega RC}{2}\right)^2\right)$$

电容既可以用来滤除差模噪声，也可以用来滤除共模噪声，只是接法不同而已。电容器如并联接在设备的交流电源进线间则可以滤除电源线上的差模高频噪声；如并接在印刷电路板上数字集成片的正负电源引脚间则起到去耦作用，给高速开关电路提供一个高频通道，以免把高频噪声传导到电源中去，这也是抑制差模噪声。如把电容器并接在导线和地之间就构成了共模滤波器，从而避免高频共模噪声流入负载中经共模—差模转换而影响设备正常工作。

但是，在实际使用中一定要注意电容器的非理想性。实际的电容器除了电容量以外，还有电感和电阻分量。电感分量是由引线和电容结构所决定的，电阻是介质材料所固有的。电感分量是影响电容频率特性的主要指标，因此，在分析实际电容器的旁路作用时，用 LC 串联网络来等效，如图 11-3 所示。

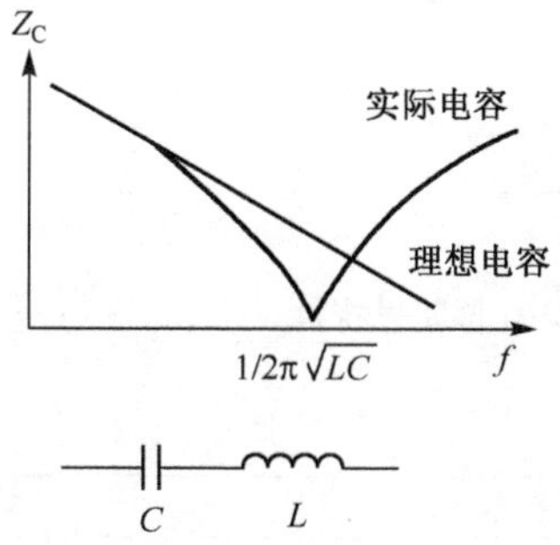

图 11-3　电容器的非理想特性

实际电容器当频率为 $1/2\pi\sqrt{LC}$ 时，会发生串联谐振，这时电容的阻抗最小，旁路效果最好。表 11-1 给出了引线长度一定时，不同容量陶瓷电容器的谐振频率。超过谐振点后，电容器的阻抗特性呈现电感阻抗的特性——随频率的升高而增加，旁路效果开始变差。这时，作为旁路器件使用的电容器就开始失去旁路作用。电磁兼容设计中使用的电容要求谐振频率尽量高，这样才能够在较宽的频率范围内起到有效的滤波的作用。提高谐振频率的方法有两个，一个是尽量缩短引线的长度，另一个是选用电感较小的种类。从这个角度考虑，陶瓷电容是最理想的一种电容。

表 11-1　引线长 1.6mm 陶瓷电容器的谐振频率

电容量	谐振频率/MHz
1μF	1.7
0.1μF	4
0.01μF	12.6
3300pF	19.3
1100pF	33

续表

电容量	谐振频率/MHz
680pF	42.5
330pF	60

11.2.2 电感元件

由电感组成的最简单的反射式低通滤波电路如图 11-4 所示。若不考虑电感自身的电阻，则电感的阻抗为 $Z_L = j\omega L$ ，频率越高，电感的阻抗越大，即高频时为线路提供了一个串联的高阻抗，高频成分主要降在电感上，而低频成分能衰减很小地通过电感到达负载。电感器的选择应在需要滤除的频率范围内满足 $Z_S, Z_1 > Z_L$ 。所以电感滤波器适用于高频时负载阻抗和源阻抗均较小的场合，如设 $Z_S = Z_1 = R$ ，电感滤波器的插入损耗为

$$\text{Loss}_L(\text{dB}) = 10\lg\left(1+\left(\frac{\omega L}{2R}\right)^2\right)$$

实际的电感器除了电感参数以外，还有寄生电阻和电容。其中，寄生电容的影响更大。理想电感的阻抗随着频率的升高成正比增加，这正是电感对高频干扰信号衰减较大的根本原因。但是，由于匝间寄生电容的存在，实际的电感器等效电路是一个 LC 并联网络，如图 11-5 所示。当频率为 $1/2\pi\sqrt{LC}$ 时，会发生并联谐振，这时电感的阻抗最大，超过谐振点后，电感器的阻抗特性呈现电容阻抗特性——随频率增加而降低。电感的电感量越大，往往寄生电容也越大，电感的谐振频率越低。表 11-2 给出了不同电感量的电感器谐振频率。

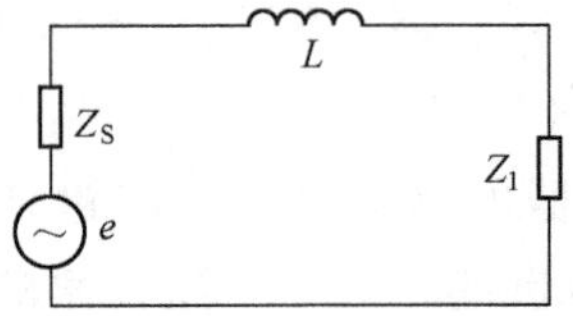

图 11-4　电感元件的低通滤波

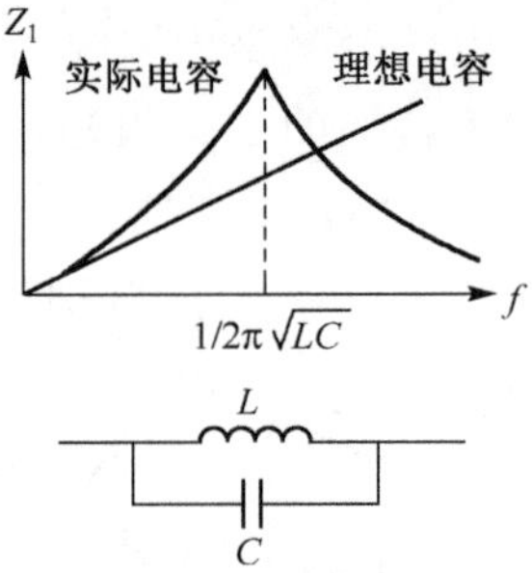

图 11-5　电感器的非理想特性

表 11-2　绕在铁粉芯上的电感器谐振频率

电感量/μH	谐振频率/MHz
3.4	45
8.8	28
68	5.7
125	2.6
500	1.2

11.2.3 电阻型滤波元件

电阻型滤波元件是一类特殊的元器件。这类元件的电阻不是常数，而是会随着通过其信号的频率发生变化，即被称做一种“频变电阻” $R(f)$ 。由电阻型滤波元件构成的滤波电路，其工作机理是将阻带内的电信号能量转化为焦耳热而消耗掉，所以是吸收式滤波。

基于前面对电容及电感滤波元件用法的讨论，可以得出如下的结论：如果是随频率按正系数变化的频变电阻，应将其串联在骚扰源与负载之间，利用电阻对电磁噪声的分压实现低通滤波；如果是随频率按负系数变化的频变电阻，则应将其并联在骚扰源与负载之间，利用电阻对电磁噪声的分流来实现低通滤波。

铁氧体吸收型滤波元件是一种典型的频变电阻元件，已被广泛应用于各种电路中作为低通滤波器使用。用于电磁噪声抑制的铁氧体是一种磁性材料，由铁、镍、锌氧化物混合而成，具有很高的电阻率，较高的磁导率(相对磁导率为 100～1500)。铁氧体一般做成中空型，导线穿过其中。当导线中的电流穿过铁氧体时低频电流几乎可以无衰减地通过，但高频电流却会受到很大的损耗，转变成热量散发，所以铁氧体和穿过其中的导线即成为吸收式低通滤波元件。

这个滤波元件可以等效为电阻和电感的串联，但电阻值和电感量都是随着频率而变化的，总的串联阻抗为

$$Z(f) = R(f) + \mathrm{j}\omega L(f)$$

这其中的 $R(f)$ 部分能够以吸收形式提供了主要的滤波能力，而 $\mathrm{j}\omega L(f)$ 则以反射形式提供部分滤波性能。图 11-6 是典型的铁氧体的 Z、R、L 随频率变化的曲线。

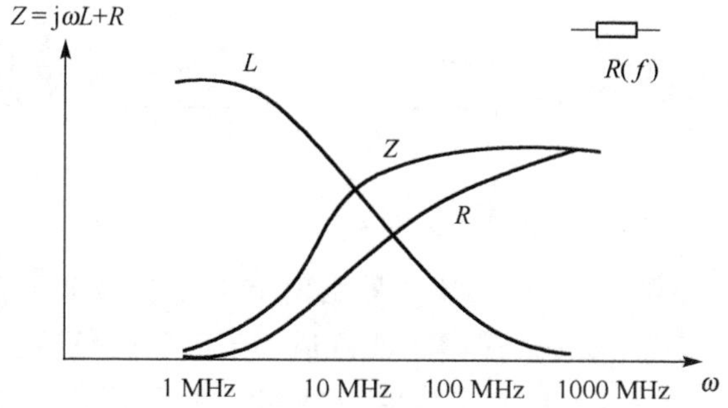

图 11-6　铁氧体低通滤波器的阻抗特性

由图 11-6 可知，总的阻抗是随频率升高而增加的。在低频段内，磁芯的磁导率较高，因此电感量较大，$X>R$，这时电感起主导作用，但这时磁芯的损耗较小，整个器件是一个低损耗、高 Q 值特性的电感，这种电感容易造成谐振。因此在低频，有时会有干扰增强的现象。

而在高频段内，阻抗主要由电阻成分构成，即 $X<R$。随着频率升高，磁芯的磁导率降低，导致电感的电感量减小，感抗成分减小。但这时磁芯的损耗增加，电阻成分增加，导致总的阻抗增加。当高频信号通过铁氧体时，电磁能量以热的形式耗散掉。

对于直流和低频信号，铁氧体提供的串联阻抗很低，直流电阻只有零点几欧，所以几乎没有衰减，可以顺利通过。但对于几十至几百兆赫兹的高频信号滤波器的阻抗则成百倍的增加，因此对高频信号起到较大的衰减作用。铁氧体吸收式滤波器与常规的电感滤波器相比具有更好的高频滤波特性，因为电感器在高频时的分布电容会使电感器的实际阻抗下降，从而降低滤波性能。而铁氧体滤波器在高频时电阻值大于感抗，主要呈现电阻性，相当于一个品质因数很低的电感器，所以能在相当宽的频率范围内保持较高的阻抗，从而提高高频滤波性能。

综上所述，铁氧体磁珠与电感器的功能是相同的，都是对高频产生高阻抗，只是磁珠是吸

收性的，而电感器是反射性的，磁珠的高频滤波性能比电感器好。磁珠可以做得很小，而且使用起来比电感器更方便灵活。

11.3 EMI 滤波器

低通滤波器是电磁兼容抑制技术中用得最普遍的一种滤波器，低频信号可以很小的衰减通过，而高频信号则被滤除。低通滤波器用在交直流电源系统中可以抑制电源中的高频噪声，用在放大器或发射机输出电路中可以滤除有用信号的高次谐波和其他杂散干扰。

低通滤波器的结构形式和滤波器两端的阻抗有密切关系。本节将介绍几种常见基本形式的 LC 低通滤波器以及常见的 EMI 滤波器。

11.3.1 常见的 LC 低通滤波器结构

1. Γ 形 LC 滤波器

Γ 形 LC 滤波器的结构如图 11-7 所示。该滤波器适用于高频时负载阻抗较大，而源阻抗较小的场合。Γ 形滤波器的插入损耗为

$$L_{\Gamma}(\mathrm{dB}) = 10\lg\left(\frac{(2-\omega^2 LC)^2 + \left(\omega CR + \frac{\omega L}{R}\right)^2}{4}\right)$$

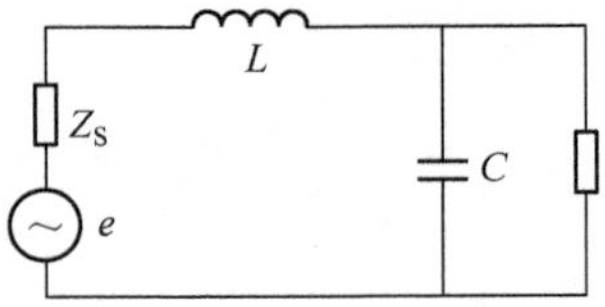

图 11-7　Γ 形 LC 滤波器

2. Π 形滤波器

Π 形滤波器由两节 Γ 形滤波器组合而成，其结构如图 11-8 所示。Π 形滤波器适用于高频时负载阻抗和源阻抗都比较大的场合，与电容滤波器相比由于是多节滤波器串接而成，所以插入损耗更大，滤波效果更好。当 $Z_S = Z_1 = R$ 时其插入损耗为

$$L_{\Pi}(\mathrm{dB}) = 10\lg\left((1-\omega^2 LC)^2 + \left(\frac{\omega L}{2R} - \frac{\omega^2 LC^2 R}{2} + \omega CR\right)^2\right)$$

3. T 形滤波器

T 形滤波器是由两节 Γ 形滤波器以不同的方式组合而成，适用于高频时负载阻抗和源阻抗都比较小的场合，它比电感滤波器的插入损耗大，其结构如图 11-9 所示。

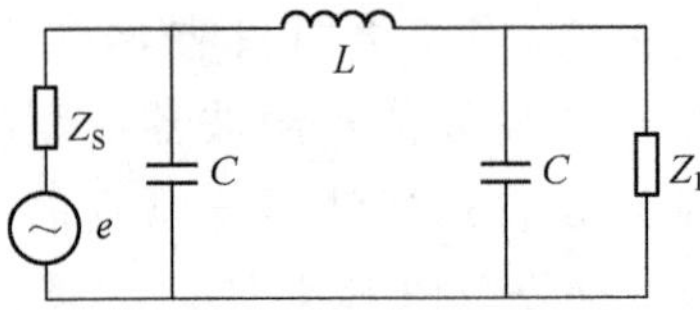

图 11-8　Π 形 LC 滤波器

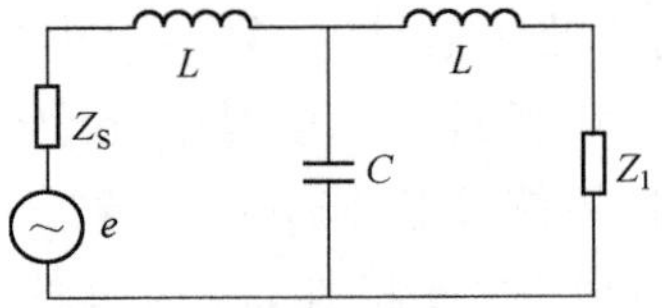

图 11-9　T 形滤波器

当 $Z_S = Z_1 = R$ 时，T 形滤波器的插入损耗为

$$L_{T}(\mathrm{dB}) = 10\lg\left((1-\omega^2 LC)^2 + \left(\frac{\omega L}{R} - \frac{\omega^2 L^2 C}{2R} + \frac{\omega CR}{2}\right)^2\right)$$

上面叙述的几种低通滤波器都可以级联运用。阻带范围相同的滤波器级联可以增加阻带内的衰减。阻带范围不同的滤波器级联可以扩展阻带的频率范围。

11.3.2 共模扼流圈

作为滤波器使用的电感线圈有两种:一种是差模扼流圈,用于抑制差模高频噪声;另一种是共模扼流圈,用于抑制共模高频噪声。差模扼流圈一般是单线扼流圈,串联在单根传输线上。单线扼流圈通常是把导线缠绕在磁损较大的铁粉芯上,电感值可达几十毫亨(mH)。共模扼流圈可插入传输导线对中,同时抑制每根导线对地的共模高频操声,而对于传输线中传输的差模电流则没有影响,其结构如图 11-10 所示。通常把两个相同的线圈绕在同一个铁氧体环上,铁氧体磁损较小,绕制的方法使得两线圈在流过共模电流时磁环中的磁通相互叠加,从而具有相当大的电感量,对共模电流起到抑制作用;而当两线圈流过差模电流时,磁环中的磁通相互抵消,几乎没有电感量,所以差模电流可以无衰减地通过。共摸扼流圈的优点就在于即使有较大差模电流通过也不会使磁环饱和,而对于共模电流则有较大的电感(约几毫亨),所以可以用在大电流的电源滤波器中。

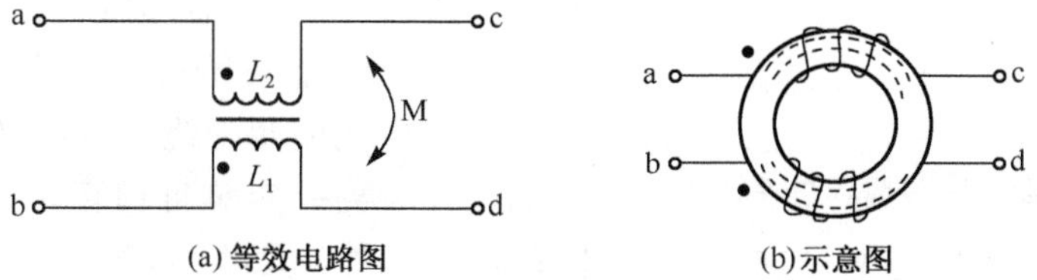

图 11-10 共模扼流圈

11.3.3 电源滤波器

电源滤波器是一种多级差模和共模低通滤波器级联的一个应用实例。它的优点是可同时抑制差模与共模两种模式的高频噪声,其滤波性能受两端负载阻抗的影响较小。

电源滤波器的作用往往是双向的,它不仅可以阻止电网中的噪声进入设备,而且可以抑制设备产生的噪声污染电网。图 11-11 是电源滤波器的一种典型结构,这种结构对交流和直流电源都适用。

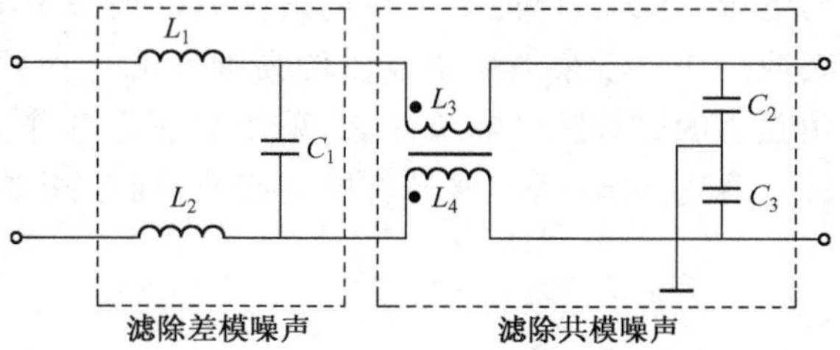

图 11-11 电源滤波器的结构

图中 L_1 和 L_2 是两个差模电感扼流圈,电感量一般选为几十至几百毫亨,C_1 是差模滤波电容,一般选 0.047～0.22μF,L_3 和 L_4 是共模扼流圈,绕在同一个铁氧体环上,电感量约为几毫亨,C_2 和 C_3 是共模滤波电容,电容量为几纳法。C_2 和 C_3 的电容量不宜选得过大,否则容易引起滤波器机壳漏电的危险。因为 C_2 和 C_3 的连接点是接"地"的,这里的地指的是滤波器的金属机壳，按规定金属机壳应接大地。当滤波器用于交流电网时，虽然 C_2 和 C_3 对低频交流的阻抗很大，但仍存在一定的漏电流，电容越大漏电流也越大。如果机壳接大地不良，人手摸到机壳就会有麻电的感觉。国际电工委员会 IEC435(CO)14 规定了漏电流的限值，对于Ⅰ类安全设备漏电流不得大于 3.5mA，对于Ⅱ类安全设备应小于 0.25mA。

在实际运用中，电源滤波器并非是一个理想的低通滤波器，滤波器的实际频率特性可由图 11-12 说明。低频时插入损耗很小，可以让电源频率几乎无衰减地通过。对于理想低通滤波器，在截止频率以后随着频率的升高插入损耗应该不断增加，但实际上播入损耗升高到一定值以后就不再增加，在相当一段频率范围内维持在该值附近振荡。然后，当频率进一步升高时插入损耗反而随频率下降。产生这种情况的原因是构成滤波器的电感器件和电容器件存在分布参数。

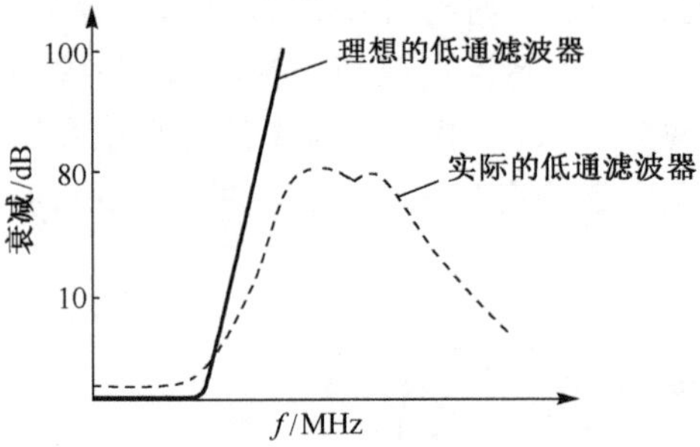

图 11-12 滤波器实际的插入损耗特性

电感器件如扼流圈在高频时的分布电容必须考虑，这些分布电容主要存在于线匝之间，电感器在高频时可看成是电感 L 和分布电容 C_L 的并联。当频率大于谐振频率后电感器就不再是电感而变成电容了，并且随着频率升高阻抗进一步减小，这样就失去了对高频的抑制作用。因此，在绕制扼流圈时一定要注意采用适当方法尽量减少匝间的分布电容。单扼流圈是绕在磁性材料上的，当扼流圈中的电流大到一定程度时磁性材料将产生磁饱和现象，这时磁性材料的磁导率将急剧下降，电感量也随之大大减小，单扼流圈就不能起到滤波作用了，所以应该采用饱和磁感应强度高即磁损大的磁芯，如金属粉末磁芯，同时磁芯的截面积也不能过小。共模扼流圈一般不存在磁饱和问题，因为差模电流在流过共模扼流圈时磁通在磁芯中互相抵消，所以磁芯可以用饱和磁感应强度较低即磁损小但磁导率高的铁氧体材料。

高频时电容器不再是单纯的电容，而是电容 C 和分布电感的串联电路。当频率超过谐振点后，感性阻抗起主导，所以当频率大于谐振频率之后电容器就不再是电容而变成电感了，并且随着频率的升高阻抗反而越来越大，电容器就不再具有高频滤波功能了。因此要改善滤波器的高频特性就必须选择高频特性好、等效串联阻抗(ESR)低的陶瓷电容和聚酯电容，并且尽可能地缩短电容的引线，减小高频分布电感。

对于某些特殊要求的电源滤波器，可能要求在高达 1GHz 的频率时任能提供有效的滤波性能。这时还常常采用其他一些手段来提高滤波器的高频性能。一般的做法是：将组成滤波器的多个级联环节之间用独立的屏蔽腔体隔离开来，采用穿芯电容作为共模滤波电容并用其实现各级间的连接。通过采取这些措施，能够显著提高滤波器的工作频率上限。

11.3.4 信号线滤波器

对于在信号线上采取的低通滤波措施，除了可以使用上面介绍了的扼流圈、反射式 LC 滤波器等之外，还常常采用以下几种滤波器件。

1. 穿芯电容滤波器

在处理穿越屏蔽体的引线端子时可以采用穿芯电容来构成共模电容滤波器，通常也将之称做馈通滤波器。

使用时，穿芯电容用螺栓或焊接方法固定在机箱的金属板上，有用信号可以通过其芯线穿过机箱，而高频噪声则通过芯线与金属板之间的电容入地，如图 11-13 所示。

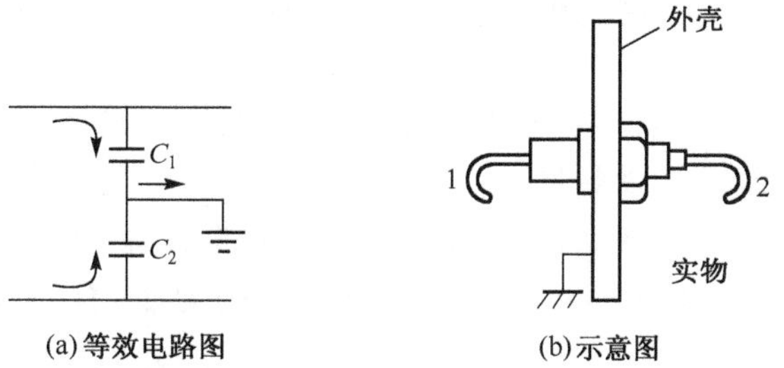

图 11-13　穿芯电容构成的共模滤波器

穿芯电容滤波器还常常以滤波阵列板和滤波连接器的形式出现。当需要滤波的导线数量较多时，逐个焊接或安装馈通滤波器是十分烦琐的事，这时可使用滤波阵列板或滤波连接器。滤波阵列板上的穿芯电容已经由厂家使用特殊工艺焊接好，性能可靠，使用简便。滤波阵列板一般用在机箱内部。而对于机箱外部的电缆进行滤波则使用滤波连接器，以便于电缆的插拔。一般滤波连接器的外形尺寸与普通连接器是完全相同的，可以直接取代普通连接器。不同的是滤波连接器的每个针(孔)上安装了一个穿芯电容滤波器，用以滤除信号线上的高频干扰。

使用滤波阵列板时，要注意的问题是：一定要在滤波阵列板与安装面板之间安装电磁密封衬垫，否则在缝隙处会有很强的电磁泄漏。

2. 铁氧体滤波器

根据不同的使用场合铁氧体滤波器可以做成多种形式，图 11-14 列出了常用的 10 种形式。图 11-14(a)～(c)常做成元件型，可以直接焊接在印刷电路板上。多线磁珠可串接在低速信号轨线对中，如键盘线对，RS-232 接口线对等。图 11-14(d)～(f)是磁环，导线应从中间穿过。圆磁环可套在元件引脚或导线上，柱形磁环用于圆形电缆，矩形磁环用于扁平电缆。图 11-14(g)是多孔磁板，专用于 DIP 型连接器的插座，使用时应把插座上的每个引脚都插入磁板上相应的孔中。为了使用方便，磁环还有做成分裂式的，两个半环套在电缆上，然后用夹子夹紧。图 11-14(h)型可用于圆电缆；图 11-14(i)型可用于扁平电缆。

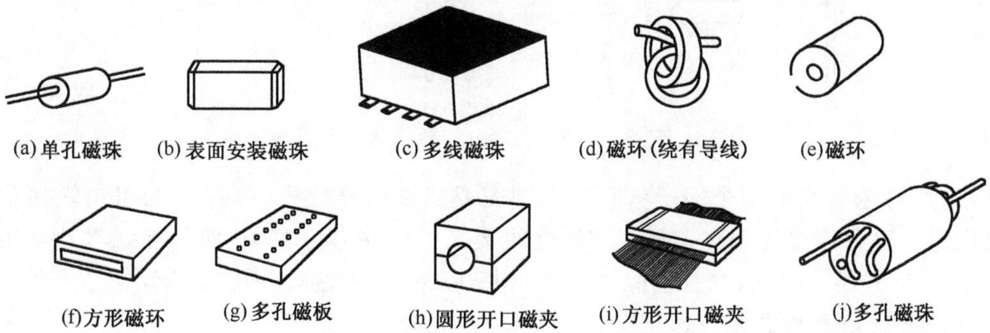

图 11-14　各种铁氧体磁环(磁珠)

磁珠和磁环可以应用在以下场合：磁环可套在交流电源线对、直流电源线对、信号线对上，也可套在电缆线把上用于抑制共模噪声；磁珠可串接在电源的正负导线中用于抑制差模噪声；磁环还可套在高频元件引脚上，防止电路产生高频振荡。使用铁氧体磁珠和磁环时应注意以下问题。

(1)电缆或导线应与环内径密贴，不要留太大的空隙，这样导线上电流产生的磁通可基本上都集中在磁环内，从而增加滤波效果。

(2)磁环越长阻抗越大。例如，2个截面积相同的磁珠，长度为6.68mm的磁珠在100MHz时阻抗为110Ω，长度为13.97mm的磁珠阻抗则为220Ω，如果一个磁环不起作用可以多穿几个磁环。

(3)有时为增加阻抗可以把导线在磁环上多绕二圈，也可用如图11-14(j)所示的穿孔磁环，增加匝数。理论上，阻抗与匝数平方成正比，但由于匝与匝之间存在分布电容，高频时实际增加的阻抗不可能达到预期效果，所以一般最多绕2～3匝。

(4)磁环内的导线如流过较大的直流或低频交变电流则容易使其滤波作用失效，因为铁氧体磁环与其他电感器铁心相比容易产生磁饱和，这时磁导率急剧下降，阻抗也随之下降。所以在利用磁珠抑制差模电流时要注意产品说明书给出的电流允许值，特别当磁珠用在大电流的电源线滤波时要挑选允许电流值大的磁珠。在用磁环抑制共模噪声电流时最好把正负电源线对或正负信号线对都穿过磁环，这样磁环就不易产生磁饱和。

(5)如果使用铁氧体磁珠或磁环的线路负载阻抗很高，则磁珠很可能不起作用，因为磁珠的阻抗在几百兆赫兹时也只有几百欧姆，因此磁珠比较适用于低阻抗电路。如果能在磁珠后面再并接一个电容组成类似LC滤波器则会大大降低负载阻抗，从而增加滤波效果。

3. 三端电容

在讨论电容器的非理想特性时提到，对于高频，电容的引线电感是不能忽略的。当频率接近或超过实际电容器的自谐振频率时，电容器将失去其滤波的功能。

与普通电容不同的是，三端电容的一个电极上有两根引线，如图11-15所示。

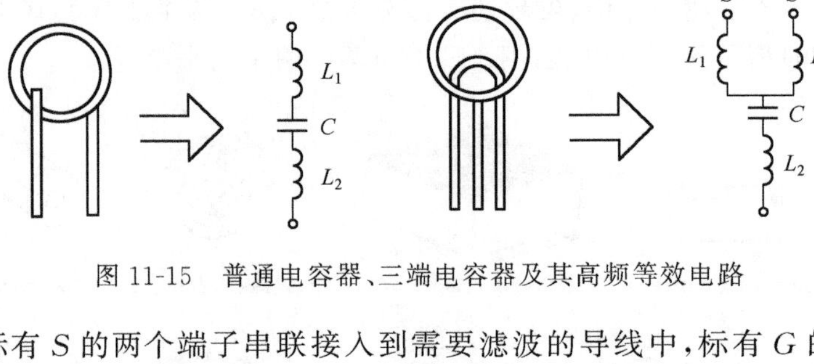

图11-15 普通电容器、三端电容器及其高频等效电路

使用时，将标有S的两个端子串联接入到需要滤波的导线中，标有G的引出端接信号地或供电回路。这种连接等于在信号线和地之间接入一个穿芯电容器，而且导线电感与电容刚好构成了一个T形滤波器，并且消除了一个电极上的串联电感。因此，三端电容比普通电容具有更高的谐振频率和更好的滤波或去耦效果。

三端电容器虽然比普通电容器在滤波效果上有所改善，但是还有两个因素制约着其高频效果，一个是两根引线间的寄生电容耦合，另一个是接地线的电感。因此，三端电容的自谐振频率为 20～350MHz，它的自谐振频率主要取决于电容量大小。若能选择其自谐振频率与要抑制的 EMI 信号频率相重合或接近，会得到最佳抑制效果。实现对 EMI 信号 60～70dB 的衰减。

为了进一步改善三端电容器的滤波性能，还可通过在两个 S 端引线的根部分别接入两只铁氧体磁珠来构成一种新的复合滤波器件。目前，市场上有这类的系列产品可供选用。在使用时应根据需要滤波的信号线的信号频率来选择合适参数的器件。

11.4　滤波器的安装

11.4.1　一般注意事项

EMI 滤波器的安装和实际布局，对它能否充分发挥抑制 EMI 的作用极大，有关的注意事项包括如下几条：

(1)滤波器应当安装在尽量靠近欲抑制噪声的端子处：最好安装在干扰源出口处，再将干扰源和滤波器完全屏蔽在一个金属盒子里。若干扰源内腔空间有限，则应安装在靠近干扰源电源线出口外侧，滤波器壳体与干扰源壳体应进行良好的搭接。

(2)滤波器的输入和输出线必须分开，防止出现输入端与输出端线路耦合现象而降低滤波器的衰减特性，通常利用隔板或底盘来固定滤波器。若不能实施隔离方法，则采用的屏蔽引线必须可靠接地。

(3)滤波器中电容器导线应尽可能短，防止感抗与容抗在某个频率上形成谐振，电容器相对于其他电容器和元件成直角安装，避免相互产生影响。

(4)滤波器接地线上有很大的短路电流，能辐射很强的电磁干扰，因此对滤波器的抑制元件要进行良好的屏蔽。

(5)焊接在同一插座上的每根导线都必须进行滤波，否则会使滤波器的衰减特性完全失去。

(6)穿芯滤波器必须完全同轴安装，使电磁干扰电流成辐射状流经电容器。若把穿芯电容器通过法兰盘直接安装到干扰源上与设备组成一体，接地电流就会成辐射状流过，抑制频率范围可扩展到几吉赫兹。如果安装不当，抑制效果就会明显变差。

11.4.2　电源滤波器的安装

1. 参数选择

在选择电源滤波器时需要考虑的参数应当包括：

(1)插入损耗：对于 EMI 电源滤波器而言，这是最重要的指标。由于电源线上既有共模干扰也有差模干扰，因此滤波器的插入损耗也分为共模插入损耗和差模插入损耗。在滤波器的阻带，插入损耗越大越好。

(2)高频特性：理想的电源线滤波器应该对交流电频率以外所有频率的信号有较大的衰减，即插入损耗的有效频率范围应覆盖可能存在干扰的整个频率范围。但几乎所有的电源线滤波器手册都仅给出 30MHz 以下频率范围内的衰减特性。这是因为电磁兼容标准中对传导发射的限制仅到 30MHz(军标仅到 10MHz),并且大部分滤波器的性能在超过 30MHz 时开始变差。但实际中,滤波器的高频特性是十分重要的。

(3)额定工作电流:额定工作电流不仅关系到滤波器的发热问题,而且影响电感的特性,滤波器中的电感要求在工作电流峰值条件下不能发生饱和。

(4)滤波器的体积:滤波器的体积主要由滤波器中的电感决定,而电感的体积取决于额定电流、滤波器的低频滤波特性。体积小的滤波器一定牺牲了电流容量或低频特性。

在选择电源滤波器过程中所面临的最大的困惑就是:如何确定在阻抗失配的应用条件下滤波器的插入损耗?往往厂家所给出的滤波器参数是在 50Ω 的源和负载阻抗的测试环境下获得的,这种方法获得的滤波器性能参数是最优化的,同时也是最具有误导性的。在实际应用中,交流电源的阻抗可能在 2Ω～2kΩ 的范围内变化,而设备的负载阻抗更是千差万别,所以一般情况下电源滤波器都是工作在阻抗失配的条件下。为了解决阻抗问题,最好是购买生产厂家同时标明了在"匹配"的 50/50 测试系统中的指标和在"失配"条件下的指标的产品。失配的数据是在源阻抗为 0.1Ω/负载阻抗为 100Ω 以及源阻抗为 100Ω/负载阻抗为 0.1Ω 的条件下测得的。为保险起见,应当是用所有这些曲线中的最坏情况形成一条插损曲线图,并将其作为滤波器的技术指标来考虑。

2. 正确安装

电源滤波器的理想安装方式如图 11-16(a)所示。这种安装中,滤波器的输入和输出分别在机箱金属面板的两侧,直接安装在金属面板上,使接触阻抗最小,并且利用机箱的金属面板将滤波器的输入端和输出端隔离开,防止高频时的耦合。滤波器与机箱面板之间最好安装电磁密封衬垫(在有些应用中,电磁密封衬垫是必需的,否则接触缝隙会产生泄漏)。

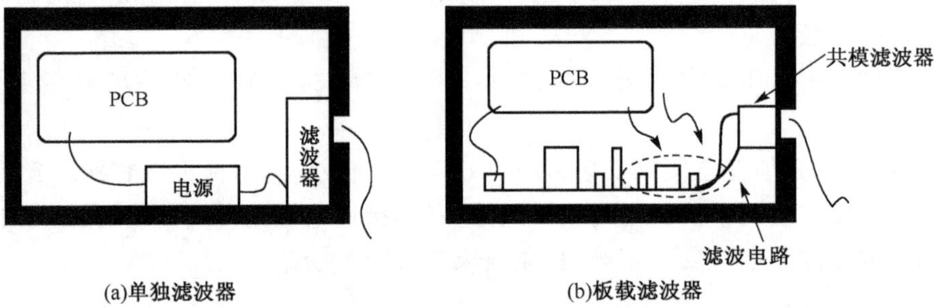

图 11-16　滤波器的正确安装

军用设备中经常使用这种安装方式,否则可能不能满足辐射发射的限制要求。对于民用设备,虽然电磁兼容标准的要求较松,但是,有些场合对射频泄漏的限制很严格(如与高灵敏度接收机一起工作的设备),也要采用这种安装方式。在采用这种安装方式时,滤波器的滤波效果主要取决于滤波器本身的性能。当滤波器本身的性能较差时(主要指高频性能),即使采用这种安装方式也不能提高滤波器的滤波效果。

许多产品为了降低成本,将滤波器直接安装在线路板上,如图 11-16(b)所示。这种方法从直接成本上看有些好处,但实际的性价比并不高。因为高频干扰会直接感应到滤波电路上的任何一个部位,使滤波器失效。因此,这种方式往往仅适合于干扰频率很低的场合。如果设备使用了这种滤波方式(有些电源上就安装了滤波电路),一种补救措施是在电源线入口处安装一只共模滤波器,这个滤波器可以仅对共模干扰有抑制作用。因为,空间感应到导线上的干扰电压都是共模形式。这个共模滤波器可以由一个共模扼流圈加两只共模滤波电容构成,或者采用穿芯电容也可以获得非常理想的滤波效果。

11.4.3　信号滤波器的安装

1.滤波器的安装方式

信号滤波器的主要作用是滤除信号电缆端口上的干扰电流,既防止设备内的噪声电流传导到电缆上,也防止外界干扰在电缆上感应的噪声电流传入设备。一般为了满足电磁兼容标准的要求,非屏蔽电缆的端口上必须安装滤波器,否则难以达到要求。

(1)板载滤波器:这种滤波器安装在 PCB 线路板上。这种滤波器的优点是经济。缺点是高频滤波效果欠佳。这主要是由于三个原因,第一个原因是滤波器的输入、输出之间没有隔离,容易发生耦合。第二个原因是滤波器的接地阻抗不是很低,削弱了高频旁路效果。第三个原因是滤波器与机箱之间的一段连线会产生两种不良作用:机箱内部空间的电磁干扰会直接感应到这段线上,沿着电缆传出机箱,借助电缆辐射,使滤波器失效;外界干扰在被板载滤波器滤波之前,也会借助这段线产生辐射,或直接与线路板上的电路发生耦合,造成设备抗扰度性能被降低。

(2)面板滤波器:这种滤波器直接安装在屏蔽机箱的金属面板上,如馈通滤波器、滤波阵列板、滤波连接器等。由于直接安装在金属面板上,滤波器的输入、输出之间完全隔离,接地良好,电缆上的干扰在机箱端口上被滤除,因此滤波效果十分理想。缺点是安装需要一定的结构配合,这必须在设计初期进行考虑。

信号滤波器的安装方法如图 11-17 所示。

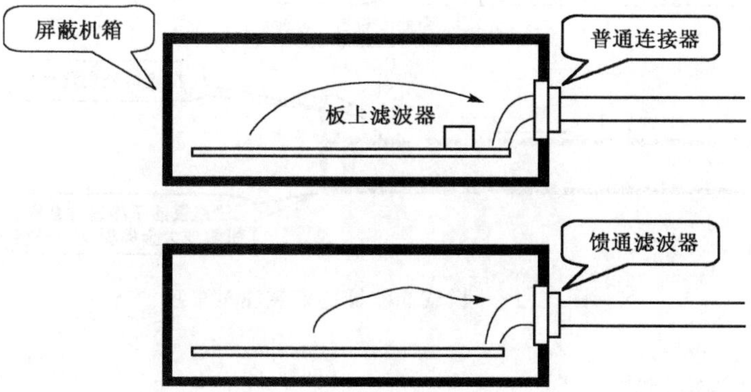

图 11-17　信号滤波器的两种安装方式

2.板载安装的注意事项

板载滤波器虽然高频的滤波效果不尽如人意,但是如果应用得当,可以满足大部分民用产品电磁兼容的要求。在使用时要注意以下事项:

(1)干净地:决定在使用板上安装型滤波器后,在布线时要注意在电缆端口处留出一块"干净"的地,滤波器和连接器都安装在干净地上。需要说明的是,在信号地线上的干扰是十分严重的,我们说这种地线是很不干净的。如果直接将电缆的滤波电容连接到这种地线上,不但起不到较好的滤波作用，反而可能造成地线上的干扰串到电缆线上，造成更严重的共模辐射问题。因此，为了取得较好的滤波效果，必须准备一块干净地。干净地与信号地只能在一点连接起来，这个流通点称为"桥"，所有信号线都应该从桥上通过，以减小信号环路面积。

(2)滤波器要并排设置：保证导线组内所有导线的未滤波部分在一起，已滤波部分在一起。不然的话，一根导线的未滤波部分会将另一根导线的已滤波部分重新污染，使电缆整体的滤波失效。

(3)滤波器要尽量靠近电缆的端口：使滤波器与面板之间的导线尽量短，其道理前面已经说过。必要时，使用金属遮板挡一下，其近场的隔离效果较好。

(4)滤波器与机箱的搭接：安装滤波器的干净地要与金属机箱可靠地搭接起来，如果机箱不是金属的，应该在线路板下方设置一块较大的金属板，作为滤波地。干净地与金属机箱之间的搭接要保证很低的射频阻抗。必要时，可以考虑使用电磁密封衬垫搭接，增加搭接面积，减小射频阻抗。

(5)滤波器接地线要短：其重要性前面已讨论，滤波器的局部布线、设计线路板与机箱(金属板)的连接结构时要特别注意。

(6)滤波线与未滤波线分组：在端口滤波的电缆和不滤波的电缆尽量远离，防止发生上述的耦合问题。

板载滤波器安装时的主要注意事项如图 11-18 所示。

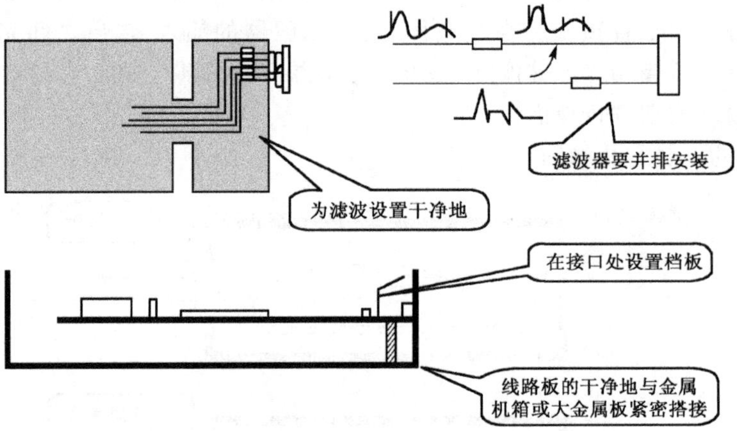

图 11-18 板载滤波器的安装注意事项

3. 面板安装的注意事项

当干扰的频率较高或对干扰抑制的要求很严格时，要在面板上安装滤波器。面板上安装型的滤波器有单个馈通滤波器、滤波阵列板、滤波连接器等，应当根据实际情况选用。当穿过面板的线较少时，用单个馈通滤波器，当穿过面板的线较多时，用滤波阵列板。有关使用方面的进一步说明如下：

(1)面板上安装型滤波器只能安装在金属面板上：金属面板为滤波器提供了滤波地(使滤除的干扰电流有去处)。而且，金属面板起到了隔离滤波器输入、输出的作用。

(2)焊接安装：焊接安装方式一般用于单个的馈通滤波器。焊接时，要保证滤波器一周都焊接上。焊接温度要按照厂家的要求严格控制。一般只有当产品的产量很大、焊接工艺保证能力很强时，才用这种安装方式。

(3)螺装：一般单个馈通滤波器采用螺装方式。为了保证滤波器的一周与面板可靠搭接，要使用带齿牙的垫片。安装时，确保接触面清洁、导电。

(4)滤波阵列板和滤波连接器的安装：滤波阵列板或滤波连接器与安装面板之间一定要使用电磁密封衬垫。否则，在搭接点的电磁泄漏是十分严重的。因为滤波器中的重要器件是电容器，它将信号线上的干扰旁路到机箱上，保证信号线上没有干扰。这样在滤波器外壳和机箱的接触面上会有较强的干扰电流流过，如果滤波器和机箱之间的搭接阻抗较大，在这个阻抗上会有噪声电压，这个噪声电压是一个电磁辐射源。

(5)电缆滤波的方法：在传输低频信号的电缆上使用低通滤波器是解决电磁干扰问题很理想的方法。虽然使用滤波连接器是很理想的方法，但是滤波连接器的价格往往是许多项目难以承受的。如果空间允许，可以使用小隔离舱的方法。

(6)如果将铁氧体磁环与馈通滤波器结合起来使用，往往能够取得更好的效果。

安装面板滤波器的主要方法如图 11-19 所示。

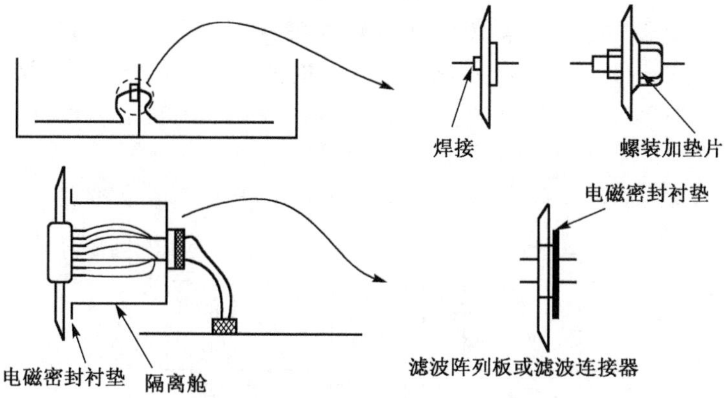

图 11-19　安装面板滤波器的方法

习　　题

1. 实际使用的电感器并非是理想电感，存在匝间电容和绕组损耗电阻，其等效电路如图 11-20 所示。试在同一坐标系中画出理想电感和实际电感器的阻抗-频率曲线，并给出比较结果。

2. 实际使用的电容器并非是理想电感，存在引线电感和介质损耗电阻，其等效电路如图 11-21 所示。试在同一坐标系中画出理想电感和实际电容器的阻抗-频率曲线，并给出比较结果。

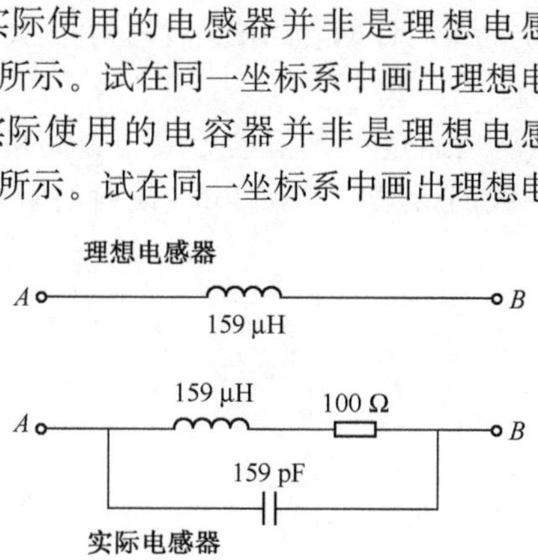

图 11-20　习题 1

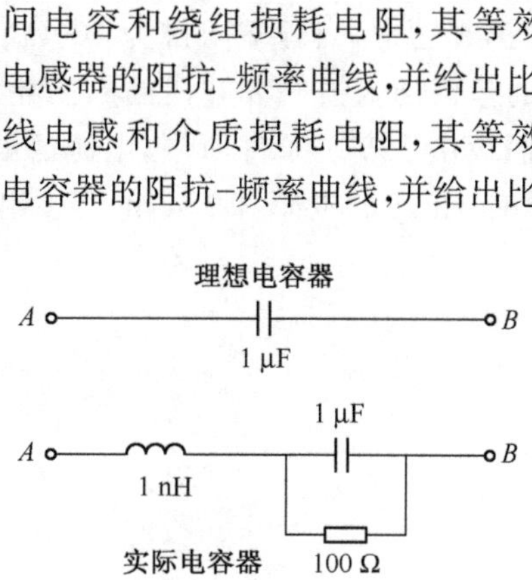

图 11-21　习题 2

3. 铁氧体磁珠常串接在导线上用以抑制高频噪声，如图 11-22 所示。图中负载阻抗 R_L 为 10kΩ，设磁珠在 100MHz 是的阻抗为 200Ω，求其插入损耗。如果在磁珠后面再并接一个 0.01μF 的电容，求两者构成的低通滤波器的插入损耗。

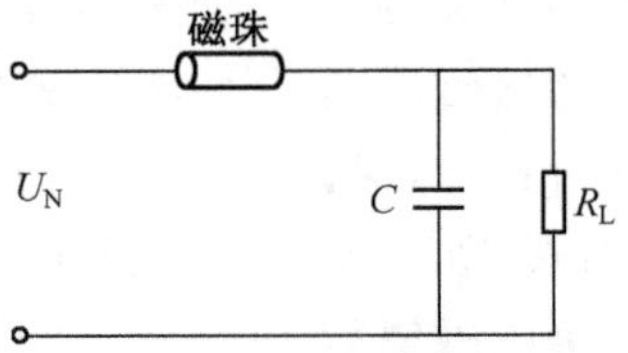

图 11-22　习题 3

4. 如果采用将一个电感与 50Ω 负载串联来抑制 100MHz 的噪声电流，求能提供 20dB 插入损耗的电感的值。

5. 一共模扼流圈的自电感为 28mH，耦合系数为 0.98，求由漏电感所形成等效差模电感。

6. 第 5 题中耦合系数为 0.95 时，重求该漏电感。

7. 图 11-23 为一电源滤波器，设其元件参数如下：$L_1=L_2=5\text{mH}$，$C_1=0.1\mu\text{F}$，$L_3=L_4=30\text{mH}$（假设耦合系数 $k=1$），$C_2=C_3=4700\text{pF}$。使用时滤波器左侧接源端，右侧接负载端。试求在源端及负载端阻抗均为 50Ω 时，滤波器对于 150kHz 和 30MHz 的差模插入损耗和共模插入损耗。

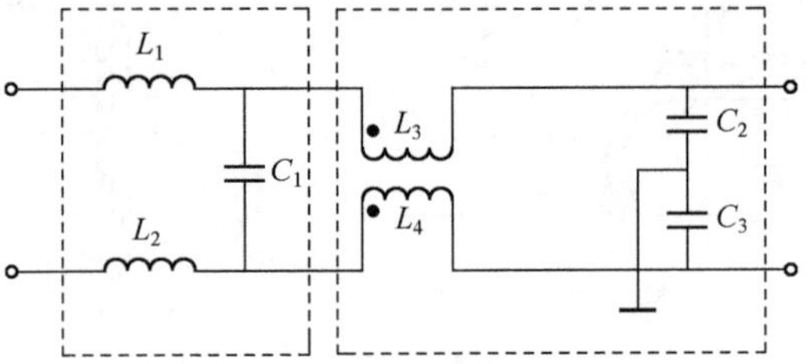

图 11-23　习题 7

8. 在第 7 题中，当源端阻抗为 0.1Ω，负载端阻抗为 100Ω 时，重求滤波器对于 150kHz 和 30MHz 的差模插入损耗和共模插入损耗。

9. 在第 8 题中，当源端阻抗为 100Ω，负载端阻抗为 0.1Ω 时，重求滤波器对于 150kHz 和 30MHz 的差模插入损耗和共模插入损耗。

10. 假设由于安装条件所限，电源滤波器的接地端是通过一条搭接导线与金属机壳相连。该导线具有 1mH 的电感和 1pF 的寄生电容，求该导线的谐振频率和 30MHz 时的阻抗。

参 考 文 献

陈乃云，魏东北，李一玫. 2001. 电磁场与电磁波理论基础. 北京：中国铁道出版社

何金良. 2010. 电磁兼容导论. 上海：华东师范大学出版社

沙斐. 1999. 机电一体化系统的电磁兼容技术. 北京：中国电力出版社

闻映红. 2007. 天线与电波传播理论. 修订本. 北京：清华大学出版社，北京交通大学出版社

闻跃，高岩，杜普选. 2003. 基础电路分析. 2 版. 北京：清华大学出版社，北京交通大学出版社

谢处方，饶克谨. 2005. 电磁场与电磁波. 3 版. 北京：高等教育出版社

Guru B S, Hiziroglu H R. 2006. 电磁场与电磁波. 3 版. 周克定等译. 北京：机械工业出版社

Kraus J D, Marhefka R J. 2005. 天线. 下册. 3 版. 章文勋译. 北京：电子工业出版社

Paul C R. 2007. 电磁兼容导论. 2 版. 闻映红等译. 北京：人民邮电出版社

Sengupta D L, Liepa V V. 2009. 应用电磁学与电磁兼容. 沈远茂等译. 北京：机械工业出版社